建筑工程计量与计价

主　编　孙旭琴　伍昕茹　吴　钰
副主编　徐　瑛　周晓芳　樊雯雯　黄　丹
主　审　涂群岚

北京理工大学出版社
BEIJING INSTITUTE OF TECHNOLOGY PRESS

内 容 提 要

　　本书依据《江西省房屋建筑与装饰工程消耗量定额及统一基价表》（2017 年版）、《江西省建筑与装饰、通用安装、市政工程费用定额（试行）》（2017 年版）、《江西省装配式建筑工程消耗量定额及统一基价表》（试行）（2019 版）、《民用建筑通用规范》（GB 55031—2022）、《建设工程工程量清单计价规范》（GB 50500—2013）及《房屋建筑与装饰工程工程量计算规范》（GB 50854—2013）编写而成。全书共七个模块，主要内容包括房屋建筑与装饰工程计量与计价概述、施工图预算、工程量清单编制、招标控制价与投标报价编制、建筑工程价款结算、工程造价软件应用、某理工院实训工房实训等。全书体例新颖，案例丰富，以工程造价岗位所涉及的工作内容为主线，贯穿整个教学过程，充分展现用以致学、学以致用的根本教学理念。

　　本书可作为高等院校土木工程类相关专业教材，同时可作为建筑工程成人教育、自学考试、中职学校、培训班的教材，也可供工程技术人员参考使用。

图书在版编目（CIP）数据

建筑工程计量与计价 / 孙旭琴，伍昕茹，吴钰主编
. -- 北京：北京理工大学出版社，2024.2
ISBN 978-7-5763-3026-7

Ⅰ.①建… Ⅱ.①孙… ②伍… ③吴… Ⅲ.①建筑工程—计量②建筑造价 Ⅳ.①TU723.3

中国国家版本馆CIP数据核字（2023）第206233号

责任编辑：封　雪		文案编辑：毛慧佳	
责任校对：周瑞红		责任印制：王美丽	

出版发行 / 北京理工大学出版社有限责任公司

社　　址 / 北京市丰台区四合庄路6号

邮　　编 / 100070

电　　话 / （010）68914026（教材售后服务热线）
　　　　　　（010）68944437（课件资源服务热线）

网　　址 / http：//www.bitpress.com.cn

版印次 / 2024年2月第1版第1次印刷

印　　刷 / 北京紫瑞利印刷有限公司

开　　本 / 787 mm×1092 mm　1/16

印　　张 / 24.5

字　　数 / 690千字

定　　价 / 98.00元

　　建筑工程计量与计价是高职院校土建类专业的专业核心课程之一，是一门实践性很强的课程。本书秉承"以就业为导向，以实践技能为核心"的指导思想，倡导以学生为主体，以实际工程为基础，以工程造价形成工作过程为主线的培养理念，在教学内容、课程体系和编写风格上着重贯彻以下几点。

　　1. 以任务引入为契机

　　引入实际工程图纸中的任务作为契机，引导和鼓励学生对任务中问题的解决表达自己的想法和观点。当学生们踊跃表达自己观点时，他们的思路会被打开，思想更自由，同时，也提高了学生在课堂上的主动性，而且会对与开篇问题相关的理论知识产生浓厚的兴趣。

　　2. 知识导图

　　每单元的开篇都设置了知识导图，通过知识导图可以总览本单元的知识内容及各知识点间的逻辑关系，起到了引领和导向作用，更有助于提高学生的思维清晰度。另外，知识导图方便学生回顾和复习，有助于学生更好地理解和掌握所学内容。

　　3. 提出问题 + 知识 + 解决问题 + 项目任务单

　　本书采用"提出问题 + 知识 + 解决问题 + 项目任务单"的方式，教师引导学生解决实际工程造价问题需要学什么，学习理论知识后又如何解决问题，让学生回归教学主体地位。这种方式能有效地让学生在学习过程中收获到价值感和成就感，激发学生的学习动力和潜能，从而形成良性循环。

　　4. 实际工程图纸

　　本书遵循"理实一体"的编写理念，兼顾"实用、够用"原则，将实际的工程图纸（包括建筑、结构）贯穿整个教学过程，设立各模块的项目教学工作任务，突出职业岗位核心能力的培养，加强实践环节的训练，与企业用人要求相接轨。

　　5. 装配式建筑计量与计价

　　按照国家推进供给侧结构性改革和新型城镇化发展要求，我国装配式建筑取得突破性进展，为适应大力发展装配式建筑的需要，也迫切需要装配式建筑计量与计价与之相适应。因此，本书囊括装配式建筑计量与计价内容。

FOREWORD

6. 立体化资源

本书配套开发了立体化资源作为教材的有力补充，通过扫描二维码的形式提供相关微课、题库等网络共享资源。本书配有教学课件和课后练习及项目教学参考答案，使用者可向出版社索取。

7. 思政建设

编者从专业课程角度分析"课程思政"，研究与提炼本书中蕴含"思政元素"的"触点"和"融点"，以学生为中心，宣贯理想信念、爱国奉献、品德修养、综合素养和专业能力五方面课程思政基本要素，实现教材思政编写服务课堂思政教学的目的，从而达到思想政治教育无缝连接专业知识教育的目标。

8. 校企"双元"合作编写

本书由江西建设职业技术学院造价课程组教师（孙旭琴、伍昕茹、吴钰、徐瑛、樊雯雯、黄丹）和江西建工第一建筑有限责任公司高级工程师周晓芳共同探讨、研究、编写，实现校企资源共享。具体内容编排均以真实环境中的工作模块和工作任务为依据，让学生在完成工作任务的过程中掌握技能。教材编写紧扣前沿政策，把脉行业趋势，以实际工程为载体，以能力为本位，按照工程造价实际工作的过程组织，使学生具有在工程造价工作岗位及相关岗位上解决实际问题的职业能力。

本书由江西建设职业技术学院教授涂群岚主审，在编写过程中还得到许多专家的指导，也参考了许多同行的有关书籍和资料，在此表示诚挚的谢意。

由于编者水平有限，书中难免存在疏漏和不妥之处，恳请广大读者批评指正。

编　者

CONTENTS 目录

模块一　房屋建筑与装饰工程计量与计价概述

单元一　工程计价概述 ·········· 1
任务一　工程造价含义 ·········· 1
任务二　计价原理和方法 ·········· 5

单元二　工程计量概述 ·········· 10
任务一　工程量计算方法 ·········· 10
任务二　建筑面积计算 ·········· 13

模块二　施工图预算

单元一　施工图预算编制原理 ·········· 20
任务一　施工图预算编制概述 ·········· 20
任务二　预算定额概述 ·········· 27

单元二　建筑工程计量与计价 ·········· 47
任务一　土石方工程 ·········· 47
任务二　地基处理与基坑支护工程 ·········· 67
任务三　桩基工程 ·········· 83
任务四　砌筑工程 ·········· 100
任务五　混凝土及钢筋混凝土工程 ·········· 115
任务六　金属结构工程 ·········· 157
任务七　木结构工程 ·········· 165
任务八　屋面及防水工程 ·········· 170
任务九　保温、隔热、防腐工程 ·········· 180

单元三　装饰工程计量与计价 ·········· 188
任务一　门窗工程 ·········· 188
任务二　楼地面装饰工程 ·········· 199

任务三　墙、柱面装饰与隔断、幕墙工程 ·········· 208
任务四　天棚工程 ·········· 218
任务五　油漆、涂料、裱糊工程 ·········· 227

单元四　装配式建筑计量与计价 ·········· 239
任务一　装配式建筑概述 ·········· 239
任务二　装配式混凝土结构工程 ·········· 244
任务三　装配式钢结构工程 ·········· 254
任务四　建筑构件及部品工程 ·········· 260
任务五　措施项目 ·········· 266

单元五　单价措施项目计量与计价 ·········· 272
任务一　脚手架工程 ·········· 272
任务二　垂直运输工程 ·········· 280
任务三　超高增加费 ·········· 285
任务四　大型机械进出场及安拆 ·········· 288
任务五　施工排水、降水 ·········· 292

模块三　工程量清单编制

任务一　工程量清单编制依据 ·········· 297
任务二　分部分项工程量清单编制 ·········· 299
任务三　措施项目、其他项目、规费和税金清单编制 ·········· 317

模块四　招标控制价与投标报价编制

任务一　工程量清单计价概述 ·········· 326

任务二　综合单价确定 ················ 329

任务三　招标控制价编制 ··············· 332

任务四　投标报价编制 ················ 335

模块五　建筑工程价款结算

单元一　工程价款结算概述 ··············· 345

任务一　工程价款结算 ················ 345

任务二　工程预付款 ················· 347

任务三　施工过程结算 ················ 348

任务四　工程进度款 ················· 349

任务五　竣工价款结算 ················ 350

单元二　工程价款结算支付 ··············· 355

任务一　工程预付款支付 ··············· 355

任务二　工程进度款支付 ··············· 356

任务三　工程竣工价款结算支付 ··········· 358

模块六　工程造价软件应用

任务一　工程造价软件概述 ·············· 362

任务二　工程造价软件的内容和应用
　　　　流程 ····················· 363

模块七　某理工院实训工房实训

任务一　施工图预算编制实训 ············ 367

任务二　招标控制价编制实训 ············ 369

附录 ·························· 374
参考文献 ······················ 385

模块一 房屋建筑与装饰工程计量与计价概述

单元一 工程计价概述

【知识目标】

1. 了解房屋建筑与装饰工程和基本建设的含义、内容。
2. 掌握基本建设的项目划分。
3. 掌握工程造价的含义。
4. 熟悉工程造价的分类。
5. 掌握工程造价计价基本原理。
6. 掌握工程造价的两种计价方法和两种方法的区别。

知识导图

【能力目标】

1. 能正确进行建设项目划分。
2. 能正确区分两种计价方法。

【素质目标】

1. 社会素质：通过学习基本建设，学生了解基本建设对国家发展的意义，树立职业自豪感。
2. 科学素质：通过学习工程造价的两种含义，学生可以辩证地看待同一事物，培养辩证思维。

任务一 工程造价含义

任务导入 🎯

工程造价概述

某理工院实训工房施工图纸见附录，请列出土石方分部工程中包含的所有分项工程。

任务资讯 🖥️

一、房屋建筑与装饰工程

(一)房屋建筑工程

建筑是根据人们物质生活和精神生活的要求，为满足各种不同的社会过程的需要而建造的有组织的内部和外部的空间环境。建筑一般包括建筑物和构筑物。满足功能要求并提供活动空间和场所的建筑称为建筑物，是供人们生活、学习、工作、居住及从事生产和文化活动的房屋，如工厂、住宅、学校、影剧院等。仅满足功能要求的建筑称为构筑物，如水塔、烟囱、纪念碑等。

(二)建筑装饰装修工程

在建筑学中，建筑装饰和装修一般不易截然分开。通常，建筑装饰装修工程是指为了满足建筑使用功能的要求，在主体结构工程以外进行的装潢和修饰，如楼地面工程，墙柱面工程，天棚工程，门窗工程，油漆、涂料、裱糊工程等表面的装饰装修工程。为了满足视觉要求，建筑装饰装修还需要对建筑进行艺术加工，如在建筑物内外加设的绘画、雕塑等。

二、基本建设

(一)基本建设的含义

基本建设是固定资产扩大再生产的新建、扩建、改建、恢复工程及与之相关的其他工作。实质上，基本建设是形成新的固定资产的经济活动过程。即把一定的物质资料(如建筑材料、机械设备等)，通过购置、建造和安装等活动转化为固定资产，形成新的生产能力或使用效益的过程。与此相关的其他工作，如征用土地、勘察设计、筹建机构和职工培训等，也属于基本建设的一部分。

(二)基本建设的内容

基本建设具体包括资源开发、规划，确定基本建设规模，投资结构，建设布局，技术结构，环境保护措施，项目决策，进行项目的勘察、设计、设备生产，建筑安装施工，竣工验收联合试、运转等内容。

(三)基本建设的项目划分

基本建设工程项目从大到小，划分为建设项目、单项工程、单位工程、分部工程、分项工程五个项目层次。

1. 建设项目

建设项目一般是指在一个总体设计或初步设计范围内，建一个或几个单项工程，经济上实行独立核算，行业上实行统一管理的建设单位，如一所学校、一座宾馆、一个住宅小区等，均为一个建设项目。图 1-1 所示为某学院建设项目。

2. 单项工程

单项工程又称工程项目，是建设项目的组成部分，一般是指有独立的设计文件，建成后能够独立发挥生产能力和使用效果的工程，如一所学校的教学大楼、学生食堂、学生宿舍、学术报告厅等。单项工程是具有独立存在意义的一个完整工程，是由若干个单位工程组成的。图 1-2 所示为某学院学生宿舍。

图 1-1 某学院建设项目

图 1-2 某学院学生宿舍

3. 单位工程

单位工程是单项工程的组成部分，是指具有独立的设计文件，可以独立组织施工，但建成后一般不能独立发挥生产能力和使用效益的工程，如一个教学大楼的土建工程、电气照明工程、给水排水工程、采暖通风工程、机械设备安装工程等都是教学大楼这个单项工程的组成部分，即单位工程。图1-3所示为某土建单位工程。

4. 分部工程

分部工程是单位工程的组成部分，是指在一个单位工程中，按工程部位及使用的材料和工种进一步划分的工程，如作为单位工程的土建工程可分为土石方工程、地基处理与基坑支护工程、桩基工程、砌筑工程、混凝土及钢筋混凝土工程、楼地面装饰工程等均属于分部工程。

5. 分项工程

分项工程是分部工程的组成部分，是指在一个分部工程中，按不同的施工方法，不同的材料和工种、规格分解为若干个分项工程，如土石方工程（分部工程）可分为挖一般土方、挖基坑（槽）土方、平整场地、回填土方、土方运输等分项工程；地基处理与基坑支护（分部工程）可分为填料加固、强夯地基、振动碎石桩等分项工程；砌筑工程（分部工程）可分为砖基础、砖墙、砖柱、砖烟囱等分项工程；混凝土及钢筋（分部工程）可分为垫层、基础、柱、梁、墙、板、楼梯等多个分项工程。

分项工程是计算人工、材料、机械台班及资金消耗的最基本的构造要素。建设工程预算的编制就是从最小的分项工程开始，由小到大逐步汇总而成的。图1-4所示为挖沟槽分项工程。

图1-3　某土建单位工程　　　　　图1-4　挖沟槽分项工程

(四)基本建设的程序

基本建设程序是指建设项目从策划、评估、决策、设计、施工安装到竣工验收，交付使用的全过程中，各项工作必须遵循的先后次序和科学规律。实践证明，基本建设只有实实在在地按照基本建设程序执行，才能做到速度快、质量好、工期短、造价低。

按照我国现行规定，一般大中型项目的建设程序可分为图1-5所示的几个阶段。

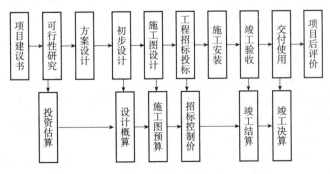

图1-5　基本建设程序

三、工程造价

(一)工程造价的含义

工程造价的直接含义就是工程的建造价格。工程泛指一切建设工程。工程造价具有以下两种含义。

第一种含义:工程造价是指建设一项工程预期开支或实际开支的全部固定资产投资费用,也就是一项工程通过建设形成相应的固定资产、无形资产所需用一次性费用的总和。显然,这一含义是从投资者——业主的角度来定义的。投资者选定一个项目,为了获得预期的效益,就要通过项目评估进行决策,然后进行设计招标、工程招标,直至竣工验收等一系列投资管理活动。在投资管理活动中所支付的全部费用形成了固定资产和无形资产。所有这些开支构成了工程造价。从这个意义上来说,工程造价是工程投资费用,建设项目工程造价就是建设项目固定资产投资。

第二种含义:工程造价是指工程价格,即一项工程预计或实际在土地市场、设备市场、技术市场及承包市场等交易活动中所形成的建筑安装工程的价格或建设工程总价格。它包括生产成本、利润、规费、税金四个部分。显然,工程造价的第二种含义是以社会主义商品经济和市场经济为前提的。它以工程这种特定的商品形式作为交换对象,通过招标投标、承发包或其他交易形式,在进行多次性预估算的基础上,最终由市场形成的工程价格。

通常把工程造价的第二种含义认定为工程承包价格。

💡 **思政小贴士**

科学素质:通过学习工程造价的两种含义,学生可以辩证地看待同一事物,培养辩证思维。

党的二十大报告提出"健全全面从严治党体系"的要求。习近平总书记指出,健全这个体系,需要坚持制度治党、依规治党,更加突出党的各方面建设有机衔接、联动集成、协同协调,更加突出体制机制的健全完善和法规制度的科学有效,更加突出运用治理的理念、系统的观念、辩证的思维管党治党建设党。

(二)工程造价的分类

建设工程造价按照建设阶段可分为投资估算、设计概算、施工图预算、招标控制价及投标报价、工程结算、竣工决算等。

1. 投资估算

投资估算是指在项目建议书和可行性研究阶段,由建设单位或其委托的咨询机构估计计算,用以确定建设项目投资控制额的工程建设的计价文件。投资估算是项目决策、筹资和控制造价的主要依据。

2. 设计概算

设计概算是在投资估算的控制下,由设计单位根据初步设计图纸及设计说明,概算定额及取费标准,设备、材料的价格,建设地点的自然、技术经济条件等资料,用科学的方法计算、编制和确定建设项目从筹建到交付使用所需的全部费用文件,是设计文件的重要组成部分。

3. 施工图预算

施工图预算是在施工图设计完成并经过图纸会审之后,工程开工之前,根据施工图纸,图纸会审记录、预算定额、计价规范、费用定额、工程所在地的设备、人工、材料、机械台班等预算价格编制和确定单位工程全部建设费用的建安工程造价文件。施工图预算确定的工程造价更接近工程实际造价。

4. 招标控制价及投标报价

招标控制价是指建设方在招标活动之前，由建设方编制工程价格，作为投标报价的上限。工程量清单是指建设工程的分部分项工程项目、措施项目、其他项目、规费项目和税金项目的名称和相应数量等的明细清单。

工程量清单是工程量清单计价的基础，应作为编制招标控制价、投标报价，计算工程量，支付工程款，调整合同价款，办理竣工结算及工程索赔等的依据之一。

分部分项工程量清单应采用综合单价计价。采用工程量清单计价，建设工程造价由分部分项工程费、措施项目费、其他项目费、规费和税金组成。

5. 工程结算

工程结算是指工程的实际价格，是支付工程价款的依据。工程结算可采用中间计量、竣工结算的方式。

6. 竣工决算

竣工决算是指在工程竣工验收交付使用后，由建设单位编制的建设项目从筹建到竣工验收，交付使用全过程中实际支付的全部建设费用。

竣工决算时，整个建设项目的最终价格是作为建设单位财务部门汇总固定资产的主要依据。

任务实施

【解】 该工程土石方分部工程包含的分项工程：平整场地、沟槽、基坑、基底钎探、槽坑夯填土、地坪夯填土、外运(余土外运 50 m 运距)。

任务二　计价原理和方法

一、工程造价计价的基本原理

工程造价计价的基本原理就在于项目的分解与组合。建设项目具有单位性与多样性组成的特点，每个建设项目的建设都需要按业主的特定需要进行单独设计、单独施工，因而不能批量生产和按整个项目确定价格，只能采用特殊的计价程序和计价方法，即整个项目进行分解，划分为可以按有关技术经济参数测算价格的基本构造要素(分项工程)，这样就很容易地计算出基本构造要素的费用。一般来说，分解结构层次越多，基本子项也越细，计算也更精确。

目前，我国同时存在两种工程造价计价方法，分别为定额计价法和工程量清单计价法，称为双轨制。

建筑安装工程造价(单项工程造价)包括土建单位工程、给水排水单位工程、电气照明单位工程等造价。

分部分项工程费＝工程量×相应单价

单位工程造价＝分部分项工程费＋措施项目费＋其他项目费＋规费＋税金

单项工程造价＝∑单位工程造价

建设项目总造价＝∑单项工程造价

建设项目的层次划分、工程造价计价顺序分别如图1-6、图1-7所示。

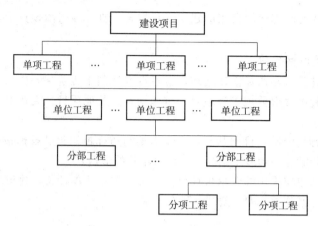

图 1-6　建设项目的层次划分

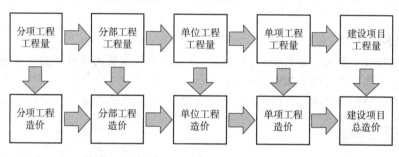

图 1-7　工程造价计价顺序

二、工程造价计价的方法

(一)定额计价

定额计价模式是我国传统的计价模式,在招标投标时,无论是作为招投标底,还是投标报价,其招标人和投标人都需要按国家规定的统一工程量计算规则计算工程数量,然后按住房和城乡建设主管部门颁布的预算定额计算人工、材料、机械的费用,再按有关费用标准计取其他费用,汇总后得到工程造价。

(二)工程量清单计价

工程量清单计价模式是在建设工程招标投标中,招标人或委托具有资质的中介机构编制工程量清单,并作为招标文件中的一部分提供给投标人,由投标人依据工程量清单自主报价的计价方式。

(三)定额计价法与工程量清单计价法的区别

1. 采用单价不同

定额计价采用的单价是定额人、材、机(定额单价);而工程量清单计价采用的单价是综合单价。工程量清单计价的综合单价,从工程内容角度来看,不仅包括组成清单项目主体工程项目,还包括与主体项目有关的辅助项目;从费用内容的角度看,不仅包括人工费、材料费、机械使用费,还包括管理费、利润和风险因素。

2. 编制工程量的主体不同

在定额计价方法中,建设工程的工程量由招标人和投标人分别按图计算;而在清单计价方法中，工程量由招标人统一计算或委托有关工程造价咨询单位统一计算，各投标人根据招标人提供的工程量清单，以及自身的技术装备、施工经验、企业成本、企业定额、管理水平自主填写单价和合价。

3. 采用的定额不同

定额计价的建设工程(含定额计价的招标投标工程)一律采用具有社会平均水平的预算定额(或消耗量定额)计价，计算的工程造价不反映企业的实际水平；工程量清单计价的建设工程，编制招标控制价时，采用具有社会平均水平的消耗量定额计价，投标报价时，采用或参照消耗量定额计价，也可以采用企业定额自主报价。投标人计算的工程造价反映出企业的实际水平。

4. 采用的生产要素价格不同

定额计价的建设工程(含定额计价的招标投标工程)，人、材、机价格一律采用取定价，对于材料的动态调整，其调整的依据也是取定的、平均的市场信息价格，不同的施工承包商均采用同一标准调价，生产要素价格不反映企业的管理技术能力；工程量清单计价的建设工程，编制招标控制价时，生产要素价格采用定额取定价，动态调整时，采用同一标准的、平均取定的市场信息价调价；投标报价时，可以采用或参照定额取定价，也可以采用企业自己的人、材、机价格报价。生产要素价格应反映企业实际的管理水平。

小　结

本单元重点学习了以下内容：
(1)基本建设的项目划分为五个层次。
(2)工程造价的两种含义、分类。
(3)工程造价计价基本原理。
(4)工程造价计价两种方法及两种方法的区别。

通过本单元的学习，学生能对基本建设进行五层次项目划分；另外，对工程造价计价的原理、方法有非常清晰地认知。

学生笔记

通过本单元的学习，学生根据重点知识点的提示，完成"单元一 工程计价概述"学生笔记(表1-1)的填写。

表1-1 "单元一 工程计价概述"学生笔记

班级：＿＿＿＿＿＿　　学号：＿＿＿＿＿＿　　姓名：＿＿＿＿＿＿　　成绩：＿＿＿＿＿＿

一、基本建设的项目划分
1. 建设项目的概念并举例：

2. 单项工程的概念并举例：

3. 单位工程的概念并举例：

4. 分部工程的概念并举例：

5. 分项工程的概念并举例：

二、工程造价计价的基本原理

三、两种计价方法的定义及区别

课后练习

单元二 工程计量概述

知识导图

任务一　工程量计算方法

工程造价的确定，应以工程所要完成的分部分项工程项目及为完成分部分项工程所采取措施项目的数量为依据，对分部分项工程项目或措施项目工程量做出正确的计算，并以一定的计量单位表述，这就需要进行工程计量。

由于工程计价的多阶段性和多次性，工程计量也具有多阶段性和多次性，不仅包括招标阶段工程量清单编制中的工程计量，也包括投标报价及合同履约阶段的变更、索赔、支付和结算中的工程计量。工程计量工作在不同计价过程中有不同的具体内容，如在招标阶段主要依据施工图纸和工程量计算规则确定拟完分部分项工程项目和措施项目的工程量；在施工阶段主要根据合同约定、施工图纸及工程量计算规则对已完成工程量进行确认。

一、工程量

(一)工程量的含义

工程量是指以物理计量单位或自然计量单位所表示的分部分项工程项目和措施项目的数量。

物理计量单位是指以公制度量表示的长度、面积、体积和质量等计量单位。如楼梯扶手以"米"为计量单位；墙面抹灰以"平方米"为计量单位；混凝土以"立方米"为计量单位等。

自然计量单位是指建筑成品表现在自然状态下的简单点数所表示的个、条、樘、块等计量单位。如门窗工程可以以"樘"为计量单位；桩基工程可以以"根"为计量单位等。

(二)工程量的作用

(1)工程量是确定建筑安装工程造价的重要依据。只有准确计算工程量，才能正确计算工程相关费用，合理确定工程造价。

(2)工程量是承包方生产经营管理的重要依据。工程量是编制项目管理规划，安排工程施工进度，编制材料供应计划，进行工料分析，编制人工、材料、机械台班需要量，进行工程统计和经济核算的重要依据。也是编制工程形象进度统计报表，向工程建设发包方结算工程价款的重要依据。

(3)工程量是发包方管理工程建设的重要依据。工程量是编制建设计划，筹集资金，编制工程招标文件、工程量清单、建筑工程预算，安排工程价款的拨付和结算，进行投资控制的重要依据。

二、工程量的计算依据

工程量是根据施工图及其相关说明，按照一定的工程量计算规则逐项进行计算并汇总得到的。其主要依据如下：

(1)经审定的施工设计图纸及其说明。施工图纸全面反映建筑物(或构筑物)的结构构造、各部位的尺寸及工程做法，是工程量计算的基础资料和基本依据。

(2)工程施工合同、招标文件的商务条款。

(3)经审定的施工组织设计(项目管理实施规划)或施工技术措施方案。施工图纸主要表现拟建工程的实体项目，分项工程的具体施工方法及措施应按施工组织设计(项目管理实施规划)或施工技术措施方案确定，如计算挖基础土方，施工方法是采用人工开挖，还是采用机械开挖，基坑周围是否需要放坡、预留工作面或做支撑防护等，应以施工方案为计算依据。

(4)工程量计算规则。工程量计算规则是规定在计算工程实物数量时，从设计文件和图纸中摘取数值的取定原则的方法。目前，工程量计算规则包括以下两大类：

1)《建设工程工程量清单计价规范》(GB 50500—2013)(以下简称《计价规范》)及各专业工程量计算规范中规定的计算规则(清单计价工程量)。

2)各类工程建设定额规定的计算规则(定额计价工程量)。

(5)经审定的其他有关技术经济文件。

三、工程量的计算方法

工程量计算方法

(一)工程量的计算原则

(1)列项要正确，严格按照规范或有关定额规定的工程量计算规则计算工程量，避免错算。

(2)工程量计量单位必须与工程量计算规范或有关定额中规定的计量单位相一致。

(3)计算口径要一致。根据施工图列出的工程量清单项目的口径必须与工程量计算规范中相应清单项目的口径相一致。

(4)按图纸，结合建筑物的具体情况进行计算。要结合施工图纸尽量做到结构按楼层，内装修按楼层分房间，外装修按施工层分立面计算，或按施工方案的要求分段计算，或按使用的材料不同分别进行计算。这样，在计算工程量时既可避免漏项，又可为安排施工进度和编制资源计划提供数据。

(5)工程量计算精度要统一，要满足规范要求。

(二)工程量的计算顺序

为了避免漏算或重算，提高计算的准确程度，工程量的计算应按照一定的顺序进行。具体的计算顺序应根据具体工程和个人的习惯来确定，一般有以下几种顺序。

1. 单位工程计算顺序

单位工程计算顺序一般按《计价规范》清单列项顺序计算，即按照《计价规范》上的分章或分部分项工程顺序来计算工程量。

2. 单个分部分项工程计算顺序

(1)按顺时针方向计算法，即先从平面图的左上角开始，自左至右，然后由上而下，最后转回到左上角为止，这样按顺时针方向转圈依次进行计算。例如，计算外墙、地面、天棚等分部分项工程，都可以按照此顺序进行计算。

(2)按"先横后竖、先上后下、先左后右"计算法，即在平面图上从左上角开始，按"先横后竖、从上而下、自左到右"的顺序计算工程量。例如，房屋的条形基础土方、砖石基础、砖墙砌筑、门窗过梁、墙面抹灰等分部分项工程，均可按这种顺序计算工程量。

(3)按图纸分项编号顺序计算法，即按照图纸上所标注结构构件、配件的编号顺序进行计算。例如，计算混凝土构件、门窗、屋架等分部分项工程，均可以按照此顺序计算。

按一定顺序计算工程量的目的是防止漏项少算或重复多算的现象发生，只要能实现这一目的，采用哪种顺序方法计算都可以。

(三)工程量的计算注意事项

(1)工程量计算必须严格按照施工图进行计算。

(2)工程量计算一定要遵循合理的计算顺序。

(3)工程量计算必须严格按照相关规范规定的工程量计算规则计算工程量。

(4)工程量计算的项目必须与现行定额的项目一致。

(5)工程量计算的计量单位必须与现行定额的计量单位一致。

四、工程量计算中常用的基数

基数是指在工程量计算过程中，许多项目的计算中反复、多次用到的一些基本数据。在土建工程定额计价(施工图预算)中，工程量计算基数主要有外墙中心线($L_{中}$)、内墙净长线($L_{内}$)、外墙外边线($L_{外}$)、底层建筑面积($S_{底}$)，简称"三线一面"。

(一)三线

(1)外墙外边线($L_{外}$)：是指外墙外侧与外侧之间的距离。其计算公式如下：

$$L_{外} = 外墙定位轴线长 + 外墙定位轴线至外墙外侧的距离$$

(2)外墙中心线($L_{中}$)：是指外墙中心线至中心之间的距离。其计算公式如下：

$$L_{中} = 外墙定位轴线长 + 外墙定位轴线至外墙中心线的距离$$

(3)内墙净长线($L_{内}$)：是指内墙与外墙(内墙)交点之间的距离。其计算公式如下：

$$L_{内} = 外墙定位轴线长 - 墙定位轴线至所在墙体内侧的距离$$

(二)一面

"一面"是指建筑物底层建筑面积($S_{底}$)，计算方法见建筑面积计算规则。

在计算"三线一面"时，如果建筑物的各层平面布置完全相同，墙厚只有一种，那么只需要确定外墙中心线($L_{中}$)、内墙净长线($L_{内}$)、外墙外边线($L_{外}$)、底层建筑面积($S_{底}$)四个数据就可以了；如果某一建筑物的各层平面布置不同，墙体厚度有两种以上，那就需要根据具体情况来确定基数。

五、案例分析

【案例1-1】 某建筑物底层平面图如图1-8所示，墙厚为240 mm，轴线尺寸为中心线图中均以"毫米"为单位，要求计算建筑物工程量基数"三线一面"。

【解】 $L_{外}=[(9.6+0.24)+(6+0.24)]\times2=32.16$(m)

$L_{中}=(9.6+6)\times2=31.2$(m)

$L_{内}=(6-0.24)\times2=11.52$(m)

$S_{底}=(9.6+0.24)\times(6+0.24)=61.4$(m²)

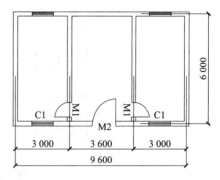

图1-8 某建筑物底层平面图

任务二 建筑面积计算

任务导入

某理工院实训工房施工图纸见附录，请计算该工程的建筑面积。

任务资讯

一、建筑面积的含义

建筑面积是指建筑物以"平方米"为单位计算出的建筑物各层面积的总和。建筑面积包括使用面积、辅助面积和结构面积。使用面积是指可直接为生产或生活使用的净面积，如居住建筑中的卧室及客厅、教学楼中的教室及办公室等所占的面积。辅助面积是指为辅助生产或生活所占净面积的总和，如楼梯、走道、卫生间、厨房等所占面积。结构面积是指建筑物各层中的墙体、柱等结构在平面布置上所占面积的总和。其中，使用面积与辅助面积之和称为有效面积。其计算公式如下：

建筑面积＝使用面积＋辅助面积＋结构面积＝有效面积＋结构面积

建筑面积是计算建筑物占地面积、土地利用系数、使用面积系数、有效面积系数，以及开工、竣工面积，优良工程率等指标的依据。也是一项建筑工程重要的技术经济指标，可通过其计算各经济指标，如单位面积造价、人工材料消耗指标。

二、建筑面积计算规范

(1)建筑面积应按建筑每个自然层楼(地)面处外围护结构外表面所围空间的水平投影面积计算。

条文说明：本条对面积计算的界面做出了规定，条文中的"每个自然层"为非单层建筑时，建筑面积应为建筑各自然层面积的总和；"楼(地)面处"是指楼(地)面的设计完成面，对于没有结构楼板的地面，应为混凝土垫层顶面；"外围护结构"是指外墙包括作为外围护结构的玻璃幕墙、金属幕墙、石材幕墙、人造板材幕墙等；"外表面"是指外围护结构的设计完成面，建筑外围护结构一般由墙体、保温层、饰面层组成，设计完成面即装饰面层外边线。当幕墙作为外围护结构时，"外表面"为幕墙面板外边线(图1-9)。

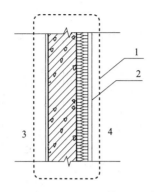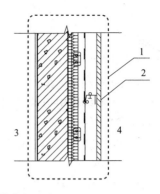

图 1-9 外围护结构外表面示意

1—外围护结构；2—外围护结构外表面；3—室内；4—室外

（2）总建筑面积应按地上和地下建筑面积之和计算，地上和地下建筑面积应分别计算。

（3）室外设计地坪以上的建筑空间，其建筑面积应计入地上建筑面积，室外设计地坪以下的建筑空间，其建筑面积应计入地下建筑面积。

条文说明：当室外设计地坪位于建筑空间的中间时，若该建筑空间的楼（地）面低于室外设计地坪的高度大于该空间建筑层高的 1/2，应计入地下建筑面积；若其楼（地）面低于室外设计地坪的高度小于或等于该空间建筑层高的 1/2，则计入地上建筑面积。对于室外设计地坪为坡地的情况，建筑空间的楼（地）面低于室外设计地坪的高度应以平均高度计算。

（4）永久性结构的建筑空间，有永久性顶盖、结构层高或斜面结构板顶高在 2.20 m 及 2.20 m 以上的，应按下列规定计算建筑面积：

1）有围护结构、封闭围合的建筑空间，应按其外围护结构外表面所围空间的水平投影面积计算；

2）无围护结构、以柱围合，或部分围护结构与柱共同围合，不封闭的建筑空间，应按其柱或外围护结构外表面所围空间的水平投影面积计算；

3）无围护结构、单排柱或独立柱、不封闭的建筑空间，应按其顶盖水平投影面积的 1/2 计算；

4）无围护结构、有围护设施、无柱、附属在建筑外围护结构、不封的建筑空间，应按其围护设施外表面所围空间水平投影面积的 1/2 计算。

条文（4）说明：计算面积的前提条件有以下三点：一是永久性结构的建筑空间，此永久性结构是相对临时性结构而言，即不包括临时房屋、活动房屋、简易房屋；二是要有永久性顶盖，不包括临时搭建的各类顶盖，如临时性遮阳棚等；三是结构层高或斜面结构板顶高度在 2.20 m 及 2.20 m 以上的建筑空间（图 1-10、图 1-11）。

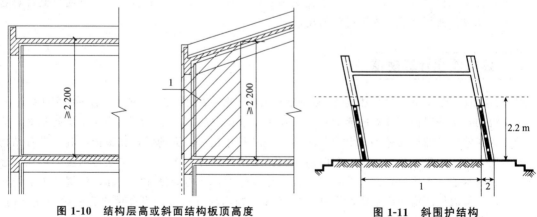

图 1-10 结构层高或斜面结构板顶高度

在 2.20 m 及以上的建筑空间示意

1—不计算建筑面积的区域

图 1-11 斜围护结构

1—计算建筑面积的区域；

2—不计算建筑面积区域

条文(4)中的1)包括建筑外围护结构以内的各类使用空间及局部楼层;地下室、半地下室及其相应出入口;与室内相通的变形缝;建筑内的设备层、管道层、避难层;立体书库、立体仓库、立体车库;水箱间、电梯机房;门厅、大厅及门厅、大厅内的回廊;封闭的通廊、挑廊、连廊,封闭架空通道;有顶盖的采光井;室内有围护设施的悬挑看台、舞台灯控室、室内场馆看台下部空间;附属在建筑物外墙的落地橱窗等。但不包括有永久性顶盖,有围护结构、均布荷载不大于 0.5 kN/m^2,且点荷载不大于 1 kN 的室内非上人顶盖,如展览、机场等建筑中的房中房顶部(图1-12)。建筑内的楼梯(间)、电梯井、提物井、管道井、通风排气竖井、烟道应按建筑自然层计算建筑面积。

图1-12 非上人顶盖

条文(4)中的2)包括由墙、柱围合的雨篷、车棚、货棚、站台、有顶盖平台、有顶盖空中花园;门廊、门斗;室外楼梯;地下车库出入口;室外场馆看台下部空间;有柱的室外连廊;建筑物架空层及吊脚架空层;结构转换层等,如图1-13、图1-14所示。四角有柱子的室外楼梯按本条。面积与围合面积有关,与柱子外面出挑多少无关。

图1-13 柱与墙的围合结构

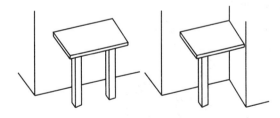

图1-14 柱与墙的围合结构示意

条文(4)中的3)包括由单排柱或独立柱支撑的室外连廊、车棚、货棚、站台、室外场馆看台雨篷、单排柱或独立柱支撑的室外楼梯等,如图1-15、图1-16所示。

条文(4)中的4)包括无柱有围护设施的室外挑廊、连廊、檐廊;出挑的无柱有围护设施的室外楼梯;出挑的无柱有围护设施有顶盖的空中花园等,不包含无柱雨篷,如图1-17、图1-18所示。

图 1-15　单排柱支撑的加油站

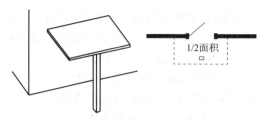

图 1-16　单柱支撑的雨篷示意

1/2面积

图 1-17　无柱有围护设施的连廊

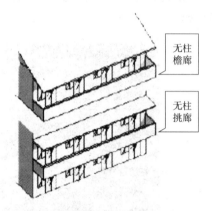

无柱檐廊

无柱挑廊

图 1-18　无柱有围护设施的檐廊、挑廊

(5)阳台建筑面积应按围护设施外表面所围空间水平投影面积的 1/2 计算,如图 1-19 所示,当阳台封闭时,应按其外围护结构外表面所围空间的水平投影面积计算。

(6)下列空间与部位不应计算建筑面积:

1)结构层高或斜面结构板顶高度小于 2.20 m 的建筑空间。

2)无顶盖的建筑空间,如室外平台、室外挑台、露台、室外游泳池、室外台阶、坡道、建筑屋面、屋顶花园、花架,无顶盖架空通廊;各种操作平台、上料平台、设备平台。

3)附属在建筑外围护结构上的构(配)件;附属在外墙的装饰柱、门窗线脚、勒脚、凸出墙面的装饰线条、空调机板、遮阳板、建筑挑檐、无柱雨篷等非建筑外围护结构系统的构(配)件,如图 1-20 所示。

图 1-19　有维护设施的阳台

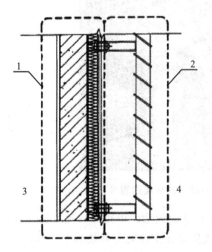

图 1-20　附属在建筑外围护结构系统的构(配)件

1—外围护结构;2—附属在建筑外围护结构上的构(配)件;3—室内;4—室外

4）建筑出挑部分的下部空间，如图 1-21 所示。

5）建筑物中用作城市街巷通行的公共交通空间，如骑楼、建筑的过街通道等，如图 1-22 所示。

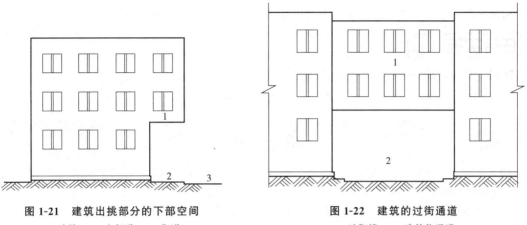

图 1-21　建筑出挑部分的下部空间
1—骑楼；2—人行道；3—街道

图 1-22　建筑的过街通道
1—过街楼；2—建筑物通道

6）独立于建筑物之外的各类构筑物，如烟筒、水塔、水（油）罐、栈桥、储仓、储油（水）池等。

💡 **思政小贴士**

　　具备严谨的科学态度和民族自豪感：阐述依法计算建筑面积的重要性，结合我国在大型建筑、中国路桥等复杂工程中取得的世界领先地位，了解中国力量与中国速度，树立民族自豪感。

三、计算建筑面积案例

【案例 1-2】　某别墅有两层，首层、二层平面图如图 1-23 所示，尺寸数字单位默认为毫米（mm），外墙墙厚为 240 mm，外墙保温及抹灰厚度为 50 mm，计算该别墅的建筑面积。

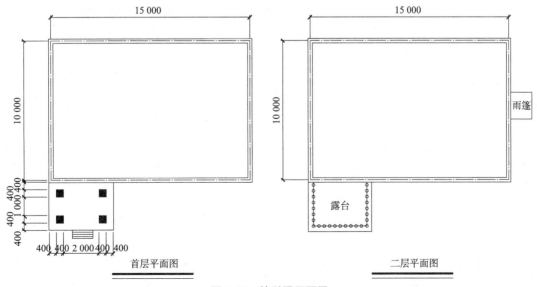

首层平面图　　　　　　　　二层平面图

图 1-23　某别墅平面图

【解】 $S_{首层}=(15+0.24+0.05\times2)\times(10+0.24+0.05\times2)+(2+0.4\times2)\times(1+0.4\times3)=164.78(m^2)$

$S_{二层}=(15+0.24+0.05\times2)\times(10+0.24+0.05\times2)=158.62(m^2)$

$S_{总}=S_{首层}+S_{二层}=164.78+158.62=323.40(m^2)$

任务实施

【解】 外装饰层厚度$=0.06+0.005+0.02+0.01=0.095(m)$

$S_{建}=(48+0.24+0.095\times2)\times(12+0.24+0.095\times2)\times3=1\ 805.95(m^2)$

小 结

本单元重点学习了以下内容：

(1)工程量的含义、计算原则、计算顺序、注意事项和常用基数。

(2)建筑面积的含义和计算规范。

通过本单元的学习，学生能对工程量有基本的认知，为后面模块讲解分项工程计量规则打下基础；另外，根据建筑面积有关计算规范，能计算实际工程的建筑面积。

学生笔记

通过本单元的学习，学生根据重点知识点的提示，完成"单元二 工程计量概述"学生笔记（表1-2）的填写，并对建筑面积计算规范进行归纳总结。

表1-2 "单元二 工程计量概述"学生笔记

班级：＿＿＿＿＿ 学号：＿＿＿＿＿ 姓名：＿＿＿＿＿ 成绩：＿＿＿＿＿

一、工程量
1. 工程量的含义：
2. 工程量计算的原则：
3. 工程量计算的注意事项：

4. 工程量计算的常用基数：

二、建筑面积

1. 应计算建筑全面积：

2. 应计算一半建筑面积：

3. 不应计算建筑面积：

课后练习

模块二　施工图预算

单元一　施工图预算编制原理

【知识目标】

1. 了解施工图预算的概念、作用和编制依据。

2. 掌握施工图预算的编制方法及步骤。

3. 了解预算定额的内容及适用范围。

4. 掌握预算定额的应用。

5. 掌握建筑安装费用的组成、费用标准及计价程序。

知识导图

【能力目标】

1. 能正确使用消耗量定额及统一基价表确定分部分项工程费用和进行人材机分析。

2. 能正确运用费用定额计取总价措施费用、企业管理费、利润、规费和税金，最终确定工程总造价。

【素质目标】

1. 社会素质：通过本单元的学习，学生养成实事求是、有理有据的工作态度，以及严谨细致、实事求是的工作作风。

2. 科学素质：通过本单元的学习，学生养成对成本进行管理和控制的理念。

任务一　施工图预算编制概述

任务资讯

一、施工图预算概念

施工图预算是在施工图设计完成，根据已批准的设计施工图图纸、现行预算定额、费用定额、拟建建设项目合理的施工组织设计等编制和确定的建筑安装工程造价的文件。施工图预算按专业可分为建筑工程施工图预算、装饰工程施工图预算、给水排水施工图预算、电气照明施工图预算等。

施工图预算根据建设项目实际情况可采用三级预算或二级预算编制形式。当建设项目有多个单项工程时，应采用三级预算编制形式，三级预算编制形式由建设项目施工图总预算、单项工程综合预算、单位工程施工图预算组成；当建设项目只有一个单项工程时，应采用二级预算编制形式，二级预算编制形式由建设项目施工图总预算和单位工程施工图预算组成。

二、施工图预算作用

(1)施工图预算是编制或调整固定资产投资计划的依据。

(2)施工图预算是设计阶段控制施工图设计不突破设计概算的重要措施。

(3)施工图预算是在施工招标阶段编制标底的依据。

(4)对于不宜实行招标而采用施工图预算加调整价结算的工程，施工图预算可作为确定合同价款的基础或作为审查施工企业提出的施工图预算的依据。

(5)施工企业进行成本管理和经济核算的依据。

三、施工图预算编制依据

(1)国家、行业、地方政府发布的计价依据，有关法律、法规或规定。

(2)批准的施工图设计图纸及相关标准图集和规范。

(3)相应预算定额或地区单位估价表及有关的计价文件。

(4)合理的施工组织设计和施工方案等文件。

(5)批准的设计概算。

(6)建设项目有关文件、合同、协议等。

(7)项目所在地区有关的气候、水文、地质地貌等的自然条件。

四、施工图预算编制方法

施工图预算的编制方法有单价法和实物法两种。

(一)单价法

单价法编制施工图预算，就是利用各地区、各部门编制的消耗量定额及统一基价表或单位估价表，根据施工图纸计算出的各分项工程量，分别乘以单位估价表中的相应单价或消耗量定额及统一基价表中的基价，并求和，得到分部分项工程费用，再按费用定额计算出其他费用，将各项费用汇总即工程施工图预算造价。这种编制方法便于技术经济分析，是常用的一种编制方法。

(二)实物法

实物法编制施工图预算，就是根据施工图纸计算各分项工程量分别乘以预算定额的人工、材料、施工机械台班消耗量，分类汇总得出该工程所需要的全部人工、材料、施工机械台班数量，分别乘以人工、材料、施工机械台班的市场单价，并求和，再按费用定额计算其他费用，将各项费用汇总，即工程施工图预算造价。

五、施工图预算编制步骤

(一)施工图预算的步骤

(1)收集和熟悉资料，主要收集施工图预算的编制依据。其内容包括收集和熟悉施工图纸，有关的通用标准图集、图纸会审记录、设计变更通知、施工组织设计、预算定额、计价文件等资料。

（2）了解施工组织设计和施工现场情况。编制施工图预算前，应了解施工组织设计中影响工程造价的有关内容，如施工方法、施工机械、堆放材料场地等，以便能正确计算工程量和正确计算工程造价，提高施工图预算质量，具有重要的意义。

（3）正确列项，计算工程量。结合施工图纸和预算定额，正确列出应计算的分项工程的项目名称，并严格按照图纸尺寸和定额规定的工程量计算规则，遵循合理的计算顺序逐项计算分项工程的工程量，避免漏项和重项。

（4）套预算定额基价（或换算后预算单价）和定额消耗量。各分项工程量计算完毕经复核无误后，按预算定额中的分部分项工程顺序和工程预算表内容，逐项各分项工程的项目名称、定额编号、计量单位、工程量、定额基价（换算后单价），以及其中的人工费、机械台班使用费填入工程预算表。同时，按工料分析表中内容将定额人工、材料、机械消耗量填入人材机分析表。

（5）计算分部分项工程费用和人材机总消耗量。

1）用工程量乘以定额基价（单价）计算各分项工程费并汇总，计算出分部分项工程费用。

2）用工程量乘以定额消耗量计算出该工程所需要的人工工日、材料用量和施工机械台班总量（称人材机分析）。

（6）计取其他各项费用。按费用定额取费标准，计算总价措施费、企业管理费、利润、规费和税金等费用，汇总得出工程预算造价。

（7）编制说明、填写封面、装订成册。

1）编制说明一般包括以下几项内容：

①工程概况。

②计价依据。

③其他有关说明。在编制施工图预算中遇到施工方法、施工机械未确定、现场条件不明确等情况。

2）施工图预算封面内容有工程名称、结构形式、建筑面积、层数、工程造价、技术经济指标、编制单位及日期等。

（二）施工图预算编制程序示意

施工图预算编制程序示意如图 2-1 所示。

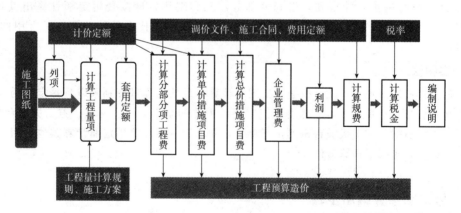

图 2-1 施工图预算编制程序示意

六、施工图预算文件包含的预算表格

1. 封面(表 2-1)

表 2-1　封面

工程(　　)算书

建设单位:　　　　　　　　　　　　　　　施工单位:

工程名称:　　　　　　　　　　　　　　　建筑面积:
　　　　　　　　　　　　　　　　　　　　结构形式:

工程造价:　　　　　　　　　　　　　　　单方造价:

　　编制人:　　　　　　　　　　　　　　　　　时间:

2. 编制说明(表 2-2)

表 2-2　编制说明

工程名称

编制说明

3. 工程取费表(表 2-3)

表 2-3　工程造价取费表

工程名称：　　　　　　　　　　　　　　　　　　　　　　　第　页　共　页

序号	费用名称	计算式	费率	金额
一	分部分项工程费			
1	其中：定额人工费			
2	其中：定额机械费			
二	单价措施费			
3	其中：定额人工费			
4	其中：定额机械费			
三	其他项目费			
四	总价措施费			
5	安全文明施工措施费			
6	安全文明环保费			
7	临时设施费			
8	其他总价措施费			
8a	扬尘治理措施费			
五	暂估价			
六	企业管理费			
七	利润			
八	价差			
九	规费			
十	税金			
十一	工程造价			

4. 工程预算表(表 2-4)

表 2-4　工程预(结)算表

工程名称：　　　　　　　　　　　　　　　　　　　　　　　第　页　共　页

序号	定额编号	项目名称	单位	工程量	定额基价/元			合价/元		
					基价	人工费	机械费	合价	人工费	机械费
			小计							

5. 价差汇总表(表2-5)

表2-5　价差调整表

工程名称　　　　　　　　　　　　　　　　　　　　　　　　第　页　共　页

序号	材料名称	单位	数量	市场单价	预算单价	材料差价	备注

6. 人材机分析表(表2-6)

表2-6　人材机分析表

工程名称：　　　　　　　　　　　　　　　　　　　　　　　第　页　共　页

序号	定额编号	分项工程名称	计量单位	工程数量	综合工日	材料名称						机械台班					
						主材1		主材2		主材…		机械1		机械2		机械…	
					定额	定额	数量	定额	数量	定额	数量	定额	数量	定额	数量	…	…

7. 工程量计算书(表2-7)

表2-7　工程量计算书

工程名称：　　　　　　　　　　　　　　　　　　　　　　　第　页　共　页

定额编号	设计图号和部位	工程名称及计算公式	单位	数量

小　结

本任务重点学习了以下内容：

1. 施工图预算的概念

施工图预算是在施工图设计完成，根据已批准的设计施工图图纸、现行预算定额、费用定额、拟建建设项目合理的施工组织设计等编制和确定的建筑安装工程造价的文件。

2. 施工图预算的编制方法

施工图预算的编制方法有单价法和实物法两种。

3. 施工图预算的编制程序示意，如下图所示。

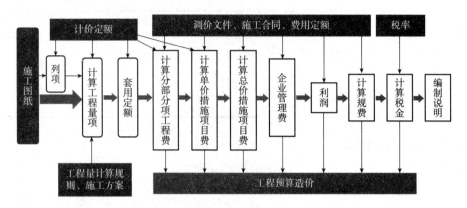

4. 施工图预算文件包含的预算表格

1)封面。

2)编制说明。

3)工程取费表。

4)工程预算表。

5)价差汇总表。

6)人材机分析表。

7)工程量计算书。

通过本任务学习，学生能熟悉施工图预算编制的方法和步骤，为后期进行工程施工图预算的编制打下坚实基础。

学生笔记

通过本任务的学习，学生根据重点知识点的提示，完成"任务一 施工图预算编制概述"学生笔记(表2-8)的填写，并对重点知识点加强学习。

表2-8 "任务一 施工图预算编制概述"学生笔记

班级：_____ 学号：_____ 姓名：_____ 成绩：_____

1. 施工图预算的概念：

2. 施工图编制依据：

3. 施工图编制方法：

4. 施工图编制步骤：

课后练习

任务二　预算定额概述

任务导入

某工程混凝土矩形柱，采用预拌混凝土 C20，工程量为 100 m^3，试根据现行预算定额计算矩形柱混凝土工程费用，并计算完成此矩形柱混凝土施工的人工、预拌混凝土 C20 的消耗量。

任务资讯

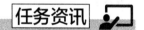

预算定额概述

一、预算定额的概念

所谓定，即规定；额，即额度或数额。定额就是规定的数额或额度，是社会物质生产部门在生产经营活动中，根据一定时期的生产水平和产品的质量要求，为完成一定数量的合格产品所需消耗的人力、物力和财力的数量标准。由于不同的质量要求和安全规范要求，因此定额不单纯是一种数量标准，而是数量、质量和安全要求的统一体。

预算定额是本地区行政主管部门结合当时本区域的社会平均水平，确定完成一定计量单位的合格分项工程或结构构件的人工、材料和施工机械台班消耗量的数量标准，现阶段江西省本专业的预算定额有 2017 版《江西省房屋建筑与装饰工程消耗量定额及统一基价表》(以下简称《消耗量定额》)和 2017 版《江西省房屋建筑与装饰工程、通用安装、市政工程费用定额》(以下简称《费用定额》)。

二、预算定额的作用与适用范围

预算定额是统一房屋建筑与装饰工程工程量计算规则、项目划分、计量单位的依据；是编制房屋建筑与装饰工程投资估算、设计概算、招标控制价的依据；是确定合同价款、编制竣工结算、调解工程造价纠纷的基础。预算定额适用于江西省工业与民用建筑的新建、扩建和改建房屋建筑与装饰工程。

三、2017版《房屋建筑与装饰消耗量定额及统一基价表》

(一)本定额组成

(1)定额总说明。

(2)按分部工程分章，章以下分节，节以下为定额子目(分项工程)。本定额主要包含第一章土石方工程；第二章地基处理与基坑支护工程；第三章桩基工程；第四章砌筑工程；第五章混凝土及钢筋混凝土工程；第六章金属结构工程；第七章木结构工程；第八章门窗工程；第九章屋面及防水工程；第十章保温、隔热、防腐工程；第十一章楼地面装饰工程；第十二章墙、柱面装饰与隔断、幕墙工程；第十三章天棚工程；第十四章油漆、涂料、裱糊工程；第十五章其他装饰工程；第十六章拆除工程；第十七章措施项目。

(3)每一章由说明、工程量计算规则及项目表组成。

(4)定额项目表内容：

1)工作内容和计量单位。

2)定额编号和项目名称。

3)基价和其中包含的人工费、材料费、机械费。

4)人工、材料、机械的名称、单位、单价和消耗量。

(5)两个附录。

1)附录一《模板一次使用量表》。

2)附录二《混凝土、砂浆配合比》。

(二)定额人工消耗量和单价的确定

(1)《消耗量定额》的人工不分技术级别，以综合工日表示。

(2)《消耗量定额》的人工包括基本用工、超运距用工、辅助用工和人工幅度差。

(3)《消耗量定额》的人工每工日按8小时工作制计算。

(4)机械土、石方，桩基础，构件运输及安装等工程，人工随机械产量计算的，人工幅度差按机械幅度差计算。

(三)定额材料消耗量和价格的确定

(1)《消耗量定额》采用的材料(包括构配件、零件、半成品、成品)均为符合国家质量标准和相应设计要求的合格产品。

(2)《消耗量定额》中的材料包括施工中消耗的主要材料、辅助材料、周转材料和其他材料。

(3)《消耗量定额》中材料量包括净用量和损耗量。损耗量包括从工地仓库、现场集中堆放点(或现场加工地点)至操作(或安装)地点的施工场内运输损耗、施工操作损耗、施工现场堆放损耗等，规范(设计文件)规定的预留量、搭接量不在损耗中考虑。

(4)《消耗量定额》中除特殊说明外，大理石和花岗石均按工程半成品石材考虑，消耗量中仅包括场内运输、施工及零星切割的损耗。

(5)混凝土、砌筑砂浆、抹灰砂浆及各种胶泥等均按半成品消耗量以体积"m³"表示。

(6)《消耗量定额》中所使用的砂浆均按干混预拌砂浆编制,若实际使用现拌砂浆或湿拌预拌砂浆时,按以下方法调整:

1)使用现拌砂浆的,除将定额中的干混预拌砂浆调换为现拌砂浆外,砌筑定额按每立方米砂浆增加:人工 0.382 工日、200 L 灰浆搅拌机 0.167 台班,同时,扣除原定额中干混砂浆罐式搅拌机台班;其余定额按每立方米砂浆增加人工 0.382 工日,同时,将原定额中干混砂浆罐式搅拌机调整为 200 L 灰浆搅拌机,台班含量不变。

2)使用湿拌预拌砂浆的,除将定额中的干混预拌砂浆调换为湿拌预拌砂浆外,另按相应定额中每立方米砂浆扣除人工 0.20 工日,并扣除干混砂浆罐式搅拌机台班数量。

(7)《消耗量定额》所采用的材料、半成品、成品品种、规格型号与设计不符时,可按各章规定调整。

(8)《消耗量定额》中的周转性材料按不同施工方法、不同类别、材质,计算出一次摊销量进入消耗量定额。

(9)对于用量少、低值易耗的零星材料,列为其他材料费。

(10)材料预算价格按调查的市场价格综合取定。材料预算价格中不包含增值税可抵扣进项税额的价格。

(四)施工机械台班消耗量和价格的确定

(1)《消耗量定额》中的机械按常用机械、合理机械配备和施工企业的机械化装备程度,并结合工程实际综合确定。

(2)《消耗量定额》的机械台班消耗量按正常机械施工工效并考虑机械幅度差综合确定。

(3)挖掘机械、打桩机械、吊装机械、运输机械(包括推土机、铲运机及构件运输机械等)分别按机械、容量或性能及工作物对象,按单机或主机与配合辅助机械,分别以台班消耗量表示。

(4)凡单位价值 2 000 元以内,使用年限在一年以内的不构成固定资产的施工机械,不列入机械台班消耗量,作为工具用具在建筑安装工程费中的企业管理费考虑,其消耗的燃料动力等已列入材料内。

(5)机械台班单价按《江西省建设工程施工机械台班费用定额(增值税版)》计算。机械台班价格的组成项费用均不包括增值税可抵扣进项税额的价格。

(五)工程计量其精度的确定

工程计量时其准确度取值规定如下:

(1)以"t"为单位,保留小数点后三位数字,第四位小数四舍五入,如钢筋工程、钢结构工程等以"t"为单位。

(2)以"m""m²""m³""kg"为单位,保留小数点后两位数字,第三位小数四舍五入,如管道、线路安装工程、楼梯栏杆扶手工程等以"m"为单位;楼地面装饰工程、墙柱面装饰工程等以"m²"为单位;土石方工程、砌筑工程、混凝土工程等以"m³"为单位;镀锌钢丝、铁件等以"kg"为单位。

(3)其他取整数,如灯具、吊扇、洗脸盆等。

(六)《消耗量定额》注释的规定

注有"××以内"或"××以下"及"小于××"均包括××本身;"××以外"或"××以上"及"大于××"者,则不包括××本身。定额说明中未注明(或省略)尺寸单位的宽度、厚度、断面等,均以"mm"为单位。

消耗量定额
项目摘录

(七)《消耗量定额》的应用

在施工图预算中需套用《消耗量定额》的基价和人工、材料、施工机械的消耗量,应用方法主要包括直接应用、换算应用等。

1. 直接应用

直接应用是指直接应用《消耗量定额》项目中的基价和人工、材料、机械台班消耗量指标。

当施工图设计要求与定额的项目内容完全一致时，可以直接应用《消耗量定额》中的数据。

应用《消耗量定额》时应注意以下几点：

(1)根据施工图、设计说明、标准图做法说明，选择定额项目。

(2)对每个项目分项工程的内容、技术特征、施工方法进行仔细核对，确定与之相对应的定额项目。

(3)每个分项工程的名称、工作内容、计量单位应与定额项目一致。

【案例 2-1】 某工程钢筋混凝土独立基础，设计图纸采用强度等级为 C20 的混凝土，经计算独立基础混凝土工程量为 50 m³，施工方案为预拌混凝土 C20，试计算独立基础混凝土分项工程费用和完成此基础施工所需的人工与混凝土材料的消耗量。

【解】 查独立基础混凝土工程定额子目 5-5：定额基价=3 044.82 元/10 m³，其中人工费为 238.09 元/10 m³，机械费为零，人工消耗量为 2.801 工日/10 m³，预拌混凝土 C20 用量 10.01 m³/10 m³。

设计图纸与定额规定一致，所以可直接套用。

(1)套用定额基价，计算其分项工程费用：

该分项工程费用=工程量×定额基价=50×3 044.82/10=15 224.1(元)

(2)套用定额消耗量指标，计算分项工程所需人工、材料消耗量：

人工消耗量=50×2.801/10=14.01(工日)

混凝土消耗量=50×10.01=50.05(m³)

2. 换算应用

当分项工程的设计内容与定额项目的内容不完全一致时，而定额规定又允许换算时，则可以采用定额规定的范围、内容和方法进行换算，从而使定额子目与分项工程内容保持一致。经过换算的定额项目，应在其定额编号后加注"换"字，以表示区别。

在套用定额时常见的换算应用有系数换算、混凝土或砂浆强度等级和供应方式不同的换算等。

(1)系数换算。系数换算是指根据定额的每一章的说明或附注规定，对定额基价或其中的人工、材料、机械消耗量乘以规定的换算系数，从而得出新的分项工程单价。

换算后单价=原定额基价+需调整项目×(系数-1)

【案例 2-2】 某工程根据设计图纸采用人工挖沟槽土方，经计算工程量为 200 m³，二类土壤，开挖深度为 1.8 m，由地质勘察资料可知，开挖为湿土，试计算人工挖沟槽湿土方费用及完成此挖土所需人工消耗量。

【解】 根据消耗量定额土石方工程说明第八条中土方项目按干土编制，人工挖、运湿土时，相应项目人工乘以系数 1.18。

查定额子目 1-9：定额基价为 254.07 元/10 m³，其中人工费为 254.07 元/10 m³；人工消耗量为 2.989 工日/10 m³；人工单价为 85 元/工日。

工程为挖湿土，定额子目价格是按干土编制的，与定额不一致，按规定人工挖湿土时，相应项目人工乘以系数 1.18。

得出新的人工挖沟槽单价：

1-9 换：换算后的单价=人工工日×系数×人工单价

=2.989×1.18×85=299.80(元/10 m³)

①人工挖沟槽湿土方费用=200×299.80/10=5 996(元)

②完成以上人工挖沟槽湿土方的人工消耗量为 200×1.18×2.989/10=70.54(工日)

【案例 2-3】 某工程层高为 4.2 m，采用普通砖，M10 干混砂浆砌筑 1 砖厚的混水墙，根据图纸计算，3.6 m以下墙体300 m³，3.6 m以上有50 m³，试计算本工程完成墙体砌筑费用和人工、砖、砂浆消耗量。

【解】 查定额编号4-10对应1砖厚的混水墙定额基价为4 399.86元/10 m³，人工消耗量为11.251工日/10 m³，普通砖消耗量为5.337千块/10 m³，干混砌筑砂浆为2.313 m³/10 m³。

砌筑工程定额说明第二条中定额中的墙体砌筑层高是按3.6 m编制的，如超过3.6 m，其超过部分工程量的定额人工乘以系数1.3，故本工程应列两个项来计算。

①3.6 m以下墙体，直接套用定额：

a. 3.6 m以下墙体费用＝300×4 399.86/10＝131 995.8(元)

b. 3.6 m以下墙体人工、砖、砂浆消耗量：

人工消耗量＝300×11.251/10＝337.53(工日)

砖的消耗量＝300×5.337/10＝160.11(千块)

砂浆消耗量＝300×2.313/10＝69.39(m³)

②3.6 m以上墙体，需换算应用定额：

4-10换，单价＝4 399.86＋11.251×85×(1.3－1)＝4 686.76(元/10 m³)

a. 3.6 m以上墙体费用＝50×4 686.76/10＝23 433.8(元)

b. 3.6 m以上墙体人工、砖、砂浆消耗量：

人工消耗量＝50×11.251/10×1.3＝73.13(工日)

砖的消耗量＝50×5.337/10＝26.685(千块)

砂浆消耗量＝50×2.313/10＝11.57(m³)

③墙体砌筑费用计算结果见工程预算表2-9。

④墙体砌筑所需人工、砖、砂浆的消耗量计算结果见表2-10。

表2-9 工程预(结)算表

工程名称：　　　　　　　　　　　　　　　　　　　　　　　　第 页 共 页

序号	定额编号	项目名称	单位	工程量	定额基价/元			合价/元		
					基价	人工费	机械费	合价	人工费	机械费
1	4-10	1砖厚混水墙	10 m³	30	4 399.86	956.34	43.05	131 995.8	28 690.2	1 291.5
2	4-10换	1砖厚混水墙(3.6 m以上)	10 m³	5	4 686.76	1 243.24	43.05	23 433.8	6 216.2	215.25
小计								155 429.6	34 906.4	1 506.75

表2-10 人材机分析表

工程名称：　　　　　　　　　　　　　　　　　　　　　　　　第 页 共 页

序号	定额编号	项目名称	计量单位	工程数量	综合工日/工日		材料名称			
							砖/千块		砂浆/m³	
					定额	数量	定额	数量	定额	数量
1	4-10	1砖厚混水墙	10 m³	30	11.251	337.53	5.377	160.11	2.313	69.39
2	4-10换	1砖厚混水墙(3.6 m以上)	10 m³	5	14.63	73.13	5.337	26.685	2.313	11.57
小计						410.66		186.795		80.96

（2）混凝土（或砂浆）的强度等级不同换算。强度等级不同的混凝土（或砂浆），其单价就不同，《消耗量定额》规定，混凝土或砂浆强度等级与设计图纸不一致时，应按设计图纸的混凝土或砂浆的强度等级进行材料换算（计价文件规定混凝土强度等级不同，先执行相应预拌混凝土定额基价子目，再按市场信息价"在人、材、机价差"中换算）。

砂浆强度等级不同换算步骤如下：

1）查找两种不同强度等级的砂浆的预算单价。

2）计算两种不同强度等级材料的单价差。

3）查找定额中该分项工程的定额基价及定额消耗量。

4）进行调整，计算该分项工程换算后的单价。

换算公式如下：

换算后的单价＝换算前的定额基价＋（换入单价－换出单价）×定额材料消耗量

【案例 2-4】 计算采用干混砌筑砂浆 M7.5 砌筑砖基础的单价。

【解】 查定额 4-1：基价为 4 288.84 元/10 m³，干混预拌砂浆 M10 消耗量为 2.399 m³/10 m³、单价为 514.31 元/m³，干混预拌砂浆 M7.5 的单价为 497.75 元/m³。

4-1 换

干混砌筑砂浆 M7.5 砌筑砖基础的单价＝4 288.84＋（497.75－514.31）×2.399＝4 249.11（元/10 m³）

（3）混凝土或砂浆供应方式不同的换算。

1）砂浆供应方式不同的换算。定额说明中所使用的砂浆均按干混预拌编制。如实际采用现场搅拌做以下调整：

①使用现拌砂浆的，除将定额中的干混预拌砂浆调换成现拌砂浆外，砌筑定额按每立方米砂浆增加：人工 0.382 工日，200 L 灰浆搅拌机 0.167 台班，同时扣除定额中干混砂浆罐式搅拌机台班，其余定额按每立方米砂浆增加 0.382 工日，将定额中干混砂浆罐式搅拌机台班调换成 200 L 灰浆搅拌机，台班含量不变。

②使用湿拌预拌砂浆的，除将定额中的干混预拌砂浆调换成湿拌预拌砂浆外，另按相应定额中每立方米砂浆扣除 0.20 工日，并扣除干混砂浆罐式搅拌机台班数量。

【案例 2-5】 某工程基础采用烧结煤矸石普通砖 240 mm×115 mm×53 mm。按图纸计算砖基础工程量为 27.66 m³，试结合江西省现行定额分别按采用干混预拌砂浆 M10 和现场拌制砂浆 M10 计算本工程砖基础费用。

【解】

查定额子目 4-1 基价为 4 288.84 元/10 m³，干混预拌砂浆 M10 消耗量 2.399 m³/10 m³。

①如采用干混预拌砂浆 M10。定额子目 4-1 中砂浆是按干混预拌砂浆 M10 编制的，可直接套用定额基价。

砖基础费用＝工程量×定额基价

＝27.66×4 288.84/10＝11 862.93（元）

②如采用现拌砂浆 M10。定额子目 4-1 中砂浆是按干混预拌砂浆 M10 编制的，可换算使用。

换算方法：使用现拌砂浆的，除将定额中的干混预拌砂浆调换为现拌砂浆外，砌筑定额按每立方米砂浆增加：人工 0.382 工日、200 L 灰浆搅拌机 0.167 台班，同时，扣除原定额中干混砂浆罐式搅拌机台班。

查定额可知：定额子目 4-1 基价为 4 288.84 元/10 m³，干混预拌砂浆 M10 消耗量为 2.399 m³/10 m³、单价为 514.31 元/m³，现场拌制水泥砂浆 M10 单价为 153.82 元/m³，200 L 灰浆搅拌机为 140.61 元/台班，人工单价为 85 元/工日，原定额干混砂浆罐式搅拌机台班费 45.32 元/10 m³。

换算后的单价＝4 288.84＋2.399×（153.82－514.32）＋2.399×（0.382×85＋0.167×140.61）－45.32

＝4 288.84－864.84＋134.23－45.32＝3 512.91（元/10 m³）

换算后单价中人工费＝835.89＋2.399×0.382×85＝913.79(元)

换算后单价中机械费＝2.399×0.167×140.61－45.32＝11.01(元)

砖基础费用＝工程量×换算后的单价＝27.66×3 512.91/10＝9 716.71(元)

③计算结果见工程预算表 2-11。

表 2-11　工程预算表

工程名称：　　　　　　　　　　　　　　　　　　　　　　　　第　　页　共　　页

序号	定额编号	项目名称	单位	工程量	定额基价/元			合价/元		
					基价	人工费	机械费	合价	人工费	机械费
1	4-1	砖基础 (干混砂浆 M10)	10 m³	2.766	4 288.84	835.89	45.32	11 862.93	2 312.07	125.36
2	4-1 换	砖基础(现场拌制砂浆 M10)	10 m³	2.766	3 512.91	913.79	11.01	9 716.71	2 527.54	30.45

2)混凝土供应方式不同的换算。定额说明中混凝土按预拌混凝土编制，采用现场搅拌时，执行相应的预拌混凝土项目，并将定额中的预拌混凝土换算成现拌混凝土，再执行现场搅拌混凝土调整费项目。

【案例 2-6】 某工程钢筋混凝土独立基础，设计图纸采用强度等级为 C20 的混凝土，经计算独立基础混凝土工程量为 50 m³，试分别按采用预拌混凝土 C20 和现拌混凝土 C20 计算独立基础混凝土分项工程费用(已知混凝土 C20/20/42.5 定额材料单价为 185.84 元/m³，C20 预拌混凝土定额材料单价为 277 元/m³，定额混凝土消耗量为 10.10 m³/10 m³)。

【解】 查独立基础混凝土工程定额子目 5-5：定额基价为 3 044.82 元/10 m³，预拌混凝土 C20 用量为 10.01 m³/10 m³

①采用预拌混凝土 C20，与定额一致，可直接套用。

独立基础混凝土工程费用＝工程量×定额基价＝50×3 044.82/10＝15 224.1(元)

②现拌混凝土 C20 与定额不一致，定额规定可换算应用。定额规定，采用现场搅拌时，执行相应的预拌混凝土项目，并将定额中的预拌混凝土换算成现拌混凝土，再执行现场搅拌混凝土调整费项目。

查定额可知，现拌混凝土 C20/20/42.5 单价为 185.84 元/m³，预拌混凝土 C20 单价为 277 元/m³。

现场搅拌混凝土调整费项目 5-115，基价为 639.74 元/10 m³。

5-5 换　换算后的单价＝换算前的定额基价＋(换入材料单价－换出材料单价)×定额材料消耗量＋639.74 元/10 m³

换算后的单价＝3 044.82＋(185.84－277)×10.10＋639.74＝2 124.1＋639.74＝2 763.84(元/10 m³)

独立基础混凝土工程费用＝工程量×单价＝50×2 763.84/10＝13 819.2(元)

计算结果见表 2-12。

表 2-12　工程预算表

工程名称：　　　　　　　　　　　　　　　　　　　　　　　　第　　页　共　　页

序号	定额编号	项目名称	单位	工程量	定额基价/元			合价/元		
					基价	人工费	机械费	合价	人工费	机械费
1	5-5	独立基础混凝土 (预拌 C20)	10 m³	5	3 044.82			15 224.1		
2	5-5 换	独立基础混凝土 (现拌 C20)	10 m³	5	2 763.84			13 819.2		.

四、费用定额

为了规范建设工程计价行为，合理确定和有效控制工程造价，根据国家现行的工程量计价规范与住房和城乡建设部、财政部《建筑安装工程费用项目组成》(建标〔2013〕44 号)、《建筑工程施工发包与承包计价管理办法》(住房和城乡建设部令第 16 号)等有关规定，结合江西省实际情况，编制《费用定额》。

(一)《费用定额》组成

《费用定额》主要包括总说明、第一章费用组成、第二章费用标准、第三章费用计算程序表、第四章适用范围等内容。

(二)建筑安装工程费用组成

建筑安装工程费用按照费用构成要素划分为人工费、材料(包含工程设备)费、施工机具使用费、企业管理费、利润、规费和税金；按照工程造价形成划分为分部分项工程费、单项措施项目费、其他项目费、规费、税金。具体组成见建筑安装工程费用项目组成图(图 2-1-2-1)。

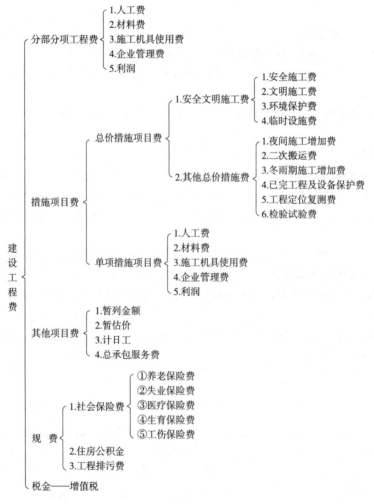

图 2-2　建设工程费用组成

1. 分部分项工程费

分部分项工程费是指各专业工程的分部分项工程应予列支的各项费用。

专业工程是指按现行国家计量规范划分的房屋建筑与装饰、通用安装、市政等工程。

分部分项工程是指按现行国家计量规范对各专业工程划分的项目，如房屋建筑与装饰工程划分的土石方工程、地基处理与边坡支护工程、桩基工程、砌筑工程、钢筋及钢筋混凝土工程等，各类专业工程的分部分项工程划分见现行国家或行业计量规范。

(1)人工费。人工费是指按工资总额构成规定，支付给从事建筑安装工程施工的生产工人和附属生产单位工人的各项费用。内容如下：

1)计时工资或计件工资：是指按计时工资标准和工作时间或对已做工作按计件单价支付给个人的劳动报酬。

2)奖金：是指对超额劳动和增收节支支付给个人的劳动报酬，如节约奖、劳动竞赛奖等。

3)津贴补贴：是指为了补偿职工特殊或额外的劳动消耗和因其他特殊原因支付给个人的津贴，以及为了保证职工工资水平不受物价影响支付给个人的物价补贴，如流动施工津贴、特殊地区施工津贴、高温(寒)作业临时津贴、高空津贴等。

4)加班加点工资：是指按规定支付的在法定节假日工作的加班工资和在法定日工作时间外延时工作的加点工资。

5)特殊情况下支付的工资：是指根据国家法律、法规和政策规定，因病、工伤、产假、计划生育假、婚丧假、事假、探亲假、定期休假、停工学习、执行国家或社会义务等原因按计时工资标准或计时工资标准的一定比例支付的工资。

(2)材料费。材料费是指施工过程中耗费的原材料、辅助材料、构配件、零件、半成品或成品、工程设备的费用。内容如下：

1)材料原价：是指材料、工程设备的出厂价格或商家供应价格。

2)运杂费：是指材料、工程设备自来源地运至工地仓库或指定堆放地点所发生的全部费用。

3)运输损耗费：是指材料在运输装卸过程中不可避免的损耗。

4)采购及保管费：是指为组织采购、供应和保管材料、工程设备的过程中所需要的各项费用，包括采购费、仓储费、工地保管费、仓储损耗。工程设备是指构成或计划构成永久工程一部分的机电设备、金属结构设备、仪器装置及其他类似的设备和装置。

(3)施工机具使用费。施工机具使用费是指施工作业所发生的施工机械、仪器仪表使用费或其租赁费。

1)施工机械使用费：以施工机械台班耗用量乘以施工机械台班单价表示。施工机械台班单价应由下列七项费用组成：

①折旧费：指施工机械在规定的使用年限内，陆续收回其原值的费用。

②大修理费：指施工机械按规定的大修理间隔台班进行必要的大修理，以恢复其正常功能所需的费用。

③经常修理费：指施工机械除大修理以外的各级保养和临时故障排除所需的费用，包括为保障机械正常运转所需替换设备与随机配备工具附具的摊销和维护费用，机械运转中日常保养所需润滑与擦拭的材料费及机械停滞期间的维护和保养费用等。

④安拆费及场外运费：安拆费指施工机械(大型机械除外)在现场进行安装与拆卸所需的人工、材料、机械和试运转费用，以及机械辅助设施的折旧、搭设、拆除等费用；场外运费指施工机械整体或分体自停放地点运至施工现场或由一施工地点运至另一施工地点的运输、装卸、辅助材料及架线等费用。大型机械安拆费及场外运输费用按江西省的相关定额规定计取。

⑤人工费：指机上司机(司炉)和其他操作人员的人工。

⑥燃料动力费：指施工机械在运转作业中所消耗的各种燃种燃料及水、电等。

⑦税费：指施工机械按照国家规定应缴纳的车船使用税、保险费及年检费等。

2)仪器仪表使用费：是指工程施工所需使用的仪器仪表的摊销及维修费用。

（4）企业管理费。企业管理费是指建筑安装企业组织施工生产和经营管理所需的费用。其主要内容如下：

1)管理人员工资：是指按规定支付给管理人员的计时工资、奖金、津贴补贴、加班加点工资及特殊情况下支付的工资等。

2)办公费：是指企业管理办公用的文具、纸张、账表、印刷、邮电、书报、办公软件、现场监控、会议、水电、烧水和集体取暖降温（包括现场临时宿舍取暖降温）等费用。

3)差旅交通费：是指职工因公出差、调动工作的差旅费、住勤补助费、市内交通费和误餐补助费，职工探亲路费，劳动力招募费，职工退休、退职一次性路费，工伤人员就医路费，工地转移费，以及管理部门使用的交通工具的油料、燃料等费用。

4)固定资产使用费：是指管理和试验部门及附属生产单位使用的属于固定资产的房屋、设备、仪器等折旧、大修、维修或租赁费。

5)工具用具使用费：是指企业施工生产和管理使用的不属于固定资产的工具、器具、家具、交通工具和检验、试验、测绘、消防用具等的购置、维修和摊销费。

6)劳动保险和职工福利费：是指由企业支付的职工退职金、按规定支付给离休干部的经费、集体福利费、夏季防暑降温、冬季取暖补贴、上下班交通补贴等。

7)劳动保护费：是企业按规定发放的劳动保护用品的支出。如工作服、手套、防暑降温饮料及在有碍身体健康的环境中施工的保健费用等。

8)工会经费：是指企业按《中华人民共和国工会法》规定的全部职工工资总额比例计提的工会经费。

9)职工教育经费：是指按职工工资总额的规定比例计提，企业为职工进行专业技术和职业技能培训专业技术人员继续教育、职工职业技能鉴定、职业资格认定，以及根据需要对职工进行各类文化教育所发生的费用。

10)财产保险费：是指施工管理用财产、车辆等的保险费用。

11)财务费：是指企业为施工生产筹集资金或提供预付款担保、履约担保、职工工资支付担保等所发生的各种费用。

12)税金：是指企业按规定缴纳的房产税、车船使用税、土地使用税、印花税等。

13)附加税：是指企业按规定缴纳的城市维护建设税、教育费附加及地方教育附加。按简易计税法计算工程造价时，附加税另列入税金。

14)其他：包括技术转计费技术开发费、投标费、业务招待费、绿化费、广告费、公证费、法律顾问费、审计费、咨询费、保险费等。

（5）利润。利润是指施工企业完成所承包工程获得的盈利。

2. 措施项目费

措施项目费是指为完成建设工程施工，发生于该工程施工前和施工过程中的技术、生活、安全、环境保护等方面的费用。措施项目费分为总价措施项目费和单价措施项目费。

（1）总价措施项目费。

1)安全文明施工费

①环境保护：是指施工现场为达到环保部门要求所需要的各项费用。

②文明施工：是指施工现场文明施工所需要的各项费用。

③安全施工：是指施工现场安全施工所需要的各项费用。

④临时设施费：是指施工企业为进行建设工程施工所必须搭设的生活和生产用的临时建筑物、构筑物和其他临时设施费用，包括临时设施的搭设、维修、拆除、清理费或摊销费等。

2）其他总价措施费

①夜间施工增加费：是指因夜间施工所发生的夜班补助费、夜间施工降效、夜间施工照明设备摊销及照明用电等费用。

②二次搬运费：是指因施工场地条件限制而发生的材料、构配件、半成品等一次运输不能到达堆放地点，必须进行二次或多次搬运所发生的费用。

③冬雨期施工增加费：是指在冬期或雨期施工需增加的临时设施、防滑、排除雨雪，人工及施工机械效率降低等费用。

④已完工程及设备保护费：是指竣工验收前，对已完工程及设备采取的必要保护措施所发生的费用。

⑤工程定位复测费：是指工程施工过程中进行全部施工测量放线和复测工作的费用。

⑥检验试验费：是指施工企业按照有关标准规定，对建筑以及材料、构件和建筑安装物进行一般鉴定、检查所发生的费用，包括自设试验室进行试验所耗用的材料等费用。不包括新结构、新材料的试验费，对构件做破坏性试验及其他特殊要求检验试验的费用和建设单位委托检测机构进行检测的费用，对此类检测发生的费用，由建设单位在工程建设其他费用中列支。但对施工企业提供的具有合格证明的材料进行检测不合格的，该检测费用由施工企业支付。

⑦施工因素增加费：是指市政工程中，具有专业施工特点，但又不属于临时设施的范围，并在施工前能预见到发生的因素而增加的费用。在市政工程其他总价措施费率中包含施工因素增加费。

（2）单价措施项目费。单价措施项目是指可以计算工程量的措施项目，如脚手架、混凝土模板及支架(撑)、垂直运输、超高施工增加、大型机械设备进出场及安拆、施工排水及降水等，以"量"计价，更有利于措施费的确定和调整，其工程量计算规范详见《消耗量定额》。

3. 其他项目费

（1）暂列金额。暂列金额是指建设单位在工程量清单中暂定并包括在工程合同价款中的一笔款项。用于施工合同签订时尚未确定或者不可预见的所需材料、工程设备、服务的采购，施工中可能发生的工程变更，合同的约定调整因素出现时的工程价款调整及发生的索赔，现场签证确认等的费用。

（2）暂估价。暂估价是指建设单位在工程量清单中提供的用于支付必然发生但暂时不能确定价格的材料、工程设备的单价以及专业工程的金额。

（3）计工日。计工日是指在施工过程中，施工企业完成建设单位提出的施工图纸以外的零星项目或工作所需的费用。

（4）总承包服务费。总承包服务费是指总承包人为配合、协调建设单位进行的专业工程发包，对建设单位自行采购的材料、工程设备等进行保管，以及施工现场管理、竣工资料汇总整理等服务所需的费用。

4. 规费

规费是指按国家法律，法规规定，由省级政府和省级有关权力部门规定必须缴纳或计取的费用。内容如下：

（1）社会保险费。

1）养老保险费：是指企业按照规定标准为职工缴纳的基本养老保险费。

2）失业保险费：是指企业按照规定标准为职工缴纳的失业保险费。

3）医疗保险费：是指企业按照规定标准为职工缴纳的基本医疗保险费。

4）生育保险费：是指企业按照规定标准为职工缴纳的生育保险费。

5）工伤保险费：是指企业按照规定标准为职工缴纳的工伤保险费。

（2）住房公积金。住房公积金是指企业按规定标准为职工缴纳的住房公积金。

（3）工程排污费。工程排污费是指按规定缴纳的施工现场工程排污费。

5. 税金

税金是指国家税法规定的应计入建筑安装工程造价内的增值税。增值税的计方法包括一般计税方法和简易计税方法。

(三)房屋建筑与装饰工程费用标准

1. 总价措施项目费

(1)安全文明施工费[包括安全文明环保费(环境保护、文明施工、安全施工费)和临时设施费]计取标准,见表2-13。

表2-13 安全文明施工费计取标准

%

费用名称 专业工程	计费基础	费用名称及费率	
		安全文明环保费	临时设施费
建筑工程	定额人工费	9.43	4.04
装饰工程		8.26	3.54

(2)其他总价措施费计取标准见表2-14。

表2-14 其他总价措施费计取标准

%

费用名称 专业工程	计费基础	费率
建筑工程	定额人工费	4.16
装饰工程		2.38

2. 企业管理费、利润计取标准

企业管理费、利润计取标准见表2-15。

表2-15 企业管理费、利润计取标准

%

费用名称 专业工程	计费基础	费用名称及费率				
		企业管理费	附加税			利润
			在市区	在县城、镇	不在市区、县城、镇	
建筑工程	定额人工费	23.29	1.84	1.53	0.92	15.99
装饰工程		10.05	0.83	0.69	0.42	7.41

3. 规费计取标准

规费计取标准见表2-16。

表2-16 规费计取标准

%

费用名称 专业工程	计费基础	费用名称及费率		
		社会保险费	住房公积金	工程排污费
建筑工程	定额人工费+ 定额机械费	13.11	3.32	0.17
装饰工程		8.95	2.27	0.11

4. 税金计取标准

(1)一般计税方法税金计取标准见表 2-17。

表 2-17 一般计税方法税金计取标准 %

税金名称	计费基础	税金税率
增值税	不含进项税税前工程总造价	9

(2)简易计税方法税金计取标准见表 2-18。

表 2-18 简易计税方法税金计取标准 %

税金名称	计费基础	税金征收率	附加税		
			在市区	在县城、镇	不在市区、县城、镇
增值税	含进项税税前工程总造价	3	0.36	0.3	0.18

(四)房屋建筑与装饰工程定额计价程序

(1)一般计税方法定额计价法程序见表 2-19。

表 2-19 一般计税方法定额计价法程序

序号	费用项目		计算方法 (计费基础：人工费)
一	分部分项工程费		$\sum$(工程量×消耗量定额基价)
	其中	1. 定额人工费	$\sum$(工日消耗量×定额人工单价)
		2. 定额机械费	$\sum$(机械消耗量×定额机械台班单价)
二	单价措施费		$\sum$(工程量×消耗量定额基价)
	其中	3. 定额人工费	$\sum$(工日消耗量×定额人工单价)
		4. 定额机械费	$\sum$(机械消耗量×定额机械台班单价)
三	其他项目费		$\sum$其他项目费
四	总价措施费		[(1)+(3)]×相应费率
五	企业管理费		[(1)+(3)]×相应费率
六	利润		[(1)+(3)]×相应费率
七	人材机价差		$\sum$(数量×价差)
八	规费	5. 社会保险费	[(1)+(2)+(3)+(4)]×相应费率
		6. 住房公积金	
		7. 工程排污费	
九	税金		[(一)+(二)+(三)+(四)+(五)+ (六)+(七)+(八)]×税率
十	工程总造价		(一)+(二)+(三)+(四)+(五) +(六)+(七)+(八)+(九)

注：(1)计取各项费用基数的"定额人工费"不含施工机具使用费中的人工费。

(2)采用"一般计税方法"：企业管理费中须包含附加税，其相应费率＝企业管理费费率+附加税费率。

(3)表中的材料费、机械费、总价措施费和企业管理费中不包括可抵扣的进项税额。

(4)机械费包括《消耗量定额》中以"元"表示的其他机械费用

（2）简易计税方法定额计价法程序见表2-20。

表2-20　简易计税方法定额计价法程序

序号	费用项目		计算方法（计费基础：人工费）
一	分部分项工程费		$\sum$（工程量×消耗量定额基价）
	其中	1. 定额人工费	$\sum$（工日消耗量×定额人工单价）
		2. 定额机械费	$\sum$（机械消耗量×定额机械台班单价）
二	单价措施费		$\sum$（工程量×消耗量定额基价）
	其中	3. 定额人工费	$\sum$（工日消耗量×定额人工单价）
		4. 定额机械费	$\sum$（机械消耗量×定额机械台班单价）
三	其他项目费		$\sum$其他项目费
四	总价措施费		［（1）＋（3）］×相应费率×1.06
五	企业管理费		［（1）＋（3）］×相应费率×1.022 5
六	利润		［（1）＋（3）］×相应费率
七	人材机价差		$\sum$（数量×价差）
八	规费	5. 社会保险费	［（1）＋（2）＋（3）＋（4）］×相应费率
		6. 住房公积金	
		7. 工程排污费	
九	税金		［（一）＋（二）＋（三）＋（四）＋（五）＋（六）＋（七）＋（八）］×税率
十	工程总造价		（一）＋（二）＋（三）＋（四）＋（五）＋（六）＋（七）＋（八）＋（九）

注：（1）计取各项费用基数的"定额人工费"不含施工机具使用费中的人工费。

（2）采用"一般计税方法"：企业管理费中须包括附加税，其相应费率＝企业管理费费率＋附加税费率。

（3）表中的材料费、机械费、总价措施费和企业管理费中不包括可抵扣的进项税额。

（4）机械费包括《消耗量定额》中以"元"表示的其他机械费用

（五）案例分析

【案例2-7】　某工程根据《消耗量定额》计算建筑工程分部分项工程费用为563 524.36元。其中定额人工费为148 226.07元，定额机械费为4 999.24元，单价措施费用为59 745.36元。其中定额人工费为22 668.48元，定额机械费为19 812.17元，人材机价差为84 526.16元，装饰工程分部分项工程费用为474 623.83元。其中定额人工费为190 292.92元，定额机械费为6 254.51元，单价措施费用为5 878.95元。其中定额人工费为3 359.39元，定额机械费为631.17元，人材机价差为60 894.77元，工程建在市区，试按费用定额规定的费用标准和计价程序计算工程总造价。

【解】　（1）建筑工程计算过程及结果见表2-21。

表2-21　工程取费表

序号	费用项目	计算方法（计费基础：人工费）	费率/%	金额/元
	建筑工程			
一	分部分项工程费	$\sum$（工程量×消耗量定额基价）		563 524.36

序号	费用项目		计算方法(计费基础:人工费)	费率/%	金额/元
1	其中	定额人工费	$\sum$(工日消耗量×定额人工单价)		148 226.07
2		定额机械费	$\sum$(机械消耗量×定额机械台班单价)		4 999.24
二	单价措施费		$\sum$(工程量×消耗量定额基价)		59 745.36
3	其中	定额人工费	$\sum$(工日消耗量×定额人工单价)		22 668.48
4		定额机械费	$\sum$(机械消耗量×定额机械台班单价)		19 812.17
三	其他项目费		$\sum$其他项目费		
四	总价措施费		(5)+(8)+(8a)		30 128.71
5	安全文明施工措施费		(6)+(7)		23 019.5
6	安全文明环保费		[(1)+(3)]×相应费率= (148 226.07+22 668.48)×9.43%	9.43	16 115.36
7	临时设施费		[(1)+(3)]×相应费率= (148 226.07+22 668.48)×4.04%	4.04	6 904.14
8	其他总价措施费		[(1)+(3)]×相应费率= (148 226.07+22 668.48)×4.16%	4.16	7 109.21
8a	扬尘治理措施费				
五	企业管理费		(9)+(10)		42 945.8
9	企业管理费		[(1)+(3)]×相应费率= (148 226.07+22 668.48)×23.29%	23.29	39 801.34
10	附加税		[(1)+(3)]×相应费率= (148 226.07+22 668.48)×1.84%	1.84	3 144.46
六	利润		[(1)+(3)]×相应费率= (148 226.07+22 668.48)×15.99%	15.99	27 326.84
七	人材机价差		$\sum$(数量×价差)		84 526.16
八	规费		(11)+(12)+(13)		32 487.19
11	社会保险费		[(1)+(2)+(3)+(4)]×相应费率= (14 8226.07+4 999.24+22 668.48 +19 812.17)×13.11%	13.11	25 657.05
12	住房公积金		[(1)+(2)+(3)+(4)]×相应费率= (148 226.07+4 999.24+22 668.48 +19 812.17)×3.32%	3.32	6 497.44
13	工程排污费		[(1)+(2)+(3)+(4)]×相应费率= (148 226.07+4 999.24+22 668.48 +19 812.17)×0.17%	0.17	332.7
九	税金		[(一)+(二)+(三)+(四)+(五)+(六)+ (七)+(八)]×税率=(563 524.36+ 59 745.36+30 128.71+42 945.8+ 27 326.84+84 526.16+32 487.19)×9%	9	75 661.53
十	工程造价		(一)+(二)+(三)+(四)+(五)+(六)+ (七)+(八)+(九)=563 524.36+59 745.36+ 30 128.71+42 945.8+27 326.84+ 84 526.16+32 487.19+75 661.53		916 345.15

（2）装饰工程计算过程及结果见表 2-22。

（3）工程总造价＝建筑工程造价＋装饰工程造价，结果见表 2-22。

表 2-22　工程取费表

序号	费用项目		计算方法（计费基础：人工费）	费率/%	金额/元
	装饰工程				
一	分部分项工程费		$\sum$（工程量×消耗量定额基价）		474 623.83
1	其中	定额人工费	$\sum$（工日消耗量×定额人工单价）		190 292.92
2		定额机械费	$\sum$（机械消耗量×定额机械台班单价）		6 254.51
二	单价措施费		$\sum$（工程量×消耗量定额基价）		5 878.95
3	其中	定额人工费	$\sum$（工日消耗量×定额人工单价）		3 359.39
4		定额机械费	$\sum$（机械消耗量×定额机械台班单价）		631.17
三	其他项目费		$\sum$其他项目费		
四	总价措施费		（5）+（8）		27 459.89
5	安全文明施工措施费		（6）+（7）		22 850.97
6	安全文明环保费		[（1）+（3）]×相应费率＝ （190 292.92＋3 359.39）×8.26%	8.26	15 995.68
7	临时设施费		[（1）+（3）]×相应费率＝ （190 292.92＋3 359.39）×3.54%	3.54	6 855.29
8	其他总价措施费		[（1）+（3）]×相应费率＝ （190 292.92＋3 359.39）×2.38%	2.38	4 608.92
五	企业管理费		（9）+（10）		21 069.37
9	企业管理费		[（1）+（3）]×相应费率＝ （190 292.92＋3 359.39）×10.05%	10.05	19 462.06
10	附加税		[（1）+（3）]×相应费率＝ （190 292.92＋3 359.39）×0.83%	0.83	1 607.31
六	利润		[（1）+（3）]×相应费率＝ （19 0292.92＋3 359.39）×7.41%	7.41	14 349.64
七	人材机价差		$\sum$（数量×价差）		60 894.77
八	规费		（11）+（12）+（13）		22 720.98
11	社会保险费		[（1）+（2）+（3）+（4）]×相应费率＝ （190 292.92＋6 254.51＋3 359.39＋ 631.17）×8.95%	8.95	17 948.17
12	住房公积金		[（1）+（2）+（3）+（4）]×相应费率＝ （190 292.92＋6 254.51＋3 359.39＋ 631.17）×2.27%	2.27	4 552.22
13	工程排污费		[（1）+（2）+（3）+（4）]×相应费率＝ （190 292.92＋6 254.51＋3 359.39＋ 631.17）×0.11%	0.11	220.59

序号	费用项目	计算方法(计费基础:人工费)	费率/%	金额/元
九	税金	[(一)+(二)+(三)+(四)+(五)+(六)+(七)+(八)]×税率=(474 623.83+5 878.95+27 459.89+21 069.37+14 349.64+60 894.77+22 720.98)×9%	9	56 429.77
十	工程造价	(一)+(二)+(三)+(四)+(五)+(六)+(七)+(八)+(九)=474 623.83+5 878.95+27 459.89+21 069.37+14 349.64+60 894.77+22 720.98+56 429.77		683 427.2
十一	工程总造价	建筑工程造价+装饰工程造价=916 345.15+683 427.2		1 599 772.35

任务实施

【解】 查定额 5-11 基价为 3 486.99 元/10 m³,定额人工消耗量为 7.211 工日/10 m³,预拌 C20 混凝土消耗量为 9.797 m³/10 m³,定额与工程情况一致,直接套用定额。

(1)计算矩形柱混凝土工程费用。

矩形柱混凝土工程费用=100×3 486.99/10=34 869.9(元)

(2)计算人工、预拌 C20 混凝土消耗量。

人工消耗量=100×7.211/10=72.11(工日)

预拌 C20 混凝土消耗量=100×9.797/10=97.97(m³)

任务单

【任务 2-1】 某工程采用普通标准砖砌筑 1 砖厚的混水墙,试确定采用干混预拌砂浆 M10 和现拌水泥混合砂浆 M10 砌筑 1 砖厚的混水墙单价。

【任务 2-2】 某工程根据消耗量定额计算出建筑工程分部分项工程费用 510 526.23 元,其中定额人工费中定额人工为 138 216.07 元,定额机械费为 3 969.24 元,单价措施费用为 56 785.36 元。其中定额人工费为 20 638.48 元,定额机械费为 17 822.17 元,人材机价差为 64 526.16 元,并将任务完成过程及结果填入表 2-23~表 2-25。

表 2-23 工程预算表

工程名称: 第   页 共   页

序号	定额编号	项目名称	单位	工程量	定额基价/元			合价/元		
					基价	人工费	机械费	合价	人工费	机械费
			小计							

表 2-24　人材机分析表

序号	定额编号	分项工程名称	计量单位	工程数量	综合工日		材料名称				机械台班						…	…
					定额	数量	定额	数量	定额	数量	定额	数量	定额	数量	定额	数量		

表 2-25　工程量计算书

工程名称：　　　　　　　　　　　　　　　　　　　　　　　　第　页　共　页

序号	项目名称	单位	工程量	计算式

小　结

本任务重点学习了以下内容：

1. 预算定额的概念

预算定额是本地区行政主管部门结合当时本区域的社会平均水平，确定完成一定计量单位的合格分项工程或结构构件的人工、材料和施工机械台班消耗量的数量标准，现阶段江西省本专业的预算定额有 2017 版《江西省房屋建筑与装饰工程消耗量定额及统一基价表》（以下简称《消耗量定额》）和 2017 版《江西省房屋建筑与装饰工程、通用安装、市政工程费用定额》（以下简称《费用定额》）。

2. 预算定额的作用与适用范围

预算定额是统一房屋建筑与装饰工程工程量计算规则、项目划分、计量单位的依据；是编制房屋建筑与装饰工程投资估算、设计概算、招标控制价的依据；是确定合同价款、编制竣工结算、调解工程造价纠纷的基础。预算定额适用于江西省工业与民用建筑的新建、扩建和改建房屋建筑与装饰工程。

3. 房屋建筑与装饰消耗量定额及统一基价表

(1) 定额人工消耗量和单价的确定；

(2) 定额人工消耗量和单价的确定；

(3) 定额人工消耗量和单价的确定；

(4) 消耗量定额的应用。

在施工图预算中需套用《消耗量定额》的基价和人工、材料、施工机械的消耗量，应用方法主要包括直接应用、换算应用等。

4.《费用定额》

(1)建筑安装工程费用组成。建筑安装工程费用按照费用构成要素划分为人工费、材料(包含工程设备)费、施工机具使用费、企业管理费、利润、规费和税金;按照工程造价形成划分为分部分项工程费、措施项目费、其他项目费、规费、税金。

(2)费用标准。

(3)计价程序。

通过本任务的学习,学生应熟悉定额的组成,能正确使用定额子目表,计算分项工程费用,明白建筑安装工程费用的组成和各类费用计取标准,能正确按照计价程序表确定工程造价。

学生笔记

通过本任务的学习,学生根据重点知识点的提示,完成"任务二 预算定额概述"学生笔记(表2-26)的填写,并对重点知识点加强学习。

表2-26 "任务二 预算定额概述"学生笔记

班级:＿＿＿＿＿＿ 学号:＿＿＿＿＿＿ 姓名:＿＿＿＿＿＿ 成绩:＿＿＿＿＿＿

1.《消耗量定额》的组成:

2.《消耗量定额》的应用:

(1)直接套用

(2)换算应用

3. 建筑安装工程费用组成：

4. 总价措施费计取标准：

课后练习

单元二　建筑工程计量与计价

【知识目标】

1. 理解建筑工程各分部分项工程的概念及相关内容。

2. 熟悉建筑工程各分部分项工程定额项目设置。

3. 理解建筑工程各分部分项工程消耗量定额及统一基价表。

4. 掌握建筑工程各分部分项工程定额的工程量计算规则。

5. 掌握建筑工程各分部分项工程定额计价。

【能力目标】

1. 能结合实际工程项目，正确计算建筑工程各分部分项工程定额工程量。

2. 能结合实际工程项目，正确计算建筑工程各分部分项工程定额各项费用。

【素质目标】

1. 社会素质：通过学习计量计价工作，学生能意识到国家的基础建设是靠一砖一瓦累积起来的，是靠一代又一代地土木人前仆后继拼出来的，从而对本职业、对国家的基础建设充满自豪感。

2. 科学素质：通过学习建筑工程各分部分项工程的计量计价过程，学生既对建筑各个过程有了整体的认知，也能意识到计量计价对建筑工程的重大意义，以后无论是从事施工还是造价工作，都能用成本节省意识对待工作中的细节。

任务一　土石方工程

任务导入

某理工院实训工房图纸见附录，该工程为二类土，土方工程全部采用机械施工。

1. 编制平整场地分项工程定额工程量和预算表。

2. 编制沟槽(Ⓐ/①~②)分项工程定额工程量和预算表。

3. 编制基坑(J₂)分项工程定额工程量和预算表。

4. 编制基底钎探分项工程定额工程量和预算表。

5. 编制槽坑夯填土分项工程定额工程量和预算表。

6. 编制地坪夯填土分项工程定额工程量和预算表。

7. 编制外运(余土外运 50 m 运距)分项工程定额工程量和预算表。

知识导图

任务资讯

一、概述

土石方工程是土木建设工程的主要工程之一。土石方施工过程主要包括土石方的开挖、运输、填筑、场地平整与压实等工作内容，还包括场地清理、测量放线、排水、降水、土壁支护等准备工作和辅助工作。

(一)土壤及岩石类别确定

土壤按一、二类土、三类土和四类土分类,其具体分类见表2-27。

表 2-27 土壤分类表

土壤分类	土壤名称	开挖方法
一二类土	粉土、砂土(粉砂、细砂、中砂、粗砂、砾砂)、粉质黏土、弱中盐渍土、软土(淤泥质土、泥炭、泥炭质土)、软塑红黏土、冲填土	用锹、少许用镐、条锄开挖。机械能全部直接铲挖满载者
三类土	黏土、碎石土(圆砾、角砾)混合土、可塑红黏土、硬塑红黏土、强盐渍土、素填土、压实填土	主要用镐、条锄,少许用锹开挖。机械需部分刨松方能铲挖满载者,或可直接铲挖但不能满载者
四类土	碎石土(卵石、碎石、漂石、块石)、坚硬红黏土、超盐渍土、杂填土	全部用镐、条锄挖掘,少许用撬棍挖掘。机械须普遍刨松方能铲挖满载者

岩石按极软岩、软岩、较软岩、较硬岩、坚硬岩分类,其具体分类见表2-28。

表 2-28 岩石分类表

岩石分类		代表性岩石	饱和单轴抗压强度/MPa	开挖方法
极软岩		1. 全风化的各种岩石。 2. 各种半成岩	$f_r \leqslant 5$	部分凿工具部分爆破法
软质岩	软岩	1. 强风化的坚硬岩或较硬岩。 2. 中等风化~强风化的较软岩。 3. 未风化~微风化的页岩、泥岩、泥质砂岩等	$15 \geqslant f_r > 5$	风镐和爆破法
	较软岩	1. 中等风化~强风化的坚硬岩或较硬岩。 2. 未风化~微风化的凝灰岩、千枚岩、泥灰岩、砂质泥岩等	$30 \geqslant f_r > 15$	爆破法
硬质岩	较硬岩	1. 微风化的坚硬岩。 2. 未风化~微风化的大理岩、板岩、石灰岩、白云岩、钙质砂岩等	$60 \geqslant f_r > 30$	爆破法
	坚硬岩	未风化~微风化的花岗石、闪长岩、辉绿岩、玄武岩、安山岩、片麻岩、石英岩、石英砂岩、硅质砾岩、硅质石灰岩等	$f_r > 60$	爆破法

(二)干土、湿土与淤泥的划分

干土、湿土的划分,以地质勘测资料的地下常水位为准。地下常水位以上为干土、以下为湿土。地表水排出后,土壤含水率≥25%时为湿土。含水率超过液限,土和水的混合物呈现流动状态时为淤泥。

(三)平整场地、沟槽、基坑和一般土石方的划分

1. 平整场地

平整场地是指建筑物所在现场厚度≤±30 cm的就地挖、填及平整,如图2-3所示。挖填土方

厚度＞±30 cm时，全部厚度按一般土方相应规定另行计算，但仍应计算平整场地。

2. 沟槽

沟槽是指底宽（设计图示垫层或基础的底宽，下同）≤7 m，且底长＞3倍底宽，如图2-4所示。

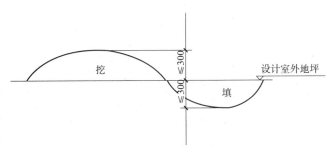

图2-3　平整场地示意　　　　　　　　　图2-4　沟槽

3. 基坑

基坑是指底长≤3倍底宽，且底面积≤150 m²，如图2-5所示。

4. 一般土石方

一般土石方是指超出上述范围，又非平整场地，如图2-6所示。

图2-5　基坑　　　　　　　　　图2-6　一般土石方

二、定额项目设置

《消耗量定额》第一章　土石方工程定额子目划分见表2-29。

表2-29　土石方工程定额项目设置

分部工程		项目名称	定额编号	工作内容
土石方工程	一、土方工程	1. 人工土方 人工挖一般土方	1-1至1-8	挖土，弃土于5 m以内或装土，修整边底
		人工挖沟槽土方	1-9至1-16	挖土，弃土于槽边5 m以内或装土，修整边底
		人工挖基坑土方	1-17至1-24	挖土，弃土于坑边5 m以内或装土，修整边底
		人工装车	1-25	1. 装土，清理车下余土。 2. 装土，运土，弃土
		人工运土方	1-26至1-27	
		人力车运土方	1-28至1-29	

分部工程	项目名称		定额编号	工作内容
一、土方工程	1.人工土方	人工挖淤泥流砂	1-30	1.挖泥砂,弃泥砂于5 m以内,修整边底。 2.装泥砂,运泥砂,弃泥砂
		人工运淤泥流砂	1-31至1-32	
		人力车运淤泥流砂	1-33至1-34	
	2.机械土方	推土机推运一般土方	1-35至1-38	推土,弃土;清理机下余土,维护行驶道路
		装载机装运一般土方	1-39至1-40	装运土,弃土;清理机下余土,维护行驶道路
		挖掘机挖一般土方	1-41至1-43	挖土,弃土于5 m以内,清理机下余土;人工清底修边
		挖掘机挖装一般土方	1-44至1-46	挖土,装土,清理机下余土;人工清底修边
		挖掘机挖槽坑土方	1-47至1-49	挖土,弃土于5 m以内,清理机下余土;人工清底修边
		挖掘机挖装槽坑土方	1-50至1-52	挖土,装土,清理机下余土;人工清底修边
		小型挖掘机挖槽坑土方	1-53至1-55	挖土,弃土于5 m以内,清理机下余土;人工清底修边
		小型挖掘机挖装槽坑土方	1-56至1-58	挖土,装土,清理机下余土;人工清底修边
		装载机装车	1-59	装土,清理车下余土
		挖掘机装车	1-60	
		机动翻斗车运土方	1-61至1-62	运土,弃土;维护行驶道路
		自卸汽车运土方	1-63至1-64	
		挖掘机挖淤泥流砂	1-65	1.挖泥砂,弃泥砂于5 m以内或装车,清底修边;清理机下余泥。 2.装泥砂,运泥砂,弃泥砂;清理机下余泥,维护行驶道路
		泥浆罐车运淤泥流砂	1-66至1-67	
二、石方工程			1-68至1-132	详见《消耗量定额》
三、回填及其他		人工平整场地	1-133	就地挖、填、平整
		机械平整场地	1-134	
		基底钎探	1-135	1.钎孔布置,打钎,拔钎,灌砂堵眼。 2.碎土,5 m内就地取土,筛土。 3.碎土,5 m内就地取土,分层填土,平整
		筛土	1-136	
		松填土	1-137	
		原土夯实两遍	1-138至1-139	打夯,平整
		夯填土	1-140至1-143	碎土,5 m内就地取土,分层填土,洒水,打夯,平整
		机械碾压	1-144至1-146	

三、土石方工程计量与计价

(一)平整场地计量与计价

1. 工程量计算规则

平整场地按设计图示尺寸，以建筑物首层建筑面积计算。建筑物地下室结构外边线凸出首层结构外边线时，其凸出部分的建筑面积合并计算(图2-7)。

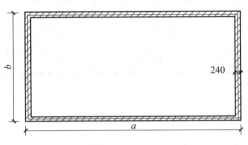

平整场地计量与计价

图 2-7　建筑物首层平面图

a—建筑物外墙外边线长(m)；

b—建筑物外墙外边线宽(m)

2. 工程量计算公式

$$S_{平}=S_{首层建筑面积}=a\times b$$

3. 定额应用

平整场地定额子目工作内容为就地挖、填、平整。

人工平整场地定额子目1-133，机械平整场地定额子目1-134。

4. 案例分析

【案例 2-8】 计算图2-8某理工院实训工房底层平面图所示的平整场地工程量(施工方案为人工平整场地)并计算人材机费。图中轴线尺寸为240 mm墙厚的中心线。

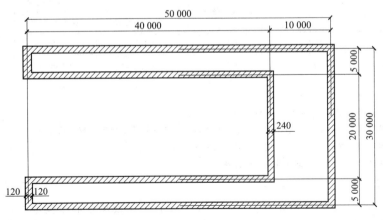

图 2-8　某工程理工院实训工房底层平面图

【解】 (1)根据计算规则，按设计图示尺寸，以建筑物首层建筑面积计算。

$$S=(50+0.24)\times(30+0.24)-(20-0.24)\times(40-0.12+0.12)$$
$$=50.24\times30.24-19.76\times40=728.86(m^2)$$

(2)套定额基价并计算相关费用,定额基价见二维码中常用定额摘录表。

根据定额子目 1-133,确定定额基价为 304.22 元/100 m²

则人工费、材料费和机械费用合计为 728.86×304.22/100＝2 217.34(元)

其中人工费为 2 217.34 元。

(3)建筑工程预算表见表 2-30。

表 2-30　建筑工程预算表

工程项目:某理工院实训工房

序号	定额编号	项目名称	单位	工程量	定额基价/元			合价/元		
					基价	人工费	机械费	合价	人工费	机械费
1	1-133	人工平整场地	100 m²	7.288 6	304.22	304.22	0	2 217.34	2 217.34	0

(二)挖沟槽计量与计价

1. 工程量计算规则

按设计图示沟槽长度乘以沟槽断面面积,以体积计算。

(1)计算基础土方放坡时,不扣除放坡交叉处的重复工程量,如图 2-9 所示。

(2)沟槽开挖的几种方式。

1)不放坡不支挡土板开挖:是指开挖深度不超过表 2-31 所示的放坡起点深度,如图 2-10(a)所示。

2)放坡开挖:是指沟槽的开挖深度超过表 2-31 放坡起点的深度,这时为防止土方侧壁塌方,保证施工安全,土壁应做成有一定倾斜坡度的边坡,这个倾斜坡度可用放坡系数 K 表示,如图 2-10(b)所示。

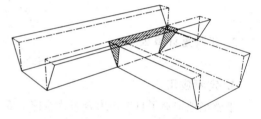

图 2-9　交接处重复工程量示意

表 2-31　土方放坡起点深度和放坡坡度表

土壤类别	起点深度(>)/m	放坡坡度			
		人工挖土	机械挖土		
			基坑内作业	基坑上作业	沟槽上作业
一二类土	1.20	1:0.50	1:0.33	1:0.75	1:0.50
三类土	1.50	1:0.33	1:0.25	1:0.67	1:0.33
四类土	2.00	1:0.25	1:0.10	1:0.33	1:0.25

注:1. 基础土方放坡,自基础(含垫层)底标高算起。

　　2. 混合土质的基础土方,其放坡的起点深度和放坡坡度,按不同土类厚度加权平均计算。

　　3. 计算基础土方放坡时,不扣除放坡交叉处的重复工程量。

　　4. 基础土方支挡土板时,土方放坡不另行计算

3)支挡土板开挖:是指在需要放坡开挖的土方中,由于现场限制不能放坡,或因土质原因,放坡后工程量较大时,就需要用支挡土板,如图 2-10(c)所示。

2. 工程量计算公式

挖沟槽工程量＝沟槽长度×沟槽断面面积

(1)条形基础的沟槽长度。

1)外墙沟槽:按外墙中心线长度计算。凸出墙面的墙垛,按墙垛凸出墙面的中心线长度,并

入相应工程量内计算。

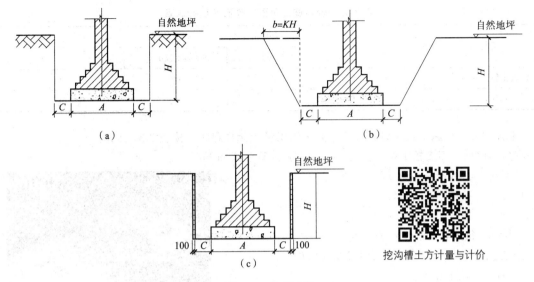

图 2-10　沟槽开挖

(a)不放坡不支挡土板开挖；(b)放坡开挖；(c)支挡土板开挖

挖沟槽土方计量与计价

2)内墙沟槽、框架间墙沟槽：按基础(含垫层)之间垫层(或基础底)的净长度计算。

(2)管道的沟槽长度：按设计规定计算；设计无规定时，以设计图示管道中心线长度(不扣除下口直径或边长≤1.5 m的井池)计算。

注：下口直径或边长＞1.5 m的井池的土石方，另按基坑的相应规定计算。按设计图示沟槽长度乘以沟槽断面面积，以体积计算。

(3)沟槽的断面面积：包括工作面宽度(表2-32)、放坡宽度或石方允许超挖量的面积。

开挖深度：应按基础(含垫层)底标高至设计室外地坪标高确定。交付施工场地标高与设计室外地坪标高不同时，应按交付施工场地标高确定。

工作面宽度：按施工组织设计计算；施工组织设计无规定时，按下列规定计算，见表2-32。

表 2-32　基础施工单面工作面宽度计算表　　　　　　　　　　　　　　mm

基础材料	每面增加工作面宽度
砖基础	200
毛石、方整石基础	250
混凝土基础(支模板)	400
混凝土基础垫层(支模板)	150
基础垂直面做砂浆防潮层	400(自防潮层面)
基础垂直面做防水层或防腐层	1 000(自防水层或防腐层面)
支挡土板	100(另加)

基础施工需要搭设脚手架时：

1)条形基础按1.50 m计算(只计算一面)；

2)独立基础按0.45 m计算(四面均计算)；

3)基坑土方大开挖需做边坡支护时，基础施工的工作面宽度按2.00 m计算；

4)基坑内施工各种桩时，基础施工的工作面宽度按2.00 m计算；

5)管道施工的工作面宽度，按表计算见表2-33。

表 2-33　管道施工单面工作面宽度计算表　　　　　　　　　　　　　mm

管道材质	管道基础外沿宽度（无基础时管道外径）			
	≤500	≤1 000	≤2 500	>2 500
混凝土管、水泥管	400	500	600	700
其他管道	300	400	500	600

土方放坡：按施工组织设计计算；施工组织设计无规定时，按表2-31计算。

（4）不放坡、不支挡土板开挖（图2-11），其计算公式如下：

$$V=(A+2c)H(L_{中}+L_{内})$$

式中　V——挖基槽土方体积；

A——图示基础垫层的宽度；

c——每边各增加工作面宽度；

$L_{中}$、$L_{内}$——所挖沟槽的中线及内部长度；

H——挖土深度。

（5）放坡开挖计算公式如下：

$$V=(A+2c+KH)\times H\times(L_{中}+L_{内})$$

式中，K 为放坡系数；$K=b/H$；$b=KH$。

图 2-11　挖沟槽、挖基坑土方工程建模

（6）支挡土板开挖。支挡土板时，其基槽宽度按图示沟槽底宽单面加 10 cm，双面加 20 cm 计算。

1）单面支挡土板沟槽工程量计算公式如下：

$$V=(A+2c+0.1)\times H\times(L_{中}+L_{内})$$

2）双面支挡土板沟槽工程量计算公式如下：

$$V=(A+2c+0.2)\times H\times(L_{中}+L_{内})$$

3. 定额应用

（1）人工挖一般土方、沟槽、基坑深度超过 6 m 时，6 m＜深度≤7 m，按深度≤6 m 相应项目人工乘以系数 1.25；7 m＜深度≤8 m，按深度≤6 m 相应项目人工乘以系数 1.25^2；以此类推。

（2）挡土板内人工挖槽坑时，相应项目人工乘以系数 1.43。

（3）满堂基础底板垫层底以下加深的槽坑，按槽坑相应规则计算工程量，相应项目人工、机械乘以系数 1.25。

（4）人工挖沟槽土方定额子目工作内容：挖土，弃土于槽边 5 m 以内或装土，修整边底。人工挖沟槽土方定额编号为 1-9 至 1-16。

（5）挖掘机挖槽坑土方定额子目工作内容：挖土，弃土于 5 m 以内，清理机下余土；人工清底修边；挖掘机挖槽坑土方定额编号为 1-47 至 1-49。

（6）挖掘机挖装槽坑土方定额子目工作内容：挖土、装土，清理机下余土；人工清底修边。挖掘机挖装槽坑土方定额编号为 1-50 至 1-52。

（7）小型挖掘机挖槽坑土方定额子目工作内容：挖土，弃土于 5 m 以内，清理机下余土；人工清底修边。小型挖掘机挖槽坑土方定额编号为 1-53 至 1-55。

（8）小型挖掘机挖装槽坑土方定额子目工作内容为：挖土、装土，清理机下余土；人工清底修边。小型挖掘机挖装槽坑土方定额编号为 1-56 至 1-58。

4. 案例分析

【案例 2-9】　某工程基础如图 2-12、图 2-13 所示，室外地坪标高为 −0.3 m，图中尺寸除标高以"米"为单位，其余均为毫米，土壤类别为三类土。计算完成该工程砖混结构的人工挖沟槽土方工程量并计算人材机费。

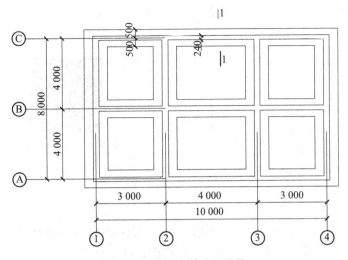

图 2-12　某工程基础平面图

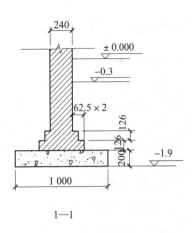

图 2-13　某工程基础剖面图

【解】　三类土查表 2-31 可知放坡起点为 1.5 m，挖土深度 $H=1.9-0.3=1.6(m)>1.5$ m，需要放坡。工作面 c 为 150 mm。垫层宽度 $A=1000$ mm，放坡系数 $K=0.33$。

(1)由条形基础平面图及剖面图，根据计算规则人工挖沟槽土方工程量：

$$V=(A+2c+KH)\times H\times (L_中+L_内)$$
$$=(1+2\times 0.15+0.33\times 1.6)\times 1.6\times [(10+8)\times 2+(10-1)+(4-1)\times 4]$$
$$=166.71(m^3)$$

(2)套定额基价并计算相关费用，定额基价见二维码中常用定额摘录表。

根据定额子目 1-11，确定定额基价为 427.72 元/10 m^3。

则人材机费 $=166.71\times 427.72/10=7\,130.52$(元)，其中人工费 $=7\,130.52$ 元。

(3)建筑工程预算表见表 2-34。

表 2-34　建筑工程预算表

序号	定额编号	项目名称	单位	工程量	定额基价/元			合价/元		
					基价	人工费	机械费	合价	人工费	机械费
1	1-11	人工挖沟槽土方	10 m^3	16.671	427.72	427.72	0	7 130.52	7 130.52	0

(三)挖基坑计量与计价

1. 工程量计算规则

基坑土石方按设计图示基础(含垫层)尺寸，另加工作面宽度、土方放坡宽度或石方允许超挖量乘以开挖深度，以体积计算。

2. 工程量计算公式

(1)不放坡、不支挡土板开挖(图 2-14)
基坑工程量计算公式如下：

1)当为长方体时 $\qquad V=(a+2c)\times (b+2c)\times H$

2)当为圆柱体时 $\qquad V=\pi r^3\times H$

图 2-14　挖掘机挖基坑土方

(2)放坡开挖基坑工程量计算公式如下：

1)当为棱台时：$V=(a+2c+KH)\times(b+2c+KH)\times H+1/3K^2H^3$

式中　a——垫层的长度；

　　　b——垫层的宽；

　　　c——工作面宽度；

　　　H——挖土深度；

　　　K——放坡系数。

2)当为圆台时：$V=1/3\pi H(R_1^2+R_2^2+R_1R_2)$

式中　R_1——圆台坑底半径(垫层半径+工作面)；

　　　R_2——圆台坑上口半径(垫层半径+工作面+KH)；

　　　H——挖土深度。

挖基坑土方计量与计价

3. 定额应用

(1)人工挖一般土方、沟槽、基坑深度超过 6 m 时，6 m<深度≤7 m，按深度≤6 m 相应项目人工乘以系数 1.25；7 m<深度≤8 m，按深度≤6 m 相应项目人工乘以系数 1.25^2；以此类推。

(2)挡土板内人工挖槽坑时，相应项目人工乘以系数 1.43。

(3)满堂基础底板垫层底以下加深的槽坑，按槽坑相应规则计算工程量，相应项目人工、机械乘以系数 1.25。

(4)挖掘机挖槽坑土方定额子目工作内容：挖土，弃土于 5 m 以内，清理机下余土；人工清底修边。挖掘机挖槽坑土方定额编号为 1-47 至 1-49。

(5)挖掘机挖装槽坑土方定额子目工作内容：挖土、装土，清理机下余土；人工清底修边。挖掘机挖装槽坑土方定额编号为 1-50 至 1-52。

(6)小型挖掘机挖槽坑土方定额子目工作内容：挖土，弃土于 5 m 以内，清理机下余土；人工清底修边。小型挖掘机挖槽坑土方定额编号为 1-53 至 1-55。

(7)小型挖掘机挖装槽坑土方定额子目工作内容：挖土、装土，清理机下余土；人工清底修边。小型挖掘机挖装槽坑土方定额编号为 1-56 至 1-58。

4. 案例分析

【案例 2-10】 某工程基础如图 2-15 及图 2-16 所示及附录图纸，室外地坪标高为 -0.15 m，图中尺寸除标高以"m"为单位外，其余均以为"mm"为单位。土壤类别为二类土，独立基础需支模板。计算完成该工程人工挖基坑土方工程量并计算人材机费(一个独立基础 J-1)。

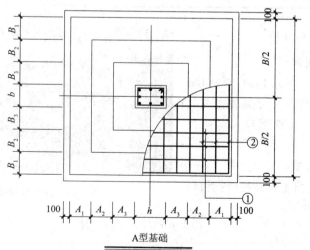

图 2-15　某工程基础平面图

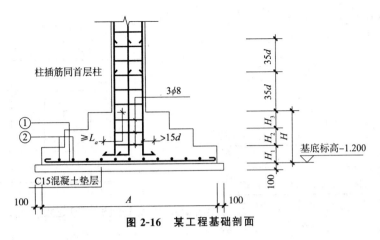

柱插筋同首层柱

$3\phi8$

① ②

$\geqslant L_a$ $>15d$

C15混凝土垫层

100   A 100

$35d$

$35d$

H_1 H_2 H_3 H

基底标高-1.200

100

图 2-16　某工程基础剖面

已知：混凝土独立基础边长（长边 $A=2.8$ m，短边 $B=2.4$ m），工作面 $C=0.4$ m，垫层底标高为 -1.3 m。

【解】　二类土查表 2-31 可知，放坡起点为 1.2 m，挖土深度 $H=1.3-0.15=1.15$（m）<1.2 m，所以不需要放坡。

(1)由独立基础平面图及剖面图，根据计算规则得人工挖基坑土方工程量：
$$V=(A+2c)\times(B+2c)\times H$$
$$=(2.8+2\times0.4)\times(2.4+2\times0.4)\times1.15$$
$$=13.25\,(\text{m}^3)$$

(2)套定额基价并计算相关费用，定额基价见二维码中常用定额摘录表。

根据定额子目 1-17，确定定额基价为 269.45 元/10 m³。

则人材机费 $=13.25\times269.45/10=357.02$（元），其中人工费 $=357.02$ 元。

(3)建筑工程预算表见表 2-35。

表 2-35　建筑工程预算表

序号	定额编号	项目名称	单位	工程量	定额基价/元			合价/元		
					基价	人工费	机械费	合价	人工费	机械费
1	1-17	人工挖基坑土方（一二类土，≤2 m）	10 m³	1.325	269.45	269.45	0	357.02	357.02	0

【案例 2-11】　图 2-17 所示的现浇钢筋混凝土独立基础 C25 混凝土，图中尺寸除标高均以"m"为单位外，其余均为 mm，独立基础长边的尺寸为 2 000 mm，短边尺寸为 1 800 mm，垫层底标高为 -6.5 m，自然地坪标高为 -0.3 m，三类土壤，施工方案为机械挖基坑，基坑上作业，试计算机械挖基坑工程量并计算人材机费（独立基础需支模板）。

【解】　(1)分析：根据《消耗量定额》及图纸，独立基础长边尺寸 $a=2$ m；短边尺寸 $b=1.8$ m；独立基础（支模板）每面增加 400 mm 工作面；施工方案为机械挖基坑，基坑上作业，放坡系数 $K=0.67$，$H=6.5-0.3=6.2$（m）>1.5 m，需放坡。

(2)工程量计算：
$$V_{坑}=(a+2c+KH)\times(b+2c+KH)\times H+1/3K^2\times H^3$$
$$=(2+2\times0.4+0.67\times6.2)\times(1.8+2\times0.4+0.67\times6.2)\times6.2+$$
$$1/3\times0.67^2\times6.2^3=326.86\,(\text{m}^3)$$

(3)套定额基价并计算相关费用，定额基价见二维码中常用定额摘录表。

分析：施工方案为机械挖基坑，基坑底面面积 $S=(2+0.8)\times(1.8+0.8)=7.28$（m²）$\leqslant8$ m²，因

此采用小型挖掘机定额，查定额子目 1-54，确定定额基价为 100.11 元/10 m³。

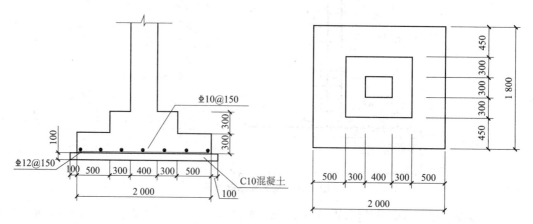

图 2-17　现浇钢筋混凝土独立基础

则人材机费＝326.86×100.11/10＝3 272.20(元)

其中人工费＝326.86×70.30/10＝2 297.83(元)

其中机械费＝326.86×29.81/10＝974.37(元)

(4)建筑工程预算表见表 2-36。

表 2-36　建筑工程预算表

序号	定额编号	项目名称	单位	工程量	定额基价/元			合价/元		
					基价	人工费	机械费	合价	人工费	机械费
1	1-54	小型挖掘机挖槽坑土方(三类土)	10 m³	32.686	100.11	70.30	29.81	3 272.20	2 297.83	974.37

(四)挖一般土石方计量与计价

1. 工程量计算规则

一般土石方，按设计图示基础(含垫层)尺寸，另加工作面宽度、土方放坡宽度或石方允许超挖量乘以开挖深度，以体积计算。机械施工坡道的土石方工程量，并入相应工程量内计算。

2. 工程量计算公式

$$挖一般土石方工程量＝S_{基础(含垫层)}×开挖深度$$

3. 定额应用

人工挖一般土方、沟槽、基坑深度超过 6 m 时，6 m＜深度≤7 m，按深度≤6 m 相应项目人工乘以系数 1.25；7 m＜深度≤8 m，按深度≤6 m 相应项目人工乘以系数 1.25^2；以此类推。

4. 案例分析

【案例 2-12】 某理工院实训工房基础平面图如图 2-18 所示，施工方案为挖掘机挖土方。采用整体开挖，土壤类别为二类土，挖土深度 H＝1.15 m。试计算挖掘机挖土方工程量并计算人材机费。

【解】 (1)挖一般土方工程量计算。根据挖一般土方工程量定额计算规则，可得知挖土方底面面积：

$S_底＝(48+0.92+0.4+0.995+0.4)×(12+0.82+0.4+1.02+0.4)＝742.47(m²)$，$S_底＝$ 742.47 m²＞150 m²，因此为挖一般土方。挖土深度 H＝1.15 m，混凝土基础(支模板)工作面 C＝ 400 mm。

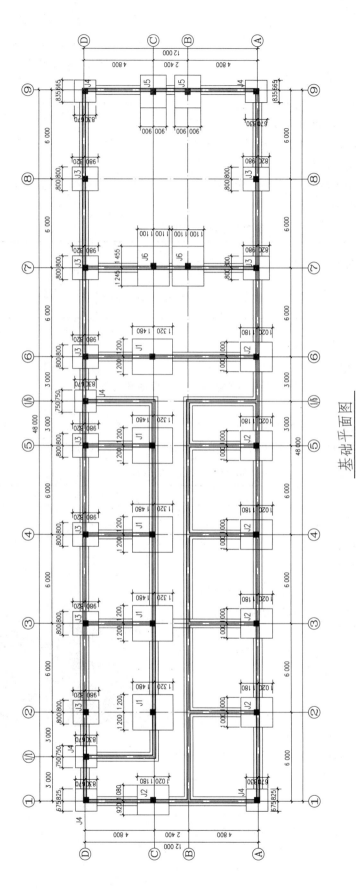

基础平面图

图 2-18 某理工院实训工房基础平面图

挖一般土方工程量：

$$V = S_{底} \times H = (48 + 0.92 + 0.4 + 0.995 + 0.4) \times (12 + 0.82 + 0.4 + 1.02 + 0.4) \times 1.15$$
$$= 742.47 \times 1.15 = 853.84 (\text{m}^3)$$

（2）套定额基价并计算相关费用，定额基价见二维码中常用定额摘录表。

根据定额子目 1-41，定额基价为 41.02 元/10 m³。

则人材机费 = 853.84 × 41.02/10 = 3 502.45（元）

其中人工费 = 853.84 × 22.61/10 = 1 930.53（元）

其中机械费 = 853.84 × 18.41/10 = 1 571.92（元）

（3）建筑工程预算表见表 2-37。

表 2-37　建筑工程预算表

序号	定额编号	项目名称	单位	工程量	定额基价/元			合价/元		
					基价	人工费	机械费	合价	人工费	机械费
1	1-41	挖掘机挖一般土方（二类土）	10 m³	85.384	41.02	22.61	18.41	3 502.45	1 930.53	1 571.92

（五）回填及其他计量

（1）基底钎探，以垫层（或基础）底面面积计算。

（2）原土夯实与碾压，按施工组织设计规定的尺寸，以面积计算。

（3）回填按下列规定以体积计算：

1）沟槽基坑回填，按挖方体积减去设计室外地坪以下建筑物、基础（含垫层）的体积计算。

2）管道沟槽回填，按挖方体积减去管道基础和管道折合回填体积（表 2-38）计算。

表 2-38　管道折合回填体积　　　　　　　　　　　　　　m³/m

管道	公称直径（mm 以内）					
	500	600	800	1 000	1 200	1 500
混凝土管及钢筋混凝土管道	—	0.33	0.6	0.92	1.15	1.45
其他材质管道	0.22	0.46	0.74	—	—	—

3）房心（含地下室内）回填，按主墙间净面积（扣除连续底面面积 2 m² 以上的设备基础等面积）乘以回填厚度以体积计算。

4）场区（含地下室顶板以上）回填，按回填面积乘以平均回填厚度以体积计算。

（六）土方运输计量

土方运输（图 2-19），以天然密实体积计算。挖土总体积减去回填土，总体积为正，则为余土外运；总体积为负，则为取土内运。

图 2-19　土方运输

💡 **思政小贴士**

工匠精神：借助"挖方—回填—余土外运"工程量的环环相扣关系（前一环节的粗心遗漏将导致后续环节的错误），可以与认真细致的工匠精神联系起来。

习近平总书记在党的二十大报告中指出："加快建设国家战略人才力量，努力培养造就更多大师、战略科学家、一流科技领军人才和创新团队、青年科技人才、卓越工程师、大国工匠、高技能人才。"这一要求充分体现了党中央对培养大国工匠、弘扬工匠精神的高度重视，为职业院校开展思想政治教育、培塑工匠精神提供了根本遵循。

"执着专注、精益求精、一丝不苟、追求卓越。"2020 年 11 月 24 日，在全国劳动模范和先进工作者表彰大会上，习近平总书记高度概括了工匠精神的深刻内涵，强调劳模精神、劳动精神、工匠精神是以爱国主义为核心的民族精神和以改革创新为核心的时代精神的生动体现，是鼓舞全党全国各族人民风雨无阻、勇敢前进的强大精神动力。

任务实施

1. 请编制平整场地分项工程定额工程量和预算表。

【解】(1)根据计算规则编制平整场地工程量：按设计图示尺寸，以建筑物首层建筑面积计算。

$$S = (48 + 0.24) \times (12 + 0.24) = 590.46 (\text{m}^2)$$

(2)套定额基价并计算相关费用，定额基价见二维码中常用定额摘录表。

根据定额子目 1-134，确定定额基价为 117.47 元/100 m²。

则人工费、材料费和机械费用合计为 590.46×117.47/100＝693.61(元)

其中人工费为 590.46×7.23/100＝42.69(元)

其中机械费为 590.46×110.24/100＝650.92(元)

(3)建筑工程预算表见表 2-39。

表 2-39　建筑工程预算表

工程项目：某理工院实训工房

序号	定额编号	项目名称	单位	工程量	定额基价/元			合价/元		
					基价	人工费	机械费	合价	人工费	机械费
1	1-134	机械平整场地	100 m²	5.904 6	117.47	7.23	110.24	693.61	42.69	650.92

2. 请编制沟槽(Ⓐ/①～②)分项工程定额工程量和预算表。

【解】二类土查表 2-31 放坡起点为 1.2 m，挖土深度 $H = 1.2 - 0.15 = 1.15 (\text{m}) < 1.2$ m，无须放坡。工作面 c 为 150 mm。垫层宽度 $A = 600$ mm。开挖长度 $L = 6\,000 - 825 - 1\,000 - 400 - 400 = 3\,375 (\text{mm})$。

(1)由条形基础平面图及剖面图，根据计算规则机械挖沟槽土方工程量：

$$\begin{aligned} V &= (A + 2c) \times H \times (L_{中} + L_{内}) \\ &= (0.6 + 2 \times 0.15) \times 1.15 \times 3.375 \\ &= 3.49 (\text{m}^3) \end{aligned}$$

(2)套定额基价并计算相关费用，定额基价见二维码中常用定额摘录表。

根据定额子目 1-47，定额基价为 89.70 元/10 m³，

则人材机费 3.49×89.70/10＝31.31(元)

其中人工费＝3.49×70.30/10＝24.53(元)

其中机械费＝3.49×19.40/10＝6.77(元)

(3)建筑工程预算表见表 2-40。

表 2-40 建筑工程预算表

工程项目：某理工院实训工房

序号	定额编号	项目名称	单位	工程量	定额基价/元			合价/元		
					基价	人工费	机械费	合价	人工费	机械费
1	1-47	挖掘机挖槽坑土方	10 m³	0.349	89.70	70.30	19.40	31.31	24.53	6.77

3. 请编制基坑(J_2)分项工程定额工程量和预算表。

【解】 查图纸得混凝土独立基础 J_2 边长（长边 $A=2.2$ m，短边 $B=2$ m），共 6 个，工作面 $C=0.4$ m，垫层底标高为 -1.3 m。

二类土查表 2-30 可知，放坡起点为 1.2 m，挖土深度 $H=1.3-0.15=1.15(\text{m})<1.2$ m，所以不需要放坡。

(1)由独立基础平面图及剖面图，根据计算规则得机械挖基坑土方工程量：

$$V=(A+2c)\times(B+2c)\times H\times 6$$
$$=(2.2+2\times0.4)\times(2+2\times0.4)\times1.15\times6$$
$$=57.96(\text{m}^3)$$

(2)套定额基价并计算相关费用，定额基价见二维码中常用定额摘录表。

根据定额子目 1-47，定额基价为 89.70 元/10 m³，

则人材机费 $57.96\times89.70/10=519.90(\text{元})$

其中人工费 $=57.96\times70.30/10=407.46(\text{元})$

其中机械费 $=57.96\times19.40/10=112.44(\text{元})$

(3)建筑工程预算表见表 2-41。

表 2-41 建筑工程预算表

工程项目：某理工院实训工房

序号	定额编号	项目名称	单位	工程量	定额基价/元			合价/元		
					基价	人工费	机械费	合价	人工费	机械费
1	1-47	挖掘机挖槽坑土方	10 m³	5.796	89.70	70.30	19.40	519.90	407.46	112.44

4. 请编制基底钎探分项工程定额工程量和预算表。

【解】 (1)根据基底钎探工程量计算规则得

$$S_{\text{垫层底面积}}=S_{\text{独立基础垫层}}+S_{\text{条形基础垫层}}$$

依对图纸完整计算得 $S_{\text{独立基础垫层}}=143.9$ m²，$S_{\text{条形基础垫层}}=95.4$ m²，$S_{\text{垫层底面积}}=143.9+95.4=239.3(\text{m}^2)$。

(2)套定额基价并计算相关费用，定额基价见二维码中常用定额摘录表。

根据定额子目 1-135，定额基价为 515.58 元/100 m²，

则人材机费 $239.3\times515.58/100=1\ 233.78(\text{元})$

其中人工费 $=239.3\times303.45/100=726.16(\text{元})$

其中机械费 $=239.3\times151.81/100=363.28(\text{元})$

(3)建筑工程预算表见表 2-42。

表 2-42 建筑工程预算表

工程项目：某理工院实训工房

序号	定额编号	项目名称	单位	工程量	定额基价/元			合价/元		
					基价	人工费	机械费	合价	人工费	机械费
1	1-135	基底钎探	100 m²	2.393	515.58	303.45	151.81	1 233.78	726.16	363.28

5. 请编制槽坑基础夯填土分项工程定额工程量和预算表。

【解】 (1)根据槽坑基础夯填土工程量计算规则得

$$V_{回}=V_{挖}-V_{埋}$$

$$V_{挖}=V_{挖基坑}+V_{挖沟槽}$$

$$V_{埋}=V_{室外地坪以下埋设物}=V_{独基垫层}+V_{独基}+V_{-0.15\,m以下柱}+V_{条基垫层}+V_{-0.15\,m以下砖条基}$$

经计算得

$$V_{挖}=V_{挖基坑}+V_{挖沟槽}=150.33+264.27=414.60(m^3)$$

$$V_{埋}=V_{室外地坪以下埋设物}=V_{独基垫层}+V_{独基}+V_{-0.15\,m以下柱}+V_{条基垫层}+V_{-0.15\,m以下砖条基}$$
$$=14.39+41.76+2.46+20+49.66=128.27(m^3)$$

$$V_{回}=V_{挖}-V_{埋}=414.60-128.27=286.33(m^3)$$

(2)套定额基价并计算相关费用，定额基价见二维码中常用定额摘录表。

根据定额子目 1-143，定额基价为 100.53 元/10 m³，

则人材机费 286.33×100.53/10=2 878.48(元)

其中人工费＝286.33×72.42/10=2 073.60(元)

其中机械费＝286.33×28.11/10=804.87(元)

(3)建筑工程预算表见表 2-43。

表 2-43　建筑工程预算表

工程项目：某理工院实训工房

序号	定额编号	项目名称	单位	工程量	定额基价/元			合价/元		
					基价	人工费	机械费	合价	人工费	机械费
1	1-143	夯填土(机械槽坑)	10 m³	28.633	100.53	72.42	28.11	2 878.48	2 073.60	804.87

6. 请编制地坪夯填土分项工程定额工程量和预算表。

【解】 (1)根据地坪夯填土工程量计算规则得

$$V_{回}=(S_{底}-S_{主墙所占面积})\times H_{回填土厚度}$$

经计算得

$$V_{回}=(590.46-54.28)\times(0.15-0.01-0.02-0.015-0.02)$$
$$=45.58(m^3)$$

(2)套定额基价并计算相关费用，定额基价见二维码中常用定额摘录表

根据定额子目 1-142，定额基价为 76.90 元/10 m³，

则人材机费 45.58×76.90/10=350.51(元)

其中人工费＝45.58×55.42/10=252.60(元)

其中机械费＝45.58×21.48/10=97.91(元)

(3)建筑工程预算表见表 2-44。

表 2-44　建筑工程预算表

工程项目：某理工院实训工房

序号	定额编号	项目名称	单位	工程量	定额基价/元			合价/元		
					基价	人工费	机械费	合价	人工费	机械费
1	1-142	夯填土(机械地坪)	10 m³	4.558	76.90	55.42	21.48	350.51	252.60	97.91

7. 请编制外运(余土外运50 m运距)分项工程定额工程量和预算表。

【解】 (1)根据外运工程量计算规则得

$$V_外=V_挖-V_回$$

经计算得

$$V_挖=V_{挖基坑}+V_{挖沟槽}=150.33+264.27=414.60(m^3)$$

$$V_回=286.33+29.49=315.82(m^3)$$

$$V_外=414.60-315.82=98.78(m^3)$$

(2) 套定额基价并计算相关费用，定额基价见二维码中常用定额摘录表。

定额子目 1-60，挖掘机装车定额基价为 29.57 元/10 m³，

则人材机费 98.78×29.57/10=292.09(元)

其中人工费 98.78×4.34/10=42.87(元)

其中机械费 98.78×25.23/10=249.22(元)

定额子目 1-61，机动翻斗车运土方定额基价为 89.01 元/10 m³，

则人材机费 98.78×89.01/10=879.24(元)，其中人工费为 0 元

其中机械费 98.78×89.01/10=879.24(元)

(3) 建筑工程预算表见表 2-45。

表 2-45 建筑工程预算表

工程项目：某理工院实训工房

序号	定额编号	项目名称	单位	工程量	定额基价/元			合价/元		
					基价	人工费	机械费	合价	人工费	机械费
1	1-60	挖掘机装车（土方）	10 m³	9.878	29.57	4.34	25.23	292.09	42.87	249.22
2	1-61	机动翻斗车运土方（运距≤100 m）	10 m³	9.878	89.01	0	89.01	879.24	0	879.24

任务单

某理工院实训工房图纸见附录，该工程为二类土，土方工程全部采用机械施工。

【任务 2-3】 请编制沟槽（除Ⓐ/①～②外）分项工程定额工程量和预算表。

【任务 2-4】 请编制基坑（J₃～J₆）分项工程定额工程量和预算表。

并将【任务 2-3】和【任务 2-4】计算过程填入表 2-46 和表 2-47 工程量计算书。

常用额定摘录

表 2-46 "任务单 2-3 和任务 2-4"定额工程量和合价计算书

班级：_____ 学号：_____ 姓名：_____ 成绩：_____

序号	定额编号	项目名称	定额基价	单位	工程量	工程量计算过程	合价计算过程

表 2-47　"任务 2-3 和任务 2-4"人材机分析表

工程名称：　　　　　　　　　　　　　　　　　　　　　　　　　第　页　共　页

序号	定额编号	分项工程名称	计量单位	工程数量	综合工日		材料名称						机械台班			
					定额	数量	定额	数量	定额	数量	定额	数量	定额	数量	定额	数量

小　结

本任务重点学习了以下内容：

(1)平整场地是指建筑物所在现场厚度≤±30 cm的就地挖、填及平整，其工程量按设计图示尺寸以建筑物首层面积计算。

(2)人工挖土时，底宽(设计图示垫层或基础的底宽，下同)≤7 m，且底长>3倍底宽的为沟槽；底长≤3倍底宽，且底面积≤150 m² 为基坑；超出上述范围又非平整场地的，为一般土石方。

(3)挖沟槽土方工程量按设计图示沟槽长度乘以沟槽断面面积，以体积计算。

(4)挖基坑土方工程量按设计图示基础(含垫层)尺寸，另加工作面宽度、土方放坡宽度或石方允许超挖量乘以开挖深度，以体积计算。

(5)一般土方，按设计图示基础(含垫层)尺寸，另加工作面宽度、土方放坡宽度乘以开挖深度，以体积计算。机械施工坡道的土方工程量，并入相应工程量内计算。

(6)基底钎探，以垫层(或基础)底面积计算。

(7)原土夯实与碾压，按施工组织设计规定的尺寸，以面积计算。

(8)回填按下列规定以体积计算：

①沟槽基坑回填，按挖方体积减去设计室外地坪以下建筑物、基础(含垫层)的体积计算。

②管道沟槽回填，按挖方体积减去管道基础和管道折合回填体积计算。

(9)土方运输，以天然密实体积计算。挖土总体积减去回填土，总体积为正，则为余土外运；总体积为负，则为取土内运。余土外运工程量＝挖土总体积－回填土总体积。

通过本任务学习，学生能结合实际施工图纸，根据预算定额中有关规定，进行土石方工程工程量的计算和施工费用计算。

通过本任务的学习，学生根据重点知识点的提示，完成"任务一 土石方工程"学生笔记（表2-48）的填写，并对土石方工程计算方法及注意事项进行归纳总结。

表2-48 "任务一 土石方工程"学生笔记

班级：_____ 学号：_____ 姓名：_____ 成绩：_____

一、平整场地

1. 平整场地的概念：

2. 土壤的分类：

二、挖土方

1. 挖沟槽土方：

2. 挖基坑土方：

3. 挖一般土方：

课后练习

任务二　　地基处理与基坑支护工程

任务导入 🎯

某学校工程大开挖，采取地下连续墙支护，地下连续墙设计长度为 500 m，设计墙厚为 900 mm，原始地面至连续墙顶为 0.8 m，连续墙顶至设计底标高为 14 m。试列项，并计算其中成槽、地下连续墙浇捣工程量及对应的人材机费用。

知识导图

任务资讯 🖥

一、概述

地基处理是指为改善支承建筑物的地基(土或岩石)的承载能力、变形性质和渗透性质而采取的工程技术措施。地基处理的原理是将土质"由松变实"，将土的含水率"由高变低"，即可达到地基加固的目的。地基加固处理的方法很多，如填料加固、强夯地基、填料桩、搅拌桩、注浆桩及注浆地基等。

基坑支护是指为保护地下主体结构施工和基坑周边环境的安全，对基坑采用的临时性支挡、加固、保护与地下水控制的措施，如地下连续墙、钢板桩、土钉与锚喷联合支护、挡土板及钢支撑等。

(一)地基处理

1. 填料加固

填料加固适用于软弱地基挖土后的换填材料加固工程。当软土层较厚、承载力和变形又与建筑地基要求的差距不大时，将基础下一定范围内的软弱土层挖去，然后回填强度较高、压缩性较低，并且没有侵蚀性的材料，如中粗砂、碎石、灰土、素土、石屑等，再分层夯实后作为地基的持力层，如图 2-20 所示。

强夯地基

2. 强夯地基

强夯地基是一种较常采用的地基处理方法，它是使用起重机械作业，通过反复举起吨位较大的夯锤，使其从一定高度自由下落至地面，主要下降的位置在 3～6 m 的网格中，以超强的冲击和振动的能量来夯实地基土层，压缩掉土层中的空隙，使空气和水排出，从而压实土层结构，使最外面的土层具备一定的硬度来承载上部的负荷，有效加固地基。强夯适用于黏性土、湿陷性黄土及人工填土地基的加固。但其缺点是对周围已建成或在建的建筑物产生振动影响时，不得采用。强夯施工如图 2-21 所示。

3. 填料桩

填料桩包括振冲碎石桩(图 2-22)、钻孔压浆碎石桩、碎石桩、砂石桩、水泥粉煤灰碎石桩(图 2-23)、灰土挤密桩等。填料桩是指用振动机或带桩靴的工具式桩管打入土中，振捣或挤压土壤形成桩孔，再在桩孔中灌入砂石、碎石、灰土等填充料进行捣实。其原理就是挤密土壤，排水固结，提高地基的承载力，也称为挤密桩。

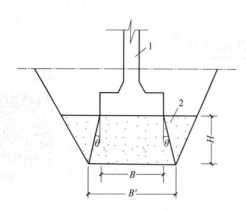

图 2-20　砂或砂石垫层

1—基础；2—砂或砂石垫层

图 2-21　强夯施工图

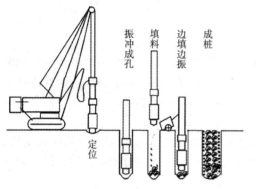

图 2-22　振冲碎石桩

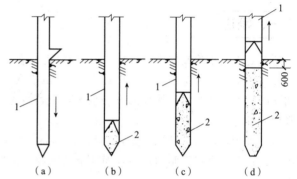

图 2-23　水泥粉煤灰碎石桩

(a)打入桩管；(b)灌水泥、粉煤灰、碎石；(c)振动拔管；(d)成桩

1—桩管；2—水泥粉煤灰碎石桩

4. 搅拌桩

搅拌桩是一种将水泥作为固化剂的主剂，利用搅拌桩机将水泥喷入土体并充分搅拌，使水泥与土发生一系列物理化学反应，使软土硬结而提高地基强度。水泥搅拌桩按主要使用的施工做法分为单轴、双轴和三轴搅拌桩，如图 2-24 所示。

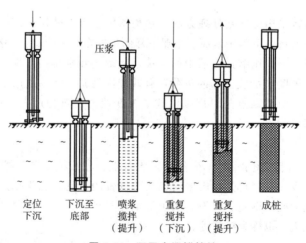

图 2-24　深层水泥搅拌桩

5. 注浆桩

高压喷射注浆就是利用钻机钻孔，将带有喷嘴的注浆管插至土层的预定位置后，以高压设备使浆液成为 20 MPa 以上的高压射流，土粒在喷射流的冲击力、离心力和重力等作用下，与浆液搅拌混合，并按一定的浆土比例有规律地重新排列。浆液凝固后，便在土中形成一个固结体与桩间土一起构成复合地基，从而提高地基承载力，减少地基的变形，达到地基加固的目的，如图 2-25 所示。

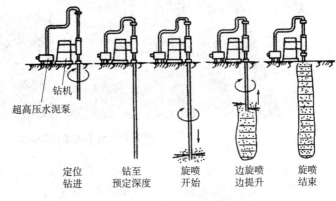

图 2-25　高压旋喷水泥桩

(二)基坑支护

1. 地下连续墙

地下连续墙是在地面上采用抓斗式成槽设备，沿着深开挖工程的周边轴线，在泥浆护壁的条件下，开挖出一条狭长的深槽，清槽后在槽内放入钢筋笼，然后用导管法浇筑水下混凝土，筑成一个单元槽段，单元槽段长度宜为 4~6 m，间隔挖槽，如此逐段进行，以特殊接头方式，在地下筑成一段连续的钢筋混凝土墙壁(超灌 0.5 m，后期凿除浮浆)，作为防水、防渗、承重和挡土结构，如图 2-26、图 2-27 所示。

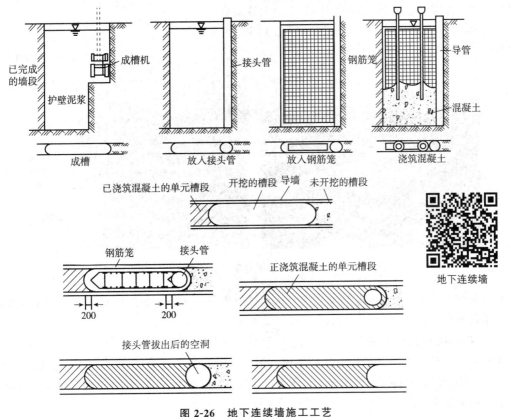

图 2-26　地下连续墙施工工艺

图 2-27　地下连续墙现场施工图

　　（1）导墙的作用：测量基准、成槽导向；存储泥浆、维护槽壁稳定；稳定上部土体，防止槽口塌方；同时作为施工荷载平台，承受成槽机械、钢筋笼吊装等的荷载。

　　（2）泥浆的功能：主要作用是护壁，另外，还有携渣、冷却机具和切土润滑的功能。

　　（3）地下连续墙施工工艺：泥浆池制作→导墙模板→导墙钢筋→导墙混凝土→成槽→泥浆清底→锁扣管吊拔→安放钢筋笼→浇筑混凝土→凿超灌地下连续墙→泥浆运输→（钢支撑）。

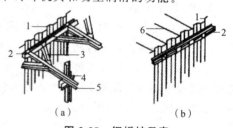

2. 钢板桩

　　钢板桩是带有锁口的一种型钢，其截面有直板形、槽形及 Z 形等，有各种大小尺寸及联锁形式，且这种联动装置可以自由组合以便形成一种连续紧密的挡土或挡水墙的钢结构体，如图 2-28、图 2-29 所示。

图 2-28　钢板桩示意

（a）内撑方式；（b）锚拉方式

1—钢板桩；2—围檩；3—角撑；
4—立柱与支撑；5—支撑；6—锚拉杆

图 2-29　钢板装现场施工图

　　钢板桩施工工艺：放线安装导梁→施打钢板桩→拆下导梁→安装围檩及钢支承→土方开挖后拆下支承拔钢板桩。

3. 土钉与锚喷联合支护

　　土钉喷射混凝土支护是在基坑开挖坡面，用机械钻孔或洛阳铲成孔，孔内放钢筋，并注浆，在坡面安装钢筋网，喷强度等级为 C20 厚 80～100 mm 的混凝土，使土体、钢筋与喷射混凝土面板结合，成为深基坑。

　　锚喷支护与土钉的区别是锚杆需张拉，土钉全长注浆，锚杆有一段自由段，自由端施加预应力后能给土体主动约束，而非被动支护，完成张拉后需要安装锚具。

　　土钉与锚杆喷射支护如图 2-30、图 2-31 所示。

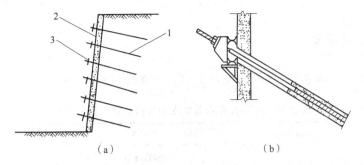

（a）　　　　　　　　　　　（b）

图 2-30　土钉、锚杆喷射支护示意

1—土钉；2—喷射混凝土面层；3—垫板

图 2-31　土钉、锚杆喷射支护施工图

土钉锚喷支护施工工艺：安设土钉（成孔，插钢筋、注浆）→绑扎钢筋网加强筋、土钉同加强筋焊接、加垫块→喷射混凝土。

4. 挡土板

挡土板项目可分为疏板和密板。疏板是指间隔支挡土板，且板间净空≤150 cm 的情况，适用于湿度小的黏性土，当挖土深度小于 3 m 时可用断续式水平挡土板支撑；密板是指满堂支挡土板或板间净空≤30 cm 的情况，适用于松散、湿度大的土，可用连续式水平挡土板支撑，挖土深度可达 5 m；对松散和湿度很高的土，可用垂直挡土板支撑，挖土深度不限，如图 2-32 所示。

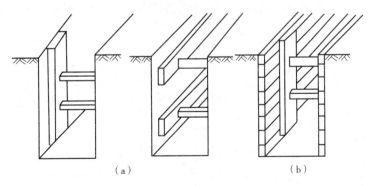

（a）　　　　　　　　　　　（b）

图 2-32　挡土板示意

(a)疏板挡土板；(b)密板挡土板

二、定额项目设置

《消耗量定额》第二章地基处理及基坑支护工程，定额子目划分见表 2-49。

表 2-49　地基处理及基坑支护工程定额子目划分表

章	节	项目名称			定额编号	工作内容
地基处理及基坑支护工程	一、地基处理	填料加固			按材料及施工方法分 2-1 至 2-9	拌和、铺设、找平、夯实(碾压)
		强夯地基			按夯击能及夯点数分 2-10 至 2-39	机具准备、按设计要求布置锤位线、夯击、夯锤位移、施工场地平整、资料记载
		填料桩			按填料桩类别分 2-40 至 2-51	1. 准备机具，移动桩机，成孔，灌注碎石，振实。 2. 准备机具，移动桩机，成孔，灌注碎石，振实，压浆
		搅拌桩			按搅拌桩类别分 2-52 至 2-56	桩机就位，预搅下沉，拌制水泥浆或筛水泥粉，喷水泥浆或水泥粉并搅拌上升，重复上、下搅拌，移位
		注浆桩	成孔		2-57	详见《消耗量定额》
			注浆		按注浆设备分 2-58 至 2-61	详见《消耗量定额》
		注浆地基	分层注浆	钻孔	详见定额	详见《消耗量定额》
				注浆	详见定额	详见《消耗量定额》
			压密注浆	钻孔	详见定额	详见《消耗量定额》
				注浆	详见定额	详见《消耗量定额》
	二、基坑支护	地下连续墙	现浇导墙混凝土		2-66	浇捣混凝土、养护
			现浇导墙混凝土模板		2-67	配模单边立模、拆模、清理堆放
			地下连续墙成槽		按成槽深度 2-68 至 2-70	机具定位、安放跑板导轨、制浆、输送、循环分离泥浆，钻孔、挖土成槽、护壁整修、测量
			锁扣管吊拔		按成槽深度 2-71 至 2-73	锁口管对接组装，入槽就位，浇捣混凝土工程中上下移动，拔除、拆卸、冲洗堆放
			地下连续墙清底置换		2-74	地下墙接缝清刷，空气压缩机吹气搅拌吸泥，清底置换

章	节	项目名称			定额编号	工作内容
地基处理及基坑支护工程	二、基坑支护	地下连续墙	地下连续墙浇筑混凝土		2-75	浇捣架就位,导管安、拆,混凝土浇筑,吸泥浆入池
			凿地下连续墙超灌混凝土		2-76	混凝土凿除
		钢板桩	打、拔钢板桩		按桩长分 2-77 至 2-80	详见《消耗量定额》
			安、拆导向夹具		2-81	详见《消耗量定额》
		土钉及锚喷联合支护	土钉	钻孔注浆	土层 2-82、入岩 2-83	钻孔机具安、拆,钻孔,安、拔防护套管,搅拌灰浆,灌浆,封口
			锚杆	钻孔	按孔径分 2-84 至 2-87	钻孔机具安、拆,钻孔,安、拔防护套管
				注浆	按孔径分 2-88 至 2-90	搅拌灰浆,灌浆,浇捣端头锚固件保护混凝土
			钢筋锚杆(土钉)制作、安装		2-91	详见《消耗量定额》
			钢管锚杆(土钉)制作、安装		2-92	详见《消耗量定额》
			围檩制作、安装、拆除		2-93	详见《消耗量定额》
			喷射混凝土护坡		土层 2-94、岩层 2-95、加厚 2-96	详见《消耗量定额》
			锚头制作、安装、张拉、锁定		2-97	详见《消耗量定额》
		挡土板	木挡土板		按支撑材料及疏密分 2-98 至 2-101	详见《消耗量定额》
			钢挡土板		按支撑材料及疏密分 2-102 至 2-105	详见《消耗量定额》
			袋土围堰		2-106	详见《消耗量定额》
			钢支撑		按长度分 2-107 至 2-110	详见《消耗量定额》

三、地基处理及基坑支护工程计量与计价

(一)地基处理计量与计价

1. 工程量计算规则

(1)填土加固:按设计图示尺寸以体积计算。

(2)强夯:按设计图示强夯处理范围以面积计算。设计无规定时,按建筑物外围轴线每边各加 4 m 计算。

(3)填料桩:振冲(钻孔压浆)碎石桩、砂石桩、水泥粉煤灰碎石桩、灰土挤密桩均按设计桩长(包括桩尖)乘以设计桩外径截面面积,以体积计算。

(4)搅拌桩:深层水泥搅拌桩、三轴水泥搅拌桩、高压旋喷水泥桩按设计桩长加 0.5 m 乘以设计桩外径截面面积,以体积计算。

三轴水泥搅拌桩中的插、拔型钢工程量按设计图示型钢以质量计算。

(5)注浆桩：高压喷射水泥桩成孔按设计图示尺寸以桩长计算；注浆按设计桩加固截面面积乘以桩长加0.5 m以体积计算。

(6)凿桩：适用于深层水泥搅拌桩、三轴水泥搅拌桩、高压旋喷水泥桩等项目。凿桩头按凿桩长度(0.5 m)乘以桩断面面积以体积计算。

2. 工程量计算公式

(1)填土加固。其计算公式为 $V_填 = S \times H$

式中 S——填料加固范围的面积；

H——填料加固范围的深度。

(2)填料桩。其计算公式为 $V = 1/4 \pi D^2 \times L \times N$

式中 D——设计桩外径长；

L——设计桩长(包括桩尖)；

N——设计桩根数。

(3)搅拌桩。其计算公式为 $V = 1/4 \pi D^2 \times (L+0.5) \times N$

式中 D——设计桩外径长；

L——设计桩长(包括桩尖)；

N——设计桩根数。

3. 定额应用

(1)填料加固项目适用于软弱地基挖土后的换填材料加固工程，因此，填料加固包含两个分项工程，挖土和填料加固。

(2)填料加固夯填灰土就地取土时，应扣除灰土配合比中的黏土。

(3)强夯项目中每单位面积夯点数，指设计文件规定单位面积内的夯点数量，若设计文件中夯点数量与定额不同时，采用内插法计算消耗量。

(4)碎石桩与砂石桩的充盈系数为1.3，损耗率为2%。实测砂石配合比及充盈系数不同时可以调整。其中，灌注砂石桩除上述充盈系数和损耗率外，还包括级配密实系数1.334。

(5)搅拌桩：

1)深层搅拌水泥桩项目按1喷2搅施工编制，实际施工为2喷4搅时，项目的人工、机械乘以系数1.43；实际施工为2喷2搅，4喷4搅时分别按1喷2搅、2喷4搅计算。

2)水泥搅拌桩的水泥掺入量按加固土密度(1 800 kg/m³)的10%考虑，如设计不同时，按每增减1%项目计算；空搅部分按相应项目的人工及搅拌桩机台班乘以系数0.5计算。

3)三轴水泥搅拌桩项目水泥掺入量按加固土密度(1 800 kg/m³)的18%考虑，如设计不同时，按深层水泥搅拌桩每增减1%项目计算；按2搅2喷施工工艺考虑，设计不同时，每增(减)1搅1喷按相应项目人工和机械费增(减)40%计算。空搅部分按相应项目的人工及搅拌桩机台班乘以系数0.5计算。

4)三轴水泥搅拌桩设计要求全断面套打时，相应项目的人工及机械乘以系数1.5，其余不变。

(6)打桩工程按陆地打垂直桩编制。设计要求打斜桩时，斜度≤1:6时，相应项目的人工、机械乘以系数1.25；斜度>1:6时，相应项目的人工、机械乘以系数1.43。

(7)桩间补桩或在地槽(坑)中及强夯后的地基上打桩时，相应项目的人工、机械乘以系数1.15。

(8)单独打试桩、锚桩，按相应项目的打桩人工及机械乘以系数1.5。

(9)若单位工程的碎石桩、砂石桩的工程量≤60 m³时，其相应项目的人工、机械乘以系数1.25。

4. 案例分析

【案例2-13】 某物业用房原地基为淤泥，现采取换土填料，人工挖除淤泥后夯填600 mm厚灰土加固，加固面积为200 m²，试列项，并计算其中填料加固工程量及人材机费用。

【解】

(1)列项:1. 土方开挖;2. 土方运输;3. 填料加固。

计算:填料加固工程量

$$V = S \times H = 200 \times 0.6 = 120(\text{m}^3)$$

(2)定额列项套定额基价并计算相关费用。

填料加固执行 2-1 定额子目,定额基价为 1 623.59 元/10 m³(见二维码中常用定额摘录表)。

填料加固人材机费用 = 120/10 × 1 623.59 = 19 483.08(元)。

(3)填料加固列项见表 2-50。

表 2-50 预制钢筋混凝土方桩预算表

工程项目:某物业用房

序号	定额编号	项目名称	单位	工程量	定额基价/元			合价/元		
					基价	人工费	机械费	合价	人工费	机械费
1	2-1	夯填灰土	10 m³	12	1 623.59	492.83	13.54	19 483.08	5 913.96	162.48

【案例 2-14】 某工厂外墙平面图如图 2-33 所示,按要求采用强夯地基,要求夯击能为 ≤1 000 kN·m,每 100 m² 内 4 夯点,每夯点 6 击,试计算强夯地基工程量并进行定额列项,计算其人材机费用。

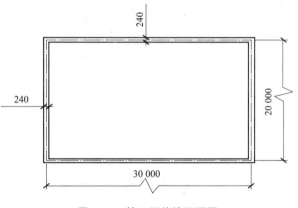

图 2-33 某工厂外墙平面图

【解】

(1)强夯地基工程量:

$$S = (A + 4 \times 2) \times (B + 4 \times 2)$$
$$= 38 \times 28$$
$$= 1\ 064(\text{m}^2)$$

(2)定额列项套定额基价并计算人材机费用。

根据强夯能及夯点数量执行 2-12 换算子目(见二维码中常用定额摘录表)。

2-12 换 = 248.62 + 46.01 × 2 = 340.64(元/100 m²)

填料加固人材机费用 = 1 064/100 × 340.64 = 36 24.41(元)

(3)强夯地基列项见表 2-51。

表 2-51 预制钢筋混凝土方桩预算表

工程项目:某工厂

序号	定额编号	项目名称	单位	工程量	定额基价/元			合价/元		
					基价	人工费	机械费	合价	人工费	机械费
1	2-12 换	强夯地基	100 m²	10.64	340.64	77.44	263.20	3 624.41	823.96	2 800.45

【案例 2-15】 某商场工程基底为粉质黏土,不能满足设计承载力的要求,采用振冲碎石桩进行地基处理,桩径为 400 mm,桩数为 20 根,设计桩长为 10 m(包括桩尖),试计算振冲碎石桩工程量并进行定额列项,计算其人材机费用。

【解】

(1)由已知条件得 $D = 0.4$ m,$L = 10$ m,$N = 20$

$$V = 1/4\pi D^2 \times L \times N = 1/4\pi \times 0.4^2 \times 10 \times 20 = 25.12(\text{m}^3)$$

(2)碎石桩工程量 25.12 m³<60 m³，其人工、机械乘以系数 1.25。

执行定额子目 2-40 进行换算，定额基价为(见二维码中常用定额摘录表)。

2—40 换=(408.94+726.18)×1.25+1 312.17=2 731.07 元/10 m³

则人材机费用=25.12/10×2 731.07=6 860.45 元

(3)振冲碎石桩列项见表2-52。

表 2-52　振冲碎石桩预算表

工程项目：某商场

序号	定额编号	项目名称	单位	工程量	定额基价(元)			合价(元)		
					基价	人工费	机械费	合价	人工费	机械费
1	2-40换	振冲碎石桩	10 m³	2.512	2 731.07	511.18	907.73	6 860.45	1 284.08	2 280.22

【案例 2-16】　某医院工程地基采用高压旋喷桩(双重管)，布桩面积为 2 m×20 m，设计桩径为 750 mm，桩间距为 600 mm，原始自然地坪至设计桩顶标高 1.8 m，设计桩长为 15 m，试计算高压旋喷桩钻孔、喷浆、凿桩工程量。

【解】

(1)列项：1. 高压旋喷桩成孔；2. 高压旋喷桩喷浆；3. 凿桩。

工程量首先计算出布桩根数

横向根数：(2-0.75)/0.6+1=3(根)

竖向根数：(20-0.75)/0.6+1=33(根)

总根数：3×33=99(根)

1)高压旋喷桩成孔：

$$L=15×99=1\ 485(m)$$

2)高压旋喷桩喷浆：

$$V=3.14×0.75×0.75/4×(15+0.5)×99=677.58(m^3)$$

3)凿桩：

$$V=3.14×0.75×0.75/4×0.5×99=21.86(m^3)$$

(2)高压旋喷桩成孔执行定额子目 2-57，定额基价为 3 265.08 元/100 m，高压旋喷桩喷浆执行定额子目 2-59，定额基价为 2 424.36 元/10 m³，凿桩执行定额子目 2-61，定额基价为 948.39 元/10 m³(见二维码中常用定额摘录表)。

(3)高压旋喷桩列项见表2-53。

表 2-53　高压旋喷桩预算表

工程项目：某商场

序号	定额编号	项目名称	单位	工程量	定额基价/元			合价/元		
					基价	人工费	机械费	合价	人工费	机械费
1	2-57	高压旋喷桩成孔	100 m	14.85	3 265.08	712.22	2 455.4	48 486.44	10 576.47	36 462.69
2	2-59	高压旋喷桩喷浆	10 m³	67.758	2 424.36	529.81	610.18	164 269.78	35 898.87	41 344.58
3	2-61	凿桩	10 m³	2.186	948.39	795.35	153.04	2 073.18	1 738.64	334.55

(二)基坑支护计量与计价

1. 工程量计算规则

(1)地下连续墙。

1)现浇导墙混凝土按设计图示以体积计算。

2）现浇导墙混凝土模板按混凝土与模板接触面的面积，以面积计算。

3）成槽工程量按设计长度乘以墙厚及成槽深度（设计室外地坪至连续墙底），以体积计算。

4）锁口管以"段"为单位（段指槽壁单元槽段）。

5）清底置换以"段"为单位（段指槽壁单元槽段）。

6）浇筑连续墙混凝土工程量按设计长度乘以墙厚及墙深加 0.5 m，以体积计算。

7）凿地下连续墙超灌混凝土，设计无规定时，其工程量按墙体断面面积乘以 0.5 m，以体积计算。

8）地下连续墙钢筋制作安装，按质量计算，参考《消耗量定额》第五章 混凝土及钢筋混凝土工程的相应项目执行。

9）泥浆池按泥浆池的砌筑体积计算。参考《消耗量定额》第四章 砌筑工程的相应项目执行。

10）泥浆运输按泥浆体积计算，执行《消耗量定额》第一章 土石方工程泥浆罐车运淤泥流砂相应项目。

（2）钢板桩。打拔钢板桩按设计桩体以质量计算。安、拆导向夹具按设计图示尺寸以长度计算。围檩按质量计算，钢支撑按质量计算，不扣除孔眼质量，焊条、铆钉、螺栓等也不另增加质量。

（3）土钉与锚喷联合支护。

1）砂浆土钉、砂浆锚杆的钻孔、灌浆，按设计文件或施工组织设计规定（设计图示尺寸）以钻孔深度，以长度计算。

2）喷射混凝土护坡区分土层与岩层，按设计文件（或施工组织设计）规定尺寸，以面积计算。

3）钢筋、钢管锚杆按设计图示以质量计算。

4）锚头制作、安装、张拉、锁定按设计图示以"套"计算。

5）钢支撑按设计图示尺寸以质量计算，不扣除孔眼质量，焊条、铆钉、螺栓等也不另增加质量。

（4）挡土板。挡土板按设计文件（或施工组织设计）规定的支挡范围，以面积计算。

2. 工程量计算公式

（1）浇筑地下连续墙混凝土。其计算公式如下：

$$V = L \times B \times (H + 0.5)$$

式中　L——设计墙长；

　　　B——设计墙厚；

　　　H——设计墙高。

（2）凿地下连续墙超灌混凝土。其计算公式如下：

$$V = 0.5 \times L \times B$$

式中　L——设计墙长；

　　　B——设计墙厚。

3. 定额应用

（1）打拔槽钢或钢轨，按钢板桩项目，其机械乘以系数 0.77，其他不变。

（2）现场制作的型钢桩、钢板桩，其制作执行《消耗量定额》第六章 金属结构工程中钢柱制作相应项目。

（3）定额内未包括型钢桩、钢板桩的制作、除锈、刷油。

（4）若单位工程的钢板桩的工程量≤50 t 时，其人工、机械量按相应项目乘以系数 1.25 计算。

（5）挡土板项目分为疏板和密板。疏板是指间隔支挡土板，且板间净空≤150 cm 的情况；密板是指满堂支挡土板或板间净空≤30 cm 的情况。

（6）注浆项目中注浆管消耗量为摊销量，若为一次性使用，可进行调整。

4. 案例分析

【案例2-17】 某医院工程大开挖，采取地下连续墙支护，地下连续墙设计长度为420 m，设计墙厚为850 mm，原始地面至连续墙顶1 m，连续墙顶至设计底标高为25 m。试列项，并计算其中成槽、地下连续墙浇捣工程量及人材机费用。

【解】

（1）列项：1.导墙开挖；2.导墙模板；3.导墙钢筋；4.导墙混凝土；5.成槽；6.清底置换；7.锁扣管吊拔；8.地下连续墙钢筋笼；9.地下连续墙浇混凝土；10.凿地下连续墙超灌混凝土墙；11.泥浆池制作；12.泥浆运输。

1）地下连续墙成槽：

$$V = L \times B \times (H+1) = 420 \times 0.85 \times (25+1) = 9\,282 (\text{m}^3)$$

2）地下连续墙浇捣：

$$V = L \times B \times (H+0.5) = 420 \times 0.85 \times (25+0.5) = 9\,103.5 (\text{m}^3)$$

（2）地下连续墙成槽执行定额子目2-70，定额基价为5 424.37 元/10 m³，地下连续墙浇捣执行定额子目2-75，定额基价为3 508.01 元/10 m³（见二维码中常用定额摘录表）。

（3）地下连续墙列项见表2-54。

表 2-54 地下连续墙预算表

工程项目：某医院

序号	定额编号	项目名称	单位	工程量	定额基价/元			合价/元		
					基价	人工费	机械费	合价	人工费	机械费
1	2-70	地下连续墙成槽	10 m³	928.2	5 424.37	793.48	4 508.14	5 034 900.23	736 508.14	4 184 455.55
2	2-75	地下连续墙浇捣	10 m³	910.35	3 508.01	171.62	34.66	3 193 516.90	156 234.27	31 552.73

💡 **思政小贴士**

目前，随着国家整体科技实力的提升，我国地基处理技术已经有了非常大的进步，各种地基先进技术的推广和应用产生良好的经济效益。通过此任务的学习，我们了解到不同的地基处理方式造价相差巨大，因此，地基处理方案的选择、比较、优化显得尤为重要，希望学生在能充分掌握施工技术及预算知识的基础上，将技术与经济相结合，合理地选用技术上可行、经济上节约、处理效果更好的方法。

任务实施

【解】 （1）列项：1.导墙开挖；2.导墙模板；3.导墙钢筋；4.导墙混凝土；5.成槽；6.清底置换；7.锁扣管吊拔；8.地下连续墙钢筋笼；9.地下连续墙浇混凝土；10.凿地下连续墙超灌混凝土墙；11.泥浆池制作；12.泥浆运输。

1）地下连续墙成槽：

$$V = L \times B \times (H+0.8) = 500 \times 0.9 \times (14+0.8) = 6\,660 (\text{m}^3)$$

2）地下连续墙浇捣

$$V = L \times B \times (H+0.5) = 500 \times 0.9 \times (14+0.5) = 6\,525 (\text{m}^3)$$

(2)地下连续墙成槽执行定额子目 2-68,定额基价为 3 170.31 元/10 m³,地下连续墙浇捣执行定额子目 2-75,定额基价为 3 508.01 元/10 m³(见二维码中的常用定额摘录表)。

(3)地下连续墙列项见表 2-55。

表 2-55 地下连续墙预算表

工程项目:某学校

序号	定额编号	项目名称	单位	工程量	定额基价/元			合价/元		
					基价	人工费	机械费	合价	人工费	机械费
1	2-68	地下连续墙成槽	10 m³	666	3 170.31	631.04	2 416.52	2 111 426.46	420 272.64	1 609 402.32
2	2-75	地下连续墙浇捣	10 m³	652.5	3 508.01	171.62	34.66	2 288 976.53	111 982.05	22 615.65

任务单

依据课本内容及消耗量定额,解答:

【案例 2-13】的【思考题】:

夯填灰土就地取土时,定额如何换算?

【案例 2-14】的【思考题】:

夯击能为≤1 000 kN·m,每 100 m² 内 5 夯点,每夯点 6 击,定额如何换算?

【案例 2-15】的【思考题】:

若施工后碎石桩的实际桩径为 500 mm,定额是否需要换算?如何换算?

【案例 2-17】的【思考题】:

(1)若工程采用土钉喷射混凝土支护,如何列项?

(2)若工程采用钢板桩(加钢支撑)支护,如何列项?

并将解析过程填入表 2-56 计算书。

常用定额摘录

表 2-56 "任务单"计算书

班级:_____ 学号:_____ 姓名:_____ 成绩:_____

【案例 2-23】的【思考题】:

夯填灰土就地取土时,定额如何换算?

【案例 2-14】的【思考题】:

夯击能为≤1 000 kN·m,每 100 m² 内 5 夯点,每夯点 6 击,定额如何换算?

【案例 2-15】的【思考题】：

若施工后碎石桩的实际桩径为 500 mm，定额是否需要换算？如何换算？

【案例 2-17】的【思考题】：

(1)若工程采用土钉喷射混凝土支护，如何列项？

(2)若工程采用钢板桩(加钢支撑)支护，如何列项？

小　结

本任务重点学习了以下内容：

一、地基处理工程量的计算规则

(1)填土加固：按设计图示尺寸以体积计算。

(2)强夯：按设计图示强夯处理范围以面积计算。设计无规定时，按建筑物外围轴线每边各加 4 m 计算。

(3)填料桩：振冲(钻孔压浆)碎石桩、砂石桩、水泥粉煤灰碎石桩、灰土挤密桩均按设计桩长(包括桩尖)乘以设计桩外径截面面积，以体积计算。

(4)搅拌桩：深层水泥搅拌桩、三轴水泥搅拌桩、高压旋喷水泥桩按设计桩长加 0.5 m 乘以设计桩外径截面积，以体积计算。

(5)注浆桩：高压喷射水泥桩成孔按设计图示尺寸以桩长计算；注浆按设计桩加固截面面积乘以桩长加 0.5 m 以体积计算。

(6)凿桩：适用于深层水泥搅拌桩、三轴水泥搅拌桩、高压旋喷水泥桩等项目。凿桩头按凿桩长度(0.5 m)乘以桩断面面积以体积计算。

二、基坑支护工程量的计算规则

(1)地下连续墙。

1)现浇导墙混凝土按设计图示以体积计算。

2)现浇导墙混凝土模板按混凝土与模板接触面的面积，以面积计算。

3)成槽工程量按设计长度乘以墙厚及成槽深度(设计室外地坪至连续墙底)，以体积计算。

4)锁口管以"段"为单位(段指槽壁单元槽段)。

5)清底置换以"段"为单位(段指槽壁单元槽段)。

6)浇筑连续墙混凝土工程量按设计长度乘以墙厚及墙深加 0.5 m，以体积计算。

7)凿地下连续墙超灌混凝土，设计无规定时，其工程量按墙体断面面积乘以 0.5 m，以体积计算。

8)地下连续墙钢筋制作安装，按质量计算。

9)泥浆池按泥浆池的砌筑体积计算。

10)泥浆运输按泥浆体积计算。

(2)钢板桩。打拔钢板桩按设计桩体以质量计算。安、拆导向夹具按设计图示尺寸以长度计算。围檩按质量计算，钢支撑按质量计算，不扣除孔眼质量，焊条、铆钉、螺栓等也不另增加质量。

(3)土钉与锚喷联合支护。

1)砂浆土钉、砂浆锚杆的钻孔、灌浆，按设计文件或施工组织设计规定(设计图示尺寸)以钻孔深度，以长度计算。

2)喷射混凝土护坡区分土层与岩层，按设计文件(或施工组织设计)规定尺寸，以面积计算。

3)钢筋、钢管锚杆按设计图示以质量计算。

4)锚头制作、安装、张拉、锁定按设计图示以"套"计算。

5)钢支撑按设计图示尺寸以质量计算，不扣除孔眼质量，焊条、铆钉、螺栓等也不另增加质量。

(4)挡土板。挡土板按设计文件(或施工组织设计)规定的支挡范围，以面积计算。

学生笔记

通过本任务的学习，学生根据重点知识点的提示，完成"任务二 地基处理与基坑支护工程"学生笔记(表 2-57)的填写。

表 2-57 "任务二 地基处理与基坑支护工程"学生笔记

班级：_____ 学号：_____ 姓名：_____ 成绩：_____

一、地基处理
1.地基处理的方法：

2. 强夯地基的工程量：

3. 填料桩定额在什么情况下换算：

4. 搅拌桩、注浆桩的超灌高度：

二、基坑支护

1. 地下连续墙列项：

2. 地下连续墙的超灌高度：

3. 土钉喷护列项：

4. 土钉与锚杆工程量计算的区别：

5. 钢板桩支护列项：

课后练习

任务三　桩基工程

任务导入

某商住楼工程项目采用振动式沉管灌注桩，灌注桩根数为100根，桩径 D 为500 mm，设计桩长为20 m，设计桩顶标高为 -1.2 m，自然地坪标高为 -0.3 m。试计算振动式沉管灌注桩的各分项工程工程量并进行定额列项（不计算钢筋笼费用），计算其人材机工程费用。

知识导图

任务资讯

一、概述

桩基础是由若干根桩和桩顶的承台组成的一种常用的深基础。桩基础的作用是将上部结构的荷载，通过较弱地层传至深部较坚硬的、压缩性小的土层或岩层。桩基础是工程中广泛应用的重要基础形式之一。

按施工方法的不同，桩身可分为预制桩和灌注桩两大类。预制桩包括预制钢筋混凝土方桩、预应力钢筋混凝土管桩、预制钢筋混凝土板桩、钢管桩；灌注桩包括回旋钻机成孔灌注桩、旋挖钻机成孔灌注桩、冲击成孔机成孔灌注桩、人工挖孔灌注桩、长螺旋钻孔灌注桩、沉管灌注桩等。桩基础示意如图2-34所示。

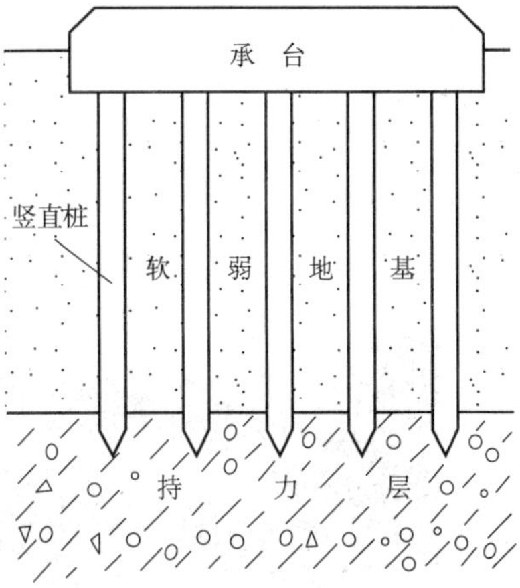

图 2-34　桩基础示意

(一)预制桩的施工工序

预制桩是指在工厂或大型施工现场专用工作面上预制成的桩，利用沉桩设备将桩沉入土中。钢筋混凝土预制桩有实心桩(RC桩，即方桩)和预应力管桩(PC管桩)两种。

预制桩按贯入的方法可分为锤击打桩(图2-35)和静力压桩(图2-36)。由于锤击和振动沉桩产生噪声、振动等危害，近年来，采用静力压桩的施工方法在城市中得到较多的应用。

1.预制钢筋混凝土方桩

预制钢筋混凝土方桩常为边长250～550 mm的方形断面，一般单根长度为10余米，如图2-37所示。

设计桩长超过单根长度时需要考虑接桩，即整体分段预制、打桩过程中逐段接长，即接桩。目前，常用的接桩方法主要有包角钢、包钢板、焊接(适用于管桩)。除打桩压桩外，还需要送桩。在实际施工中，当打桩至桩顶高于自然地面大约0.5 m时，桩锤不能直接触击到桩头，要套一只特殊钢制工具，打桩机械通过这个送桩工具，把桩沉入自然地面以下设计要求的桩顶标高，这个过程叫作送桩，如图2-38所示。送桩完成后空桩部分需要回填，以防止施工人员掉入。待土方开挖后，如果管桩的实际打入桩顶正好等于设计桩顶标高，那么预制管桩就无须截桩，但当实际桩顶标高大于设计桩顶标高，那么预制管桩就需要截桩，将设计桩顶标高以上部分截去。达到设计桩顶标高后为使桩身钢筋和承台有搭接锚固，需要将预制桩头进行凿除露出钢筋后再同承台一起现浇，如图2-39所示。

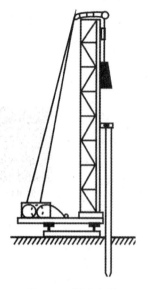

图 2-35　锤击打桩

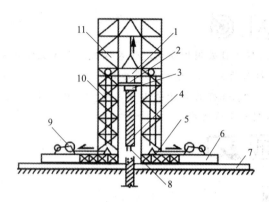

图 2-36　静力压桩

1—活动压梁；2—油压表；3—桩帽；4—上段桩；5—加重物仓；
6—底盘；7—轨道；8—上段接桩锚筋；9—卷扬机；
10—加压钢绳滑轮组；11—桩架导向笼

图 2-37　预制钢筋混凝土方桩

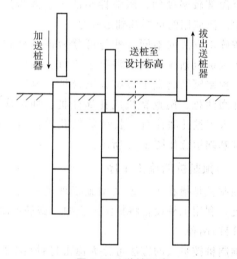

图 2-38　送桩示意

预制钢筋混凝土方桩

图 2-39　凿桩

因此，预制钢筋混凝土方桩施工工艺流程为：桩的制作→桩的运输→打桩→接桩→送桩→桩孔回填→截桩→凿桩→整理桩头。

2. 预应力钢筋混凝土管桩

预应力钢筋混凝土管桩一般为先张法工艺制作的预应力高强度混凝土管桩（PHC桩）和预应力混凝土管桩（PC桩），PHC桩和PC桩按桩身混凝土有效预应力值或其抗弯性能分为A型/AB型/B型/C型四种（图2-40）。PHC桩一般桩径有300 mm、400 mm、500 mm、550 mm、600 mm、800 mm、1 000 mm；PC桩一般桩径有300 mm、400 mm、500 mm、550 mm、600 mm。外径为600 mm、壁厚为110 mm、长度为12 m的A型预应力高强度混凝土管桩的标记为PHCA600(110)-12。

管桩施工过程与方桩类似，不同之处有两点：一是管桩本身不含桩尖，打桩时需附加预制混凝土桩尖或预制钢桩尖，如图2-41所示；二是为了不破坏管桩的预应力，又要保证桩身钢筋要和承台有搭接锚固，管桩一般不凿桩，而是在桩头插入钢筋灌注桩芯，使钢筋露出桩头，得以与承台一同现浇，如图2-42所示。

图 2-40　管桩　　　　　　　　图 2-41　预制钢桩尖及预制混凝土桩尖

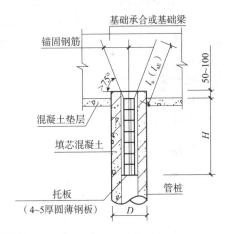

图 2-42　管桩桩内插筋图

预应力钢筋混凝土管桩施工工艺流程为：桩的制作→桩尖的制作→桩的运输→打桩→接桩→送桩→桩孔回填→截桩→插入钢筋→灌注桩芯。

（二）灌注桩的施工工序

灌注桩是指在施工现场的桩位上，使用各种成孔机械成孔，再向孔内吊放钢筋笼，最后浇筑混凝土成桩，包括回旋钻机成孔灌注桩、人工挖孔灌注桩、螺旋钻机成孔灌注桩、冲击成孔机成孔灌注桩、长螺旋钻孔灌注桩、沉管灌注桩等。

1. 回旋钻机成孔灌注桩

回旋钻机钻孔方式根据泥浆循环方式的不同，可分为正循环回转钻机成孔和反循环回转钻机成孔。由空心钻杆内部通入泥浆或高压水，从钻杆底部喷出，携带钻下的土渣沿孔壁向上流动，由孔口将土渣带出流入泥浆池，泥浆可以起到护壁及带出泥土的作用，如图 2-43 所示。

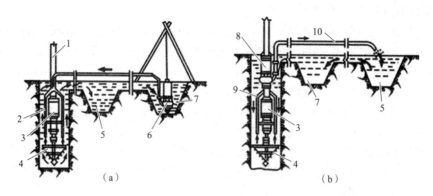

图 2-43　循环排渣方法

(a)正循环排渣；(b)泵举反循环非渣

1—钻杆；2—送水管；3—主机；4—钻头；5—沉淀池；6—潜水泥浆泵；

7—泥浆池；8—砂石泵；9—抽渣管；10—排渣胶管

灌注桩同样需要凿桩，由于在振捣过程中随着混凝土内部的气泡或孔隙的上升至桩顶部分，桩顶一定范围内为浮浆，或是水下混凝土浇筑时的泥浆、灰浆混合物，为了保证桩身混凝土强度须将上部的虚桩凿除，凿桩长度一般按 0.5 m 计算。

回旋钻机成孔灌注桩施工工艺流程：泥浆池的制作→钻孔→泥浆的运输→安放钢筋笼→灌注混凝土→桩孔回填→凿桩→整理桩头。

2. 人工挖孔灌注桩

人工挖孔灌注桩是指采用人工挖土成孔，然后安放钢筋笼，灌注混凝土成桩。桩身直径应能满足施工操作的要求，桩径不宜小于 800 mm，一般为 800～2 000 mm，桩长一般为 20 m 左右，桩端可采用扩底或不扩底两种方法。人工挖孔桩施工时，采用人工在井下作业，因此，必须采取有效的措施确保孔壁的稳定，常用的护壁措施有现浇混凝土护圈、钢套管和沉井三种。人工挖孔灌注桩的构造及施工图分别如图 2-44、图 2-45 所示。当采用现浇混凝土护壁时，应逐段挖孔逐段浇筑护圈的混凝土，每段一般为 1 m，直至设计深度。

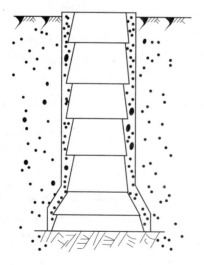

图 2-44　人工挖孔灌注桩构造示意

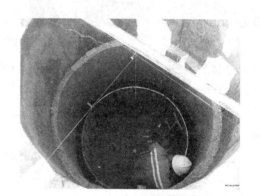

图 2-45　人工挖孔灌注桩施工

人工成孔灌注桩施工工艺流程：人工挖孔→土方运输→护壁模板→护壁混凝土→安放钢筋笼→灌注混凝土→桩孔回填→凿桩→整理桩头。

注：住房和城乡建设部关于发布《房屋建筑和市政基础设施工程危及生产安全施工工艺、设备和材料淘汰目录（第一批）》的公告中已将基桩人工挖孔工艺作为限制性工艺。

3. 螺旋钻机成孔灌注桩

螺旋钻机成孔灌注桩是先用钻机在桩位处进行钻孔，然后在桩孔内放入钢筋骨架，再灌注混凝土而成桩。其适用于成孔深度内没有地下水的一般黏土层、砂土及人工填土地基，不适于有地下水的土层和淤泥质土，因此无须护壁，螺旋钻机成孔灌注桩的施工示意及现场施工图分别如图2-46、图2-47所示。

螺旋钻机成孔灌注桩

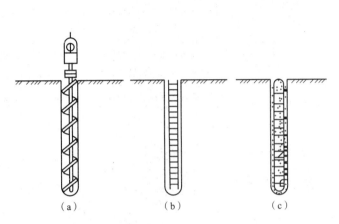

图 2-46　螺旋钻孔灌注桩施工示意

(a)钻机进行钻孔；(b)放入钢筋骨架；(c)浇筑混凝土

图 2-47　螺旋钻孔灌注桩现场施工图

螺旋钻机成孔灌注桩的施工工艺流程：成孔→土方运输→安放钢筋笼→灌注混凝土→桩孔回填。

4. 沉管灌注桩

沉管灌注桩是先用钻机在桩位处进行钻孔，然后在桩孔内放入钢筋骨架，再灌注混凝土而成桩。其适用于成孔深度内没有地下水的一般黏土层、砂土及人工填土地基，不适用于有地下水的土层和淤泥质土，因此无须护壁，如图2-48所示。

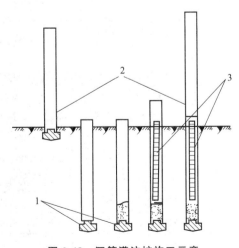

图 2-48　沉管灌注桩施工示意

1—桩靴；2—钢管；3—钢筋笼

沉管灌注桩的施工工艺流程：成孔→安放钢筋笼→灌注混凝土→桩孔回填。

二、定额项目设置

《消耗量定额》第三章桩基工程，定额子目划分如表2-58。

表2-58 桩基工程定额子目划分表

章	节	项目名称		定额编号	工作内容
桩基工程	一、打桩	预制钢筋混凝土方桩	打桩	按桩长分3-1至3-4	准备打桩机具，探桩位，行走打桩机，吊装定位，安、卸桩垫、桩帽，校正，打桩
			压桩	按桩长分3-5至3-8	准备压桩机具，探桩位，行走压桩机，吊装定位，安、卸桩垫、桩帽，校正，压桩
		预应力混凝土管桩	打桩	按桩径分3-9至3-12	准备打桩机具，探桩位，行走打桩机，吊装定位，安、卸桩垫、桩帽，校正，打桩
			压桩	按桩径分3-13至3-16	准备压桩机具，探桩位，行走压桩机，吊装定位，安、卸桩垫、桩帽，校正，压桩
		预制钢筋混凝土板桩	打桩	按单桩体积分3-17至3-20	详见《消耗量定额》
		钢管桩	打桩	按桩径桩长分3-21至3-26	详见《消耗量定额》
			内切割	按桩径分3-27至3-29	详见《消耗量定额》
			精割盖帽	按桩径分3-30至3-32	详见《消耗量定额》
			管内取土填芯	按桩径分3-33至3-36	详见《消耗量定额》
		接桩		按接桩方法分3-37至3-41	准备接桩工具，对接桩、放置接桩，筒铁、钢板焊制，焊接，安集，拆卸夹箍等
		截桩		按桩的类别分3-42至3-43	定位、切割、桩头运至50 m内堆放
		凿桩		按桩的类别分3-44至3-45	桩头混凝土凿除，钢筋截断
		整理桩头		3-46	桩头钢筋梳理整形
	二、灌注桩	回旋钻机成孔		按桩径分3-47至3-52	护筒埋设及拆除；安拆泥浆系统，造浆；准备钻具，钻机就位；钻孔、出渣、提钻、压浆、清孔等
		旋挖钻机成孔		按桩径分3-53至3-60	详见《消耗量定额》
		冲击成孔机成孔		按桩径分3-61至3-64	详见《消耗量定额》
		带冲抓锤冲孔桩机成孔		按桩长分3-65至3-73	详见《消耗量定额》
		扩孔成孔		按桩径分3-74至3-75	详见《消耗量定额》
		沉管成孔		按桩长分3-76至3-80	准备打桩机具，移动打桩机，桩位校测，打钢管成孔，拔钢管

章	节	项目名称		定额编号	工作内容
桩基工程	二、灌注桩	螺旋钻机成孔		按桩长分 3-81 至 3-82	准备打桩机具，移动打桩机，钻孔，测量，校正，清理钻孔泥土，就地弃土 5 m 以内
		灌注混凝土		按桩的类别分 3-83 至 3-88	预拌混凝土灌注，安、拆导管及漏斗
		人工挖孔桩土(石)方		按桩径孔深分 3-89 至 3-97	挖土，弃土于孔口外 5 m 以内，修整边底；桩孔内通风、照明
		人工挖孔灌注桩	桩壁	3-98 至 3-100	1. 复合木模板、木模板制作，模板安装、拆除、整理堆放及场内运输，清理模板粘接物及模内杂物、刷隔离剂等。 2. 灌注、养护护壁混凝土，预制混凝土护壁安装
			桩芯	3-101、3-102	灌注桩芯混凝土或毛石混凝土
		桩孔压浆桩		3-103 至 3-105	详见《消耗量定额》
		灌注桩埋管、后压浆		3-106 至 3-110	详见《消耗量定额》

三、桩基工程计量与计价

(一)预制混凝土桩计量与计价

1. 工程量计算规则

(1)桩的运输。桩的运输工程量按构件设计图示尺寸，以体积计算。参考《消耗量定额》第五章混凝土及钢筋混凝土工程相应项目执行。

(2)打/压桩(含桩体的制作)。打、压预制钢筋混凝土方桩按设计桩长(包括桩尖)乘以桩截面面积，以体积计算。打、压预应力钢筋混凝土管桩按设计桩长(不包括桩尖)，以长度计算。

(3)送桩。预制钢筋混凝土方桩按桩的截面面积乘以送桩长度(设计桩顶标高至自然地坪标高另加 0.5 m)计算。预应力钢筋混凝土管桩按送桩长度(设计桩顶标高至自然地坪标高另加 0.5 m)计算。

(4)截桩。预制混凝土桩截桩按设计要求截桩的数量计算。截桩长度≤1 m 时，不扣减相应桩的打桩工程量；截桩长度>1 m 时，其超过部分按实扣减打桩工程量，但桩体的价格不扣除。

(5)凿桩。预制混凝土桩凿桩头按设计图示桩截面面积乘以凿桩头长度，以体积计算。凿桩头长度设计无规定时，桩头长度按桩体高 40d(d 为桩体主筋直径，主筋直径不同时取大者)计算。预应力钢筋混凝土管桩通常不凿桩，而是通过插入钢筋灌注桩芯露出钢筋。

(6)整理桩头。桩头钢筋整理，按所整理的桩的数量计算。

(7)桩孔回填。桩孔回填工程量按打桩前自然地坪标高至凿桩前桩的顶面乘以桩孔截面面积，以体积计算。参考《消耗量定额》第一章 土石方工程松填土方项目执行。

(8)预制桩尖。预应力钢筋混凝土管桩采用预制混凝土桩尖时，按构件设计图示尺寸以体积计算；采用预制钢桩尖时，按设计图示尺寸以质量计算。参考《消耗量定额》第五章 混凝土及钢筋混凝土工程相应项目执行。

(9)管桩内插筋。预应力钢筋混凝土管桩内插筋按钢筋质量计算，参考《消耗量定额》第五章 混凝土及钢筋混凝土工程相应项目执行。

（10）灌注桩芯。预应力钢筋混凝土管桩内灌注桩芯以灌注体积计算。

2. 工程量计算公式

（1）打桩工程量（方桩）如图2-49所示。其计算公式如下：

$$V_{打方桩} = A \times B \times L \times N$$

式中　A——桩截面长度；

　　　B——桩截面宽度；

　　　L——桩设计桩长（包括桩尖）；

　　　N——桩根数。

（2）打桩工程量（管桩）如图2-50所示。其计算公式如下：

$$管桩打桩工程量 L_{管桩} = L \times N$$

式中　L——桩设计桩长（不包括桩尖）；

　　　N——桩根数。

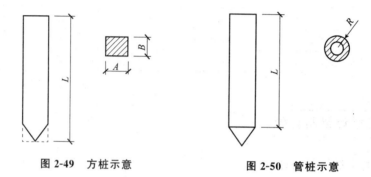

图 2-49　方桩示意　　　　　　　图 2-50　管桩示意

（3）送桩工程量（方桩）如图2-51所示。其计算公式如下：

$$方桩送桩工程量 V_{方桩} = A \times B \times (\Delta h + 0.5) \times N$$

式中　A——桩截面长度；

　　　B——桩截面宽度；

　　　Δh——设计桩顶标高至自然地坪标高；

　　　N——桩根数。

（4）送桩工程量（管桩）如图2-52所示。其计算公式如下：

$$管桩送桩工程量 L_{管桩} = (\Delta h + 0.5) \times N$$

式中　L——桩设计桩长（不包括桩尖）；

　　　N——桩根数。

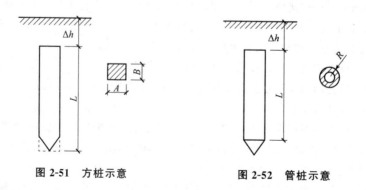

图 2-51　方桩示意　　　　　　　图 2-52　管桩示意

3. 定额应用

（1）单位工程的桩基工程量少于表2-59对应数量时，相应项目人工、机械乘系数1.25。灌注桩单位工程的桩基工程量指灌注混凝土量。

表2-59　单位工程的桩基工程量表

项目	单位工程的工程量	项目	单位工程的工程量
预制钢筋混凝土方桩	200 m³	钻孔、旋挖成孔灌注桩	150 m³
预应力钢筋混凝土管桩	1 000 m	沉管、冲孔成孔灌注桩	100 m³
预制钢筋混凝土板桩	100 m³	钢管桩	50 t

（2）单独打试桩、锚桩，按相应定额的打桩人工及机械乘以系数1.5。

（3）打桩工程，如遇送桩时，可按打桩相应项目人工、机械乘以表2-60中的送桩深度系数。

表2-60　送桩深度系数表

送桩深度/m	系数
≤2	1.25
≤4	1.43
>4	1.67

4. 案例分析

【案例2-18】 某厂房工程项目预制钢筋混凝土方桩为80根，设计断面尺寸300 mm×300 mm，每根设计桩长为25 m（由两根工厂预制桩12 m＋13 m接桩组成，桩内主筋最大直径 d 为20 mm，桩体体积为2.23 m³，场内运输距离为800 m，场外运输距离为6 km），设计桩顶标高为 -1.5 m，自然地坪标高为 -0.15 m，如图2-53所示。使用液压静力压桩机压桩，压桩送桩完成后，桩顶标高均正好与设计桩顶标高一致。试计算预制方桩各分项工程工程量并进行定额列项（不考虑桩体制作费），计算其人材机工程费用。

【解】

（1）列项：1. 桩的运输；2. 压桩；3. 接桩；4. 送桩；5. 桩孔回填；6. 凿桩；7. 整理桩头。

计算：1）桩的运输工程量：

$$V = 2.23 \times N = 2.23 \times 80 = 178.40 (\text{m}^3)$$

2）压桩工程量：

$$V = A \times B \times L \times N$$
$$= 0.3 \times 0.3 \times 25 \times 80$$
$$= 180.00 (\text{m}^3)$$

3）接桩工程量：

$$n = N \times 1 = 80 (\text{个})$$

4）送桩工程量：

$$V = A \times B \times (\Delta h + 0.5) \times N$$
$$= 0.3 \times 0.3 \times (1.35 + 0.5) \times 80$$
$$= 13.32 (\text{m}^3)$$

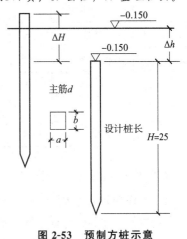

图2-53　预制方桩示意

5）桩孔回填工程量：

$$V = A \times B \times (\Delta h - 40d) \times N$$
$$= 0.3 \times 0.3 \times (1.35 - 40 \times 0.02) \times 80$$
$$= 3.96 (\text{m}^3)$$

6）凿桩工程量：

$$V = A \times B \times 40d \times N$$
$$= 0.3 \times 0.3 \times 40 \times 0.02 \times 80$$
$$= 5.76(\text{m}^3)$$

7）整理桩头工程量：

$$n = N = 80 \text{ 根}$$

（2）定额列项套定额基价并计算相关费用。

接桩、凿桩、整理桩头分别执行 3-37、3-44、3-46 定额子目，桩的运输、桩孔回填分别执行《消耗量定额》第五章 混凝土及钢筋混凝土工程中的 5-404 和 5-406，以及第一章 土石方工程中的 1 137 定额子目。

压桩执行 3-6 定额子目（见二维码中常用定额摘录表），根据定额规定（查表 2-59），单位工程的桩基工程量＜200 m³ 时，相应项目人工、机械乘以系数 1.25。

压桩定额 3-6 换：$212.42 \times 1.25 + 53.09 + 1\,200.08 \times 1.25 = 1\,818.72$（元/10 m³）

压桩人材机费用＝$180/10 \times 1\,818.72 = 32\,736.96$（元）

送桩定额按打桩定额 3-6 换的基础上人工、机械乘以系数 1.25（查表 2-60）

送桩定额 3-6 换：$212.42 \times 1.25 \times 1.25 + 53.09 + 1\,200.08 \times 1.25 \times 1.25 = 2\,260.12$（元/10 m³）

送桩人材机费用＝$13.32/10 \times 2\,260.12 = 3\,010.48$（元）

（3）预制钢筋混凝土方桩预算表见表 2-61。

表 2-61 预制钢筋混凝土方桩预算表

工程项目：某厂房

序号	定额编号	项目名称	单位	工程量	定额基价/元			合价/元		
					基价	人工费	机械费	合价	人工费	机械费
1	5-404	预制桩场内运输	10 m³	17.84	1 345.29	127.5	1 167.36	23 999.97	2 274.6	20 825.70
2	5-406	预制桩场内外	10 m³	17.84	2 795.53	270.3	2 474.8	49 872.26	4 822.15	44 150.43
3	3-6 换	压预制钢筋混凝土方桩	10 m³	18	1 818.72	265.525	1 500.1	32 736.96	4 779.45	27 001.80
4	3-6 换	送桩	10 m³	1.332	2 260.12	331.906 25	1 875.125	3 010.48	442.10	2 497.67
5	3-37	接桩（包钢板）	10 个	8	4 025.93	847.37	2 853.14	32 207.44	6 778.96	22 825.12
6	1-137	松填土	10 m³	0.396	53.89	53.89	0	21.34	21.34	0
7	3-44	凿桩	10 m³	0.576	1 726.40	1 375.05	351.35	994.41	792.03	202.38
8	3-46	整理桩头	10 根	8	39.7	39.7	0	317.6	317.6	0

（二）灌注桩计量与计价

1. 工程量计算规则

（1）成孔。回旋钻孔桩、旋挖钻孔桩、冲击成孔桩和螺旋钻孔桩的成孔工程量按成桩前自然地坪标高至设计桩底标高的成孔长度乘以设计桩径截面面积，以体积计算。人工挖孔桩挖孔工程量分别按进入土层、岩石层的成孔长度乘以设计护壁外围截面面积，以体积计算。入岩增加项目工程量按实际入岩深度乘以设计桩径截面面积，以体积计算。

（2）灌注混凝土。回旋钻孔桩、旋挖钻孔桩、冲击成孔桩和螺旋钻孔桩的灌注混凝土工程量按设计桩径截面面积乘以设计桩长（包括桩尖）另加加灌长度，以体积计算。加灌长度设计有规定者，按设计要求计算，无规定者，按 0.5 m 计算。人工挖孔桩灌注混凝土护壁和桩芯工程量分别按设计图示截面面积乘以设计桩长另加加灌长度，以体积计算。加灌长度设计有规定者，按设计要求计算，无规定者，按 0.25 m 计算。

（3）凿桩。灌注桩凿桩按桩设计桩径截面面积乘以加灌长度以体积计算。回旋钻孔桩、旋挖钻孔桩、冲击成孔桩和螺旋钻孔桩加灌长度设计有规定者，按设计要求计算，无规定者，按 0.5 m 计算；人工挖孔桩灌注加灌长度设计有规定者，按设计要求计算，无规定者，按 0.25 m 计算。

（4）整理桩头。桩头钢筋整理，按所整理的桩的数量计算。

（5）钢筋笼。钢筋笼按钢筋质量计算，发生时按《消耗量定额》第五章 混凝土及钢筋混凝土工程中的相应项目执行。

（6）泥浆池制作。回旋钻孔桩需制作泥浆池，实际发生时按泥浆池的砌筑体积计算。参考《消耗量定额》第四章 砌筑工程的相应项目执行。

（7）土方运输、泥浆运输。土方运输、泥浆运输按体积计算，实际发生时执行《消耗量定额》第一章 土石方工程相应项目。

2. 工程量计算公式

（1）成孔工程量。其计算公式如下：

$$V = S \times L \times N$$

式中　V——灌注桩成孔工程量；

　　　S——灌注桩设计桩径截面面积（人工挖孔桩含护壁）；

　　　L——成桩前自然地坪标高至设计桩底标高的成孔长度；

　　　N——灌注桩根数。

（2）灌注混凝土工程量。其计算公式如下：

$$V_{人工挖孔灌注桩} = S \times (L + 0.25) \times N$$

$$V_{其他灌注桩} = S \times (L + 0.5) \times N$$

式中　V——灌注桩混凝土工程量；

　　　S——灌注桩设计桩径截面面积；

　　　L——设计桩长（包括桩尖）另加加灌长度；

　　　N——灌注桩根数。

（3）凿桩工程量。其计算公式如下：

$$V_{人工挖孔灌注桩} = S \times 0.25 \times N$$

$$V_{其他灌注桩} = S \times 0.5 \times N$$

式中　V——凿桩工程量；

　　　S——灌注桩设计桩径截面面积；

　　　N——灌注桩根数。

3. 定额应用

（1）单位工程的桩基工程量少于表 2-59 对应数量时，相应项目人工、机械乘以系数 1.25。灌注桩单位工程的桩基工程量指灌注混凝土量。

（2）定额各种灌注桩的材料用量中，均已包括了充盈系数和材料损耗率，见表 2-62。充盈系数与定额规定不同时可以调整。

表 2-62　灌注桩充盈系数和材料损耗率

项目名称	充盈系数	损耗率/%
冲孔桩机成孔灌注混凝土桩	1.30	1
旋挖、冲击钻机成孔灌注混凝土桩	1.25	1
回旋、螺旋钻机钻孔灌注混凝土桩	1.20	1
沉管桩机成孔灌注混凝土桩	1.15	1

(3)人工挖孔桩土石方子目中,已综合考虑了孔内照明、通风。人工挖孔桩,桩内垂直运输方式按人工考虑,深度超过 16 m 时,相应定额乘以系数 1.2 计算;深度超过 20 m 时,相应定额乘以系数 1.5 计算。

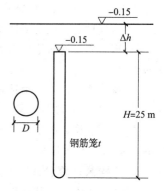

图 2-54　预制方桩示意

4. 案例分析

【案例 2-19】　某商住楼工程项目采用螺旋钻机成孔灌注桩,灌注桩根数为 80 根,桩径 D 为 500 mm,设计桩长为 25 m,设计桩顶标高为 -1.5 m,自然地坪标高为 -0.15 m,如图 2-54 所示。试计算螺旋钻机成孔灌注桩的各分项工程工程量并进行定额列项(不计算钢筋笼及土方运输费用),以及其人材机工程费用。

【解】

(1)列项:1.成孔;2.灌注混凝土;3.桩孔回填;4.凿桩;5.整理桩头。

计算:1)成孔工程量:

$$V = S \times L \times N$$
$$= 3.14 \times 0.25 \times 0.25 \times 25 \times 80$$
$$= 392.50 (\text{m}^3)$$

2)灌注混凝土工程量:

$$V = S \times (L+0.5) \times N$$
$$= 3.14 \times 0.25 \times 0.25 \times (25+0.5) \times 80$$
$$= 400.35 (\text{m}^3)$$

3)桩孔回填工程量:

$$V = S \times (\Delta h - 0.5) \times N$$
$$= 3.14 \times 0.25 \times 0.25 \times (1.35 - 0.5) \times 80$$
$$= 13.35 (\text{m}^3)$$

4)凿桩工程量:

$$V = S \times 0.5 \times N$$
$$= 3.14 \times 0.25 \times 0.25 \times 0.5 \times 80$$
$$= 7.85 (\text{m}^3)$$

5)整理桩头工程量:

$$n = N = 80 \text{ 根}$$

(2)定额列项套定额基价并计算相关费用。成孔执行 3-82 定额子目(见二维码中常用定额摘录表),根据定额规定(查表 2-59),单位工程的灌注混凝土工程量少于 100 m³ 时应换算,灌注混凝土工程量为 400.35 m³,因此无须换算。

灌注混凝土执行 3-88 定额子目(见二维码中常用定额摘录表)。

凿桩、整理桩头分别执行 3-44、3-46 定额子目,桩孔回填执行《消耗量定额》第一章 土石方工程中的 1-137 定额子目。

(3)螺旋钻机钻桩预算表见表2-63。

表2-63 螺旋钻机钻桩预算表

工程项目：某商住楼

序号	定额编号	项目名称	单位	工程量	定额基价/元			合价/元		
					基价	人工费	机械费	合价	人工费	机械费
1	3-82	螺旋钻机成孔	10 m³	39.25	1 793.57	779.03	993.55	70 397.62	30 576.93	38 996.84
2	3-88	螺旋钻孔灌注混凝土	10 m³	40.035	3 904.37	172.47	0	156 311.45	6 904.84	0
3	1-137	松填土	10 m³	1.335	53.89	53.89	0	71.94	71.94	0
4	3-44	凿桩	10 m³	0.785	1 726.40	1 375.05	351.35	1 355.22	1 079.41	275.81
5	3-46	整理桩头	10 根	8	39.7	39.7	0	317.60	317.60	0

💡 **思政小贴士**

桩基工程为隐蔽工程，又由于施工方案的多样性，因此桩基工程涉及的分项工程繁多，需要深入了解施工过程才能正确地列项，许多分项工程的计算规则都较为抽象，需要辩证思考其中的原理，方便更好地理解、运用定额规则。学生在学习知识的同时要多思考，多探究，敢于问为什么，带着探索精神求学，这样才能真正理解应用知识。

任务实施

【解】(1)列项：1. 成孔；2. 灌注混凝土；3. 桩孔回填；4. 凿桩；5. 整理桩头。

工程量计算：1)成孔工程量：

$$V = S \times L \times N$$
$$= 3.14 \times 0.25 \times 0.25 \times 20 \times 100$$
$$= 392.5 (m^3)$$

2)灌注混凝土工程量：

$$V = S \times (L+0.5) \times N$$
$$= 3.14 \times 0.25 \times 0.25 \times (20+0.5) \times 100$$
$$= 402.31 (m^3)$$

3)桩孔回填工程量：

$$V = S \times (\Delta h - 0.5) \times N$$
$$= 3.14 \times 0.25 \times 0.25 \times (0.9 - 0.5) \times 100$$
$$= 7.85 (m^3)$$

4)凿桩工程量：

$$V = S \times 0.5 \times N$$
$$= 3.14 \times 0.25 \times 0.25 \times 0.5 \times 100$$
$$= 9.81 (m^3)$$

5)整理桩头工程量：

$$n = N = 100 根$$

(2)定额列项套定额基价并计算相关费用。成孔执行3-77定额子目(见二维码中常用定额摘录表)，根据定额规定(查表2-59)，单位工程的灌注混凝土工程量少于100 m³时应换算，灌注混凝土工程量为402.31 m³，因此无须换算。

灌注混凝土执行3-87定额子目(见二维码中常用定额摘录表)。

凿桩、整理桩头分别执行3-44、3-46定额子目，桩孔回填执行《消耗量定额》第一章 土石方工程中的1-137定额子目。

(3)沉管灌注桩预算表见表2-64。

表2-64　沉管灌注桩预算表

工程项目：某商住楼

序号	定额编号	项目名称	单位	工程量	定额基价/元			合价/元		
					基价	人工费	机械费	合价	人工费	机械费
1	3-77	沉管成孔	10 m³	39.25	1 054.86	371.71	624.78	41 403.26	14 589.62	24 522.62
2	3-87	沉管成孔灌注混凝土	10 m³	40.231	3 760.54	183.52	0	151 290.28	7 383.19	0
3	1-137	松填土	10 m³	0.785	53.89	53.89		42.30	42.30	0
4	3-44	凿桩	10 m³	0.981	1 726.40	1 375.05	351.35	1 693.60	1 348.92	344.67
5	3-46	整理桩头	10 根	10	39.7	39.7	0	397	397	0

任务单

依据课本内容及《消耗量定额》，解答：

【案例2-18】的【思考题】：

(1)若考虑桩体制作费用，桩制作费用为800元/m³，上题答案会有何变化？

(2)若考虑试桩，试桩根数不少于总根数的1%且不少于3根，上题答案会有何变化？

(3)若考虑截桩，其中有一根桩需要截桩，截桩长度为1.5 m，上题答案会有何变化？

(4)若施工方案换成预应力管桩，应如何列项？桩截面面积不变的情况下打桩工程量及送桩工程量是否会有变化？

【案例2-19】的【思考题】：

(1)若施工后灌注桩实际桩径为600 mm，灌注混凝土定额是否需要换算？如何换算？

(2)若将施工方案改成回旋灌注桩、沉管灌注桩、人工挖孔灌注桩，应如何列项？

并将解析过程填入表2-65计算书。

常用定额摘录

表2-65　"任务单"计算书

班级：＿＿＿＿＿＿　学号：＿＿＿＿＿＿　姓名：＿＿＿＿＿＿　成绩：＿＿＿＿＿＿

【案例2-18】的【思考题】：

(1)若考虑桩体制作费用，桩制作费用为800元/m³，上题答案会有何变化？

(2)若考虑试桩，试桩根数不少于总根数的1%且不少于3根，上题答案会有何变化？

(3)若考虑截桩，其中有一根桩需要截桩，截桩长度为1.5 m，上题答案会有何变化？

(4)若施工方案换成预应力管桩，应如何列项？桩截面面积不变的情况下打桩工程量及送桩工程量是否会有变化？

【案例2-19】的【思考题】：
(1)若施工后灌注桩实际桩径为600 mm，灌注混凝土定额是否需要换算？如何换算？

(2)若将施工方案改成回旋灌注桩、沉管灌注桩、人工挖孔灌注桩，应如何列项？

小　　结

本任务重点学习了以下内容：

一、预制混凝土桩的计算规则

(1)打/压桩(含桩体的制作)。打、压预制钢筋混凝土方桩按设计桩长(包括桩尖)乘以桩截面面积，以体积计算。打、压预应力钢筋混凝土管桩按设计桩长(不包括桩尖)，以长度计算。

(2)送桩。预制钢筋混凝土方桩按桩的截面面积乘以送桩长度(设计桩顶标高至自然地坪标高另加0.5 m)计算,预应力钢筋混凝土管桩按送桩长度(设计桩顶标高至自然地坪标高另加0.5 m)计算。

(3)截桩。预制混凝土桩截桩按设计要求截桩的数量计算。截桩长度≤1 m时,不扣减相应桩的打桩工程量;截桩长度>1 m时,其超过部分按实扣减打桩工程量,但桩体的价格不扣除。

(4)凿桩。预制混凝土桩凿桩头按设计图示桩截面面积乘以凿桩头长度,以体积计算。凿桩头长度设计无规定时,桩头长度按桩体高40d(d为桩主筋直径,主筋直径不同时取大者)计算。

(5)整理桩头。桩头钢筋整理,按所整理的桩的数量计算。

二、灌注桩的计算规则

(1)成孔。回旋钻孔桩、旋挖钻孔桩、冲击成孔桩和螺旋钻孔桩的成孔工程量按成桩前自然地坪标高至设计桩底标高的成孔长度乘以设计桩径截面面积,以体积计算。人工挖孔桩挖孔工程量分别按进入土层、岩石层的成孔长度乘以设计护壁外围截面面积,以体积计算。

(2)灌注混凝土。回旋钻孔桩、旋挖钻孔桩、冲击成孔桩和螺旋钻孔桩的灌注混凝土工程量按设计桩径截面面积乘以设计桩长(包括桩尖)另加加灌长度,以体积计算。加灌长度设计有规定者,按设计要求计算,无规定者,按0.5 m计算。人工挖孔桩灌注混凝土护壁和桩芯工程量分别按设计图示截面面积乘以设计桩长另加加灌长度,以体积计算。加灌长度设计有规定者,按设计要求计算,无规定者,按0.25 m计算。

(3)凿桩。灌注桩凿桩按设计桩径截面面积乘以加灌长度以体积计算。

(4)整理桩头。桩头钢筋整理,按所整理的桩的数量计算。

学生笔记

通过本任务的学习,学生根据重点知识点的提示,完成"任务三 桩基工程"学生笔记(表2-66)的填写。

表2-66 "任务三 桩基工程"学生笔记

班级:_____ 学号:_____ 姓名:_____ 成绩:_____

一、预制桩

1.方桩、管桩的打桩工程量:

2.方桩、管桩的送桩工程量:

3. 打桩定额什么情况下需要换算：

4. 送桩定额如何查询：

二、灌注桩

1. 不同灌注桩的超灌长度：

2. 成孔定额什么情况下需要换算：

3. 灌注桩芯定额什么情况下需要换算：

课后练习

任务四　砌筑工程

任务导入 🎯

知识导图

某理工院实训工房工程施工图纸见附录，查看图纸可知，该工程所有砌体采用普通烧结砖，干混砌筑砂浆 M10 砌筑，试计算本工程②轴至③轴间北外墙二层墙体工程量，并结合江西省现行消耗量定额计算此部分墙体工程费用。

任务资讯 💻

一、概述

砌筑工程又称砌体工程，是指用砌筑砂浆将砖、石、各类砌块等块材砌筑而形成的工程。在建筑工程中，常见的砌体工程有基础、墙体和柱等；常用的砌筑砂浆有水泥砂浆、水泥混合砂浆等；砌筑砂浆按供应方式有现场拌制砂浆、干混砂浆、湿拌预拌砂浆。块材有砖、石、砌块等，目前块材种类、规格较多。不同材料、不同组砌方式、不同规格、不同构件等的砌筑工程所消耗人工、材料、机械的数量不同，对计价均有影响。

(一)基础与墙身的划分

(1)砖基础与墙身使用同一种材料时[图 2-55(a)]，以设计室内地面为界(有地下室者，以地下室室内设计地面为界)，以下为基础，以上为墙身。

(2)基础与墙身使用不同材料时，不同材料分界线距设计室内地面±300 mm 以内时[图 2-55(b)]，以不同材料分界线为界，不同材料分界线距设计室内地面超过±300 mm 时[图 2-55(c)]，以设计室内地面为界。

(3)石基础与墙身的划分：以设计室内地面为界，以下为基础，以上为墙身。

(4)砖、石围墙，以设计室外地坪为界线，以下为基础，以上为墙身。

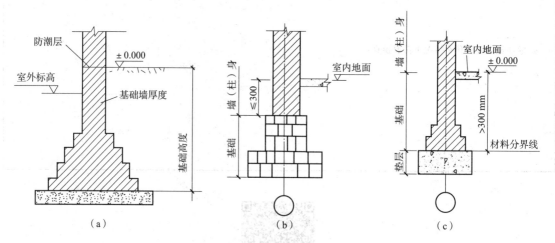

图 2-55　基础与墙身的划分示意

(a)使用同一材料；(b)使用不同材料，材料分界线距设计室内地面±300 mm 以内；

(c)使用不同材料，材料分界线距设计室内地面超过±300 mm

(二)砌体厚度

(1)标准砖以 240 mm×115 mm×53 mm 为准，其砌体厚度按表 2-67 计算。

表 2-67　砌体厚度

砖数(厚度)	1/4	1/2	3/4	1	1.5	2	2.5	3
计算厚度/mm	53	115	178	240	365	490	615	740

(2)使用非标准砖时，其砌体厚度应按砖实际规格和设计厚度计算；如设计厚度与实际规格不同时，按实际规格计算。

(三)砖砌体钢筋加固

砌体内加筋、灌注混凝土，墙体拉结筋的制作、安装，以及墙基、墙身的防潮、防水、抹灰等，按《消耗量定额》其他相关章节的项目及规定执行。

(四)零星项目

零星项目包括砖砌卫生间蹲台、小便池槽、水槽腿、垃圾箱、花台、花池、房上烟囱、台阶挡墙牵边、隔热板砖墩、地板墩等内容。

(五)定额中材料调整

消耗量定额中砖、砌块和石料按标准或常用规格编制，设计规格与定额不同时，砌体材料和砌筑(黏结)材料用量应做调整换算，砌筑砂浆按干混预拌砌筑砂浆编制。定额所列砌筑砂浆种类和强度等级、砌块专用砌筑胶粘剂品种，如设计与定额不同时，应做调整换算。

(1)使用现拌砂浆的，除将定额中的干混预拌砂浆调换为现拌砂浆外，砌筑定额按每立方米砂浆增加：人工 0.382 工日、200 L 灰浆搅拌机 0.167 台班，同时，扣除原定额中干混砂浆罐式搅拌机台班；其余定额按每立方米砂浆增加人工 0.382 工日，同时将原定额中干混砂浆罐式搅拌机调整为 200 L 灰浆搅拌机，台班含量不变。

(2)使用湿拌预拌砂浆的，除将定额中的干混预拌砂浆调换为湿拌预拌砂浆外，另按相应定额中每立方米砂浆扣除人工 0.20 工日，并扣除干混砂浆罐式搅拌机台班数量。

(六)各类砖、砌块及石砌体的砌筑

定额中各类砖、砌块及石砌体的砌筑(不含烟囱)均按直形砌筑编制，如为圆弧形砌筑，按相应定额人工用量乘以系数 1.10，砖、砌块及石砌体及砂浆(胶粘剂)用量乘以系数 1.03 计算。

二、定额项目设置

《消耗量定额》第四章 砌筑工程，定额子目划分见表 2-68。

砌筑工程定额项目设置

表 2-68　砌筑工程定额项目设置表

分项工程		项目名称	定额编号	工作内容
砌筑工程	一、砖砌体	砖基础	4-1	清理基槽坑、调砂浆、运、砌砖
		砖墙、空斗墙、空花墙	单面清水砖墙按墙厚分 1/4 砖、1/2 砖、1 砖、1 砖半、2 砖及以上	4-2 至 4-6	调、运、铺砂浆，运、砌砖，安放木砖、垫块
			混水砖墙按墙厚分 1/4 砖、1/2 砖、1 砖、1 砖半、2 砖及以上	4-7 至 4-12	

分项工程	项目名称			定额编号	工作内容
砌筑工程	一、砖砌体	砖墙、空斗墙、空花墙	多孔砖墙按墙厚分 1/2 砖、1 砖、1 砖半、2 砖及以上、90 mm、190 mm	4-13 至 4-18	调、运、铺砂浆,运、砌砖,安放木砖、垫块
			空心砖墙 1/2 砖、1 砖、1 砖半、2 砖及以上	4-19 至 4-22	
			空斗墙(一眠一斗)	4-23	
			空花墙	4-24	
		填充墙、贴砌砖	1+1/2 砖填充墙 炉渣	4-25	调、运、铺砂浆,运、砌砖
			1+1/2 砖填充墙 轻混凝土	4-26	
			贴砌砖 1/4 砖	4-27	
			贴砌砖 1/2 砖	4-28	
		砖柱	清水砖方砌 普通砖	4-29	
			清水砖方砌 多孔砖	4-30	
			混水砖方砌 普通砖	4-31	
			混水砖方砌 多孔砖	4-32	
			圆、半圆及多边形柱	4-33	
		砖烟囱和砖加工		4-34 至 4-49	详见《消耗量定额》
		其他		4-50 至 4-57	调、运、铺砂浆,运、砌砖
	二、砌块砌体	轻集料混凝土小型砌块墙按墙厚 240 mm、190 mm、120 mm		4-58 至 4-60	调、运、铺砂浆,运、安装砌块、镶砌砖、安放木砖、垫块
		烧结空心砌块墙按墙厚(卧砌)240 mm、190 mm、115 mm		按墙厚分 4-61 至 4-63	调、运、铺砂浆,运、安装砌块、洞口侧边竖砌砌块、砂浆灌芯、安放木砖、垫块
		蒸压加气混凝土砌块墙按墙厚≤150 mm、≤200 mm≤300 mm 及采用砂浆或胶粘剂		4-64 至 4-69	详见《消耗量定额》
		加气混凝土砌块 L 形专用连接件		4-70	运、安放连接件,射钉弹及水泥钉固定
	三、轻质隔墙	轻质墙板(玻纤水泥珍珠岩板)按板厚 60 mm、85 mm、95 mm		4-71 至 4-73	详见《消耗量定额》
		钢丝网夹心矿棉墙板		4-74	
	四、石砌体	基础、勒脚按毛石、料石		4-75 至 4-78	运石、调、运、铺砂浆、砌筑
		墙按毛料石、粗料石、精料石		4-79 至 4-84	详见《消耗量定额》
		护坡		4-85 至 4-86	详见《消耗量定额》
		其他		4-87 至 4-92	详见《消耗量定额》
	五、垫层	按材料和施工方法划分 14 个子目		4-93 至 4-106	详见《消耗量定额》

三、砌筑工程计量与计价

(一)砖(石)基础工程计量与计价

1. 工程量计算规则

按设计图示尺寸以体积计算。

(1)附墙垛基础宽出部分体积按折加长度合并计算，扣除地梁(圈梁)、构造柱所占体积，不扣除基础大放脚T形接头处的重叠部分及嵌入基础内的钢筋、铁件、管道、基础砂浆防潮层和单个面积≤0.3 m² 的孔洞所占体积，靠墙暖气沟的挑檐不增加。

(2)基础长度：外墙按外墙中心线长度计算，内墙按内墙基净长线计算。

2. 计算公式

基础工程量＝基础长度×基础断面面积－嵌入基础内的混凝土及钢筋混凝土等不属砌体构件体积－0.3 m² 以外孔洞所占体积＋需增加的体积

(1)基础长度。外墙墙基按外墙中心线长度计算；内墙墙基按内墙基净长计算(图2-56)。基础大放脚T形接头处的重叠部分(图2-57)不予扣除。

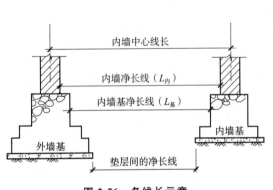

图 2-56　各线长示意

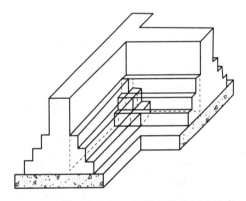

图 2-57　基础大放脚T形接头重叠部分示意

(2)基础截面形式。砖基础的大放脚通常采用等高式[图2-58(a)]和不等高式[图2-58(b)]两种砌筑形式。

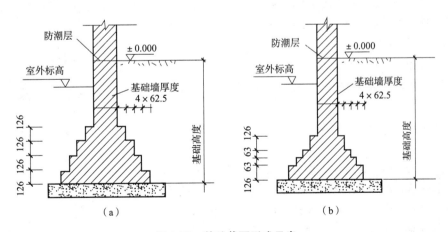

(a)　　　　　　　　　　　(b)

图 2-58　基础截面形式示意

(a)等高式；(b)不等高式

（3）基础断面面积 S。将基础大放脚划分成图2-59所示的两部分，则基础断面面积为

$$S=bh+\Delta S \text{ 或 } S=b(h+\Delta h)$$

式中　b——基础墙宽度；

　　　h——基础设计深度；

　　　ΔS——大放脚断面增加面积，可计算得出（图2-59所示斜线部分的面积），也可查标准砖墙基大放脚增加面积表2-69得出。

　　Δh 大放脚断面增加高度，可计算得出或查标准砖墙基大放脚增加高度（表2-69）得出。

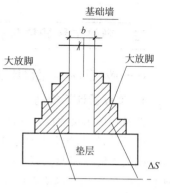

图 2-59　基础大放脚划分示意

表 2-69　标准砖墙基大放脚折加高度（Δh）及增加断面积（ΔS）表

放脚层数	折加高度 Δh/m						增加断面面积 ΔS/m²	
	1砖（0.24）		1.5砖（0.365）		2砖（0.49）			
	等高式	间隔式	等高式	间隔式	等高式	间隔式	等高式	间隔式
一	0.066	0.066	0.043	0.043	0.032	0.032	0.015 75	0.007 9
二	0.197	0.164	0.129	0.108	0.096	0.080	0.047 25	0.039 4
三	0.394	0.328	0.259	0.216	0.193	0.161	0.094 5	0.063 0
四	0.656	0.525	0.432	0.345	0.321	0.253	0.157 5	0.126 0
五	0.984	0.788	0.674	0.518	0.482	0.380	0.236 3	0.165 4
六	1.378	1.083	0.906	0.712	0.672	0.530	0.330 8	0.259 9
七	1.838	1.444	1.208	0.949	0.900	0.707	0.441 0	0.315 0
八	2.363	1.838	1.553	1.208	1.157	0.900	0.567 0	0.441 0
九	2.953	2.297	1.942	1.510	1.447	1.125	0.708 8	0.511 9
十	3.610	2.789	2.372	1.834	1.768	1.366	0.866 3	0.669 4

（4）定额规定不予扣除及不予增加的体积。嵌入基础的钢筋、铁件、管道、基础防潮层及单个面积在 0.3 m² 以内孔洞所占体积不予扣除，但靠墙暖气沟的挑檐也不增加。

（5）定额规定应增加的体积。附墙垛（图2-60）基础宽出部分体积应并入基础工程量内。

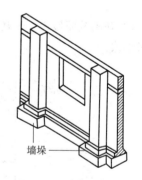

图 2-60　墙垛示意

3. 定额应用

砖基础套用的定额子目 4-1，石基础套用的定额子目 4-75、4-76。

（1）设计要求砂浆品种、强度、供应方式如与定额中的不同时，可以换算。

（2）定额是按直形砌筑编制，如为圆弧形砌筑可以换算。

（3）砖基础不分砌筑宽度及有否大放脚，均执行对应品种及规格砖的同一项目。

（4）地下混凝土构件所用模及砖砌挡土墙套用砖基础项目。

4. 案例分析

【案例2-20】 某工程基础如图2-61所示，室外地坪标高为－0.3 m，基础采用烧结煤矸石普通

砖 240 mm×115 mm×53 mm。(1)试计算砖基础工程量;(2)试结合江西省现行定额分别按采用干混预拌砂浆 M10 和现场拌制砂浆 M10 计算本工程砖基础费用。

【解】 (1)砖基础工程量计算:根据定额工程量计算规则:基础与墙身使用同一种材料时(图 2-61),以设计室内地面为界,以下为基础,以上为墙身。

砖基础案例分析

1)砖基础长度 L。

外墙基长:$L_{外}=(10+8)\times 2=36(m)$

内墙基长:$L_{内}=(10-0.24)+(8-0.24\times 2)\times 2=24.8(m)$

砖基础长度:$L=36+24.8=60.8(m)$

2)基础截面面积 S。

基础高度:$h=1.9-0.2=1.7(m)$;

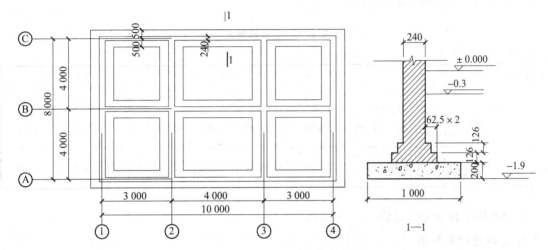

图 2-61 某工程基础平面及剖面图

基础为 1 砖厚的二层等高式大放脚,查表 2-67 得出大放脚增加断面面积 $\Delta S=0.047\ 25$;大放脚折加高度 $\Delta h=0.197$;

基础截面面积 S:$S=0.24\times 1.7+0.047\ 25=0.455(m^2)$

或 $S=0.24\times(1.7+0.197)=0.455(m^2)$

3)砖基础工程量 V:

$$V=60.8\times 0.455=27.66(m^3)$$

(2)按定额计算砖基础费用:

1)如采用干混预拌砂浆 M10。定额 4-1 中砂浆是按干混预拌砂浆 M10 编制的,可直接套用定额基价。

$$
\begin{aligned}
砖基础费用 &=工程量\times 定额基价\\
&=27.66/10\times 4\ 288.84\\
&=11\ 862.93(元)
\end{aligned}
$$

2)如采用现拌水泥砂浆 M10。定额 4-1 子目中砂浆是按干混预拌砂浆 M10 编制的,可换算使用。

换算方法:使用现拌砂浆的,除将定额中的干混预拌砂浆调换为现拌砂浆外,砌筑定额按每立方米砂浆增加:人工 0.382 工日、200 L 灰浆搅拌机 0.167 台班,同时,扣除原定额中干混砂浆罐式搅拌机台班。

查定额可知:定额 4-1 基价为 4 288.84 元/10 m^3、干混预拌砂浆 M10 消耗量 2.399 m^3/10 m^3、

单价为 514.31 元/m³，现场拌制水泥砂浆 M10 单价为 153.82 元/m³，200 L 灰浆搅拌机 140.61 元/台班，人工单价为 85 元/工日，原定额干混砂浆罐式搅拌机台班费 45.32 元/10 m³。

换算后的单价 $= 4\ 288.84 + 2.399 \times (153.82 - 514.32) + 2.399 \times (0.382 \times 85 + 0.167 \times 140.61) - 45.32$

$= 4\ 288.84 - 864.84 + 134.23 - 45.32 = 3\ 512.91(元/10\ m^3)$

换算后单价中人工费 $= 835.89 + 2.399 \times 0.382 \times 85 = 913.79(元)$

换算后单价中机械费 $= 2.399 \times 0.167 \times 140.61 - 45.32 = 11.01(元)$

砖基础费用 $=$ 工程量 $\times$ 换算后的单价

$= 27.66/10 \times 3\ 512.91$

$= 9\ 716.71(元)$

(3)计算结果见工程预算表 2-70。

表 2-70　工程预算表

工程名称：某工程

序号	定额编号	项目名称	单位	工程量	定额基价/元			合价/元		
					基价	人工费	机械费	合价	人工费	机械费
1	4-1	砖基础 (干混砂浆 M10)	10 m³	2.766	4 288.84	835.89	45.32	11 862.93	2 312.07	125.36
2	4-1 换	砖基础 (现场拌制砂浆 M10)	10 m³	2.766	3 512.91	913.79	11.01	9 716.71	2 527.54	30.45

(二)墙体工程计量与计价

1. 工程量计算规则

(1)砖墙、砌块墙按设计图示尺寸以体积计算。扣除门窗、洞口、嵌入墙内的钢筋混凝土柱、梁、圈梁、挑梁、过梁及凹进墙内的壁龛、管槽、暖气槽、消火栓箱所占体积，不扣除梁头、板头、檩头、垫木、木楞头、沿椽木、木砖、门窗走头、砖墙内加固钢筋、木筋、铁件、钢管及单个面积 ≤0.3 m² 的孔洞所占的体积。凸出墙面的腰线、挑檐、压顶、窗台线、虎头砖、门窗套的体积也不增加。凸出墙面的砖垛并入墙体体积内计算。多孔砖、空心砖墙不扣除其本身的孔或空心体积。

(2)框架间墙：不分内外墙按墙体净尺寸以体积计算。

(3)空斗墙按设计图示尺寸以空斗墙外形体积计算。

1)墙角、内外墙交接处、门窗洞口立边、窗台砖、屋檐处的实砌部分体积已包括在空斗墙体积内。

2)空斗墙的窗间墙、窗台下、楼板下、梁头下等的实砌部分应另行计算，套用零星砌体项目。

(4)空花墙按设计图示尺寸以空花部分外形体积计算，不扣除空花部分体积。其实体部分体积另列项目计算。

(5)填充墙按设计图示尺寸以填充墙外形体积计算。

(6)轻质隔墙按设计图示尺寸以面积计算。

2. 计算公式

$$V = 墙长 \times 墙高 \times 墙厚 - 应扣除部分体积 + 应增加部分体积$$

(1)墙长度：外墙按中心线、内墙按净长、围墙按设计长度计算。

(2)墙高度：

1)外墙：斜(坡)屋面无檐口天棚者算至屋面板底；有屋架且室内、外均有天棚者算至屋架下弦底另加 200 mm；无天棚者算至屋架下弦底另加 300 mm，出檐宽度超过 600 mm 时按实砌高度计算；有钢筋混凝土楼板隔层者算至板顶。平屋顶算至钢筋混凝土板底。

2)内墙：位于屋架下弦者，算至屋架下弦底；无屋架者算至天棚底另加 100 mm；有钢筋混凝土楼板隔层者算至楼板底；有框架梁时算至梁底。

3)女儿墙：从屋面板上表面算至女儿墙顶面(如有混凝土压顶时算至压顶下表面)。

4)内、外山墙：按其平均高度计算。

5)围墙高度算至压顶上表面(如有混凝土压顶时算至压顶下表面)，围墙柱并入围墙体积内。

(3)墙厚度：

1)标准砖以 240 mm×115 mm×53 mm 为准，其砌体厚度按表 2-67 计算。

2)使用非标准砖时，其砌体厚度应按砖实际规格和设计厚度计算；如设计厚度与实际规格不同时，按实际规格计算。

(4)应增加部分体积：

1)凸出墙面的砖垛，并入墙身体积内计算。

2)附墙烟囱、通风道、垃圾道应按设计图示尺寸以体积(扣除孔洞所占体积)计算，并入所依附的墙体体积内。

3)女儿墙分别按不同墙厚并入外墙计算，女儿墙高度，自外墙顶面至图示女儿墙顶面高度。

(5)不扣除、不增加部分体积：不扣除梁头、板头、檩头、垫木、木楞头、沿椽木、木砖、门窗走头、砖墙内的加固钢筋、木筋、铁件、钢管及每个面积在 0.3 m² 以下的孔洞等所占体积，凸出墙面的窗台虎头砖、压顶线、山墙泛水、烟囱根、门窗套、腰线和挑檐等体积也不增加。

3. 定额应用

(1)设计要求砂浆品种、强度、供应方式如与定额中的不同时，可以换算。

(2)定额中砖、砌块和石料按标准或常用规格编制，设计规格与定额不同时，砌体材料和砌筑(黏结)材料用量应做调整换算。

(3)定额是按直形砌筑编制，如为圆弧形砌筑可以换算。

(4)定额中的墙体砌筑层高是按 3.6 m 编制的，如超过 3.6 m 时，其超过部分工程量的定额人工乘以系数 1.3。

4. 案例分析

【案例 2-21】 试计算附录设计图纸某某理工学院实训工房工程底层②轴至③轴间北外墙(图 2-62)工程量，并结合江西省现行定额计算此部分墙体费用。

【解】 从施工图纸上得知，所有墙体采用标准普通砖，干混预拌 M10 砂浆，底层层顶标高为 4.2 m，该墙顶二层楼面梁高为 500 mm，C1 尺寸为 3 600 mm×2 100 mm，窗顶标高为 3 m，窗顶采用现浇过梁 240 mm×240 mm，过梁支撑长度≥360 mm，过梁长为 4.32 m，柱子定位轴线图如图 2-63 所示，基础大样图如图 2-64 所示。

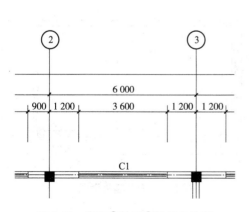

图 2-62 底层②轴至③轴间北外墙

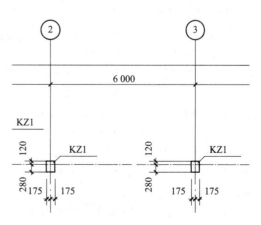

图 2-63 框架柱平法施工图

(1)墙体工程量计算：底层层顶标高为 4.2 m，定额规定，墙体砌筑层高是按 3.6 m 编制的，如超过 3.6 m，其超过部分工程量的定额人工乘以系数 1.3，因此应列两个项目分别计算。

1）砌筑层高 3.6 m 以下的墙体工程量：

墙体毛体积＝墙净长×墙的净高×墙厚

$$＝(6-0.175×2)×3.6×0.24$$
$$＝5.65×3.6×0.24＝4.88（m^3）$$

墙上有 1 个 C1（尺寸为 3 600 mm×2 100 mm）、1 根过梁（截面尺寸 240 mm×240 mm、长 4.32 m）

墙体工程量＝墙体净体积＝墙体毛体积－窗所占体积

　　　　　　　　　　　　　－混凝土构件所占体积

$$＝4.88-3.6×2.1×0.24-0.24×$$
$$0.24×4.32$$
$$＝4.88-1.81-0.25＝2.82（m^3）$$

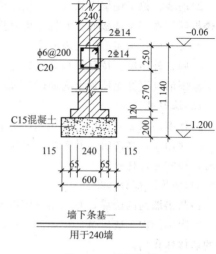

图 2-64 墙下条基

2）砌筑层高 3.6 m 以上的墙体工程量：（扣梁高 0.5 m）

墙体工程量$＝5.65×(4.2-3.6-0.5)×0.24＝0.14（m^3）$

(2)因内外墙面需装饰，故套用 1 砖厚混水墙子目，砌筑层高 3.6 m 以下的墙体直接套用定额，砌筑层高为 3.6 m 以上的墙体需换算应用定额，根据定额计算墙体费用，结果见表 2-71。

定额子目 4-10 换：单价$＝956.34×1.3+3 400.47+43.05＝4 686.762$（元/10 m³）

人工费$＝956.34×1.3＝1 243.24$（元）

表 2-71　工程预算表

工程名称：某理工学院实训工房工程

序号	定额编号	项目名称	单位	工程量	定额基价/元			合价/元		
					基价	人工费	机械费	合价	人工费	机械费
1	4-10	1 砖厚混水墙（干混预拌砂浆 M10）	10 m³	0.282	4 399.86	956.34	43.05	1 240.76	269.69	12.14
2	4-10 换	1 砖厚混水墙（干混砌筑砂浆 M10、3.6 m 以上）	10 m³	0.014	4 686.762	1 243.24	43.05	65.61	17.41	0.6
		小计						1 306.37	287.1	12.74

【案例 2-22】　某办公室建筑平面图如图 2-65 所示，墙体采用烧结煤矸石普通砖 240 mm×115 mm×53 mm 砌筑，砂浆采用干混砌筑砂浆 M10，外墙总高为 3.6 m（包括女儿墙），内墙净高为 3 m。M1：900 mm×2 100 mm，M2：900 mm×2 100 mm，C1：1 800 mm×1 800 mm。轴线尺寸为墙体中心线，图中尺寸均以"毫米"为单位，内外墙面均装修。试结合江西省现行预算定额进行列项计算墙体工程量；并计算墙体工程费用及

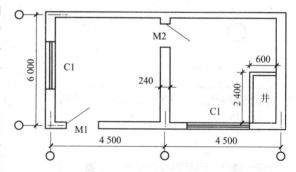

图 2-65　办公室平面图

其人材机消耗量(暂不考虑混凝土过梁体积)。

【解】 根据图纸及已知条件,所有墙体均采用同种材料、相同的组砌方式、相同的厚度,故只需列1砖厚混水墙1个项计算。

(1)计算1砖厚混水墙墙体工程量。

由已知条件得：$L_{中}=(9+6)\times 2=30(m)$，$L_{内}=5.76\ m$，外墙高 $H=3.6\ m$，内墙高 $H_{净}=3\ m$，门窗面积：$S_{M1+C1}=0.9\times 2.1+1.8\times 1.8\times 2=8.37(m^2)$，$S_{M2}=1.89\ m^2$，$B_{厚}=0.24\ m$

$$V_{外}=(L_{中}\times H-S_{M1+C1})\times B_{厚}=(30\times 3.6-8.37)\times 0.24=23.91(m^3)$$

$$V_{内}=(L_{内}\times H_{净}-S_{M2})\times B_{厚}=(5.76\times 3-1.89)\times 0.24=3.69(m^3)$$

1砖厚混水墙墙体工程量合计 $=27.60\ m^3$

(2)计算墙体工程费用,结果见工程预算表2-72。

(3)计算人材机消耗量。

人工工日 $=2.76\times 11.251=31.05(工日)$

烧结煤矸石普通砖消耗量 $=2.76\times 5.337=14.73(千块)$

干混砌筑砂浆 M10 消耗量 $=2.76\times 2.313=6.38(m^3)$

水消耗量 $=2.76\times 1.06=2.93(m^3)$

干混砂浆罐式搅拌机消耗量 $=2.76\times 0.228=0.63(台班)$

表 2-72 工程预算表

某理工学院实训工房工程

序号	定额编号	项目名称	单位	工程量	定额基价/元			合价/元		
					基价	人工费	机械费	合价	人工费	机械费
1	4-10	1砖厚混水墙(干混预拌砂浆 M10)[混水砖墙(1砖)]	10 m³	2.76	4 399.86	956.34	43.05	12 143.61	2 639.50	118.82
		小计						12 143.61	2 639.50	118.82

(三)砖柱及其他工程计量与计价

1. 工程量计算规则

(1)砖柱按设计图示尺寸以体积计算,扣除混凝土及钢筋混凝土梁垫、梁头、板头所占体积。

(2)零星砌体、地沟、砖碹按设计图示尺寸以体积计算。

(3)砖散水、地坪按设计图示尺寸以面积计算。

(4)砌体砌筑设置导墙时,砖砌导墙需单独计算,厚度与长度按墙身主体,高度以实际砌筑高度计算,墙身主体的高度相应扣除。

(5)附墙烟囱、通风道、垃圾道应按设计图示尺寸以体积(扣除孔洞所占体积)计算并入所依附的墙体体积内。当设计规定孔洞内需要抹灰时,另按《消耗量定额》第十二章 墙、柱面装饰与隔断、幕墙工程相应项目计算。

(6)砖烟囱、烟道：

1)砖基础与砖筒身以设计室外地坪为分界,以下为基础,以上为筒身。

2)砖烟囱筒身、烟囱内衬、烟道及烟道内衬均以实体积计算。

3)如设计采用楔形砖时,其加工数量按设计规定的数量另列项目计算,套砖加工定额。

4)烟囱内衬深入筒身的防沉带(连接横砖)、在内衬上抹水泥排水坡的工料及填充隔热材料所需人工均已包括在内衬定额内,不另计算,设计不同时不做调整。填充隔热材料按烟囱筒身(或烟道)与内衬之间的体积另行计算，应扣除每个面积在 0.3 m² 以上的孔洞所占的体积，不扣除防沉带所占的体积。

5)烟囱、烟道内表面涂抹隔绝层，按内壁面积计算，应扣除每个面积在 0.3 m² 以上的孔洞面积。

6)烟道与炉体的划分以第一道闸门为界，在炉体内的烟道应并入炉体工程量内，炉体执行安装工程炉窑砌筑相应定额。

轻质砌块 L 形专用连接件的工程量按设计数量计算。

垫层工程量按设计图示尺寸以体积计算。

2. 定额应用

(1)砖烟囱筒身的原浆勾缝和烟囱帽抹灰等，已包括在定额内，不另计算。如设计规定加浆勾缝者，应另行计算。

(2)垫层。人工级配砂石垫层是按中(粗)砂 15%(不含填充石子空隙)、砾石 85%(含填充砂)的级配比例编制的。

思政小贴士

不积跬步，无以至千里；不积小流，无以成江海。

一砖一瓦，扎扎实实地对待每一项工作，才能筑起万里长城。引导学生脚踏实地，不畏艰难，一步一个脚印，一步一步迈向自己的人生梦想。

任务实施

【解】 从本书附录施工图纸某理工院实训工房工程上得知：所有墙体采用标准普通砖，干混预拌 M10 砂浆，二层层标高为 3.6 m，该墙顶三层楼面梁高为 500 mm，C1 尺寸为 3 600 mm×2 100 mm，窗顶标高为 3 m，窗顶无须采用过梁，柱子定位轴线图如图 2-63 所示。墙厚为 240 mm。内外墙面需装饰，故项目名称为 1 砖厚混水墙。

(1)计算 1 砖厚混水墙工程量。

墙体毛体积＝墙净长×墙净高×墙厚

$$=(6-0.175\times2)\times(3.6-0.50)\times0.24=4.2\,(\text{m}^3)$$

墙上有 1 个 C1(尺寸为 3 600 mm×2 100 mm)。

墙体工程量＝墙体净体积＝墙体毛体积－窗所占体积

$$=4.2-3.6\times2.1\times0.24=2.39\,(\text{m}^3)$$

(2)根据定额计算墙体费用，结果见表 2-73。

表 2-73 工程预算表

工程名称：某理工学院实训工房工程

序号	定额编号	项目名称	单位	工程量	定额基价/元			合价/元		
					基价	人工费	机械费	合价	人工费	机械费
1	4-10	1 砖厚混水墙 (干混预拌砂浆 M10)	10 m³	0.239	4 399.86	956.34	43.05	1 051.57	228.57	10.29
				小计				1 051.57	228.57	10.29

任务单

常用定额摘录

【任务 2-5】 结合《消耗量定额》本书附录设计图纸某理工学院实训工房砖基础工程量，并计算砖基础工程费用；分析人、材、机消耗量。

【任务 2-6】 结合消耗量定额，试本书附录设计图纸某理工学院实训工房工程底层墙体工程量，并计算墙体工程费用；分析人、材、机消耗量。

并将任务完成过程及结果填入任务单实施成果表（表 2-74～表 2-76）。

表 2-74　工程预算表

工程名称：　　　　　　　　　　　　　　　　　　　　　　　　　第　页 共　页

序号	定额编号	项目名称	单位	工程量	定额基价/元			合价/元		
					基价	人工费	机械费	合价	人工费	机械费
			小计							

表 2-75　人材机分析表

工程名称：　　　　　　　　　　　　　　　　　　　　　　　　　第　页 共　页

序号	定额编号	分项工程名称	计量单位	工程数量	综合工日		材料名称				机械台班						…	…
					定额	数量	定额	数量	定额	数量	定额	数量	定额	数量	定额	数量		

表 2-76   工程量计算书

工程名称：　　　　　　　　　　　　　　　　　　　　　　　　　第　页 共　页

序号	项目名称	单位	工程量	计算式

小　结

本任务重点学习了以下内容：

1. 基础与墙身的划分

(1)砖基础与墙身使用同一种材料时，以设计室内地面为界（有地下室者，以地下室室内设计地面为界），以下为基础，以上为墙身。

(2)基础与墙身使用不同材料时，不同材料分界线距设计室内地面±300 mm 以内时，以不同材料分界线为界，不同材料分界线距设计室内地面超过±300 mm 时以设计室内地面为界。

(3)石基础与墙身的划分：以设计室内地面为界，以下为基础，以上为墙身。

(4)砖、石围墙，以设计室外地坪为界线，以下为基础，以上为墙身。

2. 定额零星项目内容

零星项目包括的内容：砖砌厕所蹲台、小便池槽、水槽腿、垃圾箱、花台、花池、房上烟囱、台阶挡墙牵边、隔热板砖墩、地板墩等。

3. 砖(石)基础工程量计算规则

砖基础工程量按设计图示尺寸以体积计算。

(1)附墙垛基础宽出部分体积按折加长度合并计算，扣除地梁（圈梁）、构造柱所占体积，不扣除基础大放脚 T 形接头处的重叠部分及嵌入基础内的钢筋、铁件、管道、基础砂浆防潮层和单个面积≤0.3 m² 的孔洞所占体积，靠墙暖气沟的挑檐不增加。

(2)砖基础长度：外墙按外墙中心线长度计算，内墙按内墙基净长线计算。

4. 砖墙体、砌块墙工程量计算规则

砖墙体、砌块墙体工程量按设计图示尺寸以体积计算。

(1)扣除门窗，洞口，嵌入墙内的钢筋混凝土柱、梁、圈梁、挑梁、过梁及凹进墙内的壁盒、管槽、暖气槽、消火栓箱所占体积，不扣除梁头、板头、檩头、垫木、木楞头、沿椽木、木砖、门窗走头、砖墙内加固钢筋、木筋、铁件、钢管及单个面积≤0.3 m² 的孔洞所占的体积。凸出墙面的腰线、挑檐、压顶、窗台线、虎头砖、门窗套的体积也不增加。凸出墙面的砖垛并入墙体体积内计算。多孔砖、空心砖墙不扣除其本身的孔或空心体积。

（2）墙体长度：外墙按外墙中心线长度计算，内墙按内墙基净长线计算。

（3）墙高度：

1）外墙：斜（坡）屋面无檐口天棚者算至屋面板底；平屋顶算至钢筋混凝土板底。

2）内墙：有钢筋混凝土楼板隔层者算至楼板底；有框架梁时算至梁底。

3）女儿墙：从屋面板上表面算至女儿墙顶面（如有混凝土压顶时算至压顶下表面）。

4）内、外山墙：按其平均高度计算。

5）围墙高度算至压顶上表面（如有混凝土压顶时算至压顶下表面），围墙柱并入围墙体积内。

墙体体厚度的确定。

1）标准砖以 240 mm×115 mm×53 mm 为准，其砌体厚度按表 2-67 计算。

2）使用非标准砖时，其砌体厚度应按砖实际规格和设计厚度计算；如设计厚度与实际规格不同时，按实际规格计算。

5. 定额换算

（1）设计要求砂浆品种、强度、供应方式如与定额中的不同时，可以换算。

（2）定额中砖、砌块和石料按标准或常用规格编制，设计规格与定额不同时，砌体材料和砌筑（黏结）材料用量应作调整换算。

（3）定额是按直形砌筑编制，如为圆弧形砌筑可以换算。

通过本任务学习，学生能结合实际施工图纸，根据预算定额中有关规定，进行砌筑工程工程量的计算和分项工程费用的计算。

学生笔记

通过本任务的学习，学生根据重点知识点的提示，完成"任务四 砌筑工程"学生笔记（表 2-77）的填写，并对砌筑工程计量与计价方法及注意事项进行归纳总结。

表 2-77 "任务四 砌筑工程"学生笔记

班级：_____　学号：_____　姓名：_____　成绩：_____

1. 基础与墙身划分：

2. 砖基础工程量计算规则：

3. 砖墙体工程量计算规则：

4. 墙体采用现拌砂浆的换算：

5. 弧形墙体的换算：

6. 墙高超过 3.6 m 的换算：

课后练习

任务五 混凝土及钢筋混凝土工程

任务导入

依据附录某理工学院实训工房工程设计图纸,如图 2-66 和表 2-78 所示,结合《消耗量定额》,试计算①轴交Ⓐ轴的框架柱 KZ1(350 mm×400 mm)钢筋工程量,混凝土及模板工程量,并计算各分项工程费用。

知识导图

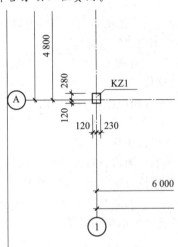

图 2-66 框架柱平法施工图(截图)

表 2-78 柱表

柱号	标高	$b×h$/mm	角筋	b 侧中部筋	h 侧中部筋	箍筋类型号	箍筋
KZ1	基础顶～11.40	350×400	4 ⚫18	1 ⚫16	1 ⚫16	5	φ8@100/200
KZ2	基础顶～11.40	400×400	4 ⚫20	1 ⚫18	1 ⚫18	5	φ8@100/200
KZ3	基础顶～11.40	350×400	4 ⚫20	1 ⚫20	1 ⚫16	5	φ8@100/200
KZ4	基础顶～11.40	450×400	4 ⚫22	1 ⚫22	1 ⚫18	5	φ8@100/200
GZ1	11.40～12.60	详见结构总说明大样	4 ⚫12			3	φ8@100/200
GZ2	地圈梁顶～11.40	详见结构总说明大样	4 ⚫14			3	φ8@100/200
说明:柱纵筋搭接区箍筋加密为 100 mm,柱纵向钢筋为 HRB400							

任务资讯

一、概述

钢筋混凝土工程按施工方法可分为装配式钢筋混凝土工程和现浇混凝土工程。装配式钢筋混凝土工程的施工流程是在构件预制厂或施工现场制作好结构构件,再在施工现场将其安装到设计位置形成结构体系。现浇钢筋混凝土工程则是在建筑物的设计位置现场支模、绑扎钢筋、浇灌混凝土形成结构体系。工作内容主要包括模板工程、钢筋工程及混凝土工程三部分。

(一)混凝土工程

(1)定额中混凝土工程是按预拌混凝土编制的。采用现场搅拌时,执行相应的预拌混凝土项目,并将定额中的预拌混凝土换算成现拌混凝土,再执行现场搅拌混凝土调整费项目。现场搅拌混凝土调整费项目中,仅包含了冲洗搅拌机用水量,如需要冲洗石子,用水量另行处理。

(2)预拌混凝土是指在混凝土厂集中搅拌、用混凝土罐车运输到施工现场并入模的混凝土(圈过梁及构造柱项目中已综合考虑了因施工条件限制不能直接入模的因素)。

固定泵、泵车项目适用于混凝土送到施工现场未入模的情况,泵车项目仅适用于高度在15 m以内,固定泵项目适用所有高度。

(3)混凝土按常用强度等级考虑,设计强度等级不同时可以换算;混凝土各种外加剂统一在配合比中考虑,图纸设计要求增加的外加剂另行计算。

(4)与主体结构不同时浇捣的厨房、卫生间等处墙体下部的现浇混凝土翻边执行圈梁相应项目。

(5)独立现浇门框按构造柱项目执行。

(6)凸出混凝土柱、梁的线条,并入相应柱、梁构件内;凸出混凝土外墙面、阳台梁、栏板外侧300 mm的装饰线条,执行扶手、压顶项目;凸出混凝土外墙、梁外侧>300 mm的板,按伸出外墙的梁、板体积合并计算,执行悬挑板项目。

(7)外形尺寸体积在1 m³以内的独立池槽执行小型构件项目,1 m³以上的独立池槽及与建筑物相连的梁、板、墙结构式水池,分别执行梁、板、墙相应项目。

(8)小型构件是指单件体积0.1 m³以内且本节未列项目的小型构件。

(9)后浇带包括了与原混凝土接缝处的钢丝网用量。

(二)钢筋工程

(1)钢筋工程按钢筋的不同品种和规格以现浇构件、预制构件、预应力构件及箍筋分别列项,钢筋的品种、规格比例按常规工程设计综合考虑。

(2)除定额规定单独列项计算外,各类钢筋、铁件的制作成型、绑扎、安装、接头、固定所用人工、材料、机械消耗均已综合在相应项目内;设计另有规定者,按设计要求计算。直径25 mm以上的钢筋连接按机械连接考虑。

(3)钢筋工程中措施钢筋,按设计图纸规定及施工验收规范要求计算,按品种、规格执行相应项目。如采用其他材料时,另行计算。

(4)固定预埋铁件(螺栓)所消耗的材料按实计算,执行相应项目。

(三)模板工程

(1)模板分组合钢模板、大钢模板、复合模板、木模板,定额未注明模板类型的,均按木模板考虑。

(2)模板按企业自有编制。组合钢模板包括装箱,且已包括回库维修耗量。

(3)复合模板适用于竹胶、木胶等品种的复合板。

(4)地下室底板模板执行满堂基础,满堂基础模板包括集水井模板杯壳。

(5)满堂基础下翻构件的砖胎模,砖胎模中砌体执行《消耗量定额》第四章 砌筑工程砖基础相应项目;抹灰执行《消耗量定额》第十一章 楼地面装饰工程、第十二章 墙、柱面装饰与隔断、幕墙工程抹灰的相应项目。

(6)现浇混凝土柱(不含构造柱)、墙、梁(不含圈、过梁)、板是按高度(板面或地面、垫层面至上层板面的高度)3.6 m综合考虑的。如遇斜板面结构时,柱分别按各柱的中心高度为准;墙按分段墙的平均高度为准;框架梁按每跨两端的支座平均高度为准;板(含梁板合计的梁)按高点与低点的平均高度为准。

(7)异形柱、梁,是指柱、梁的断面形状为 L 形、十字形、T 形、Z 形的柱、梁。

(8)混凝土梁、板应分别计算执行相应项目,混凝土板适用于截面厚度≤250 mm;板中暗梁并入板内计算;墙、梁弧形且半径≤9 m 时,执行弧形墙、梁项目。

(9)屋面混凝土女儿墙高度>1.2 m 时执行相应墙项目,≤1.2 m 时执行相应栏板项目。

(10)混凝土栏板高度(含压顶扶手及翻沿),净高按 1.2 m 以内考虑,超 1.2 m 时执行相应墙项目。

(11)现浇混凝土阳台板、雨篷板按三面悬挑形式编制,如一面为弧形栏板且半径≤9 m 时,执行圆弧形阳台板、雨篷板项目;如非三面悬挑形式的阳台、雨篷,则执行梁、板相应项目。

(12)挑檐、天沟壁高度≤400 mm,执行挑檐项目;挑檐、天沟壁高度>400 mm 时,按全高执行栏板项目。单件体积 0.1 m³ 以内,执行小型构件项目。

(13)现浇飘窗板、空调板执行悬挑板项目。

(14)与主体结构不同时浇捣的厨房、卫生间等处墙体下部现浇混凝土翻边的模板执行圈梁相应项目。

(15)散水模板执行垫层相应项目。

(16)凸出混凝土柱、梁、墙面的线条,并入相应构件内计算,再按凸出的线条道数执行模板增加费项目;但单独窗台板、栏板扶手、墙上压顶的单阶挑沿不另计算模板增加费;其他单阶线条凸出宽度>200 mm 的执行挑檐项目。

(17)外形尺寸体积在 1 m³ 以内的独立池槽执行小型构件项目,1 m³ 以上的独立池槽及与建筑物相连的梁、板、墙结构式水池,分别执行梁、板、墙相应项目。

(18)小型构件是指单件体积 0.1 m³ 以内且《消耗量定额》中未列项目的小型构件。

(19)薄壳板模板不分筒式、球式、双曲形式等,均执行同一项目。

(20)拱板或拱形结构按板顶平均高度确定支模高度,电梯井壁按建筑物自然层层高确定支模高度。

二、定额项目设置

《消耗量定额》第五章 混凝土及钢筋混凝土工程定额子目划分见表 2-79。

表 2-79 混凝土及钢筋混凝土工程定额项目设置表

分项工程		项目名称		定额编号	工作内容
混凝土及钢筋混凝土	混凝土	现浇混凝土	垫层	5-1	浇筑、振捣、养护等
			基础	5-2 至 5-10	
			柱	5-11 至 5-15	
			梁	5-16 至 5-22	
			墙	5-23 至 5-29	
			板	5-30 至 5-45	
			楼梯	5-46 至 5-48	
			其他	5-49 至 5-54	
			后浇带	5-55 至 5-58	
		预制混凝土	过梁	5-59	浇筑、振捣、养护、起模归堆等
			架空隔热板	5-60	

分项工程	项目名称			定额编号	工作内容
混凝土及钢筋混凝土	混凝土	预制混凝土	地沟盖板	5-61	浇筑、振捣、养护、起模归堆等
			其他镂空花格	5-62	
			小型构件	5-63	
		预制混凝土构件接头灌缝（柱、吊车梁、基础梁、组合屋架、矩形梁等）		5-64至5-81	浇筑、振捣、养护等
		构筑物混凝土		5-82至5-114	浇筑、振捣、养护等
		现场搅拌混凝土调整费项目		5-115	混凝土搅拌、水平运输等
		其他		5-116至5-121	浇筑、振捣、养护等
	模板	现浇混凝土模板	垫层	5-204	模板及支撑制作、安装、拆除、堆放、运输及清理模内杂物、刷隔离剂等
			基础	5-205至5-251	
			柱	5-252至5-259	
			梁	5-260至5-275	
			墙	5-276至5-287	
			板	5-288至5-311	
			楼梯	5-312至5-314	
			其他	5-315至5-322	
			后浇带	5-323至5-329	
		预制混凝土模板		5-330至5-335	模板制作、安装、拆除、堆放、运输及清理模内杂物、刷隔离剂等
		构筑物混凝土模板		5-336至5-392	
	钢筋	现浇构件圆钢筋		5-122至5-125	制作、运输、绑扎、安装等
		现浇构件带肋钢筋		5-126至5-133	
		预制构件圆钢筋		5-134至5-139	制作、运输、绑扎、安装、点焊、拼装等
		预制构件带肋钢筋		5-140至5-147	制作、运输、绑扎、安装等
		箍筋及其他		5-148至5-162	
		先张法预应力钢筋		5-163至5-167	制作、运输、张拉、放张、切断等
		后张法预应力钢筋		5-168至5-172	制作、运输、穿筋、张拉、孔道灌浆、锚固、放张、切断等
		后张法预应力钢丝束（钢绞线）		5-173至5-180	
		钢筋焊接、机械连接、植筋		5-181至5-201	材料运输、校正、下料、焊接、清理等
		铁件、螺栓		5-202、5-203	材料运输、铁件（螺栓）定位、预埋、安装、电焊固定等
	混凝土构件运输与安装	混凝土构件运输（按4类构件分场内、场外运输）		5-393至5-408	设置一般支架（垫木条）、装车绑扎、运输、卸车堆放、支垫稳固等
		混凝土构件安装（柱、吊车梁、梁、屋架、天窗架、板等）		5-409至5-445	构件翻身、就位、加固、安装、校正、垫实结点、焊接或紧固螺栓等

三、混凝土及钢筋混凝土工程计量与计价

(一)现浇构件混凝土及模板工程计量与计价

现浇构件混凝土工程量除另有规定者外,均按设计图示尺寸以体积计算。不扣除构件内钢筋、预埋铁件及墙、板中 $0.3\ \mathrm{m^2}$ 以内的孔洞所占体积。型钢混凝土中型钢骨架所占体积按(密度) $7\ 850\ \mathrm{kg/m^3}$ 扣除。

现浇构件模板工程量除另有规定者外,均按模板与混凝土的接触面积(扣除后浇带所占面积)计算。柱、墙、梁、板、栏板相互连接的重叠部分,均不扣除模板面积。现浇混凝土墙、板上单孔面积在 $0.3\ \mathrm{m^2}$ 以内的孔洞,不予扣除,洞侧壁模板也不增加;单孔面积在 $0.3\ \mathrm{m^2}$ 以外时,应予以扣除,洞侧壁模板面积并入墙、板模板工程量以内计算。

1. 现浇混凝土垫层

垫层是位于基础与地基土的中间层(独立基础下垫层如图 2-67 所示,桩承台下垫层如图 2-68 所示),常用的材料有混凝土、灰土、三合土、砂、砂石、毛石、碎石、碎砖、炉渣等,混凝土垫层执行《消耗量定额》5-1 垫层混凝土和 5-204 垫层模板,其他材料垫层执行《消耗量定额》第四章 砌筑工程中相应材料垫层子目。

图 2-67 独立基础垫层

图 2-68 桩承台垫层

(1)现浇混凝土垫层混凝土和模板工程量计算规则。垫层混凝土工程量均按设计图示尺寸以体积计算。不扣除垫层内桩头所占的体积,模板工程量均按模板与混凝土的接触面积计算。外墙基础下垫层长度按外墙中心线长度计算,内墙基础下垫层长度按内墙基础垫层间净长线长度计算。

(2)计算公式。

$$垫层混凝土工程量\ V = A \times B \times h$$
$$垫层模板土工程量\ S = 垫层侧面面积$$

式中　A——垫层长度;

　　　B——垫层宽度;

　　　h——垫层厚度。

(3)现浇混凝土垫层定额应用。垫层混凝土,套用定额 5-1 的基价,模板套用定额 5-204 的基价。

定额 5-1 中垫层的混凝土为预拌混凝土 C15,如工程中的混凝土强度等级、供应方式不同时可进行换算。

(4)案例分析。

【案例 2-23】 计算某工程如图 2-69、图 2-70 所示的条形基础垫层混凝土(C15)及垫层模板工程量并计算垫层分项工程费用。工程采用预拌混凝土施工。

【解】 ①垫层混凝土(C15)工程量计算:

垫层长 $L = L_{中} + L_{净} = (10+8) \times 2 + (10-1) + (8-2) \times 2 = 57(\mathrm{m})$

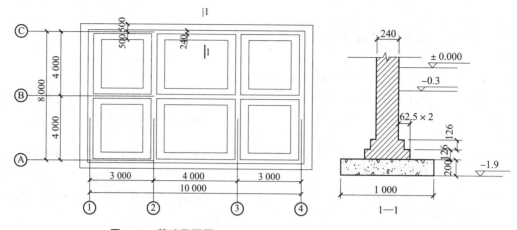

图 2-69 基础平面图   图 2-70 基础剖面图

垫层混凝土(C15)工程量 $V = b \times L \times h = 1 \times 57 \times 0.2 = 11.4(\mathrm{m}^3)$

②垫层模板工程量计算。

垫层模板工程量 $S = 2hL = 2 \times 0.2 \times 57 = 22.8(\mathrm{m}^2)$

(h 为垫层高 200 mm)

③垫层分项费用计算见工程预算表(表 2-80)。

表 2-80 工程预算表

工程项目：某理工学院实训工房工程

序号	定额编号	项目名称	单位	工程量	定额基价/元			合价/元		
					基价	人工费	机械费	合价	人工费	机械费
1	5-1	垫层混凝土(C15)	10 m³	1.14	3 006.03	314.67	0	3 426.87	358.72	0
2	5-204	垫层模板	100 m²	0.228	2 764.62	1 021.7	1.11	630.33	232.95	0.25
		小计						4 057.2	591.67	0.25

【案例 2-24】 试依据现行定额,分别计算附录某理工学院实训工房凝土基础 J1 的垫层采用预拌混凝土和现场拌制混凝土施工的垫层费用,垫层尺寸如图 2-71、图 2-72 和表 2-81 所示。

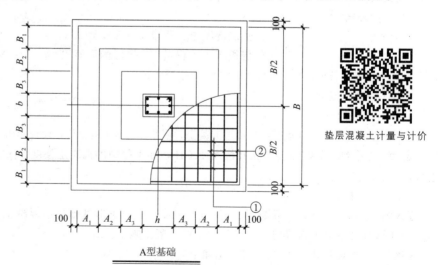

垫层混凝土计量与计价

A型基础

图 2-71 基础平面大样图

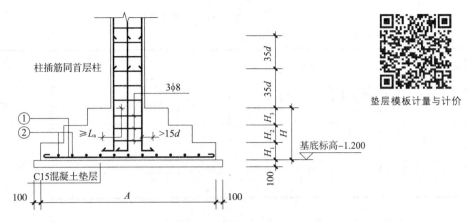

图 2-72 基础剖面大样图

表 2-81 独立柱基础选用表

基础编号	类型	柱断面 $b \times h/h_1$/mm	基础平面尺寸/mm						基础高度/mm			基础底筋		基底标高/m
			A	A_1	A_2	B	B_1	B_2	H	H_1	H_2	ϕ	ϕ	
J1	A	400×400	2 800	500	700	2 400	500	500	550	300	250	Φ12@150	Φ12@150	−1.200
J2	A	350×400	2 200	500	400	2 000	400	425	500	250	250	Φ12@150	Φ12@150	−1.200
J3	A	350×400	1 800	400	300	1 600	350	275	500	250	250	Φ12@200	Φ12@200	−1.200
J4	A	350×400	1 500	300	250	1 500	300	275	450	250	200	Φ12@200	Φ12@200	−1.200
J5	A	400×450	2 200	400	475	1 800	350	350	500	250	250	Φ12@150	Φ12@150	−1.200
J6	A	400×450	2 700	500	625	2 200	400	250	500	250	250	Φ12@150	Φ12@150	−1.200

【解】 查看施工图纸可知：J1 数量 5 个，垫层尺寸为 3 m×2.6 m×0.1 m，混凝土强度等级为 C15。

①垫层混凝土工程量计算：

$V = (A+0.2) \times (B+0.2) \times h \times n = 3 \times 2.6 \times 0.1 \times 5 = 3.9 (m^3)$

②模板工程量计算：

$S = (A+0.2+B+0.2) \times 2 \times h \times n = (3+2.6) \times 2 \times 0.1 \times 5 = 5.6 (m^2)$

A、B 分别为独立基础的平面尺寸。

③垫层费用计算：

a. 采用预拌混凝土施工，垫层费用直接套用定额计取，结果见表 2-82。

表 2-82 工程预算表

工程项目：某理工学院实训工房工程

序号	定额编号	项目名称	单位	工程量	定额基价/元			合价/元		
					基价	人工费	机械费	合价	人工费	机械费
1	5-1	垫层混凝土（预拌 C15）	10 m³	0.39	3 006.03	314.67	0	1 172.35	122.72	0
2	5-204	垫层模板	100 m²	0.056	2 764.62	1 021.7	1.11	154.82	57.22	0.06
		小计						1 327.17	179.94	0.06

b. 采用现场拌制混凝土施工，则需根据定额规定进行换算，结果见表 2-83。

表 2-83　工程预算表

工程项目：某理工学院实训工房工程

序号	定额编号	项目名称	单位	工程量	定额基价/元			合价/元		
					基价	人工费	机械费	合价	人工费	机械费
1	5-1（换）	垫层混凝土（现拌 C15）	10 m³	0.39	1 973.61	314.67	0	769.71	122.72	0
2	5-115	现拌混凝土调整费	10 m³	0.39	639.74	574.94	63.56	249.50	224.23	24.79
3	5-204	垫层模板	100 m²	0.056	2 764.62	1 021.7	1.11	154.82	57.22	0.06
小计								1 174.03	404.17	24.85

《消耗量定额》规定：混凝土按预拌混凝土编制，采用现场搅拌时，执行相应的预拌混凝土项目，并将定额中的预拌混凝土换算成现拌混凝土，再执行现场搅拌混凝土调整费项目。

查定额 5-1 基价：3 006.03 元/10 m³，其中预拌混凝土 C15 单价为每立方 264 元，消耗量为 10.1 m³，现场混凝土调整费 5-115 基价 639.74 元/10 m³。现场拌制混凝土 C15 的单价 161.78 元/m³。

换算后单价：5-1 换 = 3 006.03 - 10.1 × 264 + 10.1 × 161.78 = 1 973.608（元/10 m³）

5-115：现场混凝土调整费：639.74 元/10 m³

混凝土垫层人材机费用 = 0.39 × (1 973.608/10 + 639.74/10) = 0.39 × 2 613.35 = 1 019.21（元）

2. 现浇混凝土基础

工程中常见的混凝土基础形式有带形基础、独立基础、满堂基础杯形基础、箱形基础等，定额主要根据基础形式及材料划分子目，定额子目划分见表 2-84，独立桩承台执行独立基础项目，带形桩承台执行带形基础项目，与满堂基础相连的桩承台执行满堂基础项目。

（1）独立基础。当建筑物上部结构采用框架结构或单层排架结构承重时，基础常采用方形、圆柱形和多边形等形式的独立式基础，这类基础称为独立式基础，也称单独基础。常见的独立基础形式有阶梯形[图 2-73(a)]和坡形[图 2-73(b)]，当柱子为预制时，通常将基础做成杯口形，然后将柱子插入，并用细石混凝土嵌固，此时称为杯形基础[图 2-73(c)]。基础与柱的分界线为基础扩大顶面。

表 2-84　基础混凝土及模板工程定额项目设置表

构件			项目名称		定额编号	工作内容
混凝土基础	带形基础	混凝土	毛石混凝土		5-2	浇筑、振捣、养护等
			混凝土		5-3	
		模板	毛石混凝土	组合钢模板 钢支撑	5-205	模板及支撑制作、安装、拆除、堆放、运输及清理模内杂物、刷隔离剂等
				木支撑	5-206	
				复合模板 钢支撑	5-207	
				木支撑	5-208	
			无筋混凝土	组合钢模板 钢支撑	5-209	
				木支撑	5-210	
				复合模板 钢支撑	5-211	
				木支撑	5-212	
			钢筋混凝土（有肋式）	组合钢模板 钢支撑	5-213	
				木支撑	5-214	
				复合模板 钢支撑	5-215	
				木支撑	5-216	
			钢筋混凝土板式	组合钢模板 木支撑	5-217	
				复合模板	5-218	

构件	项目名称				定额编号	工作内容
混凝土基础	独立基础	混凝土	毛石混凝土		5-4	浇筑、振捣、养护等
			混凝土		5-5	
		模板	毛石混凝土	组合钢模板	5-219	模板及支撑制作、安装、拆除、堆放、运输及清理模内杂物、刷隔离剂等
				复合模板 （木支撑）	5-220	
			混凝土	组合钢模板	5-221	
				复合模板 （木支撑）	5-222	
	杯型基础	混凝土			5-6	浇筑、振捣、养护等
		模板	组合钢模板	钢支撑	5-223	模板及支撑制作、安装、拆除、堆放、运输及清理模内杂物、刷隔离剂等
				木支撑	5-224	
			复合模板	钢支撑	5-225	
				木支撑	5-226	
	满堂基础	混凝土	有梁式		5-7	浇筑、振捣、养护等
			无梁式		5-8	
		模板	无梁式	组合钢模板 （木支撑）	5-227	模板及支撑制作、安装、拆除、堆放、运输及清理模内杂物、刷隔离剂等
				复合模板 （木支撑）	5-228	
			有梁式	组合钢模板 钢支撑	5-229	
				组合钢模板 木支撑	5-230	
				复合模板 钢支撑	5-231	
				复合模板 木支撑	5-232	
	设备基础	混凝土			5-9	浇筑、振捣、养护等
		模板			5-233～5-248	

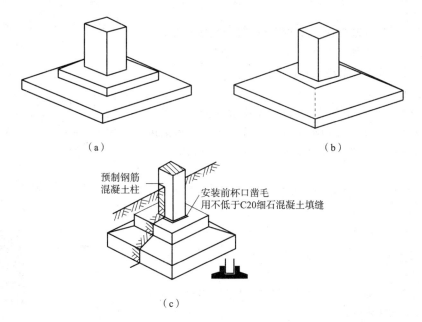

（a）　　　　　　　　　　　（b）

预制钢筋混凝土柱
安装前杯口凿毛
用不低于C20细石混凝土填缝

（c）

图 2-73　独立基础形式

(a)阶梯形基础；(b)坡形基础；(c)杯形基础

1)独立基础混凝土和模板工程量计算规则。混凝土工程量按设计图示尺寸以体积计算，不扣除构件内钢筋、预埋铁件所占体积，模板工程量均按模板与混凝土的接触面积计算。

2)计算公式。

①阶梯形基础(图 2-74)。

混凝土工程量计算公式：$V = ABh_1 + abh_2$

模板工程量计算公式：$S = 2(A+B)h_1 + 2(a+b)h_2$

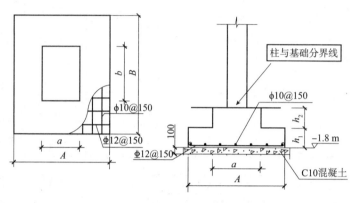

独立基础混凝土
计量与计价

图 2-74 阶梯形基础

②坡形基础(图 2-75)。

混凝土工程量计算公式：$V = ABh_1 + [AB + (A+a)(B+b) + ab]h_2/6$

模板工程量计算公式：$S = 2(A+B)h_1$

③杯形基础。

混凝土工程量计算公式：$V =$ 基础外形体积 - 杯芯体积

模板工程量计算公式：$S =$ 基础外形模板面积 + 杯芯内侧面积

3)定额应用。独立基础混凝土在套价时区分毛石混凝土和普通混凝土，混凝土强度等级、供应方式与定额不同时可进行换算。模板区分组合钢模板和复合模板。

4)案例分析。

【案例 2-25】 依据《消耗量定额》，计算附录实训工房工程中的独立基础 J1 混凝土及模板工程量并分别计算工程采用预拌混凝土 C30 和现场拌制碎石混凝土 C30 施工的基础施工费用。

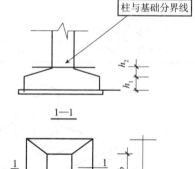

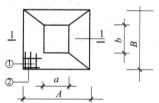

图 2-75 坡形基础

【解】 查看施工图纸可知，J1 数量 5 个，J1 为两阶独立柱基，尺寸为 2.8 m×2.4 m×0.3 m 及 1.8 m×1.4 m×0.25 m。

①基础混凝土工程量计算：

混凝土 $V = [(2.8 \times 2.4 \times 0.3) + (1.8 \times 1.4 \times 0.25)] \times 5 = 13.23(\text{m}^3)$

②模板工程量计算：

模板 $S = [(2.8 + 2.4) \times 2 \times 0.3 + (1.8 + 1.4) \times 2 \times 0.25] \times 5 = 23.6(\text{m}^2)$

③基础施工费用计算：

a. 采用预拌混凝土施工，直接套取定额计取，后期在计算价差时再调整，结果见表 2-85。

独立基础模板
计量与计价

表 2-85　工程预算表

序号	定额编号	项目名称	单位	工程量	定额基价/元			合价/元		
					基价	人工费	机械费	合价	人工费	机械费
1	5-5	基础混凝土（预拌混凝土C20）	10 m³	1.323	3 044.82	238.09	0	4 028.30	314.99	0
2	5-222	基础模板	100 m²	0.236	3 305.59	1 534.68	1.91	780.12	362.18	0.45
小计								4 808.42	677.17	0.45

　　b. 采用现场拌制混凝土施工，则需根据定额规定进行换算，结果见表 2-86。

表 2-86　工程预算表

工程项目：某理工学院实训工房工程

序号	定额编号	项目名称	单位	工程量	定额基价/元			合价/元		
					基价	人工费	机械费	合价	人工费	机械费
1	5-5换	基础混凝土（现拌混凝土C30）	10 m³	1.323	2 428.62	238.09	0	3 213.06	314.99	0
2	5-115	现场搅拌混凝土调整费	10 m³	1.323	639.74	574.94	63.56	846.38	760.65	84.09
3	5-222	基础模板	100 m²	0.236	3 305.59	1 534.68	1.91	780.12	362.18	0.45
小计								4 839.56	1 437.82	84.54

　　定额中混凝土按预拌混凝土编制，采用现场搅拌时，执行相应的预拌混凝土项目，并将定额中的预拌混凝土换算成现拌混凝土，再执行现场搅拌混凝土调整费项目。

　　查定额 5-5 基价：3 044.82 元/10 m³，其中预拌混凝土 C20 单价为每立方米 277 元，消耗量为 10.10 m³，现场混凝土调整费 5-115 基价 639.74 元/10 m³。现场拌制碎石混凝土 C30 的单价 215.99 元/m³。

　　5-5换：换算后基价＝3 044.82＋10.1×(215.99－277)＝2 428.62(元/10 m³)

　　5-115：现场混凝土调整费＝730.01 元/10 m³

　　(2)带形基础。带形基础又称条形基础，其外形呈长条状，断面形式一般有矩形、台阶形和坡形等(图 2-76)，工程中常见有墙下带形基础和柱下带形基础，带形基础混凝土定额项目不分有肋式(图 2-77)与无肋式(图 2-78)均按带形基础项目计算，而带形基础模板定额项目应区分无钢筋混凝土、钢筋混凝土有肋式和钢筋混凝土板式均按相应的模板项目计算，有肋式带形基础，肋高(指基础扩大顶面至梁顶面的高，详见图 2-79)≤1.2 m 时，合并按带形基础项目计算；>1.2 m 时，扩大顶面以下的基础部分，按带形基础项目计算，扩大顶面以上部分，按墙项目计算。

　　1)带形基础混凝土和模板工程量计算规则。混凝土工程量按设计图示尺寸以体积计算，不扣除构件内钢筋、预埋铁件所占体积，模板工程量均按模板与混凝土的接触面积计算。

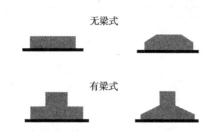

图 2-76　带形基础截面形式

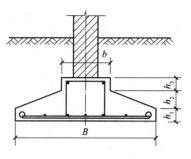

图 2-77　肋式带形基础

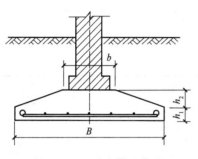

图 2-78　无肋式带形基础

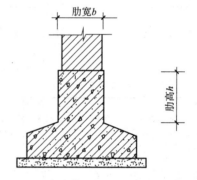

图 2-79　肋式带形基础 肋高和肋宽示意

2)混凝土工程量计算公式。

$$V=F\times L+V_{\mathrm{T}}+附墙垛宽出体积$$

式中　V——带形基础工程量($\mathrm{m^3}$);

　　　F——带形基础断面面积($\mathrm{m^2}$),带形基础断面形式一般有梯形、台阶形和矩形等;

　　　L——带形基础长度(m),外墙基础长度:按外墙带形基础中心线长度,内墙基础长度:按内墙带形基础净长线长度计算;

　　　V_{T}——T形接头的搭接部分体积,T形接头如图 2-80 所示。

$$V_{\mathrm{T}}=V_1+V_2+V_3$$

$$V_1=LHb$$

$$V_2=\frac{1}{2}Lh_1b$$

$$V_3=\frac{1}{3}\times\frac{1}{2}\frac{B-b}{2}h_1L\times 2$$

3)带形基础模板工程量计算公式。

坡面带形基础[图 2-81(a)]。

$$S=2\times(h+h_2)L$$

台阶截面[图 2-81(b)]。

$$S=2(h_1+h_2)L$$

4)带形基础定额应用。带形基础混凝土在套价时区分毛石混凝土和普通混凝土,不分有肋式与无肋式均按相应项目计算,混凝土强度等级、供应方式与定额不同时可进行换算。而带形基础模板项目应区分无钢筋混凝土、钢筋混凝土有肋式和钢筋混凝土板式。组合钢模板和复合模板均按相应的模板项目计算,圆弧形带形基础模板执行带形基础相应项目,人工、材料、机械乘以系数 1.15。

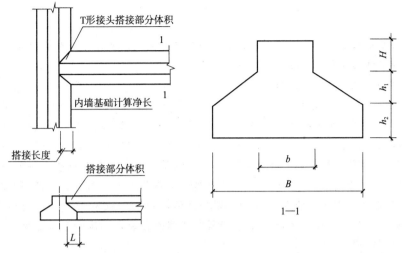

图 2-80　混凝土带形基础 T 形接头示意

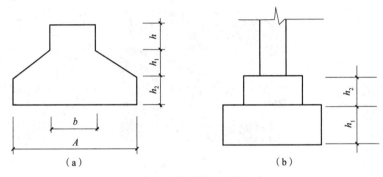

图 2-81　带形基础断面示意

（a）坡面带形截面；（b）台阶截面

5）案例分析。

【案例 2-26】　某工程基础平面布置图及断面图（图 2-82），混凝土基础高为 450 mm，依据消耗量定额，计算工程基础混凝土及模板工程量。

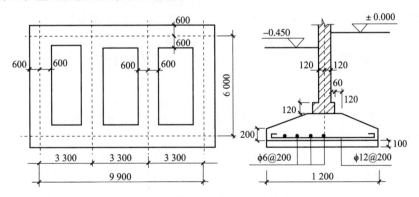

图 2-82　基础平面布置图及断面图

【解】　由图可知，混凝土带形基础的截面 S 由梯形 S_1 和矩形 S_2 组合而成，

$S_1 = (1.2 + 0.6) \times 0.25 \div 2 = 0.225 (\text{m}^2)$

$S_2 = 1.2 \times 0.25 = 0.3 (\text{m}^2)$

$S = S_1 + S_2 = 0.225 + 0.3 = 0.525 (\text{m}^2)$

外墙下带形基础长 $L_{外}$ 为中心线长：

$$L_{外} = (9+6) \times 2 = 30 \text{(m)}$$

内墙下条形基础长 $L_{内}$ 为基础净长，由于截面为组合截面，上部梯形截面净长 $L_{内1}$ 为斜边中点间距离，下部矩形截面净长 $L_{内2}$ 为基础边净长

$$L_{内1} = (6-0.45 \times 2) \times 2 = 10.2 \text{(m)}$$

$$L_{内2} = (6-0.6 \times 2) \times 2 = 9.6 \text{(m)}$$

带形基础混凝土工程量 $V = 30 \times 0.525 + 10.2 \times 0.225 + 9.6 \times 0.3 = 20.93 \text{(m}^3\text{)}$

带形基础模板工程量 $S = 30 \times 0.2 \times 2 + 9.6 \times 0.2 \times 2 = 15.84 \text{(m}^2\text{)}$

（3）满堂基础。用梁、板、墙、柱组合浇筑而成的基础，称为满堂基础。一般有板式（也称无梁式）满堂基础[图 2-83（a）]、梁板式（也称片筏式）满堂基础[图 2-83（b）]和箱形满堂基础[图 2-83（c）]三种形式。板式满堂基础的板，梁板式满堂基础的梁和板等，套用相应满堂基础定额，而其上的墙、柱则套用相应的墙柱定额。箱形基础的底板套用满堂基础定额，隔板和顶板则套用相应的墙、板定额。

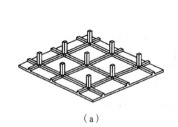 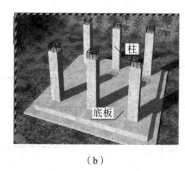 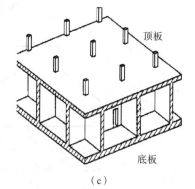

（a）　　　　　　　　　　（b）　　　　　　　　　　（c）

图 2-83　满堂基础

（a）有梁式满堂基础；（b）无梁式满堂基础；（c）箱形基础

1）满堂基础混凝土和模板工程量计算规则。混凝土工程量按设计图示尺寸以体积计算，不扣除构件内钢筋、预埋铁件及桩头所占体积，模板工程量均按模板与混凝土的接触面积计算。无梁式满堂基础有扩大或角锥形柱墩时，并入无梁式满堂基础内计算。有梁式满堂基础梁高（从板面或板底计算，梁高不含板厚）≤1.2 m 时，基础和梁合并按有梁式满堂基础计算；>1.2 m 时，底板按无梁式满堂基础项目计算，梁按混凝土墙项目计算。箱形满堂基础应分别按无梁式满堂基础、柱、墙、梁、板的有关规定计算。地下室底板按无梁式满堂基础模板项目计算。

2）满堂基础混凝土工程量计算公式：

有梁式满堂基础混凝土工程量＝基础底板的体积＋梁肋体积

无梁式满堂基础混凝土工程量＝基础底板的体积＋柱墩体积

3）满堂基础模板工程量计算公式：

有梁式满堂基础模板工程量＝基础底板的侧面面积＋凸出底板的梁肋侧面面积

无梁式满堂基础模板工程量＝基础底板的侧面面积＋柱墩侧面面积

4）满堂基础定额应用：满堂基础混凝土在套价时区分有梁式与无梁式均按相应项目计算，混凝土强度等级、供应方式与定额不同时可进行换算。而满堂基础模板项目应区分有梁式和无梁式，区分组合钢模板和复合模板均按相应的模板项目计算。

（4）桩承台。桩承台是指当建筑物采用桩基础时，在群桩基础上将桩顶用钢筋混凝土平台或平板连成整体基础，以承受其上荷载的结构。桩承台可分为独立桩承台和带形桩承台两类。

1）桩承台混凝土和模板工程量计算规则。混凝土工程量按设计图示尺寸以体积计算，不扣除

构件内钢筋、预埋铁件及桩头所占体积，模板工程量均按模板与混凝土的接触面积计算。

2)桩承台混凝土工程量计算公式：

$$V=LBH$$

式中　L——承台的长；

　　　B——承台的宽；

　　　H——承台的高。

3)桩承台模板工程量计算公式：

$$S=3(L+B)H$$

4)桩承台定额应用。独立桩承台执行独立基础项目，带形桩承台执行带形基础项目，与满堂基础相连的桩承台执行满堂基础项目。

(5)设备基础。设备基础除块体(块体设备基础是指没有空间的实心混凝土形状)外，其他类型设备基础分别按基础、柱、墙、梁、板等有关规定计算。

3. 现浇混凝土柱

柱是工程结构中最基本的承重构件，柱按配筋方式可分为普通箍筋柱、螺旋形箍筋柱和劲性钢筋混凝土柱。普通箍筋柱适用于各种截面形状的柱，是基本的、主要的类型，螺旋形箍筋柱，截面一般为圆形或多边形。劲性钢筋混凝土柱是在柱的内部或外部配置型钢，型钢分担很大一部分荷载，用钢量大，但可减小柱的断面面积和提高柱的刚度；在未浇灌混凝土前，柱的型钢骨架可以承受施工荷载和减少模板支撑用材。用钢管做外壳，内浇混凝土的钢管混凝土柱，是劲性钢筋混凝土柱的另一种形式。柱按在工程中的作用分框架柱和构造柱，通常情况构造柱先砌墙后浇混凝土，柱按截面形式可分为矩形柱、圆形柱、异形柱等，异形柱是指柱的断面形状为L形、十字形、T形、Z形的柱。混凝土柱的定额子目划分见表2-87。

表2-87　柱混凝土及模板定额项目设置

构件	项目名称				定额子目	工作内容
柱	矩形柱	混凝土			5-11	浇筑、振捣、养护等
		模板	组合钢模板	钢支撑	5-252	模板及支撑制作、安装、拆除、堆放、运输及清理模内杂物、刷隔离剂等
			复合模板		5-253	
			柱支撑高度超过3.6 m每增1 m		5-259	
	构造柱	混凝土			5-12	浇筑、振捣、养护等
		模板	组合钢模板	钢支撑	5-254	模板及支撑制作、安装、拆除、堆放、运输及清理模内杂物、刷隔离剂等
			复合模板		5-255	
			柱支撑高度超过3.6 m每增1 m		5-259	
	异形柱	混凝土			5-13	浇筑、振捣、养护等
		模板	组合钢模板	钢支撑	5-256	模板及支撑制作、安装、拆除、堆放、运输及清理模内杂物、刷隔离剂等
			复合模板		5-257	
			柱支撑高度超过3.6 m每增1 m		5-259	
	圆形柱	混凝土			5-14	浇筑、振捣、养护等
		模板	复合模板	钢支撑	5-258	模板及支撑制作、安装、拆除、堆放、运输及清理模内杂物、刷隔离剂等
			柱支撑高度超过3.6 m每增1 m		5-259	
	钢管混凝土柱	混凝土			5-15	浇筑、振捣、养护等

(1)矩形柱、圆形柱、异形柱：

1)混凝土及模板工程量计算规则。柱混凝土工程量按设计图示尺寸以体积计算。不扣除构件内钢筋、预埋铁件所占体积。柱模板工程量均按模板与混凝土的接触面积计算。

2)混凝土工程量计算公式：

$$V = S \times H + 牛腿体积 - 型钢体积$$

式中　V——柱混凝土工程量(m^3)；

S——柱截面(m^2)；

H——矩形柱高度(m)，有梁板的柱高(图 2-84)：应自柱基(或楼板)上表面算至上一层楼板上表面之间的高度计算。

无梁板的柱高(图 2-85)：应自柱基(或楼板)上表面算至柱帽下表面之间的高度计算，框架柱的柱高，应自柱基上表面至柱顶面高度计算。

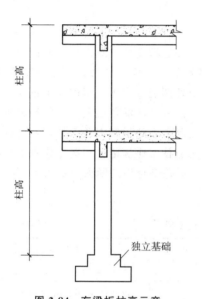

图 2-84　有梁板柱高示意

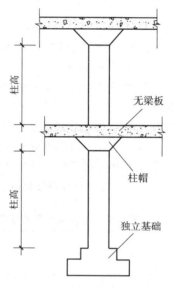

图 2-85　无梁板柱高示意

框架柱混凝土计量与计价

框架柱模板计量与计价

3)模板工程量计算公式：

$$S_{模板} = S_{柱侧}$$

式中　$S_{柱侧}$——柱的侧面面积，即 $S_{柱侧} = LH$；

L——柱的周长；

H——柱的高度。

柱、墙、梁、板、栏板相互连接的重叠部分，均不扣除模板面积。现浇混凝土柱(不含构造柱)、墙、梁(不含圈、过梁)、板定额是按高度(板面或地面、垫层面至上层板面的高度)3.6 m综合考虑的，如高度超过3.6 m，则需要考虑支撑超高增加费。对拉螺栓堵眼增加费按柱面模板接触面分别计算工程量。

(2)构造柱。

1)构造柱混凝土及模板工程量计算规则。混凝土工程量按设计图示尺寸以体积计算。不扣除构件内钢筋、预埋铁件所占体积。构造柱嵌接墙体部分(马牙槎如图 2-86 所示)并入柱身体积；构造柱均应按外露部分计算模板面积，与墙体接触部分不计算面积。带马牙槎构造柱的宽度按马牙槎处的宽度计算。

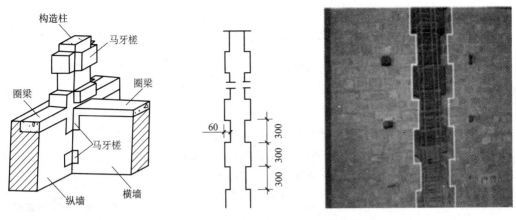

图 2-86 构造柱与砖墙嵌接部分体积（马牙槎）示意

2)构造柱混凝土工程量计算公式：

$$V = SH$$

式中　S——按设计图示尺寸(包括与砖墙咬接部分在内)计算断面面积，即考虑马牙槎增加的断面面积，不同位置的构造柱马牙槎增加的断面面积：$S_{墙} = 0.03 \times 墙厚 \times 马牙槎边数$，如图 2-87 所示；

　　H——构造柱的高度，应自柱基(或地圈梁)上表面算至柱顶面；如需分层计算时，首层构造柱高应自柱基(或地圈梁)上表面算至上一层圈梁上表面，其他各层为各楼层上下两道圈梁上表面之间的距离。若构造柱上、下与主、次梁连接则以上下主次梁间净高计算柱高。

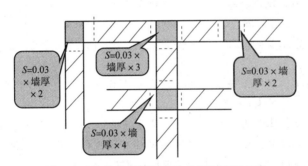

图 2-87 构造柱马牙槎增加的断面面积示意

3)模板工程量计算公式：

$$S_{模板} = S_{柱侧}$$

式中　$S_{柱侧}$——柱的侧面面积，即 $S_{柱侧} = LH$；

　　L——柱的周长；

　　H——柱的高度。

构造柱按外露部分计算模板面积。留马牙槎的按最宽面计算模板宽度。构造柱与墙接触面不计算模板面积。

(3)型柱钢。混凝土及模板工程量计算规则如下：

1)柱混凝土工程量按设计图示尺寸以体积计算。不扣除构件内钢筋、预埋铁件所占体积。型钢混凝土中型钢骨架所占体积按(密度)7 850 kg/m³ 扣除。钢管混凝土柱以钢管高度按照钢管内径计算混凝土体积。

2)柱模板工程量均按模板与混凝土的接触面积计算，钢管柱不需计算模板工程量。

（4）现浇混凝土柱定额应用。

1）现浇混凝土柱在套价时注意混凝土强度等级、供应方式与定额不同时可进行换算。

2）柱模板如遇弧形和异形组合时，执行圆柱项目。

3）现浇钢筋混凝土柱项目，均综合了每层底部灌注水泥砂浆的消耗量。

（5）案例分析。

【案例2-27】 结合消耗量定额，计算附录图纸某理工学院实训工房工程中的框架柱KZ1（图2-88、表2-88）混凝土及模板工程量，并分别计算工程采用预拌混凝土（C30）和现场拌制碎石混凝土（C30）施工的柱混凝土施工费用及采用复合板模板、钢支撑的模板施工费用。

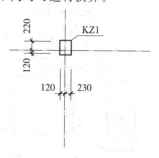

图 2-88　KZ1 布置图

表 2-88　柱表

柱号	标高	$b \times h$/mm	角筋	b 侧中部筋	h 侧中部筋	箍筋类型号	箍筋	备注
KZ1	基础顶～11.4	350×400	4 Φ18	1 Φ16	1 Φ16	5	Φ8@100/200	

【解】 查看施工图纸可知，本工程共计 7 个框架柱 KZ1，截面尺寸为 350 mm×400 mm，混凝土为 C25，基础顶−0.75 m，首层层高为 4.2 m，室外标高为−0.15 m。

①混凝土工程量计算：

$V_{KZ1}=b \times h \times H=0.35 \times 0.4 \times (11.4+0.75) \times 7=11.91(m^3)$

②模板工程量计算

$S_{模板}=S_{柱侧}=(b+h) \times 2 \times H=(0.35+0.4) \times 2 \times (11.4+0.75) \times 7=127.58(m^2)$

根据定额说明中可知，现浇混凝土柱定额是按高度为 3.6 m 综合考虑的，超过 3.6 m，应计算超高支撑增加费。

KZ1：柱超高工程量 $S_{模板}=(0.35+0.4) \times 2 \times (4.2+0.15-3.6) \times 7=7.88(m^2)$

③柱施工费用计算：

采用预拌混凝土施工，混凝土强度等级不同，先直接套取定额基价计取费用，后期在计算价差时再调整，结果见工程预算表（表2-89）。

采用现场拌制混凝土施工，则需根据定额规定进行换算，结果见工程预算表（表2-90）。

定额中混凝土按预拌混凝土编制，采用现场搅拌时，执行相应的预拌混凝土项目，并将定额中的预拌混凝土换算成现拌混凝土，再执行现场搅拌混凝土调整费项目。

查定额5-11基价：3 486.99 元/10 m³，其中预拌混凝土 C20 单价为每立方 277 元，现场混凝土调整费5-115基价 639.74 元/10 m³。现场拌制碎石混凝土 C30 的单价215.99 元/m³，定额混凝土消耗量9.797/10 m³。

换算后单价：3 486.99−9.797×277+9.797×215.99=2 889.28（元/10 m³）

表 2-89　工程预算表

工程项目：某理工学院实训工房工程

序号	定额编号	项目名称	单位	工程量	定额基价/元			合价/元		
					基价	人工费	机械费	合价	人工费	机械费
1	5-11	矩形柱（预拌混凝土C30）	10 m³	1.191	3 486.99	612.94	0	4 153.01	730.01	0

序号	定额编号	项目名称	单位	工程量	定额基价/元			合价/元		
					基价	人工费	机械费	合价	人工费	机械费
2	5-253	柱复合模板钢支撑	100 m²	1.275 8	3 868.64	1 822.06	1.64	4 935.61	2 324.58	2.09
3	5-259	柱支撑超3.6 m增加费	100 m²	0.078 8	276.97	234.01	0	21.83	18.44	0
小计								9 110.45	3 073.03	2.09

表 2-90　工程预算表

工程项目：某理工学院实训工房工程

序号	定额编号	项目名称	单位	工程量	定额基价/元			合价/元		
					基价	人工费	机械费	合价	人工费	机械费
1	5-11换	矩形柱(预拌混凝土 C30)	10 m³	1.191	2 889.28	612.94	0	3 441.13	730.01	0
2	5-115	现场搅拌混凝土调整费	10 m³	1.191	639.74	574.94	63.56	761.93	684.75	75.70
3	5-253	柱复合模板钢支撑	100 m²	1.275 8	3 868.64	1 822.06	1.64	4 935.61	2 324.58	2.09
4	5-259	柱支撑超3.6 m增加费	100 m²	0.078 8	276.97	234.01	0	21.83	18.44	0
小计								9 160.5	3 757.78	77.79

4. 现浇混凝土梁

钢筋混凝土梁是房屋建筑结构中最基本的承重构件，应用范围极广，形式多种多样，钢筋混凝土梁既可做成独立梁，也可与钢筋混凝土板组成整体的梁板式楼盖，或与钢筋混凝土柱组成整体的单层或多层框架，如基础梁、框架梁、圈梁、过梁等，钢筋混凝土梁的截面形式有矩形、T形、I形等，异形梁是指断面形状为L形、十字形、T形、Z形的梁。定额规定与楼板整体现浇的次梁，执行有梁板项目，混凝土梁定额项目设置见表 2-91。

表 2-91　梁混凝土及模板工程定额项目设置表

构件		项目名称			定额编号	工作内容
梁	基础梁	混凝土			5-16	浇筑、振捣、养护等
		模板	组合钢模板	钢支撑	5-260	模板及支撑制作、安装、拆除、堆放、运输及清理模内杂物、刷隔离剂等
				木支撑	5-261	
			复合模板	钢支撑	5-262	
				木支撑	5-263	
	矩形梁	混凝土			5-17	浇筑、振捣、养护等
		模板	组合钢模板	钢支撑	5-264	模板及支撑制作、安装、拆除、堆放、运输及清理模内杂物、刷隔离剂等
			复合模板		5-265	
			梁支撑超过3.6 m，每超过1 m			

构件	项目名称			定额编号	工作内容
梁	异形梁	混凝土		5-18	浇筑、振捣、养护等
		模板	木模板	钢支撑	5-266	模板及支撑制作、安装、拆除、堆放、运输及清理模内杂物、刷隔离剂等
			梁支撑超过3.6 m，每超过1 m	5-275	
	圈梁	混凝土		5-19	浇筑、振捣、养护等
		模板	直形	组合钢模板	钢支撑	5-267	模板及支撑制作、安装、拆除、堆放、运输及清理模内杂物、刷隔离剂等
			弧形	复合模板	5-268	
				木模板	5-269	
	过梁	混凝土		5-20	浇筑、振捣、养护等
		模板	组合钢模板	钢支撑	5-270	模板及支撑制作、安装、拆除、堆放、运输及清理模内杂物、刷隔离剂等
			复合模板	5-271	
	弧形、拱形梁	混凝土		5-21	浇筑、振捣、养护等
		模板	木模板	钢支撑	5-272、273	模板及支撑制作、安装、拆除、堆放、运输及清理模内杂物、刷隔离剂等
	斜梁	混凝土		5-22	浇筑、振捣、养护等
		模板	复合模板	钢支撑	5-274	模板及支撑制作、安装、拆除、堆放、运输及清理模内杂物、刷隔离剂等

（1）现浇混凝土梁混凝土和模板工程量计算规则。现浇混凝土梁的混凝土工程量按设计图示尺寸以体积计算，不扣除构件内钢筋、预埋铁件所占体积，伸入砖墙内的梁头、梁垫并入梁体积内计算。

现浇混凝土梁的模板工程量均按模板与混凝土的接触面积计算，暗梁并入墙内工程量计算，柱、墙、梁、板、栏板相互连接的重叠部分，均不扣除模板面积。对拉螺栓堵眼增加费按梁面模板接触面分别计算工程量。现浇混凝土梁模板（不含圈、过梁）定额是按高度（板面或地面、垫层面至上层板面的高度）3.6 m综合考虑的。如高度超过3.6 m则需考虑支撑超高增加费。

1）现浇混凝土梁的混凝土工程量计算公式：

$$V = SL + 梁头体积 + 梁垫体积$$

式中 S——梁的截面面积；

L——梁的长度：梁与柱（不包括构造柱）交接时，梁长算至柱侧面；主、次梁交接时（图2-89），次梁长度算至主梁的侧面（图2-90）；伸入墙内的梁头，包括在梁的长度内计算；现浇梁垫，其体积并入梁内计算；圈梁长，外墙上的圈梁按外墙中心线长计算，内墙上的圈梁按内墙净长线计算；过梁长度按门、窗洞口宽度两端共加50 cm计算；圈梁代替过梁者，过梁部分应与圈梁部分分别列项，其过梁长度按门、窗洞口宽度两端共加50 cm计算（图2-91），分别套用圈梁和过梁定额子目。

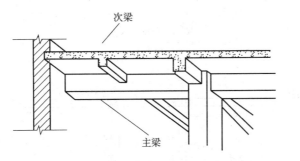

图 2-89　主梁、次梁构造示意

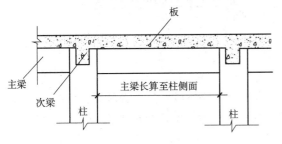
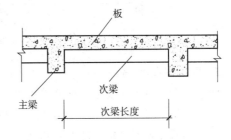

图 2-90　主梁、次梁计算长度示意

2)现浇混凝土梁的模板工程量计算公式：

①矩形框架梁 $S_{模板}=(2h+b)L$

②圈梁 $S_{模板}=2hL$

③过梁 $S_{模板}=2hL+bL_{洞宽}$

式中　h——梁的高度；

b——梁的宽度；

L——梁的长度。

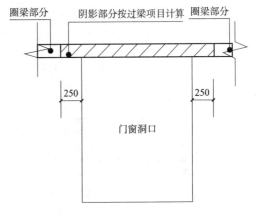

图 2-91　过梁计算长度示意

(2)现浇混凝土梁定额应用。

1)现浇混凝土梁在套价时注意混凝土强度等级、供应方式与定额不同时可进行换算。

2)斜梁按坡度大于 $10°$ 且 $\leqslant30°$ 综合考虑的。斜梁(板)坡度在 $10°$ 以内的执行梁、板项目；坡度在 $30°$ 以上、$45°$ 以内的人工乘以系数 1.05；坡度在 $45°$ 以上、$60°$ 以内时人工乘以系数 1.10；坡度在 $60°$ 以上时人工乘以系数 1.20。

(3)案例分析。

【案例 2-28】　结合消耗量定额，计算附录图纸某理工学院实训工房工程中的二层楼面框架梁 KL1(图 2-92)混凝土及模板工程量。

【解】　查看图纸，KL1 共 2 跨，Ⓐ Ⓒ跨截面尺寸均为 250 mm×550 mm、净长为 $7.2-0.28-0.12=6.8(m)$

Ⓒ Ⓓ跨截面尺寸均为 250 mm×450 mm、净长为 $4.8-0.28-0.28=4.24(m)$

KL1 混凝土工程量 $V=0.25×0.55×(7.2-0.28-0.12)+0.25×0.45×(4.8-0.28×2)=1.412(m^3)$

KL1 模板工程量 $S=(0.25+0.55×2)×(7.2-0.28-0.12)+(0.25+0.45×2)×(4.8-0.28×2)=14.06(m^2)$

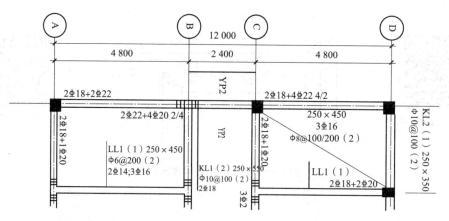

图 2-92　二层楼面框架梁 KL1 平法布置图

5. 现浇混凝土墙

　　钢筋混凝土墙按作用分常见的有挡土墙、剪力墙等；按外形可分为直形墙、弧形墙等，定额规定截面厚度≤300 mm，各肢截面高度与厚度之比的最大值＞4 且≤8 的剪力墙称之为短肢剪力墙。混凝土墙定额子目划分见表 2-92。

表 2-92　混凝土墙定额项目设置表

构件	项目名称	项目划分情况			定额编号	工作内容
混凝土墙	直形墙	混凝土	毛石混凝土		5-23	浇筑、振捣、养护等
			混凝土		5-24	
		模板	组合钢模板	钢支撑	5-276	模板及支撑制作、安装、拆除、堆放、运输及清理模内杂物、刷隔离剂等
			复合模板		5-277	
			大钢模板		5-284	
			支撑超过 3.6 m，每超过 1 m		5-286	
	弧形混凝土墙	混凝土			5-25	浇筑、振捣、养护等
		模板	木模板	钢支撑	5-278	模板及支撑制作、安装、拆除、堆放、运输及清理模内杂物、刷隔离剂等
			组合钢模板		5-279	
			支撑超过 3.6 m，每超过 1 m		5-286	
	短肢剪力墙	混凝土			5-26	浇筑、振捣、养护等
		模板	复合模板钢支撑		5-280	模板及支撑制作、安装、拆除、堆放、运输及清理模内杂物、刷隔离剂等
			支撑超过 3.6 m，每超过 1 m		5-286	
	挡土墙	混凝土			5-27	浇筑、振捣、养护等
		模板	复合模板钢支撑		5-281	模板及支撑制作、安装、拆除、堆放、运输及清理模内杂物、刷隔离剂等
	电梯井壁直形墙	混凝土			5-28	浇筑、振捣、养护等
		模板	组合钢模板钢支撑		5-282	模板及支撑制作、安装、拆除、堆放、运输及清理模内杂物、刷隔离剂等
			复合模板钢支撑		5-283	
	滑模混凝土墙	混凝土			5-29	浇筑、振捣、养护等
		滑模			5-285	模板及支撑制作、安装、拆除、堆放、运输及清理模内杂物、刷隔离剂等
	对拉螺栓堵眼增加费				5-287	

(1)现浇混凝土墙混凝土和模板工程量计算规则。

墙混凝土工程量按设计图示尺寸以体积计算，不扣除构件内钢筋、铁件及单孔面积在0.3 m²以内的孔洞所占体积，墙垛及凸出部分并入墙体积内计算。未凸出墙面的暗梁、暗柱并入墙体积直形墙中门窗洞口上的梁并入墙体积计算；短肢剪力墙结构砌体内门窗洞口上的梁并入梁体积计算。

墙模板工程量均按模板与混凝土的接触面积计算，现浇混凝土墙上单孔面积在0.3 m²以内的孔洞，不予扣除，洞侧壁模板也不增加；单孔面积在0.3 m²以外时，应予以扣除，洞侧壁模板面积并入墙模板工程量以内计算，附墙柱凸出墙面部分按柱工程量计算，暗柱并入墙内工程量计算，柱、墙、梁、板、栏板相互连接的重叠部分，均不扣除模板面积。现浇混凝土墙定额是按高度（板面或地面、垫层面至上层板面的高度）3.6 m综合考虑的。如高度超过3.6 m则需考虑支撑超高增加费。对拉螺栓堵眼增加费按墙面模板接触面分别计算工程量。

1) 现浇钢筋混凝土墙的混凝土工程量计算公式：

$$V = bHL - \sum 门窗洞口及0.3\ m^2\ 以上的孔洞所占体积 - 附墙柱的体积$$

式中　b——墙厚度；

　　　H——墙的高度，墙与梁连接时墙算至梁底；墙与板连接时，板算至墙侧；未凸出墙面的暗梁并入墙体积；

　　　L——墙长，外墙按中心线长，内墙按净长线计算，墙与柱连接时墙算至柱边；未凸出墙面的暗柱并入墙体积；

2) 现浇钢筋混凝土墙的模板工程量计算公式：

$$S_{模板} = 2HL - \sum 门窗洞、单孔面积在0.3\ m^2\ 以外的面积及与柱重叠的面 +$$

$$\sum 单孔面积在0.3\ m^2\ 以外的孔洞侧面积凸出墙面的模板面积$$

(2)现浇混凝土墙定额应用。

1) 短肢剪力墙是指截面厚度≤300 mm，各肢截面高度与厚度之比的最大值>4但≤8的剪力墙。

2) 现浇混凝土墙在套价时注意混凝土强度等级、供应方式与定额不同时可进行换算。

3) 现浇钢筋混凝土墙项目，均综合了每层底部灌注水泥砂浆的消耗量。地下室外墙执行直形墙项目。

4) 现浇混凝土墙定额是按高度（板面或地面、垫层面至上层板面的高度）3.6 m综合考虑的。如高度超过3.6 m则需考虑支撑超高增加费。

6. 现浇混凝土楼板

工程中现浇楼板有肋形楼板、井字楼板、无梁楼板等。

(1)肋形楼板：楼板内设置梁，梁有主梁和次梁，主梁沿房间布置，次梁与主梁一般垂直相交，板搁置在次梁上，次梁搁置在主梁上，主梁搁置在墙或柱上。

(2)井字楼板：楼板内纵梁和横梁同时承担着由板传下来的荷载，无主次梁之分。

(3)无梁楼板：柱网一般布置为正方形或矩形，一般在柱的顶部设柱帽或托板。

定额规定，四周由梁或墙支撑的板且跨中无任何次梁的板为平板；如板中有次梁整体现浇的板为有梁板（图2-93）。现浇钢筋混凝土楼板的定额子目划分见表2-93。

(1)现浇混凝土楼板的混凝土和模板工程量计算规则。混凝土板的混凝土工程量按设计图示尺寸以体积计算，不扣除构件内的钢筋、铁件及单个面积0.3 m²以内的柱、垛及孔洞所占体积。

混凝土板的模板工程量均按模板与混凝土的接触面积计算，现浇混凝土板上单孔面积在0.3 m²以内的孔洞，不予扣除，洞侧壁模板也不增加；单孔面积在0.3 m²以外时，应予以扣除，洞侧壁模板面积并入板模板工程量以内计算。

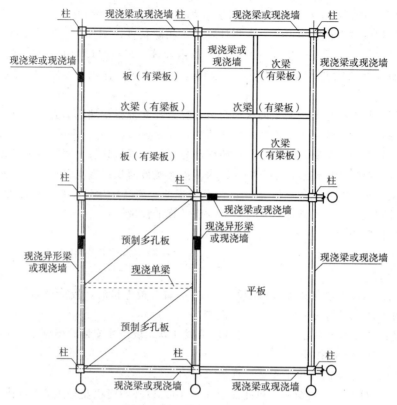

图 2-93　现浇梁、板区分示意

表 2-93　楼板混凝土及模板工程定额项目设置表

构件	项目名称	项目划分情况			定额编号	工作内容
楼板	有梁板	混凝土			5-30	浇筑、振捣、养护等
		模板	组合钢模板	钢支撑	5-288	模板及支撑制作、安装、拆除、堆放、运输及清理模内杂物、刷隔离剂等
			复合模板		5-289	
			支撑超过 3.6 m，每超过 1 m		5-311	
	无梁板	混凝土			5-31	浇筑、振捣、养护等
		模板	组合钢模板	钢支撑	5-290	模板及支撑制作、安装、拆除、堆放、运输及清理模内杂物、刷隔离剂等
			复合模板		5-291	
			支撑超过 3.6 m，每超过 1 m		5-311	
	平板	混凝土			5-32	浇筑、振捣、养护等
		模板	组合钢模板	钢支撑	5-292	模板及支撑制作、安装、拆除、堆放、运输及清理模内杂物、刷隔离剂等
			复合模板		5-293	
			支撑超过 3.6 m，每超过 1 m		5-311	
	斜板、坡屋面板	混凝土			5-37	浇筑、振捣、养护等
		模板	组合钢模板	钢支撑	5-294	模板及支撑制作、安装、拆除、堆放、运输及清理模内杂物、刷隔离剂等
			复合模板		5-295	
			支撑超过 3.6 m，每超过 1 m		5-311	

1)平板工程量计算公式。

①混凝土工程量。

$$V = L \times B \times H - \text{单个面积} 0.3 \text{ m}^2 \text{ 以外的柱、垛及孔洞所占体积}$$

式中　L——板的长度，板由梁支撑，板长算至梁侧，板由墙支撑，板长算至墙侧；

　　　B——板宽，板由梁支撑，板长算至梁侧，板由墙支撑，板长算至墙侧；

　　　H——板厚度。

②模板工程量。

$$S = L \times B - 0.3 \text{ m}^2 \text{ 以外孔洞面积} + \text{形成} 0.3 \text{ m}^2 \text{ 以外孔洞侧模面积}$$

2)有梁板计算公式。

$$\text{有梁板混凝土工程量} V = \text{梁体积} + \text{板体积}$$

$$\text{有梁板模板工程量} S = \text{梁的模板面积} + \text{板的模板面积}$$

3)无梁板计算公式。

$$\text{无梁板混凝土工程量} V = \text{板体积} + \text{柱帽体积}$$

$$\text{无梁板模板工程量} S = \text{板模板面积} + \text{柱帽模板面积}$$

(2)现浇混凝土板定额应用。

1)现浇混凝土墙在套价时注意混凝土强度等级、供应方式与定额不同时可进行换算。

2)现浇混凝土板定额是按高度(板面或地面、垫层面至上层板面的高度)3.6 m综合考虑的。如高度超过3.6 m则需考虑支撑超高增加费。

(3)案例分析。

【案例2-29】 结合消耗量定额，计算附录图纸某理工学院实训工房工程中的二层楼面板(图2-94)区域板的混凝土及模板工程量。

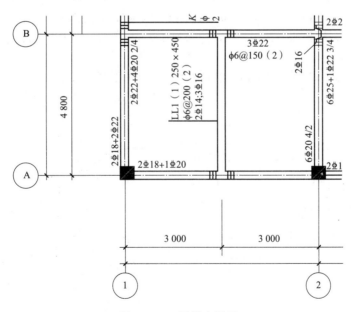

图2-94　二层梁布置图

【解】 查看图纸，此板①轴线 KL1 截面尺寸为 250 mm×550 mm，②轴线 KL3 截面尺寸为 250 mm×600 mm，Ⓐ轴轴线 KL8 截面尺寸为 250 mm×500 mm，Ⓒ轴线 KL9 截面尺寸为 250 mm× 500 mm，由此可知，此板为有梁板，板厚为 100 mm。

混凝土工程量 $V = (4.8 - 0.125 - 0.13) \times (6 - 0.13 - 0.125) \times 0.1 + 0.25 \times 0.35 \times (4.8 - 0.125 - 0.13) = 3.01 (\text{m}^3)$

模板工程量 $S=(4.8-0.125-0.13)\times(6-0.13-0.125)+2\times0.35\times(4.8-0.125-0.13)=29.29(m^2)$

7. 混凝土楼梯

楼梯是多层及高层房屋建筑的重要组成部分。现浇整体式楼梯按结构受力状态可分为梁式和板式楼梯;按梯段可分为单跑楼梯、双跑楼梯和多跑楼梯;按外形可分为直形楼梯、弧形楼梯、和螺旋形楼梯。定额规定弧形楼梯是指一个自然层旋转弧度小于180°的楼梯,螺旋楼梯是指一个自然层旋转弧度大于180°的楼梯。常见的楼梯由梯段和平台组成。楼梯定额项目划分见表2-94。

表2-94　楼梯混凝土及模板定额项目设置表

构件	项目名称	项目划分情况		定额编号	工作内容
楼梯	直形	混凝土		5-46	浇筑、振捣、养护等
		模板	复合模板钢支撑	5-312	模板及支撑制作、安装、拆除、堆放、运输及清理模内杂物、刷隔离剂等
	弧形	混凝土		5-47	浇筑、振捣、养护等
		模板	复合模板钢支撑	5-313	模板及支撑制作、安装、拆除、堆放、运输及清理模内杂物、刷隔离剂等
	螺旋形	混凝土		5-48	浇筑、振捣、养护等
		模板	复合模板钢支撑	5-314	模板及支撑制作、安装、拆除、堆放、运输及清理模内杂物、刷隔离剂等

(1)现浇整体楼梯混凝土和模板工程量计算规则。楼梯混凝土和模板工程量均按设计图示尺寸以水平投影面积计算,不扣除宽度小于500 mm楼梯井,伸入墙内部分不计算。当整体楼梯与现浇楼板无梯梁连接时,以楼梯的最后一个踏步边缘加300 mm为界。包括休息平台、平台梁、斜梁和楼层板的连接的梁。

(2)计算公式。图2-95所示现浇钢筋混凝土整体楼梯的混凝土及模板工程量计算公式:

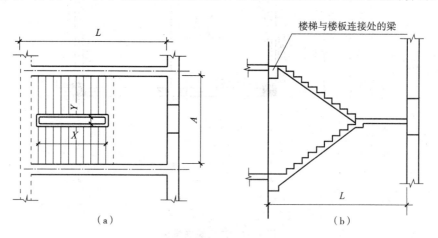

图2-95　楼梯示意

(a)平面图;(b)剖面图

当 $Y\leqslant500$ mm 时,投影面积 $=A\times L$

当 $Y>500$ mm 时,投影面积 $=(A\times L)-(X\times Y)$

式中　X——楼梯井长度;

Y——楼梯井宽度；

A——楼梯间净宽；

L——楼梯间长度。

(3)现浇整体楼梯定额应用。

1)现浇混凝土楼梯在套价时注意混凝土强度等级、供应方式与定额不同时可进行换算。

2)楼梯是按建筑物一个自然层双跑楼梯考虑，如单坡直行楼梯(一个自然层、无休息平台)按相应项目定额乘以系数1.2；三跑楼梯(一个自然层、两个休息平台)按相应项目定额乘以系数0.9；四跑楼梯(一个自然层、三个休息平台)按相应项目定额乘以系数0.75。

3)当图纸设计板式楼梯梯段底板(不含踏步三角部分)厚度大于150 mm、梁式楼梯梯段底板(不含踏步三角部分)厚度大于80 mm时，混凝土消耗量按实调整，人工按相应比例调整。

(4)案例分析。

【案例2-30】 依据消耗量定额，计算附录某理工学院实训工房工程中的楼梯1的混凝土和模板工程量，施工如混凝土为预拌混凝土且模板为复合模板钢管支撑，并计算楼梯施工费用。

【解】 查看施工图纸可知，混凝土强度等级为C25，具体尺寸如图2-96所示，楼梯四周为框架梁，楼梯井宽度为160 mm，工程中共2个楼梯1。

①计算混凝土和模板工程量：

$S_{水平投影} = (4.8 - 0.13 - 0.13) \times (3 - 0.125 - 0.13) \times 2 \times 2 = 49.85 (m^2)$

②计算楼梯施工费用结果详见表2-95。

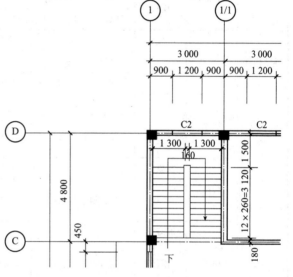

图2-96 楼梯平面示意

表2-95 工程预算表

工程项目：某理工学院实训工房工程

序号	定额编号	项目名称	单位	工程量	定额基价/元			合价/元		
					基价	人工费	机械费	合价	人工费	机械费
1	5-46	楼梯混凝土(预拌混凝土C20)	100 m²	0.498 5	957.62	227.21	0	477.37	113.26	0
2	5-312	楼梯模板	100 m²	0.498 5	8 536.45	5 517.44	1.49	4 255.42	2 750.44	0.74
小计								4 732.79	2 863.7	0.74

8. 其他构件

工程中，常见混凝土构件还有阳台、雨篷、散水、台阶、挑檐天沟、压顶、栏板等，定额项目设置见表2-96。

(1)其他构件混凝土和模板工程量计算规则。

1)栏板混凝土按设计图示尺寸以体积计算，伸入砖墙内的部分并入栏板体积计算。栏板模板按混凝土与模板接触面的面积计算。

表 2-96 其他构件混凝土及模板定额项目设置表

构件	项目名称	定额编号			工作内容
其他构件	栏板	混凝土		5-38	浇筑、振捣、养护等
		模板	复合模板钢支撑	5-302	模板及支撑制作、安装、拆除、堆放、运输及清理模内杂物、刷隔离剂等
	天沟、挑檐板	混凝土		5-41	浇筑、振捣、养护等
		模板	复合模板钢支撑	5-302	模板及支撑制作、安装、拆除、堆放、运输及清理模内杂物、刷隔离剂等
	雨篷板	混凝土		5-42	浇筑、振捣、养护等
		模板	直形 复合模板钢支撑	5-304	模板及支撑制作、安装、拆除、堆放、运输及清理模内杂物、刷隔离剂等
			圆弧形	5-305	
	阳台板	混凝土		5-44	浇筑、振捣、养护等
		模板	直形 复合模板钢支撑	5-308	模板及支撑制作、安装、拆除、堆放、运输及清理模内杂物、刷隔离剂等
			圆弧形	5-309	
	散水	混凝土		5-49	浇筑、振捣、养护等
		模板	复合模板钢支撑	5-204	模板及支撑制作、安装、拆除、堆放、运输及清理模内杂物、刷隔离剂等
	台阶	混凝土		5-50	浇筑、振捣、养护等
		模板	复合模板木支撑	5-318	模板及支撑制作、安装、拆除、堆放、运输及清理模内杂物、刷隔离剂等
	扶手、压顶	混凝土		5-53	浇筑、振捣、养护等
		模板	复合模板钢支撑	5-322	模板及支撑制作、安装、拆除、堆放、运输及清理模内杂物、刷隔离剂等

2)挑檐、天沟混凝土按设计图示尺寸以墙外部分体积计算。挑檐、天沟模板按混凝土与模板接触面的面积计算。

挑檐、天沟板与板(包括屋面板)连接时以外墙外边线为分界线;与梁(包括圈梁等)连接时,以梁外边线为分界线;外墙外边线以外为挑檐、天沟。

3)凸阳台(凸出外墙外侧用悬挑梁悬挑的阳台)按阳台项目计算;凹进墙内的阳台,按梁、板分别计算,阳台栏板、压顶分别按栏板、压顶项目计算。凸阳台模板按图示外挑部分尺寸的水平投影面积计算,挑出墙外的悬臂梁及板边不另计算。

4)雨篷梁、板工程量合并,按雨篷以体积计算,高度小于 400 mm 的栏板并入雨篷体积内计算,栏板高度>400 mm 时,其超过部分,按栏板计算。雨篷模板按图示外挑部分尺寸的水平投影面积计算,挑出墙外的悬臂梁及板边不另计算。

5)散水、台阶混凝土及模板工程量均按设计图示尺寸,以水平投影面积计算。台阶与平台连接时其投影面积应以最上层踏步外沿加 300 mm 计算。

6)场馆看台、地沟、混凝土后浇带混凝土工程量按设计图示尺寸以体积计算。场馆看台模板工程量按设计图示尺寸,以水平投影面积计算。后浇带按模板与后浇带的接触面积计算。

(2)其他构件定额应用。

1)混凝土栏板高度(含压顶扶手及翻沿),净高按 1.2 m 以内考虑,超 1.2 m 时执行相应墙项目。

2)挑檐、天沟壁高度≤400 mm，执行挑檐项目；挑檐、天沟壁高度>400 mm，按全高执行栏板项目。

3)单体体积 0.1 m³ 以内，执行小型构件项目。

4)阳台不包括阳台栏板及压顶内容。

5)现浇混凝土阳台板、雨篷板模板按三面悬挑形式编制，如一面为弧形栏板且半径≤9 m 时，执行圆弧形阳台板、雨篷板项目；如非三面悬挑形式的阳台、雨篷，则执行梁、板相应项目。

6)散水混凝土按厚度 60 mm 编制，如设计厚度不同时，可以换算；散水包括了混凝土浇筑、表面压实抹光及嵌缝内容，未包括基础夯实、垫层内容。散水模板执行垫层模板项目。

7)台阶混凝土含量是按 1.22 m³/10 m² 综合编制的，如设计含量不同时，可以换算；台阶包括了混凝土浇筑及养护内容，未包括基础夯实、垫层及面层装饰内容，发生时执行其他章节相应项目。

(二)预制混凝土构件混凝土和模板工程计量与计价

1. 混凝土计算规则

预制混凝土均按图示尺寸以体积计算，不扣除构件内钢筋、铁件及小于 0.3 m² 以内孔洞所占体积。

2. 模板工程量计算规则

预制混凝土模板按模板与混凝土的接触面积计算，地模不计算接触面积。

(三)钢筋工程计量与计价

定额将钢筋工程划分为现浇构件钢筋，预制构件钢筋，先张法预应力钢筋，后张法预应力钢筋，后张法预应力钢丝束(钢绞线)及铁件、电渣压力焊等几大类，每类钢筋按品种、规格划分多个子目。定额项目设置见表2-97。

表 2-97　钢筋工程定额项目设置表

项目	项目名称			定额编号	工作内容
钢筋工程	现浇构件圆钢筋	HPB300 直径(mm)≤10、≤18、≤25、≤32		5-122 至 5-125	制作、运输、绑扎、安装等
	现浇构件带肋钢筋	HRB400 以内	直径(mm)≤10、≤18、≤25、≤40	5-126 至 5-129	制作、运输、绑扎、安装等
		HRB400 以上	直径(mm)≤10、≤18、≤25、≤40	5-130 至 5-133	
	预制构件圆钢筋	冷拔低碳钢丝≤ϕ5	绑扎	5-134	制作、运输、绑扎、安装、点焊、拼装等
			点焊	5-135	
		HPB300≤ϕ10	绑扎	5-136	
			点焊	5-137	
		HPB300≤ϕ18	绑扎	5-138	
			点焊	5-139	
	预制构件带肋钢筋	HRB400 以内	直径(mm)≤10、≤18、≤25、≤40	5-140 至 5-143	制作、运输、绑扎、安装等
		HRB400 以上	直径(mm)≤10、≤18、≤25、≤40	5-144 至 5-147	

项目	项目名称			定额编号	工作内容
钢筋工程	箍筋及其他	箍筋	HPB300≤φ5、≤φ10、>φ10	5-148至5-150	
			HRB400以内≤φ10、>φ10	5-151、5-152	
			HRB400以上≤φ10、>φ10	5-153、5-154	
		混凝土灌注桩钢筋笼	HPB300	5-155	
			HRB400	5-156	
		钢筋网片		5-157	
		砌体内加固钢筋		5-158	
		地下连续墙钢筋笼安放深度≤15、≤25、≤35、>35		5-159至5-162	
	先张法预应力钢筋	≤φ5、≤φ12、≤φ16、≤φ20、≤φ40		5-163至5-167	制作、运输、张拉、放张、切断等
	后张法预应力钢筋	≤φ16、≤φ20、≤φ25、≤φ32、≤φ40		5-168至5-172	
	后张法预应力钢丝束（钢绞线）	钢丝束	有粘结	5-173	制作、运输、穿筋、张拉、孔道灌浆、锚固、放张、切断等
			无粘结	5-174	
		钢绞线	有粘结	5-175	
			无粘结	5-176	
		钢丝束、钢绞线张拉		5-177	
		锚具安装	单锚	5-178	
			群锚	5-179	
		预埋管孔道铺设灌浆		5-180	
	钢筋焊接、机械连接、植筋	电渣压力焊	≤φ18	5-181	材料运输、校正、下料、焊接、清理等
			≤φ32	5-182	
		气压焊接头	≤φ25	5-183	
			≤φ40	5-184	
		直螺纹接头≤φ16、≤φ20、≤φ25、≤φ32、≤φ40		5-185至5-189	材料运输、校正、除锈、打磨、套丝、加工、检验等
		锥螺纹接头≤φ16、≤φ20、≤φ25、≤φ32、≤φ40		5-190至5-194	
		冷挤压接头≤φ25、≤φ40		5-195、5-196	材料运输、校正、除锈、打磨、套管挤压、清理等
		植筋≤φ10、≤φ14、≤φ18、≤φ25、≤φ40		5-197至5-201	材料运输、孔点测定、钻孔、矫正、清灰、钢筋打磨、灌胶、养护等
	铁件、螺栓	铁件安装		5-202	材料运输、铁件定位、预埋、安装、焊接固定等
		预埋螺栓安装		5-203	

1. 钢筋工程量量计算规则

(1)现浇、预制构件钢筋，按设计图示钢筋长度乘以单位理论质量计算。

(2)钢筋搭接长度应按设计图示及规范要求计算；设计图示及规范要求未标明搭接长度的，不另计算搭接长度。

(3)钢筋的搭接(接头)数量应按设计图示及规范要求计算；设计图示及规范要求未标明的，按以下规定计算：

1) ϕ10 以内的长钢筋按每 12 m 计算一个钢筋搭接(接头)；

2) ϕ10 以上的长钢筋按每 9 m 计算一个搭接(接头)。

(4)先张法预应力钢筋按设计图示钢筋长度乘以单位理论质量计算。

(5)后张法预应力钢筋按设计图示钢筋(绞线、丝束)长度乘以单位理论质量计算。

1)低合金钢筋两端均采用螺杆锚具时，钢筋长度按孔道长度减 0.35 m 计算，螺杆另行计算。

2)低合金钢筋一端采用墩头插片，另一端采用螺杆锚具时，钢筋长度按孔道长度计算，螺杆另行计算。

3)低合金钢筋一端采用墩头插片，另一端采用帮条锚具时，钢筋按增加 0.15 m 计算；两端均采用帮条锚具时，钢筋长度按孔道长度增加 0.3 m 计算。

4)低合金钢筋采用后张混凝土自锚时，钢筋长度按孔道长度增加 0.35 m 计算。

5)低合金钢筋(钢绞线)采用 JM、XM、QM 型锚具，孔道长度≤20 m 时，钢筋长度按孔道长度增加 1 m 计算；孔道长度>20 m 时，钢筋长度按孔道长度增加 1.8 m 计算。

6)碳素钢丝采用锥形锚具，孔道长度≤20 m 时，钢丝束长度按孔道长度增加 1 m 计算；孔道长度>20 m 时，钢丝束长度按孔道长度增加 1.8 m 计算。

7)碳素钢丝采用墩头锚具时，钢丝束长度按孔道长度增加 0.35 m 计算。

(6)预应力钢丝束、钢绞线锚具安装按套数计算。

(7)当设计要求钢筋接头采用机械连接时，按数量计算，不再计算该处的钢筋搭接长度。

(8)植筋按数量计算，植入钢筋按外露和植入部分之和长度乘以单位理论质量计算。

(9)钢筋网片、混凝土灌注桩钢筋笼、地下连续墙钢筋笼按设计图示钢筋长度乘以单位理论质量计算。

(10)混凝土构件预埋铁件、螺栓，按设计图示尺寸以质量计算。

2. 计算公式

钢筋工程量以钢筋质量计算。

钢筋理论质量＝钢筋长度×每米理论质量

钢筋每米理论质量＝0.006 17d^2(d 为钢筋直径，单位为 mm)

钢筋长度确定。钢筋在构件中常有直钢筋、弯起钢筋、箍筋、S 形拉筋等形式。

1)直钢筋。

直钢筋长度＝构件支座(或相关联构件)间的净长度＋伸入支座(或相关联构件)内的构造长度＋两端部需做弯钩的增加长度＋需搭接长度

①伸入支座(或相关联构件)内的构造长度详见《混凝土结构施工图平面整体表示方法制图规则和构造详图》图集(22G101)的构造要求。

②钢筋的弯钩增加长度。HPB300 的钢筋末端常需做成 180°、135°两种弯钩(图 2-97)，弯钩平直段长度应符合设计要求，规范规定其弯弧内直径不小于钢筋直径的 2.5 倍。

$$180°弯钩增加长度＝3.25d＋平直段长度$$

2)弯起钢筋。

弯起钢筋长度＝构件支座(或相关联构件)间的净长度＋弯起钢筋增加值＋伸入支座(或相关联

构件)内的构造长度＋两端部需做弯钩的增加长度＋需搭接长度

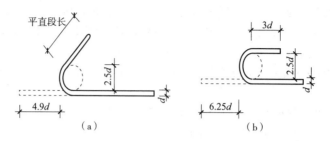

图 2-97　钢筋弯钩示意

(a)135°弯钩；(b)180°弯钩

钢筋弯起的增加长度。HRB400 等钢筋在构件中常需做 30°、45°、60°三种弯起。规范规定其弯弧内直径不小于钢筋直径的 4 倍。

弯起钢筋长度增加值是指斜长与水平投影长度之间的差值。弯起钢筋斜长及增加长度计算方法见表 2-98。

表 2-98　弯起钢筋斜长及增加长度计算表

形状		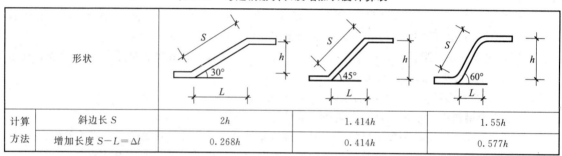	
计算方法	斜边长 S	$2h$	$1.414h$	$1.55h$
	增加长度 $S-L=\Delta l$	$0.268h$	$0.414h$	$0.577h$

3)箍筋。箍筋在构件中常有等截面箍筋、变截面箍筋、螺旋箍筋三种。

①等截面箍筋长度计算。

单根双肢箍筋长度计算 $L_单$：

$$L_单=[(b-2c)+(h-2c)]\times2＋两弯钩增加值$$

式中　b，h——构件的截面尺寸；

　　　c——混凝土保护层厚度。

单构件箍筋根数：$N＝$布筋范围÷布筋间距＋1

单构件箍筋总长度 L：$L＝L_单\times N$

②变截面箍筋(图 2-98)长度计算。

变截面构件箍筋的总长度＝构件箍筋总根数×中间截面箍筋的长度

构件箍筋总根数、中间截面箍筋的长度计算方法同等截面箍筋计算。

③螺旋箍筋长度计算。

构件螺旋箍筋的总长度 $L＝$螺旋箍筋部分长度＋螺旋开始与结束端部的构造长度

$$螺旋箍筋部分长度＝N\times\sqrt{P^2＋\pi^2(D-2c)^2}$$

式中　$N＝L/P$(L 为布箍范围即构件长；P 为间距；如图 2-99 所示)；

　　　D——构件直径；

　　　c——混凝土保护层厚度。

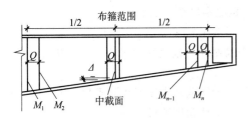

图 2-98　变截面箍筋示意　　　　　　　图 2-99　螺旋箍筋示意

螺旋开始与结束端部的构造长度：根据钢筋平法图集 22G101—1 中螺旋箍筋的构造要求（图 2-100）规定螺旋箍筋开始与结束应有水平段，长度不应小于一圈半，端部需做 135°弯钩，平直段长度：非抗震为 5d，抗震为 10d、75 mm 取大值。

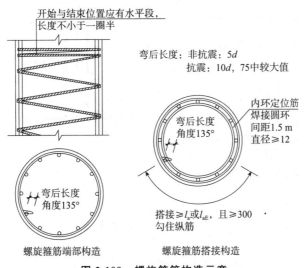

图 2-100　螺旋箍筋构造示意

构件螺旋箍筋的总长度 $L=N\times\sqrt{P^2+\pi^2(D-2c)^2}+2\times1.5\pi(D-2c)+2+$弯钩增加长度

④S 形拉筋。S 形拉筋根据钢筋平法图集 22G101—1 中构造要求（图 2-101）有三种做法，工程中应按设计指定具体计算。

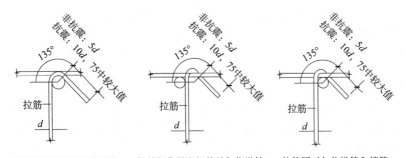

图 2-101　拉筋构造做法示意

若采用第一种做法的长度计算：

$$S 形拉筋长度＝构件厚度－混凝土保护层厚度×2＋两端弯钩增加长度$$

3. 钢筋工程的定额应用

（1）型钢组合混凝土构件中，型钢骨架执行《消耗量定额》第六章 金属结构工程相应项目；钢筋执行现浇构件钢筋相应项目，人工乘以系数1.50，机械乘以系数1.15。

（2）弧形构件钢筋执行钢筋相应项目，人工乘以系数1.05。

（3）植筋不包括植入的钢筋制作、化学螺栓；钢筋制作，按钢筋制安相应项目执行；化学螺栓另行计算；使用化学螺栓，应扣除植筋胶的消耗量。

（4）地下连续墙钢筋笼安放，不包括钢筋笼制作，钢筋笼制作按现浇钢筋制安相应项目执行。

（5）固定预埋铁件（螺栓）所消耗的材料按实计算，执行相应项目。

（6）现浇混凝土小型构件，执行现浇构件钢筋相应项目，人工、机械乘以系数2。

4. 案例分析

【案例 2-31】 计算附录图纸某理工学院实训工房工程中的独立基础J1钢筋工程量，并计算钢筋工程费用（图2-102及表2-99所示的独立基础钢筋）。

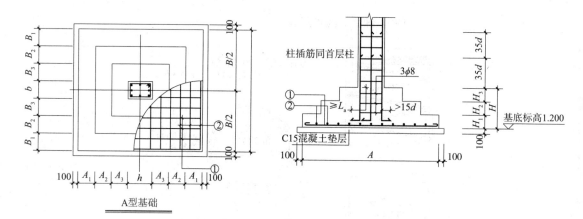

图 2-102　基础大样图

表 2-99　柱基础选用表

基础编号	类型	柱断面 $b \times h/h_1$/mm	基础平面尺寸/mm						基础高度/mm			基础底筋		基底标高/m
			A	A_1	A_2	B	B_1	B_2	H	H_1	H_2	ϕ	ϕ	
J1	A	400×400	2 800	500	700	2 400	500	500	550	300	250	Φ12@150	Φ12@150	−1.200
J2	A	350×400	2 200	500	400	2 000	400	425	500	250	250	Φ12@150	Φ12@150	−1.200
J3	A	350×400	1 800	400	300	1 600	350	275	500	250	250	Φ12@200	Φ12@200	−1.200
J4	A	350×400	1 500	300	250	1 500	300	275	450	250	200	Φ12@200	Φ12@200	−1.200
J5	A	400×450	2 200	400	475	1 800	350	350	500	250	250	Φ12@150	Φ12@150	−1.200
J6	A	400×450	2 700	500	625	2 200	400	500	500	250	250	Φ12@150	Φ12@150	−1.200

【解】 查阅施工图纸可知，构件数量统计结果见表2-100，基础钢筋保护层厚度为40 mm，构造要求符合平法图集22G101—3规定。当基础底边长度大于2.5 m时，该方向的钢筋长度缩短10%，并交错放置，构造要求如图2-103所示。

表 2-100　构件数量统计表

构件名称	数量/个
J1	5
J2	6
J3	9

J4	6
J5	2
J6	2

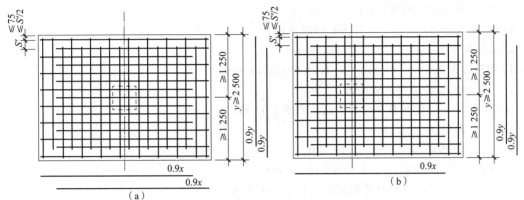

独立基础底板配筋长度减短10%构造

图 2-103 基础底板钢筋构造

(a)对称独立基础；(b)非对称独立基础

(1)钢筋工程量计算。

J1：$A \times B$(2 800 mm×2 400 mm) Φ12@150

A 方向①钢筋：①钢筋单根有两种长度和数量，分别为 $L_{①单1}$、$n_{①1}$ 根，和 $L_{①单2}$，$n_{①2}$ 根

$L_{①单1} = 2.8 - 0.08 = 2.72$(m)

$n_{①1} = 2$ 根

$L_{①单2} = 2.8 \times 0.9 = 2.52$(m)

$n_{①2} = (2.4 - 0.075 \times 2) \div 0.15 + 1 - 2 = 14$(根)

①钢筋钢筋总长度 $L_① = 2.72 \times 2 + 2.52 \times 14 = 40.72$(m)

B 方向②钢筋：②钢筋的单根长度为 $L_{②单}$，数量为 $n_②$

$L_{②单} = 2.4 - 0.08 = 2.32$(m)

$n_② = (2.8 - 0.075 \times 2) \div 0.15 + 1 = 19$(根)

②钢筋总长度 $L_② = 2.32 \times 19 = 44.08$(m)

J1 钢筋总长度 $L_{J1} = (40.72 + 44.08) \times 5 = 424$(m)

J2：(2 200 mm×2 000 mm)Φ12@150

A 方向①钢筋：①钢筋单根为 $L_{①单}$，数量为 $n_①$ 根，

$L_{①单} = 2.2 - 0.08 = 2.12$(m)

$n_① = (2 - 0.075 \times 2) \div 0.15 + 1 = 14$ 根

①钢筋钢筋总长度 $L_① = 2.12 \times 14 = 29.68$(m)

B 方向②钢筋：②钢筋的单根长度为 $L_{②单}$，数量为 $n_②$

$L_{②单} = 2 - 0.08 = 1.92$(m)

$n_② = (2.2 - 0.075 \times 2) \div 0.15 + 1 = 15$(根)

②钢筋总长度 $L_② = 1.92 \times 15 = 28.8$(m)

J2 钢筋总长度 $L_{J2} = (29.68 + 28.8) \times 6 = 350.88$(m)

J3：(1 800 mm×1 600 mm)Φ12@150

A 方向①钢筋：①钢筋单根为 $L_{①单}$，数量为 $n_①$ 根，

$L_{①单}=1.8-0.08=1.72(m)$

$n_①=(1.6-0.075×2)÷0.15+1=11$ 根

①钢筋钢筋总长度 $L_①=1.72×11=18.92(m)$

B 方向②钢筋：②钢筋的单根长度为 $L_{②单}$，数量为 $n_②$

$L_{②单}=1.6-0.08=1.52(m)$

$n_②=(1.8-0.075×2)÷0.15+1=12$（根）

②钢筋总长度 $L_②=1.52×12=18.24(m)$

J3 钢筋总长度 $L_{J3}=(18.92+18.24)×9=334.44(m)$

J4：（1 500 mm×1 500 mm）$\Phi 12@200$

A 方向①钢筋：①钢筋单根为 $L_{①单}$，数量为 $n_①$ 根，

$L_{①单}=1.5-0.08=1.42(m)$

$n_①=(1.5-0.075×2)÷0.2+1=8$ 根

①钢筋钢筋总长度 $L_①=1.42×8=11.36(m)$

B 方向②钢筋：②钢筋的单根长度为 $L_{②单}$，数量为 $n_②$

$L_{②单}=L_{①单}$

$n_②=n_①$

②钢筋总长度 $L_②=L_①=11.36(m)$

J4 钢筋总长度 $L_{J4}=11.36×2×6=136.32(m)$

J5：（2 200 mm×1 800 mm）$\Phi 12@150$

A 方向①钢筋：①钢筋单根为 $L_{①单}$，数量为 $n_①$ 根，

$L_{①单}=2.2-0.08=2.12(m)$

$n_①=(1.8-0.075×2)÷0.15+1=12$ 根

①钢筋钢筋总长度 $L_①=2.12×12=25.44(m)$

B 方向②钢筋：②钢筋的单根长度为 $L_{②单}$，数量为 $n_②$

$L_{②单}=1.8-0.08=1.72(m)$

$n_②=(2.2-0.075×2)÷0.15+1=15$（根）

②钢筋总长度 $L_②=1.72×15=25.8(m)$

J5 钢筋总长度 $L_{J5}=(25.44+25.8)×2=102.48(m)$

J6：（2 700 mm×2 200 mm）$\Phi 12@150$

A 方向①钢筋：①钢筋单根有两种长度和数量，分别为 $L_{①单1}$、$n_{①1}$ 根，和 $L_{①单2}$，$n_{①2}$ 根

$L_{①单1}=2.7-0.08=2.62(m)$

$n_{①1}=2$ 根

$L_{①单2}=2.7×0.9=2.43(m)$

$n_{①2}=(2.2-0.075×2)÷0.15+1-2=13$（根）

①钢筋钢筋总长度 $L_①=2.62×2+2.43×13=36.83(m)$

B 方向②钢筋：②钢筋的单根长度为 $L_{②单}$，数量为 $n_②$

$L_{②单}=2.2-0.08=2.12(m)$

$n_②=(2.7-0.075×2)÷0.15+1=18$（根）

②钢筋总长度 $L_②=2.12×18=38.16(m)$

J6 钢筋总长度 $L_{J6}=(36.83+38.16)×2=149.98(m)$

钢筋长度汇总：$\sum L=424+350.88+334.44+136.32+102.48+149.98=1\ 498.1(m)$

钢筋质量汇总：$G=0.006\ 17×12^2×1\ 498.1=1\ 331.03(kg)$

钢筋工程量：$G = 1.331 \text{ t}$

(2)钢筋工程费用计算见工程预算表(表 2-101)。

表 2-101　工程预算表

工程名称：某理工学院实训工房工程

序号	定额编号	项目名称	单位	工程量	定额基价/元			合价/元		
					基价	人工费	机械费	合价	人工费	机械费
1	5-127	现浇构件带肋钢筋 HRB400（直径 12 mm）	t	1.331	3 843.47	556.73	73.8	5 115.66	741.01	98.23
		小计						5 115.66	741.01	98.23

【案例 2-32】　结合《消耗量定额》，计算附录图纸某理工学院实训工房工程中的二层楼面梁(1/1)轴 LL(1) 250 mm×450 mm 的钢筋工程量，并计算钢筋工程费用。具体尺寸如图 2-104 所示(已知钢筋保护层厚度为 25 mm，抗震等级四级，钢筋种类为 HRB400，此梁设计按铰接)。

【解】　(1)分析：查阅施工图纸可知，工程抗震等级为四级，钢筋混凝土强度等级为 C25，钢筋种类为 HRB400，钢筋保护层厚度为 25 mm，构造要求符合建筑标准设计图集 22G101—1 规定。

根据图集 22G101—1 得知，受拉钢筋基本锚固长 $L_{ab} = 40d$。

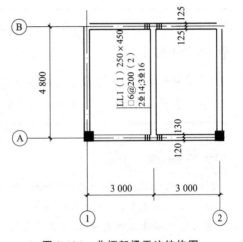

图 2-104　非框架梁平法结构图

(2)钢筋工程量 G 计算：

1)上部通长筋：

2Φ14：$L = [(4.8 - 0.13 - 0.125) + (0.25 - 0.025 + 15 \times 0.014) \times 2] \times 2 = 10.83 (\text{m})$

2)下部纵筋：

3Φ16：$L = [(4.8 - 0.13 - 0.125) + 12 \times 0.016 \times 2] \times 3 = 14.787 (\text{m})$

3)箍筋 ϕ6@200：

$L = \{(0.25 - 0.025 \times 2) \times 2 + (0.45 - 0.025 \times 2) \times 2 + 0.075 \times 2 + 1.9 \times 0.006 \times 2\} \times$
$\{(4.8 - 0.13 - 0.125 - 0.050 \times 2) \div 0.2 + 1\} = 31.88 (\text{m})$

4)汇总长度：

Φ6：31.88 m

Φ14：10.83 m

Φ16：14.787 m

5)汇总质量：

Φ6：$31.88 \times 0.006\ 17 \times 6^2 = 7.08 (\text{kg})$

Φ14：$10.83 \times 0.006\ 17 \times 14^2 = 9.49 (\text{kg})$

Φ16：$14.787 \times 0.006\ 17 \times 16^2 = 23.36 (\text{kg})$

箍筋 HPB300(直径 ϕ10 内)$G = 7.08 \text{ kg}$

现浇构件带肋钢筋 HRB400 以内(直径 Φ18 内)合计 $G = 35.55 \text{ kg}$

(3)钢筋工程费用计算结果见表2-102。

表 2-102　工程预算表

工程名称：某理工学院实训工房工程

序号	定额编号	项目名称	单位	工程量	定额基价/元			合价/元		
					基价	人工费	机械费	合价	人工费	机械费
1	5-127	现浇构件带肋钢筋 HRB400（直径⌀18 内）	t	0.036	3 843.47	556.75	73.80	138.36	20.04	2.66
2	5-149	现浇构件箍筋 HPB300（直径⌀10 内）	t	0.007 1	4 791.76	1 362.64	58.24	34.02	9.67	0.41
小计								172.38	29.71	3.07

💡 **思政小贴士**

成本意识属于工程造价金额较高分部工程，引导学生在未来工作中要有用造价思维指导实际施工，工作中应进行造价分析，养成节约成本、降低造价的意识。

任务实施 📋

【解】（1）KZ1（350 mm×400 mm）框架柱混凝土工程量：

框架柱混凝土 $V_{KZ1}=0.35×0.4×(11.4+0.75)=1.7(m^3)$

框架柱混凝土工程费用见工程预算表（表2-104）。

（2）KZ1（350 mm×400 mm）框架柱模板工程量：

1）框架柱模板 $S_{KZ1}=(0.35+0.4)×2×(11.4+0.75)=18.23(m^2)$

2）柱支撑高度超过3.6 m以上支模时工程量：（首层柱顶标高4.2 m大于3.6 m）

$S_{KZ1}=(0.35+0.4)×2×(4.2+0.15-3.6)=1.13(m^2)$

框架柱模板工程费用见工程预算表（表2-103）。

表 2-103　工程预算表

工程项目：某理工学院实训工房工程

序号	定额编号	项目名称	单位	工程量	定额基价/元			合价/元		
					基价	人工费	机械费	合价	人工费	机械费
1	5-11	矩形柱（预拌混凝土 C30）	10 m³	0.17	3 486.99	612.94	0	592.79	104.2	
2	5-253	柱复合模板钢支撑	100 m²	0.182 3	3 868.64	1 822.06	1.64	705.25	332.16	0.3
3	5-259	柱支撑超3.6 m增加费	100 m²	0.011 3	276.97	234.01	0	3.13	2.64	
小计								1 301.17	439	0.3

结合江西省现行预算定额，附录设计图纸某理工学院实训工房工程施工图纸，完成以下任务：

【任务 2-7】 计算本工程所有基础垫层混凝土及模板工程量和相应分项工程费用；并分析人工、主材、机消耗量。

【任务 2-8】 计算本工程基础 J2 混凝土、模板、工程量和相应分项工程费用；并分析人工、主材、机消耗量。

【任务 2-9】 计算本工程 KZ2 混凝土、模板、工程量和相应分项工程费用；并分析人工、主材、机消耗量。

【任务 2-10】 计算本工程二层楼面梁 KL2 混凝土、模板、工程量和相应分项工程费用；并分析人工、主材、机消耗量。

将任务完成过程及结果填入表 2-104～表 2-106）。

表 2-104 工程预算表

工程名称： 第 页 共 页

序号	定额编号	项目名称	单位	工程量	定额基价/元			合价/元		
					基价	人工费	机械费	合价	人工费	机械费
				小计						

表 2-105 人材机分析表

工程名称： 第 页 共 页

序号	定额编号	分项工程名称	计量单位	工程数量	综合工日		材料名称				机械台班						⋯	⋯
					定额	数量	定额	数量	定额	数量	定额	数量	定额	数量	定额	数量		

序号	定额编号	分项工程名称	计量单位	工程数量	综合工日		材料名称				机械台班							
					定额	数量	定额	数量	定额	数量	定额	数量	定额	数量	定额	数量	…	…

表 2-106　工程量计算书

工程名称：　　　　　　　　　　　　　　　　　　　　　　　　　　　　第　页共　页

序号	项目名称	单位	工程量	计算式

小　结

本任务重点学习了以下内容：

1. 现浇构件混凝土工程量计算规则

现浇构件混凝土工程量除另有规定者外，均按设计图示尺寸以体积计算。不扣除构件内钢筋、预埋铁件及墙、板中 0.3 m² 以内的孔洞所占体积。型钢混凝土中型钢骨架所占体积按（密度）7 850 kg/m³ 扣除。

2. 现浇构件模板工程工程量计算规则

现浇构件模板工程量除另有规定者外，均按模板与混凝土的接触面积（扣除后浇带所占面积）计算。柱、墙、梁、板、栏板相互连接的重叠部分，均不扣除模板面积。现浇混凝土墙、板上单孔面积在 0.3 m² 以内的孔洞，不予扣除，洞侧壁模板也不增加；单孔面积在 0.3 m² 以外时，应予以扣除，洞侧壁模板面积并入墙、板模板工程量以内计算。

(1)基础与柱的分界线为基础扩大顶面。

(2)有肋式带形基础，肋高≤1.2 m时，合并按带形基础项目计算；＞1.2 m时，扩大顶面以下的基础部分，按带形基础项目计算，扩大顶面以上部分，按墙项目计算。

(3)带形基础(垫层)长度计算。

外墙基础(垫层)长度：按外墙带型基础(垫层)中心线长度；

内墙基础(垫层)长度：按内墙带型基础(垫层)净长线长度计算。

(4)独立桩承台执行独立基础项目，带形桩承台执行带形基础项目，与满堂基础相连的桩承台执行满堂基础项目。

(5)矩形柱高度(m)：有梁板的柱高：应自柱基(或楼板)上表面算至上一层楼板上表面之间的高度计算；无梁板的柱高：应自柱基(或楼板)上表面算至柱帽下表面之间的高度计算，框架柱的柱高，应自柱基上表面至柱顶面高度计算。

(6)梁的长度：梁与柱(不包括构造柱)交接时，梁长算至柱侧面；主、次梁交接时，次梁长度算至主梁的侧面。

(7)墙长：外墙按中心线长，内墙按净长线计算，墙与柱连接时墙算至柱边；未凸出墙面的暗柱并入墙体积。

(8)墙的高度，墙与梁连接时墙算至梁底；墙与板连接时，板算至墙侧；未凸出墙面的暗梁并入墙体积。

(9)楼梯混凝土和模板工程量均按设计图示尺寸以水平投影面积计算，不扣除宽度小于500 mm楼梯井，伸入墙内部分不计算。当整体楼梯与现浇楼板无梯梁连接时，以楼梯的最后一个踏步边缘加300 mm为界。包括休息平台、平台梁、斜梁和楼层板的连接的梁。

3.钢筋工程工程量计算规则

(1)现浇、预制构件钢筋，按设计图示钢筋长度乘以单位理论质量计算。

(2)钢筋搭接长度应按设计图示及规范要求计算；设计图示及规范要求未标明搭接长度的，不另计算搭接长度。

(3)钢筋的搭接(接头)数量应按设计图示及规范要求计算；设计图示及规范要求未标明的，按以下规定计算：

①ϕ10以内的长钢筋按每12 m计算一个钢筋搭接(接头)；

②ϕ10以上的长钢筋按每9 m计算一个搭接(接头)。

4.定额换算

混凝土强度等级、供应方式与定额不同时可进行换算

通过本任务学习，学生能结合实际施工图纸，根据预算定额中有关规定，进行混凝土及钢筋混凝土工程工程量的计算和分项工程费用的计算。

学生笔记

通过本任务的学习，学生根据重点知识点的提示，完成"任务五 混凝土及钢筋混凝土工程"学生笔记(表2-107)的填写，并对混凝土及钢筋混凝土工程计量与计价方法及注意事项进行归纳总结。

表 2-107 "任务五 混凝土及钢筋混凝土工程"学生笔记

班级：_____ 学号：_____ 姓名：_____ 成绩：_____

1. 现浇混凝土工程量计算规则：

2. 现浇构件模板工程量计算规则：

3. 基础与柱划分：

4. 带形基础长度计算：

5. 梁长的确定：

6. 混凝土墙体长度计算：

7. 现浇混凝土楼梯混凝土及模板工程量计算规则：

8. 钢筋工程工程量计算规则：

课后练习

任务六   金属结构工程

任务导入

某工程焊接空腹钢柱如图 2-105 所示，钢柱有 2 根，钢材理论质量见表 2-108，试计算钢柱制作工程量并计算人材机费用、编制预算表。

知识导图

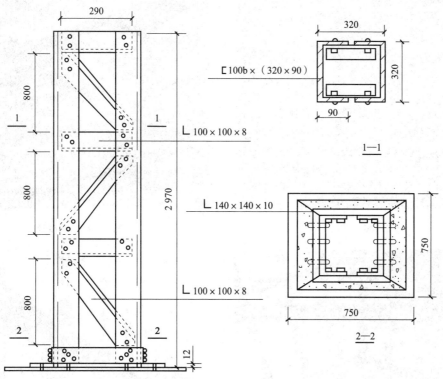

图 2-105 空腹钢柱示意

表 2-108 钢材理论质量

规格	单位质量/(kg·m⁻¹)	备注
﹝100b×（320×90）	43.25	槽钢
﹝100×100×8	12.28	角钢
﹝140×140×10	21.49	角钢
—12	94.20	钢板
注：扁钢 12 单位质量为 94.20 kg/m²		

一、概述

金属结构是以金属材料轧制的型钢（如角钢、槽钢、工字钢、钢管等）和钢板作为基本构件，通过焊接、铆接和螺栓连接等方法，按一定的组成规则连接，承受起自重和荷载的结构物。金属结构工程定额中包括金属结构制作、金属结构运输、金属结构安装和金属结构楼（墙）面板及其他。常见金属结构构件如图 2-106～图 2-109 所示。

图 2-106　钢柱

图 2-107　钢楼梯

图 2-108　钢屋架

图 2-109　钢柱及钢吊车梁

二、定额项目设置

《消耗量定额》第六章 金属结构工程，定额子目划分见表 2-109。

表 2-109　金属结构工程定额项目设置表

章	节	项目名称	定额编号	工作内容
金属结构工程	一、金属结构制作	钢网架制作	按连接方式分 6-1 至 6-3	放样、下料、车坡口、齐口、对口、钢球校验、画线、组装、点焊、复验及组装胎具制作、编号堆放、探伤检测
		钢屋架、钢托架、钢桁架制作	按类型分 6-4 至 6-12	放样、画线、截料、平直、钻孔、拼装、焊接、成品矫正、成品编号堆放、探伤检测
		钢柱制作	按类型分 6-13 至 6-16	
		钢梁制作	按类型分 6-17 至 6-20	
		钢支撑、钢檩条等构件制作	按类型分 6-21 至 6-39	钢支撑：放样、画线、截料、平直、钻孔、拼装、焊接、成品矫正、成品编号堆放。 钢檩条：(1)放样、画线、截料、平直、钻孔、拼装、焊接、成品矫正、成品编号堆放。 (2)C、Z型钢檩条：送料、调试设定、开卷、轧制、平直、钻孔、成品矫正、成品编号堆放
		机械除锈	按除锈方式分 6-40 至 6-42	1. 喷砂、抛丸除锈：运砂、丸、机械喷砂、抛丸、现场清理。 2. 手工级动力工具除锈：除锈、现场清理
	二、金属构件运输		按构件类别及运距分 6-43 至 6-48	装车绑扎、运输、按指定地点卸车、堆放
	三、金属结构安装	钢网架安装	按连接方式分 6-49 至 6-51	卸料、检验、基础线测定、找正、找平、分块拼装、翻身加固、吊装上位、就位、校正、焊接、固定、补漆、清理等
		钢屋架、钢托架、钢桁架安装	按类型及质量分 6-52 至 6-65	放线、卸料、检验、画线、构件拼装、加固，翻身就位、绑扎吊装、校正、焊接、固定、补漆、清理等
		钢柱安装	按质量分 6-66 至 6-69	
		钢梁安装	按质量分 6-70 至 6-73	
		钢吊车梁安装	按质量分 6-74 至 6-77	
		钢平台(走道)、钢护栏、钢楼梯安装	按类型分 6-78 至 6-82	
		钢支撑、檩条、其他钢构件安装	按质量分 6-83 至 6-87	
		现场拼装平台摊销	6-88	画线、切割、组装、就位、焊接、翻身、校正、调平、清理、拆除、整理等
	四、金属结构楼(墙)面板及其他	楼面板	按类型分 6-89 至 6-90	放样、下料，切割断料。开门窗洞口，周边塞口，清扫；弹线、安装
		墙面板	按类型分 6-91 至 6-93	
		其他金属构件	按类型分 6-94 至 6-109	放样、画线、截料、平整、拼装、焊接、成品校正
		螺栓安装	按类型分 6-110 至 6-112	栓钉、画线、定位、清理场地、焊接固定等

三、金属结构工程计量与计价

(一)金属构件制作计量与计价

1. 金属构件制作工程量计算规则

(1)金属构件工程量按设计图示尺寸乘以理论质量计算,不扣除单个面积≤0.3 m² 的孔洞质量,焊缝、铆钉、螺栓等不另增加质量。

(2)钢网架计算工程量时,不扣除孔眼的质量,铆缝、铆钉等不另增加质量。焊接空心球网架质量包括连接钢管杆件、连接球、支托和网架支座等零件的质量,螺栓球节点网架质量包括连接钢管杆件(含高强度螺栓、销子、套筒、锥头或封板)、螺栓球、支托和网架支座等零件的质量。

注: 钢网架制作、安装项目按平面网格结构编制,如设计为筒壳、球壳及其他曲面结构的,其制作项目人工、机械乘以系数1.3,安装项目人工、机械乘以系数1.2。

(3)依附在钢柱上的牛腿及悬臂梁的质量等并入钢柱的质量内,钢柱上的柱脚板、加劲板、柱顶板、隔板和肋板并入钢柱工程量内。

(4)钢管柱上的节点板、加强环、内衬板(管)、牛腿等并入钢管柱的质量内。

(5)钢平台的工程量包括钢平台的柱、梁、板、斜撑等的质量,依附于钢平台上的钢扶梯及平台栏杆,应按相应构件另行列项计算。

(6)钢楼梯的工程量包括楼梯平台、楼梯梁、楼梯踏步等的质量,钢楼梯上的扶手、栏杆另行列项计算。

注: 钢栏杆(钢护栏)定额适用于钢楼梯、钢平台及钢走道板等与金属结构相连的栏杆,其他部位的栏杆、扶手应套用《消耗量定额》第十五章 其他装饰工程相应项目。

(7)钢栏杆包括扶手的质量,合并套用钢栏杆项目。

(8)机械或手工及动力工具除锈按设计要求以构件质量计算。

2. 计算公式

钢材理论计算简式见表2-110。

表 2-110　钢材理论计算表

材料名称	理论质量	备注
扁钢、钢板、钢带	$W=0.007\,85×宽×厚$	1. 角钢、工字钢和槽钢用表中公式近似计算;
方钢	$W=0.007\,85×边长×边长$	2. f 值:一般型号及带 a 的 3.34,带 b 的为 2.65,带 c 的为 2.26;
圆钢、线材、钢丝	$W=0.006\,17×直径×直径$	3. e 值:一般型号及带 a 的 3.26,带 b 的为 2.44,带 c 的为 2.24
钢管	$W=0.024\,66×壁厚×(外径-壁厚)$	
工字钢	$W=0.007\,85×腰厚×[高+f(腿宽-腰厚)]$	
槽钢	$W=0.007\,85×腰厚×[高+e(腿宽-腰厚)]$	

3. 定额的应用

(1)构件制作按施工企业附属加工厂制作编制,现场制作构件可参照定额执行。

(2)构件制作项目中钢材按钢号 Q235 编制,构件制作设计使用的钢材强度等级、型材组成比例与定额不同时,可按设计图纸进行调整;配套焊材单价相应调整,用量不变。

(3)构件制作项目中钢材的损耗量已包括了切割和制作损耗,对于设计有特殊要求的,消耗量可进行调整。

(4)构件制作项目已包括加工厂预装配所需的人工、材料、机械台班用量及预拼装平台摊销费用。

(5)钢桁架制作按直线形桁架编制,如设计为曲线、折线形桁架,其制作项目人工、机械 乘以系数1.3。

(6)构件制作项目中焊接H型钢构件均按钢板加工焊接编制,如实际采用成品H型钢的,主材按成品价格进行换算,人工、机械及除主材外的其他材料乘以系数0.6。

(7)定额中圆(方)钢管构件按成品钢管编制,如实际采用钢板加工而成的,主材价格调整,加工费用另计。

(8)型钢混凝土组合结构中钢构件套用相应的项目,制作项目人工、机械乘以系数1.15。

(9)构件制作项目中未包括除锈工作内容,发生时套用相应项目。其中喷砂或抛丸除锈项目按Sa2.5除锈等级编制,如设计为Sa3级则定额乘以系数1.1,设计为Sa2级或Sa1级则定额乘以系数0.75;手工及动力工具除锈项目按St3除锈等级编制,如设计为St2级则定额乘以系数0.75。

(10)构件制作中未包括油漆工作内容,如设计有要求时,套用定额相应项目。

(11)构件制作中已包括了施工企业按照质量验收规范要求所需的磁粉探伤、超声波探伤等常规检测费用。

(二)金属结构运输、安装计量与计价

1. 金属结构构件运输、安装工程量计算规则

(1)同金属结构构件制作工程量。

(2)钢结构构件现场拼装平台摊销工程量按实施拼装构件的工程量计算。

2. 金属结构运输定额应用

(1)金属结构构件运输定额是按加工厂至施工现场考虑的,运输距离以30 km为限,运距在30 km以上时按照构件运输方案和市场运价调整。

(2)金属结构构件运输按表2-111分为三类,套用相应项目。

表2-111 金属结构构件分类表

类别	构件名称
一	钢柱、屋架、托架、桁架、吊车梁、网架、钢架桥
二	钢梁、檩条、支撑、拉条、栏杆、钢平台、钢走道、钢楼梯、零星构件
三	墙架、挡风架、天窗架、轻钢屋架、其他构件

(3)金属结构构件运输过程中,如遇路桥限载(限高),而发生的加固、拓宽的费用及有电车线路和公安交通管理部门的安保护送费用,应另行处理。

3. 金属结构安装定额应用

(1)构件安装项目中的质量是指按设计图纸所确定的构件单元质量。

(2)构件安装项目中已包括了施工企业按照质量验收规范要求所需的磁粉探伤、超声波探伤等常规检测费用。

(3)钢桁架安装项目按直线形桁架编制,如设计为曲线、折线形桁架,安装项目人工、机械乘以系数1.2。

(4)钢结构构件15 t及以下构件按单机吊装编制,其他按双机抬吊考虑吊装机械,网架按分块吊装考虑配置相应机械。

(5)钢构件安装项目按檐高20 m以内、跨内吊装编制,实际须采用跨外吊装的,应按施工方案进行调整。

(6)钢结构构件采用塔式起重机吊装的,将钢构件安装项目中的汽车式起重机20 t、40 t分别调整为自升式塔式起重机2 500 kN·m、3 000 kN·m,人工及起重机械乘以系数1.2。

(7)钢构件安装项目中已考虑现场拼装费用，但未考虑分块或整体吊装的钢网架、钢桁架地面平台拼装摊销，如发生则套用现场拼装平台摊销定额项目。

4. 案例分析

【案例 2-33】 在任务实施中，钢栓运距为 7.6 km，题干其余条件均不变，试计算钢柱运输及安装工程量并计算人材机费用、编制预算表。

【解】 (1)由已知条件，钢柱运输及安装工程量计算：

$$G_{运输}=G_{安装}=G_{制作}=0.891 \text{ t}$$

(2)定额工料机总费用计算：

钢柱是构建类别属于一类构件。运距在 5 km 以内，套定额子目 6-43，运距 7.6 km，超过 5 km，还需套每增减 1 km 的定额子目 6-44。

1)根据定额子目 6-43 及 6-44，确定定额基价为 457.57 元/10 t、24.24 元/10 t 元。

6-43 换 =457.57/10+24.24×3=530.29(元/10 t)

钢柱运输人材机费用 =0.891×530.29/10=47.25(元)

其中人工费 =0.891×(85/10+5.10/10×3)=8.94(元)

机械费 =0.891×(310.90/10+19.14/10×3)=32.82(元)

2)根据定额子目 6-66，确定定额基价为 617.24 元/t

则钢柱安装人材机费用 =0.891×617.24=549.96(元)

其中人工费 =0.891×293.25=261.29(元)

机械费 =0.891×164.12=146.23(元)

(3)计算结果见工程预算表 2-112。

表 2-112 建筑工程预算表

工程项目：某厂房工程

序号	定额编号	项目名称	单位	工程量	定额基价/元			合价/元		
					基价	人工费	机械费	合价	人工费	机械费
1	6-43 换	金属构件运输（一类，7.6 km）	10 t	0.089 1	530.29	100.30	368.32	47.25	8.94	32.82
2	6-66	钢柱安装（3 t 以内）	t	0.891	617.24	293.25	164.12	549.96	261.29	146.23
		小计						597.21	270.23	179.05

(三)金属结构楼(墙)面板及其他计量与计价

1. 金属结构楼(墙)面板及其他工程量计算规则

(1)楼面板按设计图示尺寸以铺设面积计算，不扣除单个面积≤0.3 m² 的柱、垛及孔洞所占面积。

(2)墙面板按设计图示尺寸以铺挂面积计算，不扣除单个面积≤0.3 m² 的梁、孔洞所占面积。

(3)钢板天沟按设计图示尺寸以质量计算，依附天沟的型钢并入天沟的质量内计算。不锈钢天沟、彩钢板天沟按设计图示尺寸以长度计算。

(4)金属构件安装使用的高强度螺栓、花篮螺栓和剪力栓钉按设计图纸以数量以"套"为单位计算。

(5)槽铝檐口端面封边包角、混凝土浇捣收边板高度按 150 mm 考虑，工程量按设计图示尺寸以延长米计算；其他材料的封边包角、混凝土浇捣收边板按设计图示尺寸以展开面积计算。

2. 金属结构楼(墙)面板及其他定额应用

(1)金属结构楼面板和墙面板按成品板编制。

(2)压型楼面板的收边板未包括在楼面板项目内,应单独计算。

任务实施

【解】 (1)实腹钢柱是指 H 形、箱形、T 形、L 形、十字形等,空腹钢柱是指格构形等,此处是焊接空腹钢。

由已知条件,如图 2-110 及表 2-111,钢柱制作工程量计算:

1)槽钢[100b×(320 mm×90 mm)

质量 $G = 2.97 \times 2 \times 43.25 \times 2 = 513.81(\text{kg})$

2)角钢⌐100 mm×100 mm×8 mm

质量 $G = (0.29 \times 6 + \sqrt{0.8^2 + 0.29^2} \times 6) \times 12.28 \times 2 = 168.13(\text{kg})$

3)角钢⌐140 mm×140 mm×10 mm

质量 $G = (0.32 + 0.14 \times 2) \times 4 \times 21.49 \times 2 = 103.15(\text{kg})$

4)扁钢—12

质量 $G = 0.75 \times 0.75 \times 94.20 \times 2 = 105.98(\text{kg})$

钢柱制作工程量:$G_{制作} = 513.81 + 168.13 + 103.15 + 105.98 = 891.07(\text{kg}) = 0.891 \text{ t}$

(2)定额工料机总费用计算:

定额 6-16 是按焊接空腹钢柱编制的,可直接套用定额基价,根据定额子目 6-16,确定定额基价为 5 752.93 元/t。

则人材机费用 $= 0.891 \times 5\ 752.93 = 5\ 125.86(元)$

其中人工费 $= 0.891 \times 859.35 = 765.68(元)$

机械费 $= 0.891 \times 699.26 = 623.04(元)$

(3)计算结果见工程预算表 2-113。

表 2-113 建筑工程预算表

工程项目:某厂房工程

序号	定额编号	项目名称	单位	工程量	定额基价/元			合价/元		
					基价	人工费	机械费	合价	人工费	机械费
1	6-16	焊接空腹钢柱	t	0.891	5 752.93	859.35	699.26	5 125.86	765.68	623.04
		小计						5 125.86	765.68	623.04

小 结

本任务重点学习了以下内容:

(1)金属构件制作工程量按设计图示尺寸乘以理论质量计算,不扣除单个面积≤0.3 m² 的孔洞质量,焊缝、铆钉、螺栓等不另增加质量。

(2)金属构件运输、安装工程量同金属构件制作工程量。

通过本任务学习,学生能结合实际施工图纸,根据预算定额中有关规定,进行金属结构工程工程量的计算和人材机费用计算。

通过本任务的学习，学生根据重点知识点的提示，完成"任务六 金属结构工程"学生笔记（表2-114）的填写，并对金属结构工程计算方法及注意事项进行归纳总结。

表2-114 "任务六 金属结构工程"学生笔记

班级：_____ 学号：_____ 姓名：_____ 成绩：_____

一、金属构件制作
二、金属构件运输、安装

课后练习

任务七 　 木结构工程

任务导入

某厂房方木屋架如图 2-110 所示，共 4 榀，现场制作，不刨光，拉杆为 $\phi10$ 的圆钢，铁件刷防锈漆一遍，轮胎式起重机安装，安装高度为 6 m。试计算屋架工程量并计算人材机费用、编制预算表。

知识导图

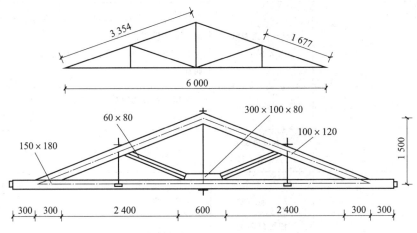

图 2-110　方木屋架

任务资讯

一、概述

木结构是以木材为主制作的结构，木材是一种取材容易，加工简便的结构材料。木结构自重较轻，木构件便于运输、装拆，能多次使用，故广泛地用于房屋建筑中，也还用于桥梁和塔架。木结构工程定额主要包括木屋架、木构件、屋面木基层。

木材不分板材与方材，均以××(指硬木、杉木或松木)板方材取定。木种分类如下：

第一、二类：红松、水桐木、樟木松、白松(云杉、冷杉)、杉木、杨木、柳木、椴木。

第三、四类：青松、黄花松、秋子木、马尾松、东北榆木、柏木、苦楝木、梓木、黄菠萝、椿木、楠木、柚木、樟木、栎木(柞木)、檀木、色木、槐木、荔木、麻栗木(麻栎、青刚)、桦木、荷木、水曲柳、华北榆木、榉木、橡木、枫木、核桃木、樱桃木。

二、定额项目设置

《消耗量定额》第七章 木结构工程，定额子目划分见表 2-115。

表 2-115　木结构工程定额项目设置表

章	节	项目名称	定额编号	工作内容
木结构工程	一、木屋架	圆木木屋架	按跨度分 7-1 至 7-2	屋架制作、拼装、安装、装配钢铁件、锚定、梁端刷防腐油
		方木木屋架	按跨度分 7-3 至 7-4	
		圆木钢木屋架	按跨度分 7-5 至 7-7	
		方木钢木屋架	按类型分 7-8 至 7-10	
	二、木构件	木柱	按木材类型分 7-11 至 7-12	1. 放样、选料、运料、錾剥、刨光、画线、起线、凿眼、挖底拔灰、锯榫。 2. 安装、吊线、校正、临时支撑
		木梁	按木材类型分 7-13 至 7-14	1. 放样、选料、运料、錾剥、刨光、画线、起线、凿眼、挖底拔灰、锯榫。 2. 安装、吊线、校正、临时支撑、伸入墙内部分刷防腐油
		木楼梯	7-15	制作、安装楼梯踏步、楼梯平台楞木，伸入墙身部分刷防腐油
		木地楞	按木材类型分 7-16 至 7-19	制作、安装木地楞，搁墙部分刷防腐油
	三、屋面木基层	檩木	按木材类型分 7-20 至 7-21	制作、安装檩木，檩托木（或垫木），伸入墙内部分及垫木刷防腐油
		屋面板制作	按接口和刨光分 7-22 至 7-25	屋面板制作
		檩木上钉椽子挂瓦条	按檩木斜中距分 7-26 至 7-27	檩木上钉椽板、挂瓦条，钉屋面板、挂瓦条，钉屋面，钉椽板
		檩木上钉屋面板油毡挂瓦条	7-28	檩木上钉椽板、挂瓦条，钉屋面板、挂瓦条，钉屋面，钉椽板
		檩木上钉屋面板	7-29	
		檩木上钉椽板	7-30	
		混凝土挂瓦条	7-31	
		封檐板、博风板	按高度分 7-32 至 7-33	制作、安装封檐板、博风板，檩木上钉竹帘子
		檩木上铺钉竹帘子	7-34	

三、木结构工程计量与计价

(一)木屋架计量与计价

1. 木屋架工程量计算规则

(1)木屋架按设计图示的规格尺寸以体积计算。附属于其上的木夹板、垫木、风撑、挑檐木均按木料体积并入屋架工程量内。单独挑檐木并入檩条工程量内。

(2)圆木屋架上的挑檐木、风撑等设计规定为方木时，应将方木木料体积乘以系数 1.7 折合成圆木并入圆木屋架工程量内。

(3)钢木屋架工程量按设计图示的规格尺寸以体积计算。定额内已包括钢构件的用量，不另外计算。

(4)带气楼的屋架，其气楼屋架并入所依附屋架工程量内计算。

(5)屋架的马尾、折角和正交部分半屋架，并入相连屋架工程量内计算。

2. 计算公式

木屋架制作安装的体积＝屋架杆件设计断面×屋架杆件的长度＋附属于屋架和屋架连接的木夹板、托木、挑檐木等的体积

3. 定额应用

(1)木材木种均以一、二类木种取定。如采用三、四类木种时，相应定额制作人工、机械乘以系数1.35。

(2)设计刨光的屋架、檩条、屋面板在计算木料体积时，应加刨光损耗，方木一面刨光加3 mm，两面刨光加5 mm；圆木直径加5 mm；板一面刨光加2 mm，两面刨光加3.5 mm。

(3)屋架跨度是指屋架两端上、下弦中心线交点之间的距离。

(4)木屋架、钢木屋架定额项目内已包含钢板、型钢、圆钢的用量，如与设计不同时，可按设计数量另加8%损耗进行换算，其余不再调整。

(二)木构件、屋面木基层计量与计价

1. 木构件工程量计算规则

(1)木柱、木梁按设计图示尺寸以体积计算。

(2)木楼梯按设计图示尺寸以水平投影面积计算。不扣除宽度≤300 mm的楼梯井，伸入墙内部分不计算。

(3)木地楞按设计图示尺寸以体积计算。定额内已包括平撑、剪刀撑、沿椽木的用量，不再另行计算。

2. 屋面木基层工程量计算规则

(1)檩条工程量按设计图示的规格尺寸以体积计算。檩条三角条均按木料体积并入檩条工程量内。檩托木、檩垫木已包括在定额项目内，不另计算。屋面木基层如图2-111、图2-112所示。

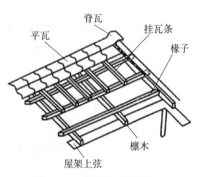

图 2-111　屋面木基层(一)

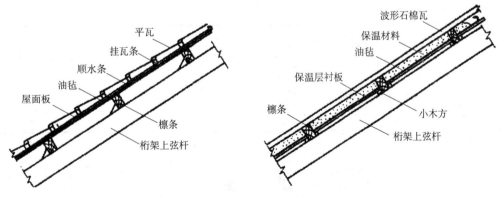

图 2-112　屋面木基层(二)

(2)简支檩木长度按设计计算，设计无规定时，按相邻屋架或山墙中距增加0.20 m接头计算，两端出山檩条算至博风板；连续檩的长度按设计长度增加5%的接头长度计算。

(3)屋面椽子、屋面板、挂瓦条、竹帘子工程量按设计图示尺寸以屋面斜面积计算，不扣

除屋面烟囱、风帽底座、风道、小气窗及斜沟等所占面积。小气窗的出檐部分也不增加面积。

（4）封檐板工程量按设计图示檐口外围长度计算。博风板按斜长度计算，每个大刀头增加长度0.50 m，如图2-113所示。

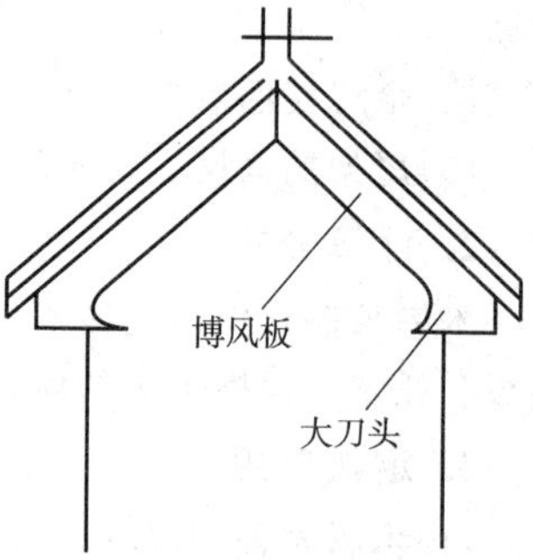

3. 计算公式

屋面椽子、屋面板、挂瓦条、竹帘子斜面积＝屋面水平投影面积×屋面延尺系数

4. 定额应用

（1）设计刨光的屋架、檩条、屋面板在计算木料体积时，应加刨光损耗，方木一面刨光加3 mm，两面刨光加5 mm；圆木直径加5 mm；板一面刨光加2 mm，两面刨光加3.5 mm。

图2-113 博风板

（2）屋面板制作厚度不同时可进行调整。

任务实施

【解】（1）依据已知条件，木屋架工程量计算：

1）下弦杆体积＝0.15×0.18×（0.3×2＋0.3×2＋2.4×2＋0.6）×4＝0.15×0.18×6.6×4＝0.713（m³）

2）上弦杆体积＝0.10×0.12×3.354×2×4＝0.322（m³）

3）斜撑体积＝0.06×0.08×1.677×2×4＝0.064（m³）

4）元宝垫木体积＝0.30×0.10×0.08×4＝0.010（m³）

总体积＝0.713＋0.322＋0.064＋0.010＝1.11（m³）

（2）定额工料机总费用计算：

方木木屋架，跨度小于10 m直接套定额子目7-3，确定定额基价为31 901.38元/10 m³。

则人材机费用＝1.11×31 901.38/10＝3 541.05（元）

其中人工费＝1.11×5 650.38/10＝627.19（元）

机械费＝0元

（3）计算结果见工程预算表2-116。

表2-116 建筑工程预算表

工程项目：某厂房工程

序号	定额编号	项目名称	单位	工程量	定额基价/元			合价/元		
					基价	人工费	机械费	合价	人工费	机械费
1	7-3	方木木屋架（跨度≤10 m）	10 m³	0.111	31 901.38	5 650.38	0	3 541.05	627.19	0
							小计	3 541.05	627.19	0

小 结

本任务重点学习了以下内容：

（1）木屋架按设计图示的规格尺寸以体积计算。附属于其上的木夹板、垫木、风撑、挑檐木均按木料体积并入屋架工程量内。单独挑檐木并入檩条工程量内。

(2)钢木屋架工程量按设计图示的规格尺寸以体积计算。

通过本任务学习,学生能结合实际施工图纸,根据预算定额中有关规定,进行木结构工程工程量的计算和人材机费用计算。

学生笔记

通过本任务的学习,学生根据重点知识点的提示,完成"任务七 木结构工程"学生笔记(见表 2-117)的填写,并对木结构工程计算方法及注意事项进行归纳总结。

表 2-117 "任务七 木结构工程"学生笔记

班级:＿＿＿＿＿＿ 学号:＿＿＿＿＿＿ 姓名:＿＿＿＿＿＿ 成绩:＿＿＿＿＿＿

一、木屋架
二、钢木屋架

课后练习

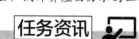

任务八 屋面及防水工程

任务导入

某理工院实训工房屋顶平面图见附录，依据图纸中建筑说明屋面工程的做法，试计算屋面防水的工程量并计算人材机费用、编制预算表。

任务资讯

知识导图

一、概述

屋面是房屋最上部起覆盖作用的外部构件，屋面要承受施工荷载及使用维修荷载，还要抵抗承受来自自然界的风吹、日晒、雨淋等不利因素的影响。因此，屋面工程对于建筑物的使用寿命、舒适度、节能环保及美观等方面都具有重要的意义。屋面及防水工程定额有屋面工程、防水及其他。屋面工程包括块瓦屋面、沥青瓦屋面、金属板屋面、采光板屋面、膜结构屋面。防水及其他包括卷材防水、涂料防水、板材防水、刚性防水、屋面排水、变形缝与止水带。

二、定额项目设置

《消耗量定额》第九章屋面及防水工程，定额子目划分见表2-118。

表 2-118 屋面及防水工程定额项目设置表

章	节	项目名称	定额编号	工作内容
屋面及防水工程	一、屋面工程	块瓦屋面	按瓦类型及铺贴方式分 9-1 至 9-11	普通黏土瓦： 1. 铺瓦，钢、混凝土檩条上铺钉苇箔，铺泥挂瓦。 2. 调制砂浆、安脊瓦、檐口梢头坐灰。 其他瓦：调制砂浆，铺瓦；修界瓦边，安脊瓦、檐口梢头坐灰；固定，清扫瓦面
		沥青瓦屋面	9-12	固定钉固定，粘结铺瓦；满粘加钉脊瓦，封檐
		金属板屋面	按金属板类型及檩距分 9-13 至 9-18	截料，制作安装铁件，吊装安装屋面板；安装防水堵头、屋脊板
		采光屋面	按采光板类型及安装方式分 9-19 至 9-23	详见《消耗量定额》
		膜结构屋面	9-24	详见《消耗量定额》

章	节	项目名称		定额编号	工作内容
屋面及防水工程	二、防水及其他	卷材防水	沥青玻璃纤维布	按卷材类型、铺贴方法及铺贴面分 9-25 至 9-28	基层清理，配制涂刷冷底子油、熬制沥青，铺贴沥青玻璃纤维布
			其他卷材	按卷材类型、铺贴方法及铺贴面分 9-29 至 9-33	详见《消耗量定额》
			改性沥青卷材防水	按铺贴方法及铺贴面分 9-34 至 9-46	清理基层，刷基底处理剂，收头钉压条等全部操作过程
			高分子卷材	按卷材类型、铺贴方法及铺贴面分 9-47 至 9-58	清理基层，刷基底处理剂，收头钉压条等全部操作过程
			聚合物复合改性沥青	按涂料类型、厚度及铺贴面分 9-59 至 9-62	清理基层，调配及涂刷涂料
			其他防水涂料	按涂料类型、厚度及铺贴面分 9-63 至 9-85	详见《消耗量定额》
		涂料防水		按板材类型分 9-86 至 9-88	基层清理，铺设防水层，收口、压条等全部操作
		板材防水	细石混凝土	按材质类型及厚度分 9-89 至 9-90	清理基层，调制砂浆、铺混凝土或砂浆，压实、抹光
		刚性防水	其他刚性防水	按材质类型及厚度分 9-91 至 9-104	详见《消耗量定额》
		屋面排水	镀锌铁皮排水	按构件分 9-105 至 9-109	(1)埋设管卡，成品落水管安装。 (2)铁皮排水零件安装
			铸铁管排水	按构件分 9-110 至 9-113	(1)埋设管卡，成品落水管安装。 (2)排水零件制作、安装
			塑料管排水	按构件分 9-114 至 9-120	
			其他排水	按构件分 9-121 至 9-129	
			种植屋面排水	按铺设排水层分 9-130 至 9-133	基层清理，铺设防排水层，收口、压条等全部操作
		变形缝与止水带	嵌填缝	按材质及平立面分 9-134 至 9-143	(1)熬沥青，调制沥青麻丝，填塞、嵌缝。 (2)调制石油沥青玛琋脂，填塞、嵌缝。 (3)调制建筑油膏，填塞、嵌缝
			盖板	按材质及平立面分 9-144 至 9-151	制作盖板，埋木砖；铺设，钉盖板
			止水带	按止水带材质分 9-152 至 9-157	(1)清理基层，刷底胶，粘贴止水带。 (2)裁剪止水带，焊接铺设

三、屋面及防水工程计量与计价

(一)屋面工程计量与计价

1. 屋面工程工程量计算规则

(1)瓦屋面、金属板屋面(包括挑檐部分)均按设计图示尺寸以面积计算(斜屋面按斜面面积计算),不扣除房上烟囱、风帽底座、风道、小气窗、斜沟和脊瓦等所占面积,小气窗的出檐部分也不增加。如图 2-114～图 2-116 所示。

(2)西班牙瓦、瓷质波形瓦、英红瓦屋面的正斜脊瓦、檐口线,按设计图示尺寸以长度计算。

(3)采光板屋面和玻璃采顶屋面按设计图示尺寸以面积计算;不扣除面积≤0.3 m² 孔洞所占面积。

(4)膜结构屋面按设计图示尺寸以需要覆盖的水平投影面积计算,膜材料可以调整含量。

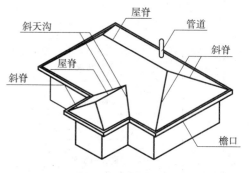

图 2-114 坡屋面

图 2-115 屋面有小气窗

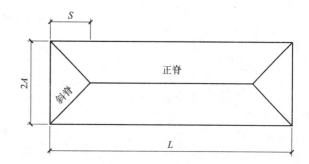

图 2-116 四坡水屋面平面图

2. 计算公式

$$\text{斜屋面面积 } S = \text{屋面水平投影面积} \times \text{延尺系数} = 2AL \times C$$
$$\text{四坡水单面斜脊长度 } L = A \times D$$

屋面延迟系数 C、隔延尺系数 D 见表 2-119。

表 2-119 屋面延迟系数 C、隔延尺系数 D 表

坡度 $B(A=1)$	坡度 $B/2A$	坡度角度 α	延尺系数 $C(A=1)$	隔延尺系数 $D(A=1)$
1	1/2	45°	1.414 2	1.732 1
0.75		36°52′	1.250 0	1.600 8
0.7		35°	1.220 7	1.577 9
0.666	1/3	33°40′	1.201 5	1.562 0
0.65		33°01′	1.192 6	1.556 4
0.6		30°58′	1.166 2	1.536 2
0.577		30°	1.154 7	1.527 0
0.55		28°49′	1.141 3	1.517 0
0.5	1/4	26°34′	1.118 0	1.500 0
0.45		24°14′	1.096 6	1.483 9

坡度 B(A=1)	坡度 B/2A	坡度角度 α	延尺系数 C(A=1)	隔延尺系数 D(A=1)
0.4	1/5	21°48′	1.077 0	1.469 7
0.35		19°17′	1.059 4	1.456 9
0.3		16°42′	1.044 0	1.445 7
0.25		14°02′	1.030 8	1.436 2
0.2	1/10	11°19′	1.019 8	1.428 3
0.15		8°32′	1.011 2	1.422 1
0.125		7°8′	1.007 8	1.419 1
0.100	1/20	5°42′	1.005 0	1.417 7
0.083		4°45′	1.003 5	1.416 6
0.066	1/30	3°49′	1.002 2	1.415 7

3. 定额应用

(1)黏土瓦若穿钢丝钉圆钉，每 100 m² 增加 11 工日，增加镀锌低碳钢丝(22 号)3.5 kg，圆钉 2.5 kg；若用挂瓦条，每 100 m² 增加 4 工日，增加挂瓦条(尺寸 25 mm×30 mm)300.3 m，圆钉 2.5 kg。

(2)金属板屋面中一般金属板屋面，执行彩钢板和彩钢夹心板项目；装配式单层金属压型板屋面区分檩距不同执行定额项目。

(3)采光板屋面如设计为滑动式采光顶，可以按设计增加 U 形滑动盖帽等部件，调整材料、人工乘以系数 1.05。

(4)膜结构屋面的钢支柱、锚固支座混凝土基础等执行其他章节相应项目。

(5)25%＜坡度≤45%，以及人字形、锯齿形、弧形等不规则瓦屋面，人工乘以系数 1.3；坡度＞45%的，人工乘以系数 1.43。

4. 案例分析

【案例 2-34】 如图 2-117 所示，试计算屋面工程量并计算人材机费用、编制预算表。

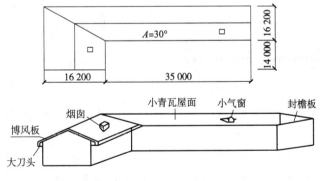

图 2-117 屋面平面图及三维图

【解】 (1)由已知条件，屋面工程量计算：

小青瓦屋面为斜屋面，斜屋面面积＝屋面水平投影面积×延尺系数

屋面坡度 30°，查表屋面延尺系数 C=1.154 7

小青瓦屋面工程量 S=[35×16.2+16.2×(14+16.2)]×1.154 7=1 219.64(m²)

(2)定额工料机总费用计算：

定额 9-4 是按小青瓦编制的，可直接套用定额基价。根据定额子目 9-4，确定定额基价为 2 007.60 元/100 m²。

则人材机费用＝1 219.64×2 007.60＝24 485.49(元)

其中人工费＝1 219.64×927.86＝11 316.55(元)

机械费＝1 219.64×7.93＝96.72(元)

(3)建筑工程预算见表2-120。

表 2-120　建筑工程预算表

序号	定额编号	项目名称	单位	工程量	定额基价/元			合价/元		
					基价	人工费	机械费	合价	人工费	机械费
1	9-4	椽子上铺设小青瓦	100 m²	12.196 4	2 007.60	5 650.38	7.93	24 485.49	11 316.55	96.72
小计								24 485.49	11 316.55	96.72

(二)防水工程计量与计价

1. 防水工程工程量计算规则

(1)屋面防水,按设计图示尺寸以面积计算(斜屋面按斜面面积计算),不扣除房上烟囱、风帽底座、风道、屋面小气窗等所占面积,上翻部分也不另计算;屋面的女儿墙、伸缩缝和天窗等处的弯起部分,按设计图示尺寸计算;设计无规定时,伸缩缝、女儿墙、天窗的弯起部分按500 mm计算,计入立面工程量内。倒置屋面基本构造层次如图2-118所示,女儿墙卷材防水做法如图2-119所示。

防水工程及其他

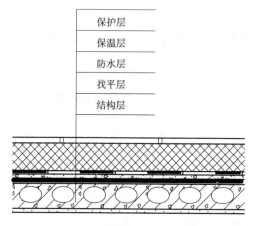

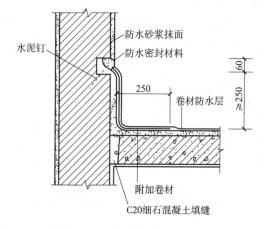

图 2-118　倒置屋面基本构造层次　　　图 2-119　女儿墙卷材防水做法

(2)楼地面防水、防潮层按设计图示尺寸以主墙间净面积计算,扣除凸出地面的构筑物、设备基础等所占面积,不扣除间壁墙及单个面积≤0.3 m²柱、垛、烟囱和孔洞所占面积,平面与立面交接处,上翻高度≤300 mm时,按展开面积并入平面工程量内计算,高度＞300 mm时,按立面防水层计算。

(3)墙基防水、防潮层,外墙按外墙中心线长度、内墙按墙体净长度乘以宽度,以面积计算。

(4)墙的立面防水、防潮层,不论内墙、外墙,均按设计图示尺寸以面积计算。

(5)基础底板的防水、防潮层按设计图示尺寸以面积计算,不扣除桩头所占面积。桩头处外包防水按桩头投影外扩300 mm以面积计算,地沟处防水按展开面积计算,均计入平面工程量,执行相应规定。

(6)屋斜屋面:S(卷材防水平面)＝S(水平投影)×C(延尺系数)

S(卷材防水立面)＝S(上翻面面积)

(7)楼地面防水、防潮层工程量计算

$$S_{平面} = A \times B - S_{凸出} + S_{上翻}$$

式中　A——房间净长；

　　　B——房间净宽；

　　　$S_{凸出}$——凸出地面的构筑物、设备基础；

　　　$S_{上翻}$——与墙面连接处高度在500 mm以内上翻的展开面积，即 h 为上翻高度（$h \leqslant 500$ mm）。

$$S_{立面} = S_{上翻} = 2(A+B)h$$

式中　$S_{上翻}$——与墙面连接处高度在500 mm以上上翻的展开面积，h 为上翻高度（$h > 500$ mm）。

3. 定额应用

(1)细石混凝土防水层，使用钢筋网时，执行《消耗量定额》第五章 混凝土及钢筋混凝土工程相应项目。

(2)平(屋)面以坡度≤15%为准，15%<坡度≤25%的，按相应项目的人工乘以系数1.18；25%<坡度≤45%及人字形、锯齿形、弧形等不规则屋面或平面，人工乘以系数1.3；坡度>45%的，人工乘以系数1.43。

(3)防水卷材、防水涂料及防水砂浆，定额以平面和立面列项，实际施工桩头、地沟、零星部位时，人工乘以系数1.43；单个房间楼地面面积≤8 m² 时，人工乘以系数1.3。

(4)卷材防水附加层套用卷材防水相应项目，人工乘以系数1.43。

(5)立面是以直形为依据编制的，弧形者，相应项目的人工乘以系数1.18。

(6)冷粘法以满铺为依据编制的，点、条铺粘者按其相应项目的人工乘以系数0.91，胶粘剂乘以系数0.7。

4. 案例分析

【案例2-35】 某工程基础平面布置如图2-120所示，1—1剖面图如图2-121所示。内外墙身在—0.06 m处设置防潮层，采用防水砂浆满铺20 mm厚，整个地面采用二布三油的沥青玻璃纤维布卷材防水层，上翻600 mm，试计算本工程防水、防潮层工程量并计算人材机费用、编制预算表。

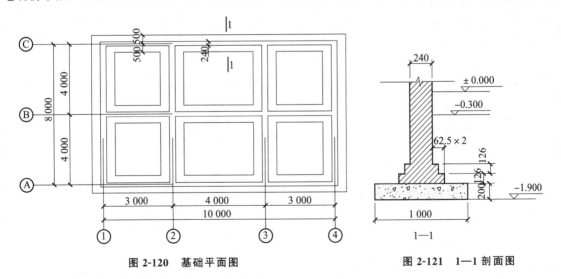

图 2-120　基础平面图　　　　　图 2-121　1—1剖面图

【解】 (1)由已知条件，依据基础平面图，墙基防潮层工程量计算：

1)墙基宽 $b = 0.24$ m

2)墙基长度 L：外墙基长按中心线长 $L_1 = (10+8) \times 2 = 36$(m)

　　　　　　　内墙基长按净长线长 $L_2 = (10-0.24) + (8-0.24 \times 2) \times 2 = 24.8$(m)

$$L = L_1 + L_2 = 36 + 24.8 = 60.8(\text{m})$$

3)墙基防潮层工程量 $S=L \times b=60.8 \times 0.24=14.59(\mathrm{m}^2)$

(2)地面平面防水层平面工程量计算：

$$S_{平面}=(3-0.24) \times (4-0.24) \times 4+(4-0.24) \times (4-0.24) \times 2=69.79(\mathrm{m}^2)$$

(3)地面立面防水层立面工程量计算：

$$S_{立面}=[(3-0.24+4-0.24) \times 2 \times 4+(4-0.24+4-0.24) \times 2 \times 2] \times 0.6=[52.16+30.08] \times 0.6=49.34(\mathrm{m}^2)$$

(4)定额工料机总费用计算：定额基价见常用定额摘录表。

1)根据定额子目 9-25，确定二布三油的沥青玻璃纤维布卷材防水（平面）定额基价为 2 738.96 元/100 m²。

则人材机费用 $=69.79 \times 2\,738.96/100=1\,911.52(元)$

其中人工费 $=69.79 \times 350.29/100=244.47(元)$

机械费 $=69.79 \times 35.90/100=25.05(元)$

2)根据定额子目 9-26，确定二布三油的沥青玻璃纤维布卷材防水（立面）定额基价为 3 101.25 元/100 m²。

则人材机费用 $=49.34 \times 3\,101.25/100=1\,530.16(元)$

其中人工费 $=49.34 \times 604.86/100=298.44(元)$

机械费 $=49.34 \times 36.55/100=18.03(元)$

3)根据定额子目 9-93，确定防水砂浆掺防水粉20 mm 厚定额基价为 1 693.73 元/100 m²。

则人材机费用 $=14.59 \times 1\,693.73/100=247.12(元)$

其中人工费 $=14.59 \times 728.28/100=106.26(元)$

机械费 $=14.59 \times 66.09/100=9.64(元)$

(5)建筑工程预算表见表2-121。

表 2-121 建筑工程预算表

工程项目：某工程

序号	定额编号	项目名称	单位	工程量	定额基价/元			合价/元		
					基价	人工费	机械费	合价	人工费	机械费
1	9-25	二布三油的沥青玻璃纤维布卷材防水（地面平面）	100 m²	0.697 9	2 738.96	350.29	35.90	1 911.52	244.47	25.05
2	9-26	二布三油的沥青玻璃纤维布卷材防水（地面立面）	100 m²	0.493 4	3 101.25	604.86	36.55	1 530.16	298.44	18.03
3	9-93	墙基防潮层防水砂浆掺防水粉 20 mm 厚	100 m²	0.145 9	1 693.73	728.28	66.09	247.12	106.26	9.64
小计								3 688.80	649.17	52.72

(三)屋面排水及其他工程计量与计价

1. 屋面排水及其他工程工程量计算规则

(1)屋面排水。

1)水落管、镀锌铁皮天沟、檐沟按设计图示尺寸，以长度计算。

2)水斗、下水口、雨水口、弯头、短管等均以设计数量计算。屋面排水如图2-122所示。

3)种植屋面排水按设计尺寸以铺设排水层面积计算;不扣除房上烟囱、风帽底座、风道、屋面小气窗、斜沟和脊瓦等所占面积,以及面积≤0.3 m²的孔洞所占面积,屋面小气窗的出檐部分也不增加。

(2)变形缝与止水带。变形缝(嵌填缝与盖板)与止水带按设计图示尺寸,以长度计算。上人屋面变形缝如图2-123所示。

变形缝包括伸缩缝、沉降缝和抗震缝。变形缝项目不仅适用于屋面,而且适用于墙面、楼地面等部分。变形缝定额包括嵌填缝和盖缝,分别按平面、立面列项。

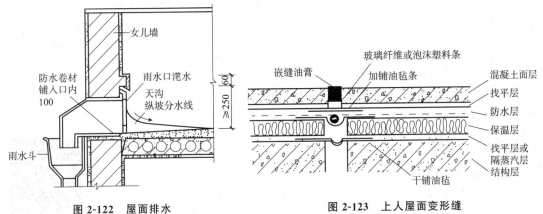

图2-122 屋面排水   图2-123 上人屋面变形缝

2. 定额应用

(1)屋面排水。

1)落水管、水口、水斗均按材料成品、现场安装考虑。

2)铁皮屋面及铁皮排水项目内已包括铁皮咬口和搭接的工料。

3)采用不锈钢落水管排水时,执行镀锌钢管项目,材料按实换算,人工乘以系数1.1。

(2)变形缝与止水带定额按下列断面取定,设计不同时,材料可以换算,人工和机械不变。

1)变形缝嵌填缝定额项目中,建筑油膏、聚氯乙烯胶泥设计断面取定为30 mm×20 mm;油浸木丝板取定为150 mm×25 mm;其他填料取定为150 mm×30 mm。

2)变形缝盖板,木板盖板断面取定为200 mm×25 mm;铝合金盖板厚度取定为1 mm;不锈钢板厚度取定为1 mm。

3)钢板(紫铜板)止水带展开宽度为400 mm,氯丁橡胶宽度为300 mm,涂刷式氯丁胶贴玻璃纤维止水片宽度为350 mm。

任务实施

【解】 (1)由已知条件,依据屋顶平面图,此工程屋面为平屋面,屋面防水工程量计算:

卷材防水(聚氯乙烯,冷粘法一层)

平面:$S_{平面}=(12-0.24)\times(48-0.24)=561.66(m^2)$

立面:$S_{立面}=(12-0.24+48-0.24)\times2\times0.5=59.52(m^2)$

(2)定额工料机总费用计算:定额基价见常用定额摘录表。

根据定额子目9-47、9-48,确定定额基价分别为4 315.73元/100 m²、4 488.62元/100 m²。

则平面聚氯乙烯卷材防水人材机费用=561.66×4 315.73/100=24 239.73(元)

其中人工费=561.66×263.42/100=1 479.52(元)

机械费=0元

立面聚氯乙烯卷材防水人材机费用＝59.52×4 488.62/100＝2 671.63(元)

其中人工费＝59.52×436.31/100＝259.69(元)

机械费＝0元

(3)计算结果见工程预算表2-122。

表 2-122　建筑工程预算表

工程项目：某理工院实训工房

序号	定额编号	项目名称	单位	工程量	定额基价/元			合价/元		
					基价	人工费	机械费	合价	人工费	机械费
1	9-47	聚氯乙烯冷粘一层(平面)	100 m²	5.616 6	4 315.73	263.42	0	2 423.73	1 479.52	0
2	9-48	聚氯乙烯冷粘一层(立面)	100 m²	0.595 2	4 488.62	436.31	0	2 671.63	259.69	0
小计								5 095.36	1 739.21	0

任务单

某理工院实训工房图纸见附录。

【任务 2-11】　请编制基础防潮分项工程定额工程量和预算表。

【任务 2-12】　请编制屋面排水各分项工程定额工程量和预算表。

【任务 2-13】　请编制屋面排水各分项工程工料机分析表。

常用定额摘录

并将【任务 2-11】和【任务 2-12】计算过程填入表 2-123 工程量计算书，将【任务 2-13】填入表 2-124。

表 2-123　【任务 2-11】和【任务 2-12】定额工程量和合价计算书

班级：_____　学号：_____　姓名：_____　成绩：_____

序号	定额编号	项目名称	定额基价	单位	工程量	工程量计算过程	合价计算过程

表 2-124　人材机分析表

工程名称：　　　　　　　　　　　　　　　　　　　　　　　　　第　页　共　页

序号	定额编号	分项工程名称	计量单位	工程数量	综合工日		材料名称				机械台班						…	…
					定额	数量	定额	数量	定额	数量	定额	数量	定额	数量	定额	数量		

本任务重点学习了以下内容：

（1）瓦屋面、金属板屋面（包括挑檐部分）均按设计图示尺寸以面积计算（斜屋面按斜面面积计算），不扣除房上烟囱、风帽底座、风道、小气窗、斜沟和脊瓦等所占面积，小气窗的出檐部分也不增加。

（2）屋面防水，按设计图示尺寸以面积计算（斜屋面按斜面面积计算），不扣除房上烟囱、风帽底座、风道、屋面小气窗等所占面积，上翻部分也不另计算；屋面的女儿墙、伸缩缝和天窗等处的弯起部分，按设计图示尺寸计算；设计无规定时，伸缩缝、女儿墙、天窗的弯起部分按 500 mm 计算，计入立面工程量内。

（3）楼地面防水、防潮层按设计图示尺寸以主墙间净面积计算，扣除凸出地面的构筑物、设备基础等所占面积，不扣除间壁墙及单个面积≤0.3 m² 柱、垛、烟囱和孔洞所占面积，平面与立面交接处，上翻高度≤300 mm 时，按展开面积并入平面工程量内计算，高度＞300 mm 时，按立面防水层计算。

（4）墙基防水、防潮层，外墙按外墙中心线长度、内墙按墙体净长度乘以宽度，以面积计算。

（5）变形缝（嵌填缝与盖板）与止水带按设计图示尺寸，以长度计算。

通过本任务学习，学生能结合实际施工图纸，根据预算定额中有关规定，进行屋面及防水工程工程量的计算和人材机费用计算。

通过本任务的学习，学生根据重点知识点的提示，完成"任务八 屋面及防水工程"学生笔记（表 2-125）的填写，并对屋面及防水工程计算方法及注意事项进行归纳总结。

表 2-125　"任务八 屋面及防水工程"学生笔记

班级：_____　学号：_____　姓名：_____　成绩：_____

一、屋面工程
二、防水工程 1. 屋面防水：

2. 楼地面防水、防潮层：

3. 墙基防水、防潮层：

三、变形缝

课后练习

任务九　保温、隔热、防腐工程

任务导入

某理工院实训工房屋顶平面图见附录，依据图纸中建筑说明屋面工程的做法。

1. 编制屋面保温层定额工程量和预算表。

2. 编制屋面隔离层定额工程量和预算表。

任务资讯

知识导图

一、概述

保温、隔热、防腐工程定额包括保温、隔热，防腐面层，其他防腐三节。保温、隔热工程根据保温、隔热层所处的结构部位和材料划分定额子目；防腐工程根据面层类型和防腐材料及厚度划分定额子目。

二、定额项目设置

《消耗量定额》第十章 保温、隔热、防腐工程，定额子目划分见表2-126。

表 2-126　保温、隔热、防腐工程定额项目设置表

章	节	项目名称	定额编号		工作内容
保温、隔热、防腐工程	一、保温、隔热	屋面	加气混凝土	计体积：按材料 10-1 至 10-12	清理基层，调制保温混合料及铺设保温层
			陶粒混凝土		清理基层，调制保温混合料、铺填及养护
			其他保温屋面		详见消耗量定额
			干铺聚苯乙烯板	计面积：按材料及厚度分 10-13 至 10-36	清理基层，粘贴、铺设保温块材
			粘贴聚苯乙烯板		
			其他保温屋面		详见《消耗量定额》
			排气管、排气孔安装 10-37 至 10-39		保温层排气管、排气孔制作、安装
		天棚	混凝土板下天棚保温（带龙骨）粘贴聚苯乙烯板	按厚度分 10-40	搬运材料，木框架制作安装，粘贴保温层
			其他天棚保温	按铺贴位置、材料及厚度分 10-40 至 10-51	详见《消耗量定额》
		墙、柱面	聚苯颗粒保温砂浆	按厚度分 10-52 至 10-53	清理基层，修补墙面，砂浆调制、运输，抹平
			其他墙、柱面保温	按材料及厚度分 10-54 至 10-87	详见《消耗量定额》
		楼地面	按材料及厚度分 10-88 至 10-89		清理基层，铺、贴保温板
		防火隔离带	按材料及宽度分 10-90 至 10-101		清理基层，切割，砂浆调制，贴防火带
		防腐混凝土	水玻璃耐酸混凝土	10-102、10-103	清扫基层，制运混凝土、胶泥，涂刷胶泥，摊铺混凝土，养护等
			其他防腐混凝土	按材料及厚度分 10-103 至 10-110	
	二、防腐面层	防腐砂浆	按材料及厚度分 10-111 至 10-153		详见《消耗量定额》
		防腐胶泥			
		玻璃钢防腐			
		软聚氯乙烯板	按材料分 10-154		
		块料防腐	按铺贴面、材料、厚度、规格分 10-155 至 10-254		
	三、其他防腐	隔离层	按材料及做法分 10-255 至 10-265		
		砌筑沥青浸渍砖	按厚度分 10-266 至 10-267		清理基层，清洗块料，调制胶泥，铺块料
		防腐油漆	按涂刷面、材料、层级及遍数分 10-268 至 10-330		清理基层，调配油漆，涂刷
		环氧自流平防腐地面	按材料、层级分 10-331 至 10-333		作业面维护，基层处理，配料，底漆，中漆，面漆，养护，修整

三、保温、隔热、防腐工程计量与计价

(一)保温、隔热工程计量与计价

1. 保温、隔热工程工程量计算规则

(1)屋面保温隔热层工程量按设计图示尺寸以面积或体积计算。扣除>0.3 m²孔洞所占面积。其他项目按设计图示尺寸以定额项目规定的计量单位计算。倒置屋面保温做法如图 2-124 所示。

墙面保温隔热工程

(2)天棚保温隔热层工程量按设计图示尺寸以面积计算。扣除面积>0.3 m²柱、垛、孔洞所占面积,与天棚相连的梁按展开面积计算,其工程量并入天棚内。

(3)墙面保温隔热层工程量按设计图示尺寸以面积计算。扣除门窗洞口及面积>0.3 m²梁、孔洞所占面积;门窗洞口侧壁及与墙相连的柱,并入保温墙体工程量内。墙体及混凝土板下铺贴隔热层不扣除木框架及木龙骨的体积。其中外墙按隔热层中心线长度计算,内墙按隔热层净长度计算。墙面保温构造如图 2-125 所示。

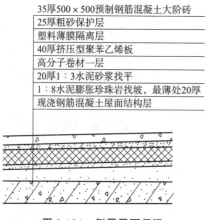

图 2-124 倒置屋面保温

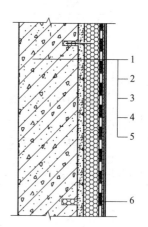

图 2-125 墙面保温
1—结构墙体;2—找平层;3—保温层;4—防水层;
5—涂料层;6—锚栓

(4)柱、梁保温隔热层工程量按设计图示尺寸以面积计算。柱按设计图示柱断面保温层中心线展开长度乘以高度以面积计算,扣除面积>0.3 m²梁所占面积。梁按设计图示梁断面保温层中心线展开长度乘以保温层长度以面积计算。

(5)楼地面保温隔热层工程量按设计图示尺寸以面积计算。扣除柱、垛及单个>0.3 m²孔洞所占面积。

(6)其他保温隔热层工程量按设计图示尺寸以展开面积计算。扣除面积>0.3 m²孔洞所占位面积。

(7)大于 0.3 m²孔洞侧壁周围及梁头、连系梁等其他零星工程保温隔热工程量,并入墙面的保温隔热工程量内。

(8)柱帽保温隔热层,并入天棚保温隔热层工程量内。

(9)保温层排气管按设计图示尺寸以长度计算,不扣除管件所占长度,保温层排气孔以数量计算。

(10)防火隔离带工程量按设计图示尺寸以面积计算。

2. 计算公式

(1)屋面保温(图 2-126)。

屋面保温层体积 V=保温层实铺面积 S×厚度 H

或   屋面保温层面积 $S＝$保温层实铺面积

屋面保温层找坡体积 $V＝$保温层实铺面积 $S×$平均厚度 h

双坡屋面：平均厚度 $h＝$最薄处厚度$＋1/2×$半跨$(L/2)×$坡度 i

单坡屋面：平均厚度 $h＝$最薄处厚度$＋1/2×$跨长$(L)×$坡度 i

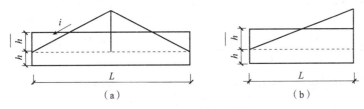

图 2-126 屋面保温层厚度

(a)双坡屋面；(b)单坡屋面

(2)墙面保温隔热。

墙面保温隔热层工程量 $S＝$保温隔热层长×高度－门窗洞口所占面积＋门窗洞口侧壁增加面积

(3)柱面保温隔热。

柱梁面保温隔热层工程量 $S＝$断面保温隔热层长×(高度)长度

(4)楼地面保温隔热。

楼地面保温隔热层工程量 $S＝$主墙间净长×主墙间净宽－应扣面积

3. 定额应用

(1)保温层的保温材料配合比、材质、厚度与设计不同时，可以换算。

(2)弧形墙墙面保温隔热层，按相应项目的人工乘以系数 1.1。

(3)柱面保温根据墙面保温定额项目人工乘以系数 1.19、材料乘以系数 1.04。

(4)墙面岩棉板保温、聚苯乙烯板保温及保温装饰一体板保温如使用钢骨架，钢骨架按《消耗量定额》墙、柱面装饰与隔断、幕墙工程相应项目执行。

(5)抗裂保护层工程如采用塑料膨胀螺栓固定时，每 1 m² 增加：人工 0.03 工日，塑料膨胀螺栓 6.12 套。

(6)保温隔热材料应根据设计规范，必须达到国家规定要求的等级标准。

(二)防腐工程及其他计量与计价

1. 防腐工程及其他工程量计算规则

(1)防腐工程面层、隔离层及防腐油漆工程量均按设计图示尺寸以面积计算。

(2)平面防腐工程量应扣除凸出地面的构筑物、设备基础等以及面积＞0.3 m² 孔洞、柱、垛等所占面积，门洞、空圈、暖气包槽、壁龛的开口部分不增加面积。

(3)立面防腐工程量应扣除门、窗、洞口以及面积＞0.3 m² 孔洞、梁所占面积，门、窗、洞口侧壁、垛凸出部分按展开面积并入墙面内。

(4)池、槽块料防腐面层工程量按设计图示尺寸以展开面积计算。

(5)砌筑沥青浸渍砖工程量按设计图示尺寸以面积计算。

(6)踢脚板防腐工程量按设计图示长度乘以高度以面积计算，扣除门洞所占面积，并相应增加侧壁展开面积。

(7)混凝土面及抹灰面防腐按设计图示尺寸以面积计算。

2. 定额应用

(1)各种胶泥、砂浆、混凝土配合比及各种整体面层的厚度，如设计与定额不同时，可以换算。定额已综合考虑了各种块料面层的结合层、胶结料厚度及灰缝宽度。

防腐工程

(2)花岗石面层以六面剁斧的块料为准，结合层厚度为 15 mm，如板底为毛面时，其结合层胶结料用量按设计厚度调整。

(3)整体面层踢脚板按整体面层相应项目执行，块料面层踢脚板按立面砌块相应项目人工乘以系数 1.2。

(4)环氧自流平防腐地面中间层(刮腻子)按每层 1 mm 厚度考虑，如设计要求厚度不同时，按厚度可以调整。

(5)卷材防腐接缝、附加层、收头工料已包括在定额内，不再另行计算。

(6)块料防腐中面层材料的规格、材质与设计不同时，可以换算。

💡 **思政小贴士**

可持续发展、绿色建筑：结合保温层的计算引导学生树立绿色建筑理念、贯彻落实习近平总书记提出的"碳达峰、碳中和"双碳达标战略决策和可持续发展思想。秉持绿色建筑理念，在保证安全、质量等基本要求的前提下，通过科学管理和技术进步，实现低碳、环保，贯彻绿色发展意识。

任务实施

1. 请编制屋面保温层定额工程量和预算表。

【解】 (1)由已知条件，保温层工程量计算：

1)粘贴 40 mm 聚苯乙烯板保温

屋面保温层面积 $S_1 = (48-0.24) \times (12-0.24) = 561.66(m^2)$

2)30 mm(最薄处)陶粒混凝土保温

双坡屋面：平均厚度 $h = 0.03 + 1/2 \times (12-0.24) \times 2\% = 0.15(m)$

屋面保温层找坡体积 $V = 561.66 \times 0.15 = 84.25(m^3)$

(2)定额工料机总费用计算：定额基价见二维码中的常用定额摘录表。

1)根据定额子目 10-28，确定粘贴 40 mm 聚苯乙烯板屋面保温，定额基价为 3 890.81 元/100 m²。

人材机费用=561.66×3 890.81/100=21 853.03(元)

其中人工费=561.66×433.50/100=2 434.79(元)

机械费=0 元

2)根据定额子目 10-9，确定陶粒混凝土保温，定额基价为 3 446.06 元/10 m³。

人材机费用=84.25×3 446.06/10=29 033.06(元)

其中人工费=84.25×726.75/10=6 122.87(元)

机械费=0 元

2. 请编制屋面隔离层定额工程量和预算表。

【解】 (1)由已知条件，隔离层工程量计算：

耐酸沥青胶泥卷材(二毡三油)隔离层

屋面隔离层面积 $S_2 = S_1 = 561.66$ m²

(2)定额工料机总费用计算：定额基价见二维码中的常用定额摘录表。

根据定额子目 10-255，确定耐酸沥青胶泥卷材(二毡三油)隔离层，定额基价为 4 219.48 元/100 m²。

人材机费用=561.66×4 219.48/100=23 699.13(元)

其中人工费=561.66×844.82/100=4 745.02(元)

机械费＝561.66×42.05/100＝236.18(元)

(3)计算结果见工程预算表2-127。

表2-127　建筑工程预算表

工程项目：某理工院实训工房

序号	定额编号	项目名称	单位	工程量	定额基价/元			合价/元		
					基价	人工费	机械费	合价	人工费	机械费
1	10-9	陶粒混凝土	10 m³	8.425	3 446.06	726.75	0	29 033.06	6 122.87	0
2	10-28	粘贴40 mm聚苯乙烯板保温	100 m²	5.616 6	3 890.81	433.50	0	21 853.03	2 434.79	0
3	10-255	耐酸沥青胶泥卷材(二毡三油)隔离	100 m²	5.616 6	4 219.48	844.82	42.05	23 699.13	4 745.02	236.18
		小计						74 585.22	13 302.68	236.18

任务单

【任务2-14】　某理工院实训工房图纸见附录。请编制外墙面保温分项工程定额工程量和预算表和工料机分析表，并将计算过程填入表2-128工程量计算书，人材机分析填入表2-129。

常用定额摘录

表2-128　定额工程量和合价计算书

班级：_____　学号：_____　姓名：_____　成绩：_____

序号	定额编号	项目名称	定额基价	单位	工程量	工程量计算过程	合价计算过程

表2-129　人材机分析表

工程名称：_____　　　　　　　　　　　　　　　　　　第　页 共　页

序号	定额编号	分项工程名称	计量单位	工程数量	综合工日		材料名称				机械台班						…	…
					定额	数量	定额	数量	定额	数量	定额	数量	定额	数量	定额	数量		

本任务重点学习了以下内容：

(1)屋面保温隔热层工程量按设计图示尺寸以面积或体积计算。扣除＞0.3 m² 孔洞所占面积。其他项目按设计图示尺寸以定额项目规定的计量单位计算。

(2)天棚保温隔热层工程量按设计图示尺寸以面积计算。扣除面积＞0.3 m² 柱、垛、孔洞所占面积，与天棚相连的梁按展开面积计算，其工程量并入天棚内。

(3)墙面保温隔热层工程量按设计图示尺寸以面积计算。扣除门窗洞口及面积＞0.3 m² 梁、孔洞所占面积；门窗洞口侧壁以及与墙相连的柱，并入保温墙体工程量内。墙体及混凝土板下铺贴隔热层不扣除木框架及木龙骨的体积。其中外墙按隔热层中心线长度计算，内墙按隔热层净长度计算。

(4)楼地面保温隔热层工程量按设计图示尺寸以面积计算。扣除柱、垛及单个＞0.3 m² 孔洞所占面积。

(5)平面防腐工程量应扣除凸出地面的构筑物、设备基础等以及面积＞0.3 m² 孔洞、柱、垛等所占面积，门洞、空圈、暖气包槽、壁龛的开口部分不增加面积。

(6)立面防腐工程量应扣除门、窗、洞口以及面积＞0.3 m² 孔洞、梁所占面积，门、窗、洞口侧壁、垛凸出部分按展开面积并入墙面内。

通过本任务学习，学生能结合实际施工图纸，根据预算定额中有关规定，进行保温、隔热、防腐工程工程量的计算和人材机费用计算。

通过本任务的学习，学生根据重点知识点的提示，完成"任务九 保温、隔热、防腐工程"学生笔记(表2-130)的填写，并对保温、隔热、防腐工程计算方法及注意事项进行归纳总结。

表 2-130 "任务九 保温、隔热、防腐工程"学生笔记

班级：＿＿＿＿＿＿　学号：＿＿＿＿＿＿　姓名：＿＿＿＿＿＿　成绩：＿＿＿＿＿＿

一、保温、隔热工程 1. 屋面保温：

2. 天棚保温：

3. 墙面保温：

4. 楼地面保温：

二、防腐工程
1. 平面防腐：

2. 立面防腐：

课后练习

单元三 装饰工程计量与计价

【知识目标】

1. 理解装饰工程各分部分项工程的概念及相关内容。

2. 熟悉装饰工程各分部分项工程定额项目设置。

3. 理解装饰工程各分部分项工程消耗量定额及统一基价表。

4. 掌握装饰工程各分部分项工程定额的工程量计算规则。

5. 掌握装饰工程各分部分项工程定额计价。

【能力目标】

1. 能结合实际工程项目，正确计算装饰工程各分部分项工程定额工程量。

2. 能结合实际工程项目，正确计算装饰工程各分部分项工程定额各项费用。

【素质目标】

1. 社会素养：通过本单元的学习，学生能通过装饰工程计量与计价，落实城乡建设领域碳达峰实施方案，增强节能减排、绿色建材、绿色施工的环保意识。

2. 科学素养：通过本单元的学习，培养学生哲学思维能力、正确的方法论，从而养成科学思维，培养创新精神，促进新事物的发展。

任务一 门窗工程

任务导入

某理工院实训工房门窗表见附录，试计算本工程中木门的工程量并编制预算表。

任务资讯

知识导图

一、概述

门窗工程是建筑的重要组成部分，也是建筑装饰的重点工程。门窗工程定额中包括木门，金属门，金属卷帘（闸），厂库房大门、特种门，其他门，金属窗，门钢架、门窗套，窗台板，窗帘盒、轨，门五金十节。

二、定额项目设置

《消耗量定额》第八章 门窗工程，定额子目划分见表 2-131。

门窗工程

表 2-131　门窗工程定额项目设置表

章	节	项目名称	定额编号	工作内容
门窗工程	一、木门	成品木门安装	按门扇、门框分 8-1 至 8-2	门框、门套、门扇安装，五金安装，框周边塞缝等
		成品套装木门安装	按扇分 8-3 至 8-5	
		木质防火门安装	8-6	详见《消耗量定额》
	二、金属门	铝合金门	按开启方式分 8-7 至 8-8	开箱、解捆、定位、划线、吊正、找平、安装、框周边塞缝等
		塑钢、彩板钢门　塑钢成品门安装	开启方式分 8-9 至 8-10	开箱、解捆、定位、划线、吊正、找平、安装、框周边塞缝等
		塑钢、彩板钢门　彩钢门安装	按框、门方式分 8-11 至 8-12	校正框扇，安装玻璃，装配五金、焊接、框周边塞缝等
		钢质防火、防盗门	按类型分 8-13 至 8-14	1. 钢质防火门：门洞修整、防火门安装、框周边塞缝等。 2. 钢质防盗门：打眼剔洞，框扇安装校正、焊接、框周边塞缝等
	三、金属卷帘(闸)	卷帘(闸)	按材质分 8-15 至 8-18	支架、导槽、附件安装，卷帘、门锁(电动装直)安装、试开关等
		电动装置	8-19	
	四、厂库房大门、特种门	厂库房大门　木板大门	按开启方式分 8-20 至 8-23	详见《消耗量定额》
		厂库房大门　平开钢木大门	按门的面板数分 8-24 至 8-35	
		厂库房大门　推拉钢木大门		
		厂库房大门　全钢板大门	按开启方式分 8-36 至 8-41	
		厂库房大门　围墙钢大门	按金属网类型分 8-42 至 8-45	
		厂库房大门　钢木折叠门	门扇制作 8-46 门扇安装 8-47	制作、安装，裁安玻璃、钉密封条、装配五金零件等
		特种门	按功能分 8-48 至 8-53	门安装、五金安装等
	五、其他门	其他门　全玻璃门扇安装、固定玻璃安装	8-54 至 8-57	定位，安装门扇(玻璃)，校正等
		其他门　其他	8-58 至 8-61	详见《消耗量定额》

章	节	项目名称	定额编号	工作内容
门窗工程	六、金属窗	铝合金窗	按类型及开启方式分 8-62 至 8-72	开箱、解捆、定位、划线、吊正、找平、安装、框周边塞缝等
		塑钢窗	按开启方式分 8-73 至 8-78	
		彩板钢窗、防盗钢窗	按类型分 8-79 至 8-81	1. 防盗窗：打眼剔洞，框扇安装校正，焊接、框周边塞缝等。 2. 彩板钢窗：校正框扇，安装玻璃，装配五金，焊接、框周边塞缝等
	七、门钢架、门窗套	门钢架	按基层、面层类型分 8-82 至 8-87	详见《消耗量定额》
		门、窗套(筒子板)	按基层、面层类型分 8-88 至 8-95	
	八、窗台板	窗台板	按基层、面层类型分 8-96 至 8-100	
	九、窗帘盒、轨	窗帘盒	按制作、安装分 8-101 至 8-103	
		窗帘轨	按安装方式及轨道分 8-104 至 8-107	
	十、门五金	门特殊五金	按五金类型分 8-108 至 8-126	门特殊五金安装
		厂库房大门五金铁件	按门材质类型及开启方式分 8-127 至 8-135	详见《消耗量定额》

三、门窗工程计量与计价

(一)木门计量与计价

1. 木门工程量计算规则

(1)成品木门框安装按设计图示框的中心线长度计算。

(2)成品木门扇安装按设计图示扇面积计算。

(3)成品套装木门安装按设计图示数量计算。

(4)木质防火门安装按设计图示洞口面积计算。

2. 定额应用

成品套装门安装包括门套和门扇的安装。木门的组成如图 2-127 所示。

(二)金属门、窗计量与计价

1. 金属门、窗工程量计算规则

(1)铝合金门窗(飘窗、阳台封闭窗除外)、塑钢门窗均按设计图示门、窗洞口面积计算。如图 2-128 所示。

(2)门联窗按设计图示洞口面积分别计算门、窗面积,其中窗的宽度算至门框的外边线,如图 2-129 所示。

(3)纱窗扇按设计图示扇外围面积计算。

(4)飘窗、阳台封闭窗按设计图示框型材外边线尺寸以展开面积计算。

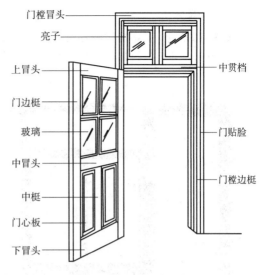

图 2-127 木门的组成

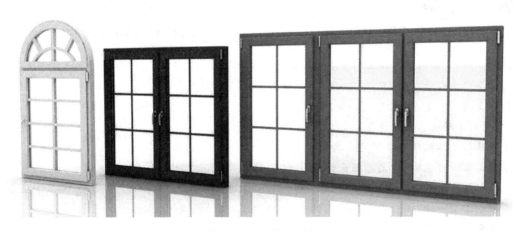

图 2-128 铝合金门窗

(5)钢质防火门、防盗门按设计图示门洞口面积计算。

(6)防盗窗按设计图示窗框外围面积计算。

(7)彩板钢门窗按设计图示门、窗洞口面积计算。彩板钢门窗附框按框中心线长度计算。

2. 定额应用

(1)铝合金成品门窗安装项目按隔热断桥铝合金型材考虑,当设计为普通铝合金型材时,按相应项目执行,其中人工乘以系数 0.8。

(2)金属门联窗(图 2-130),门、窗应分别执行相应项目。

(3)彩板钢窗附框安装执行彩板钢门附框安装项目。

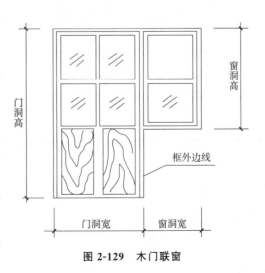

图 2-129 木门联窗

3. 案例分析

【案例2-36】 某宿舍楼隔热断桥铝合金门联窗，门为平开门、窗为推拉窗共100樘，如图2-131所示，图示尺寸为洞口尺寸。试计算门联窗的工程量并计算人材机费用、编制预算表。

图2-130 金属门联窗

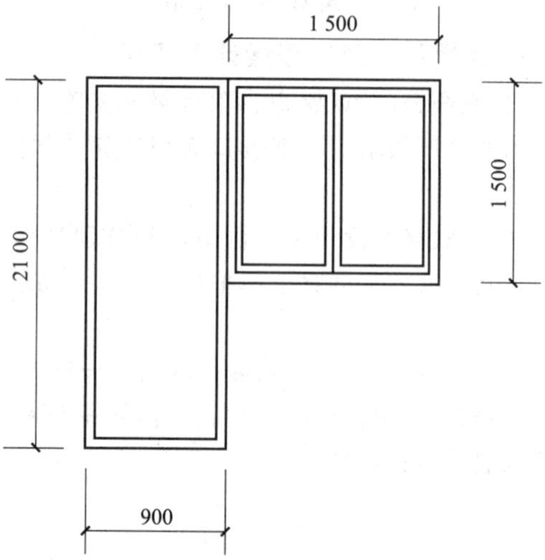

图2-131 铝合金门联窗

【解】 (1)依据图纸，计算铝合金门及窗工程量：

铝合金门工程量 $S=0.9\times2.1\times100=189.00(\text{m}^2)$

铝合金窗工程量 $S=1.5\times1.5\times100=225.00(\text{m}^2)$

(2)定额工料机总费用计算：

定额基价见二维码中常用定额摘录表。

根据定额子目8-8，确定定额基价为60 036.53 元/100 m²。

则人材机费用$=189.00\times60\ 036.53/100=113\ 469.04(\text{元})$

其中人工费$=189.00\times3\ 179.52/100=6\ 009.29(\text{元})$

机械费$=0$ 元

根据定额子目8-62，确定定额基价为44 698.82 元/100 m²。

则人材机费用$=225.00\times44\ 698.82/100=100\ 572.35(\text{元})$

其中人工费$=225.00\times1\ 731.46/100=3\ 895.79(\text{元})$

机械费$=0$ 元

(3)计算结果见工程预算表2-132。

表2-132 装饰工程预算表

工程项目：某宿舍工程

序号	定额编号	项目名称	单位	工程量	定额基价/元			合价/元		
					基价	人工费	机械费	合价	人工费	机械费
1	8-8	隔热断桥铝合金(平开门)	100 m²	1.89	60 036.53	3 179.52	0	113 469.04	6 009.29	0
2	8-62	隔热断桥铝合金(推拉窗)	100 m²	2.55	44 698.82	1 731.46	0	100 572.35	3 895.79	0
			小计					214 041.39	9 905.08	0

(三)金属卷帘(闸)计量与计价

1. 金属卷帘(闸)工程量计算规则

金属卷帘(闸)按设计图示卷帘门宽度乘以卷帘门高度(包括卷帘箱高度)以面积计算。电动装置安装按设计图示套数计算。金属卷帘门(不带小门)如图 2-132 所示。

2. 定额应用

(1)金属卷帘(闸)项目是按卷帘侧装(即安装在洞口内侧或外侧)考虑的,当设计为中装(即安装在洞口中)时,按相应项目执行,其中人工乘以系数 1.1。

(2)金属卷帘(闸)项目是按不带活动小门考虑的,当设计为带活动小门时,按相应项目执行,其中人工乘以系数 1.07,材料调整为带活动小门金属卷帘(闸)。

(3)防火卷帘(闸)(无机布基防火卷帘除外)按镀锌钢板卷帘(闸)项目执行,并将材料中的镀锌钢板卷帘换为相应的防火卷帘。

3. 案例分析

【案例 2-37】 某单位车库如图 2-133 所示,安装遥控电动铝合金卷闸门(带卷筒罩)1 樘。门洞口:3 700 mm×3 300 mm,试计算车库卷闸门工程量并计算人材机费用、编制预算表。

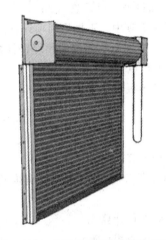

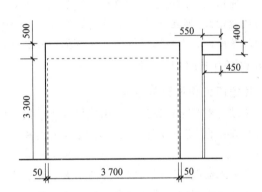

图 2-132　金属卷帘门(不带小门)　　　　图 2-133　遥控电动铝合金卷闸门

【解】 (1)依据图纸,铝合金卷帘门工程量计算:

铝合金卷闸门工程量＝门帘工程量＋卷筒罩工程量

$$=(3.3+0.5)\times(3.7+0.05\times2)+(0.55+0.4+0.45)\times(3.7+0.05\times2)$$
$$=3.8\times3.8+1.4\times3.8$$
$$=19.76(m^2)$$

电动装置安装工程量＝1 套

(2)定额工料机总费用计算:

根据铝合金卷帘门,查询定额子目 8-16,确定定额基价为 20 790.35 元/100 m²。

则人材机费用＝19.76×20 790.35/100＝4 108.17(元)

其中人工费＝19.76×4 752.00/100＝939.00(元)

机械费＝19.76×27.52/100＝5.44(元)

电动装置,查询定额子目 8-19,确定定额基价为 1 527.05 元/套,人工费为 216.00 元/套,机械费为 8.94 元/套。

(3)计算结果见工程预算表 2-133。

表 2-133　装饰工程预算表

工程项目：某工程

序号	定额编号	项目名称	单位	工程量	定额基价/元			合价/元		
					基价	人工费	机械费	合价	人工费	机械费
1	8-16	铝合金卷帘门	100 m²	0.197 6	20 790.35	3 179.52	27.52	4 108.17	939.00	5.44
2	8-19	电动装置	1套	1	1 527.05	216.00	8.94	1 527.05	216.00	8.94
小计								5 635.22	1 155.00	14.38

(四)厂库房大门、特种门计量与计价

1. 厂库房大门、特种门工程量计算规则

厂库房大门、特种门按设计图示门洞口面积计算。

2. 定额应用

(1)厂库房大门项目是按一、二类木种考虑的，如采用三、四类木种时，制作按相应项目执行，人工和机械乘以系数1.3；安装按相应项目执行，人工和机械乘以系数1.35。

(2)厂库房大门的钢骨架制作以钢材质量表示，已包括在定额中，不再另列项计算。

(3)厂库房大门门扇上所用铁件均已列入定额，墙、柱、楼地面等部位的预埋铁件按设计要求另按《消耗量定额》第五章 混凝土及钢筋混凝土工程中相应项目执行。

(4)冷藏库门、冷藏冻结间门、防辐射门安装项目包括筒子板制作安装。

(五)其他门计量与计价

1. 其他门工程量计算规则

(1)全玻有框门扇按设计图示扇边框外边线尺寸以扇面积计算。

(2)全玻无框(条夹)门扇按设计图示扇面积计算，高度算至条夹外边线、宽度算至玻璃外边线。

(3)全玻无框(点夹)门扇按设计图示玻璃外边线尺寸以扇面积计算。

(4)无框亮子按设计图示门框与横梁或立柱内边缘尺寸玻璃面积计算。

(5)全玻转门按设计图示数量计算。

(6)不锈钢伸缩门按设计图示延长米计算。

(7)传感和电动装置按设计图示套数计算。

2. 定额应用

(1)全玻璃门门框、横梁、立柱钢架的制作安装及饰面装饰，按《消耗量定额》第八章 门窗工程相应项目执行。

(2)全玻璃门有框亮子安装按全玻璃有框门扇安装项目执行，人工乘以系数2.20，增加膨胀螺栓消耗量277.55个/100 m²；无框亮子安装按固定玻璃安装项目执行。

(4)电子感应自动门传感装置、伸缩门电动装置安装已包括调试用工。

(六)门钢架、门窗套计量与计价

1. 门钢架、门窗套工程量计算规则

(1)门钢架按设计图示尺寸以质量计算。

(2)门钢架基层、面层按设计图示饰面外围尺寸展开面积计算。

(3)门窗套(筒子板)龙骨、面层、基层均按设计图示饰面外围尺寸展开面积计算。

(4)成品门窗套按设计图示饰面外围尺寸展开面积计算。

2. 定额应用

(1)门钢架基层、面层项目未包括封边线条，设计要求时，另按《消耗量定额》第十五章 其他装饰工程中相应线条项目执行。

(2)门窗套、门窗筒子板均执行门窗套(筒子板)项目。

(3)门窗套(筒子板)项目未包括封边线条，设计要求时，按消耗量等额"第十五章 其他装饰工程"中相应线条项目执行。

(七)窗台板计量与计价

1. 窗台板工程量计算规则

窗台板按设计图示长度乘宽度以面积计算。图纸未注明尺寸的，窗台板长度可按窗框的外围宽度两边共加 100 mm 计算。窗台板凸出墙面的宽度按墙面外加 50 mm 计算。

2. 定额应用

(1)窗台板与暖气罩相连时，窗台板并入暖气罩，按《消耗量定额》第十五章 其他装饰工程中相应暖气罩项目执行。

(2)石材窗台板安装项目按成品窗台板考虑。实际为非成品需现场加工时，石材加工另按《消耗量定额》第十五章 其他装饰工程中石材加工相应项目执行。

3. 案例分析

【案例 2-38】 某窗台板如图 2-134 所示。窗洞：1 500 mm × 1 800 mm，塑钢窗居中立樘，木龙骨基层、石材面层，数量为 100 个。试计算窗台板工程量并计算人材机费用、编制预算表。

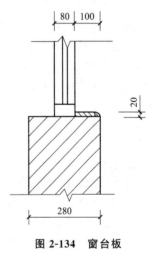

图 2-134 窗台板

【解】 (1)窗台板工程量计算：

窗台板工程量＝窗台板面宽×进深×数量
$$=1.5 \times 0.1 \times 100$$
$$=15.00(\text{m}^2)$$

(2)定额工料机总费用计算：

1)根据定额子目 8-96，确定木龙骨基层板定额基价为 807.01 元/10 m²。

则人材机费用＝15.00×807.01/10＝1 210.52(元)

其中人工费＝15.00×149.76/10＝224.64(元)

机械费＝0 元

2)根据定额子目 8-100，确定石材定额基价为 2 595.21 元/10 m²。

则人材机费用＝15.00×2 595.21/10＝3 892.82(元)

其中，人工费＝15.002×378.72/10＝568.08(元)

机械费＝0 元

(3)计算结果见工程预算表 2-134。

表 2-134 装饰工程预算表

工程项目：某工程

序号	定额编号	项目名称	单位	工程量	定额基价/元			合价/元		
					基价	人工费	机械费	合价	人工费	机械费
1	8-96	木龙骨基层板	10 m²	1.50	807.01	149.76	0	1 210.52	224.64	0
2	8-100	石材面层	10 m²	1.50	2 595.21	378.72	0	3 892.82	568.08	0
		小计						5 103.34	792.72	0

(八)门五金计量与计价

1. 门五金工程量计算规则

(1)执手锁、弹子锁、管子拉手、推手板、自由门弹簧合页、地弹簧、铁搭扣、底板拉手、门吸、地锁、门轧头、防盗门口、门眼猫眼、高档门拉手、电子锁、闭门器、顺位器均按设计图示数量计算。

(2)吊装滑动门轨按设计图示长度计算。

2. 定额应用

(1)成品木门(扇)安装项目中五金配件的安装仅包括合页安装人工和合页材料费,设计要求的其他五金另按《消耗量定额》第八章 门窗工程"门五金"一节中门特殊五金相应项目执行。

(2)成品金属门窗、金属卷帘(闸)、特种门、其他门安装项目包括五金安装人工,五金材料费包括在成品门窗价格中。

(3)厂库房大门项目均包括五金铁件安装人工,五金铁件材料费另执行《消耗量定额》第八章 门窗工程"门五金"一节中相应项目,当设计与定额取定不同时,按设计规定计算。

💡 **思政小贴士**

节能节材,绿色建筑理念:不断提高门窗的保温、隔热性能,降低建筑能耗,节约能源,发展绿色建筑,保护环境。

党的二十大报告指出,我们坚持可持续发展,坚持节约优先、保护优先、自然恢复为主的方针。在对能源的消耗中,建筑的占比较高。通过在建筑中运用保温、热回收、自然通风采光等技术,可以有效地减少能源负荷,使建筑达到超低能耗乃至近零能耗。同时,节水、节地、延长建筑有效使用年限等科技的采用,是建筑绿色减碳的有效方法。

任务实施

【解】 (1)由已知条件,如门窗表中可知,M2 和 M4 为木门,木门工程量计算:

1)成品套装(双扇)安装。$N=5$ 樘

2)成品套装(单扇)安装。$N=31$ 樘

(2)定额工料机总费用计算:

定额基价见二维码中常用定额摘录表。

1)根据定额子目 8-4,确定成品套装木门(双扇)安装,定额基价为 18 989.67 元/10 樘。

人材机费用$=5×18\,989.67/10=9\,494.84$(元)

其中人工费$=5×519.26/10=259.63$(元)

机械费$=0$ 元

2)根据定额子目 8-3,确定成品套装木门(单扇)安装定额基价为 11 308.75 元/10 樘。

人材机费用$=31×11\,308.75/10=35\,057.13$(元)

其中人工费$=31×353.57/10=1\,096.07$(元)

机械费$=0$ 元

(3)计算结果见工程预算表 2-135。

表 2-135　装饰工程预算表

工程项目：某理工院实训工房

序号	定额编号	项目名称	单位	工程量	定额基价/元			合价/元		
					基价	人工费	机械费	合价	人工费	机械费
1	8-3	成品套装（单扇）安装	10 樘	3.1	11 308.75	353.57	0	35 057.13	1 096.07	0
2	8-4	成品套装（双扇）安装	10 樘	0.5	18 989.67	519.26	0	9 494.84	259.63	0
小计								44 551.97	1 355.70	0

四、任务单

某理工院实训工房图纸见附录。

【任务 2-15】　请编制隔热断桥铝合金平开门分项工程定额工程量和预算表。

【任务 2-16】　请编制钢制防火门定额工程量和预算表。

【任务 2-17】　请编制塑钢推拉窗定额工程量和预算表。

【任务 2-18】　请编制以上分项工程的人材机分析表。

常用定额摘录

将【任务 2-15】~【任务 2-17】的计算过程填入表 2-136，将人材机分析计算过程填入表 2-137。

表 2-136　"任务 2-15、任务 2-16、任务 2-17"定额工程量和合价计算书

班级：＿＿＿＿＿＿　　学号：＿＿＿＿＿＿　　姓名：＿＿＿＿＿＿　　成绩：＿＿＿＿＿＿

序号	定额编号	项目名称	定额基价	单位	工程量	工程量计算过程	合价计算过程

表 2-137　人材机分析表

工程名称：　　　　　　　　　　　　　　　　　　　　　　　　　　　第　页　共　页

序号	定额编号	分项工程名称	计量单位	工程数量	综合工日		材料名称				机械台班						…	…
					定额	数量	定额	数量	定额	数量	定额	数量	定额	数量	定额	数量		

本任务重点学习了以下内容：

(1)成品木门扇安装按设计图示扇面积计算。

(2)成品套装木门安装按设计图示数量计算。

(3)木质防火门安装按设计图示洞口面积计算。

(4)铝合金门窗(飘窗、阳台封闭窗除外)、塑钢门窗均按设计图示门、窗洞口面积计算。

(5)金属卷帘(闸)按设计图示卷帘门宽度乘以卷帘门高度(包括卷帘箱高度)以面积计算。电动装置安装按设计图示套数计算。

(6)成品门窗套按设计图示饰面外围尺寸展开面积计算。

通过本任务学习，学生能结合实际施工图纸，根据预算定额中有关规定，进行门窗工程工程量的计算和人材机费用计算。

学生笔记

通过本任务的学习，学生根据重点知识点的提示，完成"任务一 门窗工程"学生笔记(表2-138)的填写，并对门窗工程计算方法及注意事项进行归纳总结。

表2-138 "任务一 门窗工程"学生笔记

班级：_____ 学号：_____ 姓名：_____ 成绩：_____

门窗工程
1. 木门：
2. 金属门、窗：
3. 金属卷帘(闸)：
4. 门窗套：

课后练习

任务二　　楼地面装饰工程

任务导入

知识导图

某理工院实训工房首层平面图见附录，依据图纸中建筑说明地面、卫生间的做法。

1. 编制地面找平层定额工程量和预算表。
2. 编制地面面层定额工程量和预算表。

任务资讯

一、概述

楼地面装饰工程是指使用各种面层对楼地面进行装饰的工艺，是建筑物底层地面和楼层地面的总称。楼地面基本构造层次为垫层、找平层、防潮层、填充层、结合层、面层。楼地面装饰工程定额项目中有找平层及整体面层、块料面层、橡塑面层、其他材料面层、踢脚线、楼梯面层、台阶装饰、零星装饰项目、分格嵌条、防滑条、酸洗打蜡等。地面和楼面基本构造如图 2-135、图 2-136 所示。

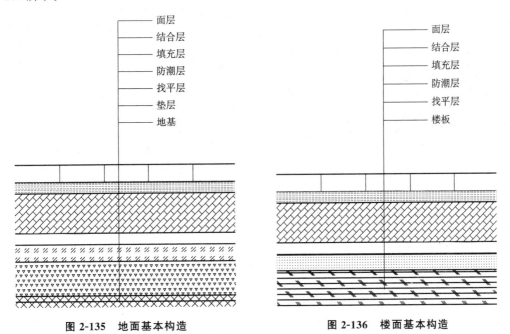

图 2-135　地面基本构造　　　　　　　　图 2-136　楼面基本构造

二、定额项目设置

《消耗量定额》第十一章 楼地面装饰工程，定额子目划分见表 2-139。

表 2-139　楼地面装饰工程定额项目设置表

章	节	项目名称	定额编号	工作内容
楼地面装饰工程	一、找平层及整体面层	平面砂浆找平层	按铺设位置及厚度分 11-1 至 11-3	清理基层、调运砂浆、抹平、压实
		细石混凝土地面找平层	按厚度分 11-4 至 11-5	细石混凝土搅拌捣平、压实
		水泥砂浆楼地面	按铺设位置及厚度分 11-6 至 11-8	清理基层、调运砂浆、抹面层
		水泥基自流平砂浆	按铺设位置及厚度分 11-9 至 11-10	详见《消耗量定额》
		水磨石楼地面	按嵌条、分色及厚度分 11-11 至 11-12、11-15	清理基层、面层铺设、嵌玻璃条、磨石抛光、酸先打蜡
		彩色镜面水磨石楼地面	按嵌条、分色及厚度分 11-13 至 11-15	
	二、块料面层	石材楼地面	按规格分 11-16 至 11-18	清理基层、试排弹线、锯板修边、铺抹结合层、铺贴饰面、清理净面
		石材楼地面(拼花、点缀、碎拼等)	11-19 至 11-28	详见《消耗量定额》
		陶瓷地面砖	按规格分 11-29 至 11-32	清理基层、试排弹线、锯板修边、铺抹结合层、铺贴饰面、清理净面
		镭射玻璃砖	按规格及厚度分 11-33 至 11-36	清理基层、试排弹线、铺贴饰面、清理净面
		缸砖	按是否勾缝 11-37 至 11-38	清理基层、弹线、锯板修边、瓷砖浸水、铺抹结合层、铺贴饰面、勾缝、清理净面
		陶瓷马赛克	按是否拼花 11-39 至 11-40	
		水泥花砖	11-41	
		广场砖	按是否拼图 11-42 至 11-43	
	三、橡塑面层	橡胶板(卷材)、塑料板(卷材)	按材料分 11-44 至 11-47	详见《消耗量定额》
	四、其他材料面层	化纤地毯	按是否固定分 11-48 至 11-50	
		条形实木地板	铺设位置分 11-51 至 11-52	清理基层,铺设防水卷材、铺细木工板、铺防潮纸,铺设面层。钉木龙骨铺面层,净面
		条形复合地板	铺设位置分 11-53 至 11-54	
		铝合金防静电活动地板安装	11-55	清理基层、安装支架横梁,铺设面板、清扫净面
	五、踢脚线	陶瓷马赛克	按材料分 11-56 至 11-65	基层清理、底层抹灰、面层铺贴、净面
		其他踢脚线		详见《消耗量定额》
	六、楼梯面层	陶瓷地面砖	按材料分 11-66 至 11-77	清理基层、调运砂浆、铺设面层;试排弹线、锯板修边、铺抹结合层、铺贴饰面、清理净面
		其他楼梯面层		详见《消耗量定额》
	七、台阶面层	水泥砂浆、石材、石材弧形、陶瓷地面砖、刹假石面层	按材料分 11-78 至 11-83	清理基层、调运砂浆、铺设面层;试排弹线、锯板修边、铺抹结合层、铺贴饰面、清理净面

章	节	项目名称	定额编号	工作内容
楼地面装饰工程	八、零星装饰项目	零星装饰	按材料分 11-84 至 11-87	详见《消耗量定额》
	九、分格嵌条、防滑条	楼地面嵌分隔条、楼梯、台阶防滑条	按位置、材料及规格分 11-88 至 11-93	清理、切割、镶嵌、固定
	十、酸洗打蜡	楼地面、楼梯面层	按位置 11-94 至 11-95	清理表面、上草酸打蜡、磨光

三、楼地面工程计量与计价

(一)找平层及整体面层工程计量与计价

1. 找平层及整体面层工程量计算规则

楼地面找平层及整体面层按设计图示尺寸以面积计算。扣除凸出地面构筑物、设备基础、室内铁道、地沟等所占面积,不扣除间壁墙及单个面积≤0.3 m² 柱、垛、附墙烟囱及孔洞所占面积。门洞、空圈、暖气包槽、壁龛的开口部分不增加面积。

2. 计算公式

$$找平层及整体面层 S = S_{主墙间净面积} - S_{应扣除}$$

式中 $S_{主墙间净面积}$——主墙之间的净面积;

$S_{应扣除}$——应扣除的面积(构筑物、设备基础、室内铁道、地沟等)。

地面找平层工程量计算

3. 定额应用

(1)各种砂浆、混凝土的配合比,设计与定额不同时,可以调整。

(2)厚度≤60 mm 的细石混凝土按找平层项目执行,厚度>60 mm 的按《消耗量定额》第五章混凝土及钢筋混凝土工程垫层项目执行。

(3)采用地暖的地板垫层,按不同材料执行相应项目,人工乘以系数 1.3,材料乘以系数 0.95。

4. 案例分析

【案例 2-39】 某工程平面图如图 2-137 所示,地面为干混地面砂浆 M10 找平层 15 mm 厚,干混地面砂浆 M10 面层为 20 mm 厚,M-1:1 000 mm×2 200 mm,M-2:1 200 mm×2 200 mm,M-3:900 mm×2 000 mm,计算该工程地面找平层及整体面层工程量与人材机费用(图中轴线尺寸为墙的中心线,均以"mm"为单位)。

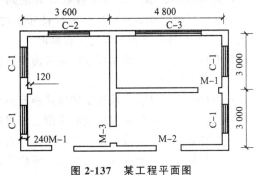

图 2-137 某工程平面图

【解】 (1)由已知条件,地面找平层工程量计算:

1)15 mm 干混地面砂浆 M10 找平。

找平层 $S_1 = S_{主墙间净面积} = (3.6-0.24) \times (3+3-0.24) + (3-0.24) \times (4.8-0.24) \times 2 = 44.52(m^2)$

2)20 mm 干混地面砂浆 M10 面层。

整体面层 $S_2 = S_{主墙间净面积} = S_1 = 44.52 \ m^2$

(2)定额工料机总费用计算:

定额基价见二维码中常用定额摘录表。

1)根据定额子目 11-1,20 mm 干混地面砂浆找平层套用定额子目 11-1,15 mm 需要套用每增减 1 mm 定额子目 11-3。

11-1 换:15 mm 厚找平层换算后的定额基价$=1\ 562.64-62.51\times 5=1\ 250.09$(元/100 m²)

人材机费用$=44.52\times 1\ 250.09/100=556.54$(元)

其中人工费$=44.52\times(685.44/100-18.72\times 5/100)=44.52\times 591.84/100=263.49$(元)

机械费$=44.52\times(64.20/100)-(3.21/100\times 5)=44.52\times 48.15/100=21.44$(元)

2)根据定额子目 11-6,确定整体面层定额基价为 1 800.34 元/100 m²。

人材机费用$=44.52\times 1\ 800.34/100=801.51$(元)

其中人工费$=44.52\times 912.67/100=406.32$(元)

机械费$=44.52\times 64.20/100=28.58$(元)

(3)计算结果见工程预算表 2-140。

表 2-140 装饰工程预算表

工程名称:某工程

序号	定额编号	项目名称	单位	工程量	定额基价/元			合价/元		
					基价	人工费	机械费	合价	人工费	机械费
1	11-1换	15 mm 干混地面砂浆 M10 找平	100 m²	0.45	1 250.09	591.84	48.15	556.54	263.49	21.44
2	11-6	20 mm 干混地面砂浆 M10 整体面层	100 m²	0.45	1 800.34	912.67	64.20	801.51	406.32	28.58
小计								1 358.05	669.81	50.02

(二)块料面层、橡塑面层计量与计价

1. 块料面层、橡塑面层工程量计算规则

(1)块料面层、橡塑面层及其他材料面层按设计图示尺寸以面积计算。门洞、空圈、暖气包槽、壁龛的开口部分并入相应的工程量内。

(2)石材拼花按最大外围尺寸以矩形面积计算。有拼花的石材地面,按设计图示尺寸扣除拼花的最大外围矩形面积计算面积。

(3)点缀按"个"计算,计算主体铺贴地面面积时,不扣除点缀所占面积。

(4)石材底面刷养护液包括侧面涂刷,工程量按设计图示尺寸以底面积计算。

(5)石材表面刷保护液按设计图示尺寸以表面积计算。

(6)石材勾缝按石材设计图示尺寸以面积计算。

2. 计算公式

$$块料面层、橡塑面层 S=S_{实铺面积}$$

3. 定额应用

(1)镶贴块料项目是按规格料考虑的,如需现场倒角、磨边者按《消耗量定额》第十五章 其他装饰工程相应项目执行。

块料面层工程量计算

(2)石材楼地面拼花按成品考虑。

(3)镶嵌规格在 100 mm×100 mm 以内的石材执行点缀项目。

(4)玻化砖按陶瓷地面砖相应项目执行。

(5)石材楼地面需做分格、分色的，按相应项目人工乘以系数 1.10。

4. 案例分析

【案例 2-40】 将案例 2-41 题干中整体面层改为 600 mm×600 mm 陶瓷地面砖，结合层为 M20 干混地面砂浆，试计算该工程面层工程量及人材机费用。

【解】 (1)由已知条件，块料面层工程量计算：

600 mm×600 mm 陶瓷地面砖，结合层 M20 干混地面砂浆

块料面层＝$S_{实铺面积}$＝$S_{主墙间净面积}$－$S_{应扣除}$＋$S_{应增加}$＝44.52－0.12×0.24(墙垛)＋(1×2＋0.9＋1.2)×0.24(门下开口部分)＝45.48(m²)

(2)定额工料机总费用计算：

定额基价见二维码中常用定额摘录表。

根据定额子目 11-30，600 mm×600 mm 陶瓷地面砖套用定额子目 11-30，定额基价为 6 885.38 元/100 m²。

人材机费用＝45.48×6 885.38/100＝3 131.47(元)

其中人工费＝45.48×1 936.90/100＝880.90(元)

机械费＝45.48×64.20/100＝29.20(元)

(3)计算结果见工程预算表 2-141。

表 2-141　装饰工程预算表

工程名称：某工程

序号	定额编号	项目名称	单位	工程量	定额基价/元			合价/元		
					基价	人工费	机械费	合价	人工费	机械费
1	11-30	600 mm×600 mm 陶瓷地面砖	100 m²	0.454 8	6 885.38	1 936.90	64.20	3 131.47	880.90	29.20
		小计						3 131.47	880.90	29.20

(三)其他楼地面装饰工程计量与计价

1. 其他楼地面装饰工程工程量计算规则

(1)踢脚线按设计图示长度乘以高度以面积计算。楼梯靠墙踢脚线(含锯齿形部分)贴块料按设计图示面积计算。

(2)楼梯面层按设计图示尺寸以楼梯(包括踏步、休息平台及≤500 mm 的楼梯井)水平投影面积计算。楼梯与楼地面相连时，算至梯口梁内侧边沿；无梯口梁者，算至最上一层踏步边沿加 300 mm。

(3)台阶面层按设计图示尺寸以台阶(包括最上层踏步边沿加 300 mm)水平投影面积计算。

(4)零星项目按设计图示尺寸以面积计算。

(5)分格嵌条按设计图示尺寸以"延长米"计算。

(6)块料楼地面做酸洗打蜡者，按设计图示尺寸以表面积计算。

(7)楼梯地毯压辊安装按套计算，压板按"延长米"计算。

(8)楼梯、台阶踏板防滑条按"延长米"计算。

2. 计算公式

$$楼梯面层\ S = S_{水平投影}$$

3. 定额应用

(1)木地板安装按成品企口考虑，若采用平口安装，其人工乘以系数 0.85。

(2)木地板填充材料按《消耗量定额》第十章 保温、隔热、防腐工程相应项目执行。

(3)弧形踢脚线、楼梯段踢脚线按相应项目人工、机械乘以系数 1.15。

(4)石材螺旋形楼梯，按弧形楼梯项目人工乘以系数 1.2。

(5)零星项目面层适用于楼梯侧面、台阶的牵边，小便池、蹲台、池槽，以及面积在 0.5 m² 以内且未列项目的工程。

(6)圆弧形等不规则地面镶贴面层、饰面面层按相应项目人工乘以系数 1.15，块料消耗量损耗按实调整。

(7)水磨石地面包含酸洗打蜡，其他块料项目如需做酸洗打蜡者，单独执行相应酸洗打蜡项目。

💡 **思政小贴士**

"夫过不及，均也。差之毫厘，谬以千里"。应按照规范要求施工，按施工内容计算各构造层次工程量。我们在学习、工作过程中应养成严谨求实、精益求精的工作态度。严谨求实方能励志奋斗。"天下难事，必作于易""天下大事，必作于细"。应该以严谨求实的工作态度对待每一项工作。更应该做到严谨认真，于细微之处见精神，于细微之处见境界，让每一名学生以工匠精神认真地完成学业，认真对待人生的每一步，成为国家的栋梁之材。

任务实施

1. 请编制地面找平层定额工程量和预算表。

【解】 (1)由已知条件，地面找平层工程量计算：

15 mm 干混地面砂浆 M20 找平。

首层内外墙墙长(含柱)L=[(48+12)×2](外墙)+[(4.8-0.24)×7+(4.8+4×6+4.8-0.24)+(4×6+3+4.8-0.24)+(12-0.24)×2](内墙)=240.36(m)

找平层 $S_1 = S_{主墙间净面积}$=(48+0.24)×(12+0.24)-0.24×240.36=532.77(m²)

(2)定额工料机总费用计算：

根据【案例 2-40】换算后定额子目 11-1 换，定额基价为 1 250.09 元/100 m²。

人材机费用=532.77×1 250.09/100=6 660.10(元)

其中人工费=532.77×(685.44/100-18.72/100×5)=532.77×591.84/100=3 153.15(元)

机械费=532.77×(64.20/100-3.21/100×5)=532.77×48.15/100=256.53(元)

2. 请编制地面面层定额工程量和预算表。

【解】 (1)由已知条件，地面块料面层工程量计算：

1)300 mm×300 mm 防滑地面砖，结合层 25 mm 干混地面砂浆 M20(女卫面层)。

块料面层 $S_2 = S_{实铺面积}$=(3-0.24)×(4.8-0.24)+0.9×0.24=12.80(m²)

2)800 mm×800 mm 陶瓷地面砖，结合层 20 mm 干混地面砂浆 M20(地面面层)

块料面层 $S_3 = S_{实铺面积}$=532.77-[(3-0.24)×(4.8-0.24)女卫]+[(2.4+1.5×3+3.6×2+0.9×8)×0.24 门下开口部分]=525.30(m²)

(2)定额工料机总费用计算：

定额基价见二维码中常用定额摘录表。

1) 根据定额子目 11-31，0.64 m² 以内陶瓷地面砖，定额基价为 8 865.45 元/100 m²。

人材机费用＝525.30×8 865.45/100＝46 570.21(元)

其中人工费＝525.30×2 006.40/100＝10 539.62(元)

机械费＝525.30×64.20/100＝337.24(元)

2) 根据定额子目 11-29，0.10 m² 以内陶瓷地面砖，定额基价为 6 663.51 元/100 m²。

人材机费用＝12.80×6 663.51/100＝852.93(元)

其中人工费＝12.80×1 978.46/100＝253.24(元)

机械费＝12.80×64.20/100＝8.22(元)

(3) 计算结果见工程预算表 2-142。

表 2-142　装饰工程预算表

工程项目：某理工院实训工房

序号	定额编号	项目名称	单位	工程量	定额基价/元			合价/元		
					基价	人工费	机械费	合价	人工费	机械费
1	11-1 换	15 mm 干混地面砂浆 M20 找平	100 m²	5.327 7	1 250.09	591.84	48.15	6 660.10	3 153.15	256.53
2	11-29	300 mm× 300 mm 陶瓷地面砖	100 m²	0.128	6 663.51	1 978.46	64.20	852.93	253.24	8.22
3	11-31	800 mm ×800 mm 陶瓷地面砖	100 m²	5.253	8 865.45	2 006.40	64.20	46 570.21	10 539.62	337.24
小计								54 083.24	13 946.01	601.99

任务单

某理工院实训工房图纸见附录。

【任务 2-19】请编制二层和三层楼地面工程中楼面找平层分项工程定额工程量和预算表。

【任务 2-20】请编制二层和三层楼地面工程中楼面块料面层分项工程定额工程量和预算表。

【任务 2-21】请编制二层和三层楼地面工程中楼面找平层和块料面层工料机分析表。

将计算过程填入表 2-143、表 2-144，将人材机分析填入表 2-145。

常用定额摘录

表 2-143　二层和三层找平层定额工程量和合价计算书

班级：_____　学号：_____　姓名：_____　成绩：_____

序号	定额编号	项目名称	定额基价	单位	工程量	工程量计算过程	合价计算过程

表 2-144 二层和三层块料面层定额工程量和合价计算书

班级：＿＿＿＿＿＿   学号：＿＿＿＿＿＿   姓名：＿＿＿＿＿＿   成绩：＿＿＿＿＿＿

序号	定额编号	项目名称	定额基价	单位	工程量	工程量计算过程	合价计算过程

表 2-145 人材机分析表

工程名称：＿＿＿＿＿＿＿＿＿＿＿＿＿＿＿＿＿＿＿＿＿＿＿＿＿＿＿＿＿＿   第　页　共　页

序号	定额编号	分项工程名称	计量单位	工程数量	综合工日		材料名称				机械台班						…	…
					定额	数量	定额	数量	定额	数量	定额	数量	定额	数量	定额	数量		

小　结

本任务重点学习了以下内容：

(1)楼地面找平层及整体面层按设计图示尺寸以面积计算。扣除凸出地面构筑物、设备基础、室内铁道、地沟等所占面积，不扣除间壁墙及单个面积≤0.3 m² 柱、垛、附墙烟囱及孔洞所占面积。门洞、空圈、暖气包槽、壁龛的开口部分不增加面积。

(2)块料面层、橡塑面层及其他材料面层按设计图示尺寸以面积计算。门洞、空圈、暖气包槽、壁龛的开口部分并入相应的工程量内。

(3)踢脚线按设计图示长度乘以高度以面积计算。楼梯靠墙踢脚线(含锯齿形部分)贴块料按设计图示面积计算。

(4)楼梯面层按设计图示尺寸以楼梯(包括踏步、休息平台及≤500 mm 的楼梯井)水平投影面积计算。楼梯与楼地面相连时，算至梯口梁内侧边沿；无梯口梁者，算至最上一层踏步边沿加 300 mm。

(5)台阶面层按设计图示尺寸以台阶(包括最上层踏步边沿加 300 mm)水平投影面积计算。

通过本任务学习，学生能结合实际施工图纸，根据预算定额中有关规定，进行楼地面装饰工程工程量的计算和人材机费用计算。

通过本任务的学习，学生根据重点知识点的提示，完成"任务二 楼地面装饰工程"学生笔记（表 2-146）的填写，并对楼地面装饰工程计算方法及注意事项进行归纳总结。

表 2-146 "任务二 楼地面装饰工程"学生笔记

班级：_____ 学号：_____ 姓名：_____ 成绩：_____

一、找平层及整体面层
二、块料面层、橡塑面层及其他材料面层
三、其他楼地面装饰工程

课后练习

任务三　墙、柱面装饰与隔断、幕墙工程

任务导入

知识导图

某理工院实训工房图纸见附录，依据图纸中建筑说明内墙面、卫生间墙面及吊顶的做法。

1. 编制首层门卫室内墙面定额工程量和预算表。
2. 编制首层卫生间内墙面定额工程量和预算表。

任务资讯

一、概述

墙面抹灰工程在装饰工程中是重要的基础性分项工程，其施工质量将直接影响墙面的面层施工的最终质量和效果。墙、柱面装饰与隔断、幕墙工程定额包括墙面抹灰、柱（梁）面抹灰、零星抹灰、墙面块料面层、柱（梁）面镶贴块料、镶贴零星块料、墙饰面、柱（梁）饰面、幕墙工程及隔断。墙面装饰的基本构造包括基层、中间层、面层三部分，如图2-138所示。

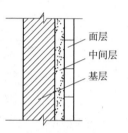

图2-138　墙面装饰的基本构造

二、定额项目设置

《消耗量定额》第十二章 墙、柱面装饰与隔断、幕墙工程，定额子目划分见表2-147。

表2-147　墙、柱面装饰与隔断、幕墙工程定额项目设置表

章	节	项目名称		定额编号	工作内容
墙、柱面装饰与隔断、幕墙工程	一、墙面抹灰	一般抹灰	内墙、外墙	按抹灰厚度、位置及挂网分12-1至12-11	1. 清理基层、修补堵眼、湿润基层、调运砂浆、清扫落地灰。 2. 分层抹灰找平、面层压光（包括门窗洞口侧壁抹灰）
			其他一般抹灰		详见《消耗量定额》
		装饰抹灰		按材料、工艺分12-12至12-23	详见《消耗量定额》
	二、柱（梁）面抹灰	一般抹灰		按柱（梁）截面形状分12-24至12-25	1. 清理基层、修补堵眼、湿润基层、调运砂浆、清扫落地灰。 2. 分层抹灰找平、面层压光
		装饰抹灰		按材料、工艺分12-26至12-28	详见《消耗量定额》
	三、零星抹灰	一般抹灰		12-29	
		装饰抹灰		按材料、工艺分12-30至12-32	

章	节	项目名称	定额编号	工作内容
墙、柱面装饰与隔断、幕墙工程	四、墙面块料面层	石材墙面	按工艺、规格分 12-33 至 12-44	1. 清理、修补基层表面、刷浆、安铁件、制作安装钢筋、焊接固定，砂浆打底，抹粘结层砂浆。 2. 选料、钻孔成槽、穿丝固定，调运砂浆，挂贴面层，清洁表面
		陶瓷马赛克、玻璃马赛克	按材质及粘贴材料分 12-45 至 12-48	1. 基层清理、修补，调运砂浆、砂浆打底、铺抹结合层(刷胶粘剂)。 2. 选料、贴瓷块、擦缝、清洁表面
		瓷板	按规格及粘贴材料分 12-49 至 12-52	
		面砖	按规格、粘贴材料、灰缝宽分 12-53 至 12-70	
		背栓式干挂面砖	12-71	详见《消耗量定额》
		凹凸假麻石	按粘贴材料分 12-72 至 12-73	
		干挂石材钢骨架、后置件	12-74 至 12-75	
	五、柱(梁)面镶贴块料	石材柱面	按工艺分 12-76 至 12-81	详见《消耗量定额》
		陶瓷马赛克、玻璃马赛克	按材质及粘贴材料分 12-82 至 12-85	
		瓷板	按粘贴材料分 12-86 至 12-87	
		面砖	按柱截面、粘贴材料、缝处理分 12-88 至 12-95	
		凹凸假麻石	按粘贴材料分 12-96 至 12-97	
	六、镶贴零星块料	石材	按工艺、粘贴材料、位置分 12-98 至 12-103	
		陶瓷马赛克、玻璃马赛克	按材质及粘贴材料分 12-104 至 12-107	
		瓷板	按粘贴材料分 12-108 至 12-109	
		面砖	按粘贴材料、缝处理分 12-110 至 12-113	
		凹凸假麻石	按粘贴材料分 12-114 至 12-115	

章	节	项目名称	定额编号	工作内容
墙、柱面装饰与隔断、幕墙工程	七、墙饰面	龙骨基层	按龙骨断面、中距、材质分 12-116 至 12-134	基层清理,定位下料,钻眼,钉木楔,铺钉龙骨基层
		夹板、卷材基层	按材质分 12-135 至 12-144	龙骨基层上钉隔离层
		面层	按粘贴位置、材质分 12-141 至 12-173	详见《消耗量定额》
	八、柱(梁)饰面	龙骨基层及饰面	按柱截面、基层、面层材质分 12-174 至 12-209	
	九、幕墙工程	玻璃幕墙	按材质、框架形式分 12-210 至 12-217	1. 型材矫正、放料下料、切割断料、钻孔、安装框料及玻璃配件、周边塞口、清洁。 2. 清理基层、定位、弹线、下料、打砖剔洞、安装龙骨、避雷装置焊接安装、清洗等
		其他幕墙		详见《消耗量定额》
	十、隔断		按材质、龙骨分 12-218 至 12-234	详见《消耗量定额》

三、墙、柱面装饰与隔断、幕墙工程计量与计价

(一)抹灰工程计量与计价

1. 抹灰工程工程量计算规则

(1)内墙面、墙裙抹灰面积应扣除门窗洞口和单个面积>0.3 m^2 以上的空圈所占的面积,不扣除踢脚线、挂镜线及单个面积≤0.3 m^2 的孔洞和墙与构件交接处的面积。且门窗洞口、空圈、孔洞的侧壁面积也不增加,附墙柱的侧面抹灰应并入墙面、墙裙抹灰工程量内计算。

(2)内墙面、墙裙的长度以主墙间的图示净长计算,墙面高度按室内地面至天棚底面净高计算,墙面抹灰面积应扣除墙裙抹灰面积,如墙面和墙裙抹灰种类相同者,工程量合并计算。

(3)外墙抹灰面积按垂直投影面积计算,应扣除门窗洞口、外墙裙(墙面和墙裙抹灰种类相同者应合并计算)和单个面积>0.3 m^2 的孔洞所占面积,不扣除单个面积≤0.3 m^2 的孔洞所占面积,门窗洞门及孔洞侧壁面积也不增加。附墙柱侧面抹灰面积应并入外墙面抹灰工程量内。

(4)柱抹灰按结构断面周长乘以抹灰高度计算。

(5)装饰线条抹灰按设计图示尺寸以长度计算。

(6)装饰抹灰分格嵌缝按抹灰面面积计算。

(7)"零星项目"按设计图示尺寸以展开面积计算。

2. 计算公式

内墙面、墙裙抹灰:

$$S=L_{净长}\times H_{净高}-S_{门窗}-S_{>0.3\ m^2的空圈}+S_{墙柱侧面}$$

式中　L——主墙间的图示净长;

　　　H——无墙裙为室内地面(楼面)至天棚底面净高;有墙裙为墙裙顶至天棚底面净高外墙抹灰。

内墙面抹灰工程量计算

$$S=S_{垂直投影}=L_{外墙面}\times H_{外墙高}-S_{门窗}-S_{>0.3\ m^2的孔洞}+S_{墙柱侧面}$$

式中　L——外墙外边线

　　　　H——无墙裙为室外地坪至外墙顶距离；有墙裙为墙裙顶外墙顶距离

注：墙面和墙裙抹灰种类相同者应合并计算。

3. 定额应用

（1）抹灰项目中砂浆配合比与设计不同者，按设计要求调整；如设计厚度与定额取定厚度不同者，按相应增减厚度项目调整。

（2）砖墙中的钢筋混凝土梁、柱侧面抹灰＞0.5 m² 的并入相应墙面项目执行，≤0.5 m² 的按"零星抹灰"项目执行。

（3）抹灰工程的"零星项目"适用于各种壁柜、碗柜、飘窗板、空调隔板、暖气罩、池槽、花台以及≤0.5 m² 的其他各种零星抹灰。

（4）抹灰工程的装饰线条适用于门窗套、挑檐、腰线、压顶、遮阳板外边、宣传栏边框等项目的抹灰，以及凸出墙面且展开宽度≤300 mm 的竖、横线条抹灰。线条展开宽度＞300 mm 且≤400 mm 者，按相应项目乘以系数 1.33；展开宽度＞400 mm 且≤500 mm 者，按相应项目乘以系数 1.67。

4. 案例分析

【案例2-41】　某工程平面图如图 2-139 所示，室外地坪标高为 -0.3 m，该建筑内墙净高为 3 m，外墙顶标高为 3.2 m，窗离地高度为 900 mm，墙面为干混抹灰砂浆 M10，内墙面抹灰厚度 18 mm，外墙面抹灰厚度 20 mm，M-1：1 000 mm×2 200 mm，M-2：1 200 mm×2 200 mm，M-3：900 mm×2 000 mm，C-1：900×1 200，C-2：1 200×1 200，C-3：1 800×1 800，试计算内墙面、外墙装饰人材机费用、编制预算表。

【解】　（1）由已知条件，内墙面抹灰工程量计算：

1）18 mm 干混抹灰砂浆 M10 内墙面一般抹灰。

内墙面抹灰：$S_1=L_{净长}\times H_{净高}-S_{门窗}-S_{>0.3\ m^2的空围}+S_{墙柱侧面}$

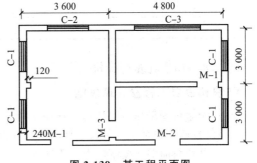

图 2-139　某工程平面图

$L_{净长}=[(3.6-0.24)+(3+3-0.24)]\times 2+[(3-0.24)+(4.8-0.24)]\times 2\times 2+0.12\times 2=47.76(m)$

$S_{门窗}=1\times 2.2\times 3+1.2\times 2.2+0.9\times 2\times 2+0.9\times 1.2\times 4+1.2\times 1.2+1.8\times 1.8=21.84(m^2)$

$S_1=47.76\times 3-21.84=121.44(m^2)$

2）20 mm 干混抹灰砂浆 M10 外墙面一般抹灰

外墙抹灰：$S_2=S_{垂直投影}=L_{外墙面}H_{外墙高}-S_{门窗}-S_{>0.3\ m^2的孔洞}+S_{墙柱侧面}$

$L_{外墙面}=(3.6+4.8+0.24+3+3+0.24)\times 2=29.76(m)$

$S_{门窗}=1\times 2.2+1.2\times 2.2+0.9\times 1.2\times 4+1.2\times 1.2+1.8\times 1.8=13.84(m^2)$

$S_2=29.76\times (3.2+0.3)-13.84=90.32(m^2)$

（2）定额工料机总费用计算：

定额基价见二维码中的常用定额摘录表。

1）根据定额子目 12-1，20 mm 干混抹灰砂浆内墙面套用定额子目 12-1，18 mm 需要套用每增减 1 mm 定额子目 12-3。

12-1 换：18 mm 干混抹灰砂浆 M10 内墙面一般抹灰换算后的定额基价＝2 332.93-92.14×2＝2 148.65(元/100 m²)

人材机费用＝121.44×2 148.65/100＝2 609.32(元)

其中人工费＝121.44×(1 091.71/100－30.24/100×2)＝1 252.33(元)

机械费＝121.44×(72.89/100－3.59/100×2)＝79.80(元)

2)根据定额子目12-2，20 mm干混抹灰砂浆M10外墙面一般抹灰的定额基价为3 018.08元/100 m²。

人材机费用＝90.32×3 018.08/100＝2 725.93(元)

其中人工费＝90.32×1 776.86/100＝1 604.86(元)

机械费＝90.32×72.89/100＝65.83(元)

(3)计算结果见工程预算表2-148。

表2-148 装饰工程预算表

工程名称：某工程

序号	定额编号	项目名称	单位	工程量	定额基价/元			合价/元		
					基价	人工费	机械费	合价	人工费	机械费
1	12-1换	18 mm干混抹灰砂浆M10内墙面一般抹灰	100 m²	1.214 4	2 148.65	1 031.23	65.71	2 609.32	1 252.33	79.80
2	12-2	20 mm干混抹灰砂浆M10外墙面一般抹灰	100 m²	0.903 2	3 018.08	1 776.86	72.89	2 725.93	1 604.86	65.83
小计								5 335.25	2 857.19	145.63

(二)块料面层计量与计价

1. 块料面层工程量计算规则

(1)挂贴石材零星项目中柱墩、柱帽是按圆弧形成品考虑的，按其圆的最大外径以周长计算；其他类型的柱帽、柱墩工程量按设计图示尺寸以展开面积计算。

(2)镶贴块料面层，按镶贴表面积计算。

(3)柱镶贴块料面层按设计图示饰面外围尺寸乘以高度以面积计算。

2. 计算公式

$$镶贴块料面层：S＝S_{实铺表面积}$$

墙面块料面层工程量计算

3. 定额应用

(1)墙面贴块料、饰面高度在300 mm以内者，按踢脚线项目执行。

(2)勾缝镶贴面砖子目，面砖消耗量分别按缝宽5 mm和10 mm考虑，如灰缝宽度与取定不同者，其块料及灰缝材料(预拌水泥砂浆)允许调整。

(3)玻化砖、干挂玻化砖或玻岩板按面砖相应项目执行。

(4)除已列有挂贴石材柱帽、柱墩项目外，其他项目的柱帽、柱墩并入相应柱面积内，每个柱帽或柱墩另增人工：抹灰0.25工日，块料0.38工日，饰面0.5工日。

4. 案例分析

【案例2-42】 将案例2-42题干中外墙面层为240 mm×60 mm外墙面砖，灰缝为5 mm，采用预拌砂浆M10粘贴，门窗侧壁宽为100 mm，试计算该工程块料面层工程量及人材机费用。

【解】 (1)由已知条件，镶贴块料面层工程量计算：240 mm×60 mm外墙面砖，结合层M10预拌砂浆，灰缝5 mm。

镶贴块料面层 $=S_{实铺表面积}=90.32+(2.2\times2+1+2.2\times2+1.2+0.9\times2\times4+1.2\times2\times4+1.2\times4+1.8\times4)\times0.1=94.30(m^2)$

(2)定额工料机总费用计算：

根据定额子目 12-57，240 mm×60 mm 面砖套用定额子目 12-57，定额基价为 7 584.94 元/100 m^2

人材机费用 $=94.30\times7\,584.94/100=7\,152.60$（元）

其中人工费 $=94.30\times3\,587.42/100=3\,382.94$（元）

机械费 $=94.30\times69.87/100=65.89$（元）

(3)计算结果见工程预算表 2-149。

表 2-149 装饰工程预算表

工程名称：某工程

序号	定额编号	项目名称	单位	工程量	定额基价/元			合价/元		
					基价	人工费	机械费	合价	人工费	机械费
1	12-57	240 mm×60 mm 面砖,结合层 M10 预拌砂浆,灰缝 5 mm	100 m^2	0.94	7 584.94	3 587.42	69.87	7 152.60	3 382.94	65.89
小计								7 152.60	3 382.94	65.89

(三)墙饰面、幕墙、隔断工程计量与计价

1. 墙饰面、幕墙、隔断工程量计算规则

(1)龙骨、基层、面层墙饰面项目按设计图示饰面尺寸以面积计算,扣除门窗洞口及单个面积 $>0.3\ m^2$ 以上的空圈所占的面积,不扣除单个面积 $\leq0.3\ m^2$ 的孔洞所占面积,门窗洞口及孔洞侧壁面积也不增加。

(2)柱(梁)饰面的龙骨、基层、面层按设计图示饰面尺寸以面积计算,柱帽、柱墩并入相应柱面积计算。

(3)玻璃幕墙、铝板幕墙以框外围面积计算；半玻璃隔断、全玻璃幕墙如有加强肋者,工程量按其展开面积计算。

(4)隔断按设计图示框外围尺寸以面积计算,扣除门窗洞及单个面积 $>0.3\ m^2$ 的孔洞所占面积。

2. 定额应用

(1)木龙骨基层是按双向计算的,如设计为单向时,材料、人工乘以系数 0.55。

(2)玻璃幕墙中的玻璃按成品玻璃考虑；幕墙中的避雷装置已综合,但幕墙的封边、封顶的费用另行计算。型钢、挂件设计用量与定额取定用量不同时,可以调整。

(3)幕墙饰面中的结构胶与耐候胶设计用量与定额取定用量不同时,消耗量按设计计算的用量加 15% 的施工损耗计算。

(4)玻璃幕墙设计带有平、推拉窗者,并入幕墙面积计算,窗的型材用量应予以调整,窗的五金用量相应增加,五金施工损耗按 2% 计算。

(5)面层、隔墙(间壁)、隔断(护壁)项目内,除注明者外均未包括压边、收边、装饰线(板),如设计要求时,应按照定额"其他装饰工程"相应项目执行；浴厕隔断已综合了隔断门所增加的工料。

(6)隔墙(间壁)、隔断(护壁)、幕墙等项目中龙骨间距、规格如与设计不同时，允许调整。

任务实施

1. 请编制首层门卫室内墙面定额工程量和预算表。

【解】 (1)由已知条件，门卫室内墙面工程量计算：

14 mm＋6 mm 干混抹灰砂浆 M10 内墙面一般抹灰

内墙面抹灰：$S_1 = L_{净长} \times H_{净高} - S_{门窗} - S_{>0.3 m^2的空圈} + S_{墙柱侧面}$

$L_{净长} = [(3-0.24)+(4.8-0.24)] \times 2 = 14.64$(m)

$S_{门窗} = 1.2 \times 2.1 \times 2 + 0.9 \times 2.1 = 6.93$(m²)

$S_1 = 14.64 \times (4.2-0.1) - 6.93 = 53.09$(m²)

(2)定额工料机总费用计算：

定额基价见二维码中常用定额摘录表。

根据定额子目 12-1，20 mm 干混抹灰砂浆内墙面套用定额子目 12-1，定额基价为 2 332.93 元/100 m²。

人材机费用＝53.09×2 332.93/100＝1 238.55(元)

其中人工费＝53.09×1 091.71/100＝579.59(元)

机械费＝53.09×72.89/100＝38.70(元)

2. 请编制首层卫生间墙面定额工程量和预算表。

【解】 (1)由已知条件，卫生间墙面工程量计算：

300 mm×300 mm 墙面砖(卫生间)

卫生间吊顶标高 3.65 m，卫生间地面－0.05 m，则地面至吊顶 3.7 m。

镶贴块料面层：$S = S_{实铺表面积} = 14.64$(同门卫室)×3.7－(1.2×2.1＋0.9×2.1)(门窗洞口)＋(1.2＋2.1)×2×0.24＋(0.9＋2.1×2)×0.24(门窗侧壁)＝52.57(m²)

(2)定额工料机总费用计算：

定额基价见二维码中常用定额摘录表。

根据定额子目 12-62，0.20 m² 以内墙面砖，定额基价为 7 542.27 元/100 m²。

人材机费用＝52.57×7 542.27/100＝3 964.97(元)

其中人工费＝52.57×3 234.72/100＝1 700.49(元)

机械费＝52.57×68.17/100＝35.84(元)

(3)计算结果见工程预算表 2-150。

表 2-150 装饰工程预算表

工程项目：某理工院实训工房

序号	定额编号	项目名称	单位	工程量	定额基价/元			合价/元		
					基价	人工费	机械费	合价	人工费	机械费
1	12-1	14 mm＋6 mm 干混抹灰砂浆 M10 内墙面 一般抹灰	100 m²	0.530 9	2 332.93	1 091.71	72.89	238.55	1 579.59	38.70
2	12-62	300 mm ×300 mm 墙面砖	100 m²	0.525 7	7 542.27	3 234.72	68.17	3 964.97	1 700.49	35.84
小计								5 203.52	2 280.08	74.54

任务单

【任务 2-22】 某理工院实训工房图纸见附录。请编制首层除门卫室、卫生间其余内墙面分项工程定额工程量和预算表，并将计算过程填入表 2-151，将人材机分析填入表 2-152。

常用定额摘录

表 2-151 定额工程量和合价计算书

班级：＿＿＿＿＿＿ 学号：＿＿＿＿＿＿ 姓名：＿＿＿＿＿＿ 成绩：＿＿＿＿＿＿

序号	定额编号	项目名称	定额基价	单位	工程量	工程量计算过程	合价计算过程

表 2-152 人材机分析表

序号	定额编号	分项工程名称	计量单位	工程数量	综合工日		材料名称				机械台班						…	…
					定额	数量	定额	数量	定额	数量	定额	数量	定额	数量	定额	数量		

　　本任务重点学习了以下内容：

　　(1)内墙面、墙裙抹灰面积应扣除门窗洞口和单个面积＞0.3 m² 以上的空圈所占的面积，不扣除踢脚线、挂镜线及单个面积≤0.3 m² 的孔洞和墙与构件交接处的面积。且门窗洞口、空圈、孔洞的侧壁面积也不增加，附墙柱的侧面抹灰应并入墙面、墙裙抹灰工程量内计算。

　　(2)内墙面、墙裙的长度以主墙间的图示净长计算，墙面高度按室内地面至天棚底面净高计算，墙面抹灰面积应扣除墙裙抹灰面积，如墙面和墙裙抹灰种类相同者，工程量合并计算。

　　(3)外墙抹灰面积按垂直投影面积计算，应扣除门窗洞口、外墙裙(墙面和墙裙抹灰种类相同者应合并计算)和单个面积＞0.3 m² 的孔洞所占面积，不扣除单个面积≤0.3 m² 的孔洞所占面积，门窗洞门及孔洞侧壁面积也不增加。附墙柱侧面抹灰面积应并入外墙面抹灰工程量内。

　　(4)柱抹灰按结构断面周长乘以抹灰高度计算。

　　(5)挂贴石材零星项目中柱墩、柱帽是按圆弧形成品考虑的，按其圆的最大外径以周长计算；其他类型的柱帽、柱墩工程量按设计图示尺寸以展开面积计算。

　　(6)镶贴块料面层，按镶贴表面积计算。

　　(7)柱镶贴块料面层按设计图示饰面外围尺寸乘以高度以面积计算。

　　通过本任务学习，学生能结合实际施工图纸，根据预算定额中有关规定，进行墙、柱面装饰与隔断、幕墙工程工程量的计算和人材机费用计算。

　　通过本任务的学习，学生根据重点知识点的提示，完成"任务三 墙、柱面装饰与隔断、幕墙工程"学生笔记(表 2-153)的填写，并对墙、柱面装饰与隔断、幕墙工程计算方法及注意事项进行归纳总结。

　　　　　　表 2-153　"任务三 墙、柱面装饰与隔断、幕墙工程"学生笔记

　　班级：＿＿＿＿＿　　学号：＿＿＿＿＿　　姓名：＿＿＿＿＿　　成绩：＿＿＿＿＿

　一、抹灰工程

　1.内墙面、墙裙抹灰：

2.外墙抹灰：

3.柱面抹灰：

二、块料面层
1.挂贴石材：

2.镶贴块料面层：

3.柱镶贴块料面层：

课后练习

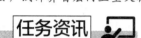
任务四　天棚工程

任务导入

　　某理工院实训工房图纸见附录，依据图纸中建筑说明天棚、卫生间吊顶的做法，试计算首层门卫室天棚及卫生间吊顶的定额工程量并编制预算表。

任务资讯

一、概述

　　天棚又称顶棚、吊顶，是对房屋室内顶面的装饰，是室内装饰工程的一个重要组成部分。天棚的作用是使房屋顶部整洁美观，并具有保温、隔热和隔声等性能。天棚装饰工程定额包括天棚抹灰、天棚吊顶、天棚其他装饰，如图2-140～图2-142所示。常见的天棚如下：

图 2-140　抹灰天棚

图 2-141　平整式天棚吊顶

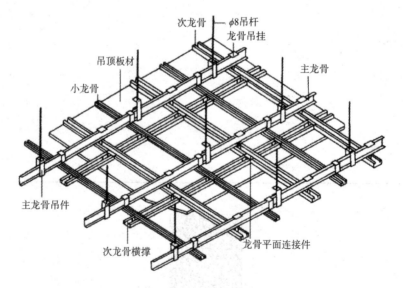

图 2-142　吊顶天棚构造

(1)直接式天棚。直接式天棚是直接在屋面板或者楼板结构底面上做饰面材料的室内顶面装饰装修形式。它的优点是结构简单、构造层厚度小、施工方便、材料利用少，造价低；缺点是不能隐藏管线、设备。适合层高比较低的建筑室内空间。

(2)悬吊式吊顶。悬吊式吊顶其饰面层与楼板或屋面板之间有一定的空间距离，其中可以布设各种管道和设备。饰面层可以设计成不同的艺术造型，以产生不同的层次和丰富空间效果。与直接式天棚相比其造价比较高。

二、定额项目设置

《消耗量定额》第十三章 天棚工程，定额子目划分见表2-154。

天棚工程定额项目设置

三、天棚工程计量与计价

(一)天棚抹灰计量与计价

1. 工程量计算规则

按设计结构尺寸以展开面积计算天棚抹灰。不扣除间壁墙、垛、柱、附墙烟囱、检查口和管道所占的面积，带梁天棚的梁两侧抹灰面积并入天棚面积内，板式楼梯底面抹灰面积(包括踏步、休息平台以及≤500 mm宽的楼梯井)按水平投影面积乘以系数1.15计算，锯齿形楼梯底板抹灰面积(包括踏步、休息平台以及≤500 mm宽的楼梯井)按水平投影面积乘以系数1.37计算。

表 2-154　天棚工程定额项目设置表

章	节			项目名称	定额编号	工作内容
天棚工程	一、天棚抹灰			混凝土天棚	13-1 至 13-3	1. 清理修补基层表面、堵眼、调运砂浆、清扫落地灰。 2. 抹灰找平、罩面及压光
				钢板网天棚	13-4	
				板条天棚	13-5	
		装饰线		三道内	13-6	
				五道内	13-7	
	二、天棚吊顶	1. 吊顶天棚	平级、跌级天棚	天棚龙骨(对剖圆木楞)	13-8 至 13-17	定位、弹线、选料、下料、制作安装(包括检查孔)等
				天棚龙骨(方木楞)	13-18 至 13-27	制作、安装木楞(包括检查孔)
				天棚龙骨(轻钢龙骨)	13-28 至 13-45	1. 吊件加工、安装。 2. 定位、弹线、射钉。 3. 选料、下料、定位杆控制高度、平整、安装龙骨及吊配附件、孔洞预留等。 4. 临时加固，调整、校正。 5. 灯箱风口封边、龙骨设置。 6. 预留位置、整体调整
				天棚龙骨(铝合金龙骨)	13-46 至 13-78	1. 定位、弹线、射钉、膨胀螺栓及吊筋安装。 2. 选料、下料组装。 3. 安装龙骨及吊配附件、临时加固支撑。 4. 预留空洞、安封边龙骨。 5. 调整、校正

章	节	项目名称			定额编号	工作内容
天棚工程	二、天棚吊顶	1.吊顶天棚	平级、跌级天棚	天棚基层	13-79 至 13-81	安装天棚基层
				天棚面层	13-82 至 13-146	安装天棚面层
			艺术造型天棚	轻钢龙骨	13-147 至 13-157	1. 吊件加工、安装。 2. 定位、弹线、安膨胀螺栓。 3. 选料、下料、定位杆控制高度、平整、安装龙骨及调整横支撑附件、孔洞预留等。 4. 临时加固，调整、校正。 5. 灯箱风口封边、龙骨设置。 6. 预留位置、整体调整
				方木龙骨	按截面形状分 13-158、13-159	定位、弹线、选料、下料、制作安装龙骨等
				基层	13-160 至 13-181	钉天棚基层板
				面层	13-182 至 13-214	安装天棚面层
			烤漆龙骨天棚		13-215、13-216	1. 吊件加工、安装。 2. 定位、弹线、射钉。 3. 选料、下料、定位杆控制高度、平整、安装龙骨及吊配附件、孔洞预留等。 4. 临时加固支撑，调整、校正。 5. 灯箱风口封边、龙骨设置。 6. 预留位置、整体调整
		2.格栅吊顶	铝合金格栅、条板天棚		13-217 至 13-219	1. 定位、弹线、射钉、膨胀螺栓及吊筋安装。 2. 选料、下料组装。 3. 安装龙骨及吊配附件、临时加固支撑。 4. 预留空洞、安封边龙骨。 5. 调整、校正
			木格栅天棚		13-220 至 13-224	定位、放线、下料、安装等
		3. 吊筒吊顶			按形状规格分 13-225 至 13-228	1. 基层清理。 2. 吊、安天棚面
		4. 藤条造型悬挂吊顶			13-229	
		5. 织物软雕吊顶			13-230 至 13-233	
		6. 装饰网架吊顶			13-234	1. 基层清理。 2. 网架安装
	三、天棚其他装饰	灯带(槽)			按形式分 13-235 至 13-238	定位、弹线、下料、钻孔埋木楔、灯槽制作安装
		送风口、回风口安装			按材质分 13-239 至 13-242	对口、号眼、安装木柜条、过滤网及风口校正、上螺钉、固定等
		天棚开孔			13-243 至 13-247	天棚面层开孔

2. 计算公式

天棚工程计量与计价

$$S = S_{展开面积}$$

式中 S——天棚抹灰面积；

$S_{展开面积}$——包括梁侧抹灰面积。

3. 定额应用

(1)抹灰项目中砂浆配合比与设计不同时，可按设计要求予以换算；如设计厚度与定额取定厚度不同时，按相应项目调整。

(2)如混凝土天棚刷素水泥浆或界面剂，按《消耗量定额》第十二章 墙、柱面装饰与隔断、幕墙工程相应项目人工乘以系数 1.15。

(3)楼梯底板抹灰按《消耗量定额》第十三章 天棚工程相应项目执行，其中锯齿形楼梯按相应项目人工乘以系数 1.35。

4. 案例分析

【案例 2-43】 某工程天棚装饰一次抹灰 10 mm 厚，采用干混抹灰砂浆 M10；井字梁天棚构造如图 2-143、图 2-144 所示。现浇混凝土板厚为 100 mm，外墙厚为 240 mm；主梁断面为250 mm×500 mm，次梁断面 200 mm×350 mm。计算该工程天棚一次抹灰工程量及人材机费用并计算天棚一次抹灰工料机消耗量。

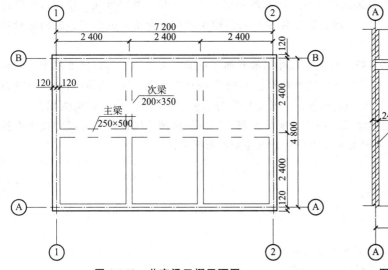

图 2-143 井字梁天棚平面图　　　　图 2-144 井字梁天棚构造图

【解】 (1)天棚抹灰工程量计算：

$S_{天棚抹灰} = S_{天棚底} + S_{梁}$

$S_{天棚底} = (7.2 - 0.24) \times (4.8 - 0.24) = 31.738 (\text{m}^2)$

$S_{梁侧} = (7.2 - 0.24) \times (0.5 - 0.1) \times 2 + [(4.8 - 0.24 - 0.25) \times (0.35 - 0.1)]$

$\quad\quad \times 4 - 0.2 \times (0.35 - 0.1) \times 4$

$\quad\quad = 9.678 \text{ m}^2$

合计工程量：$S_{天棚抹灰} = 31.738 + 9.678 = 41.42 \text{ m}^2$

(2)定额列项套定额基价并计算相关费用：见常用定额摘录表 2-3-4-5

天棚抹灰工程量套用定额子目 13-1：

人材机费用 $= 41.42 \text{ m}^2 \times 1\,579.60 \text{ 元}/100 \text{ m}^2 = 654.27 \text{ 元}$

其中人工费 $= 41.42 \text{ m}^2 \times 974.40 \text{ 元}/100 \text{ m}^2 = 403.60 \text{ 元}$

机械费 $= 41.42 \text{ m}^2 \times 35.50 \text{ 元}/100 \text{ m}^2 = 14.70 \text{ 元}$

(3)工料机消耗量：

人工工日：41.42 m² × 10.15 工日/100 m² = 4.20 工日

干混抹灰砂浆 M10：41.42 m² × 1.13 m³/100 m² = 0.47 m³

水：41.42 m² × 0.712 m³/100 m² = 0.29 m³

干混砂浆罐式搅拌机：41.62 m² × 0.188 台班/100 m² = 0.08 台班

(4)天棚抹灰工程预算表见表2-155。

表 2-155　装饰工程预算表

工程项目：某工程　　　　　　　　　　　　　　　　　　　　第 1 页 共 1 页

序号	定额编号	项目名称	单位	工程量	定额基价(元)			合价(元)		
					基价	人工费	机械费	合价	人工费	机械费
1	13—1	天棚抹灰	100 m²	0.414 2	1 579.6	974.4	35.5	654.27	403.60	14.70
		小计						657.27	403.60	14.70

(二)天棚吊顶计量与计价

1. 工程量计算规则

(1)天棚龙骨按主墙间水平投影面积计算，不扣除间壁墙、垛、柱、附墙烟囱、检查口和管道所占的面积，扣除单个 > 0.3 m² 的孔洞、独立柱及与天棚相连的窗帘盒所占的面积。斜面龙骨按斜面计算。

(2)天棚吊顶的基层和面层均按设计图示尺寸以展开面积计算。天棚面中的灯槽及跌级、阶梯式、锯齿形、吊挂式、藻井式天棚面积按展开计算。不扣除间壁墙、垛、柱、附墙烟囱、检查口和管道所占的面积，扣除单个 > 0.3 m² 的孔洞、独立柱及与天棚相连的窗帘盒所占的面积。

(3)格栅吊顶、藤条造型悬挂吊顶、织物软雕吊顶和装饰网架吊顶，按设计图示尺寸以水平投影面积计算。吊筒吊顶以最大外围水平投影尺寸，以外接矩形面积计算。

2. 计算公式

(1)天棚龙骨工程量计算公式：

$$S = S_{主墙间水平投影面积}$$

式中　S——天棚龙骨面积；

$S_{主墙间水平投影面积}$——主墙之间的水平投影面积。

(2)天棚吊顶的基层和面层工程量计算公式：

$$S = S_{展开面积}$$

式中　S——天棚基层和面层面积；

$S_{展开面积}$——设计图示尺寸按展开面积。

3. 定额应用

(1)吊顶天棚。

1)除烤漆龙骨天棚为龙骨、面层合并列项外，其余均为天棚龙骨、基层、面层分别列项编制。

2)龙骨的种类、间距、规格和基层、面层材料的型号、规格是按常用材料和常用做法考虑的，如设计要求不同时，材料可以调整，人工、机械不变。

3)天棚面层在同一标高者为平面天棚，天棚面层不在同一标高者为跌级天棚。跌级天棚其面层按相应项目人工乘以系数1.30。

4)轻钢龙骨、铝合金龙骨项目中龙骨按双层双向结构考虑，即中、小龙骨紧贴大龙骨底面吊挂，如为单层结构时，即大、中龙骨底面在同一水平上者，人工乘以系数0.85。

5)轻钢龙骨、铝合金龙骨项目中，如面层规格与定额不同时，按相近面积的项目执行。

6)轻钢龙骨和铝合金龙骨不上人型吊杆长度为0.6 m，上人型吊杆长度为1.4 m。吊杆长度与定额不同时可按实际调整，人工不变。

7)平面天棚和跌级天棚是指一般直线形天棚，不包括灯光槽的制作安装。灯光槽制作安装应按《消耗量定额》第十三章 天棚工程相应项目执行。吊顶天棚中的艺术造型天棚项目中包括灯光槽的制作安装。

8)天棚面层不在同一标高，且高差在400 mm以下、跌级三级以内的一般直线形平面天棚按跌级天棚相应项目执行；高差在400 mm以上或跌级超过三级，以及圆弧形、拱形等造型天棚按吊顶天棚中的艺术造型天棚相应项目执行。

9)天棚检查孔的工料已包括在项目内，不另行计算。

10)龙骨、基层、面层的防火处理及天棚龙骨的刷防腐漆，石膏板刮嵌缝膏、贴绷带，按《消耗量定额》第十四章 油漆、涂料、裱糊工程相应项目执行。天棚压条、装饰线条按消耗量定额"其他装饰工程"相应项目执行。

(2)格栅吊顶、吊筒吊顶、藤条造型悬挂吊顶、织物软雕吊顶、装饰网架吊顶，龙骨、面层合并列项编制。

4. 案例分析

【案例2-44】 某办公室天棚吊顶采用装配式U形轻钢龙骨(不上人型)，规格为300 mm×300 mm，跌级吊顶；天棚面层采用石膏板安装在U形轻钢龙骨上，天棚构造如图2-145所示，外墙厚为240 mm。列项计算该工程天棚装饰工程量及人材机费用(图中尺寸均以毫米为单位)。

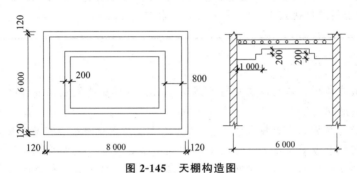

图2-145 天棚构造图

【解】 (1)根据题意及消耗量定额计算规则：

天棚轻钢龙骨及石膏板面层工程量计算：

天棚龙骨 $S=(8.00-0.24)\times(6.00-0.24)=44.70(\text{m}^2)$

天棚面层 $S=(8.00-0.24)\times(6.00-0.24)+(8.00-0.24-0.90\times2+6.00-0.24-0.90\times2)\times2\times0.20\times2=52.63(\text{m}^2)$

(2)定额列项套定额基价并计算相关费用：见二维码中常用定额摘录表。

天棚轻钢龙骨工程量套用定额子目13-29：基价=5 712.74 元/100 m²，(其中人工费=1 500.77 元/100 m²，机械费=390.50 元/100 m²)

∴人材机费用=44.70 m²×5 712.74 元/100 m²=2 553.59 元

其中人工费=44.70 m²×1 500.77 元/100 m²=670.84 元

机械费=44.70 m²×390.50 元/100 m²=174.55 元

天棚面层工程量套用定额子目13-101：基价=1 951.92 元/100 m²，(其中人工费=800.74 元/100 m²，机械费=0 元/100 m²)

∴人材机费用=52.63×1 951.92/100=1 027.30(元)

其中人工费=52.63×800.74/100=421.43(元)

(3)天棚吊顶工程预算表见表 2-156。

表 2-156　装饰工程预算表

工程项目：某办公室

序号	定额编号	项目名称	单位	工程量	定额基价(元)			合价(元)		
					基价	人工费	机械费	合价	人工费	机械费
1	13-29	天棚装配式 U 轻钢龙骨 (不上人型)	100 m²	0.447	5 712.74	1 500.77	390.50	2 553.59	670.84	174.55
2	13-101	天棚石膏板面层	100 m²	0.526 3	1 951.92	800.74	0	1027.30	421.43	0
小计								3 580.89	1 092.27	174.55

(三)天棚其他装饰计量与计价

1. 工程量计算规则

(1)灯带(槽)按设计图示尺寸以框外围面积计算。

(2)送风口、回风口及灯光孔按设计图示数量计算。

2. 定额应用

灯带(槽)定额子目工作内容为：定位、弹线、下料、钻孔埋木楔、灯槽制作安装。

灯带(槽)定额子目：悬挑式 13-235 至 13-237,附加式 13-238。

💡 **思政小贴士**

热爱生活、追求美好：通过吊顶材料的演变,把吊顶行业的发展融入课堂,引发大家对于美好生活的向往和追求。

习近平总书记在党的二十大报告中指出："为民造福是立党为公、执政为民的本质要求。必须坚持在发展中保障和改善民生,鼓励共同奋斗创造美好生活,不断实现人民对美好生活的向往。"党的二十大报告作出的一系列重要谋划和部署,充分彰显了我们党坚定的人民立场和在新征程上不断把人民对美好生活的向往变为现实的坚强决心,对于激励全党全军全国各族人民为全面建设社会主义现代化国家、全面推进中华民族伟大复兴而团结奋斗具有重要指导意义。

📋 **任务实施**

【解】 (1)由已知条件及工程量计算规则得：

1)门卫天棚抹灰工程量计算：

$$S_{天棚抹灰} = S_{天棚底} + S_{梁侧} = (3-0.24) \times (4.8-0.24) = 12.59 (m^2)$$

2)卫生间吊顶工程量计算：

$$S_{龙骨} = S_{主墙间水平投影面积} = (3-0.24) \times (4.8-0.24) = 12.59 (m^2)$$

$$S_{面层} = (3-0.24) \times (4.8-0.24) = 12.59 (m^2)$$

(2)定额工料机总费用计算：

1)根据已知条件和定额子目 12-23[如混凝土天棚刷素水泥浆或界面剂,按《消耗量定额》第十二章 墙、柱面装饰与隔断、幕墙工程相应项目人工乘以系数 1.15。得：12-23 换=80.97+103.68× 1.15=200.20(元/100 m²),换算后刷素水泥浆定额基价为 200.20 元/100 m²,其中人工=119.23

元/100 m²，机械费＝0 元/100 m²]。

人材机费用＝12.59×200.20/100＝25.21(元)

其中人工费＝12.59×119.23/100＝15.01(元)

2)根据定额子目13-1,一次抹灰(10 mm)定额基价为1 579.60元/100 m²(其中,人工＝974.40元/100 m²，机械费＝35.50/100 m²)。

人材机费用＝12.59×1 579.6/100×2＝397.74(元)

其中人工费＝12.59×974.4/100×2＝245.36(元)

机械费＝12.59×35.5/100×2＝8.94(元)

3)根据定额子目13-32,U形轻钢龙骨定额基价为3 445.58元/100 m²(其中人工＝1 116.29元/100 m²，机械费＝290.44 元/100 m²)。

人材机费用＝12.59×3 445.58/100＝433.80(元)

其中人工费＝12.59×1 116.29/100＝140.54(元)

机械费＝12.59×290.44/100＝36.57(元)

4)根据定额子目13-113,矿棉吸音板定额基价为2 138.14元/100 m²(其中人工832.99 元/100 m²，机械费＝0 元/100 m²)。

人材机费用＝12.59×2 138.14/100＝269.19(元)

其中人工费＝12.59×832.99/100＝104.79(元)

(3)计算结果见工程预算表2-157。

表 2-157 装饰工程预算表

工程项目：某理工院实训工房

序号	定额编号	项目名称	单位	工程量	定额基价/元			合价/元		
					基价	人工费	机械费	合价	人工费	机械费
1	12-23 换	刷素水泥浆	100 m²	0.125 9	200.20	119.23	0	25.21	15.01	0
2	13-1	一次抹灰	100 m²	0.251 8	1 579.60	974.40	35.50	397.74	245.30	8.94
3	13-32	U 形轻钢龙骨	100 m²	0.125 9	3 445.58	1 116.29	290.44	433.80	140.54	36.57
4	13-113	矿棉吸声板	100 m²	0.125 9	2 138.14	832.99	0	269.19	104.87	0
小计								1 125.94	505.78	45.51

任务单

某理工院实训工房图纸见附录。

【任务2-23】 请编制天棚(除首层门卫室)抹灰定额工程量和预算表。

【任务2-24】 请编制天棚(除首层卫生间)吊顶定额工程量和预算表。将计算过程填入表2-158,将人材机分析填入表2-159。

常用定额摘录

表 2-158 定额工程量和合价计算书

班级：_____ 学号：_____ 姓名：_____ 成绩：_____

序号	定额编号	项目名称	定额基价	单位	工程量	工程量计算过程	合价计算过程

表 2-159　人材机分析表

工程名称：　　　　　　　　　　　　　　　　　　　　　　　　　　　第　页 共　页

序号	定额编号	分项工程名称	计量单位	工程数量	综合工日		材料名称						机械台班						…	…
					定额	数量	定额	数量	定额	数量	定额	数量	定额	数量	定额	数量	定额	数量		

小　结

本任务重点学习了以下内容：

(1)按设计结构尺寸以展开面积计算天棚抹灰。不扣除间壁墙、垛、柱、附墙烟囱、检查口和管道所占的面积，带梁天棚的梁两侧抹灰面积并入天棚面积内，板式楼梯底面抹灰面积（包括踏步、休息平台以及≤500 mm 宽的楼梯井）按水平投影面积乘以系数 1.15 计算，锯齿形楼梯底板抹灰面积（包括踏步、休息平台以及≤500 mm 宽的楼梯井）按水平投影面积乘以系数 1.37 计算。

(2)天棚龙骨按主墙间水平投影面积计算，不扣除间壁墙、垛、柱、附墙烟囱、检查口和管道所占的面积，扣除单个>0.3 m² 的孔洞、独立柱及与天棚相连的窗帘盒所占的面积。斜面龙骨按斜面计算。

(3)天棚吊顶的基层和面层均按设计图示尺寸以展开面积计算。天棚面中的灯槽及跌级、阶梯式、锯齿形、吊挂式、藻井式天棚面积按展开计算。不扣除间壁墙、垛、柱、附墙烟囱、检查口和管道所占的面积，扣除单个>0.3 m² 的孔洞、独立柱及与天棚相连的窗帘盒所占的面积。

(4)格栅吊顶、藤条造型悬挂吊顶、织物软雕吊顶和装饰网架吊顶，按设计图示尺寸以水平投影面积计算。吊筒吊顶以最大外围水平投影尺寸，以外接矩形面积计算。

(5)灯带(槽)按设计图示尺寸以框外围面积计算。

(6)送风口、回风口及灯光孔按设计图示数量计算。

学生笔记

通过本任务的学习，学生根据重点知识点的提示，完成"任务四　天棚工程"学生笔记（表 2-160）的填写，并对天棚工程计算方法及注意事项进行归纳总结。

表 2-160　"任务四 天棚工程"学生笔记

班级：_____　学号：_____　姓名：_____　成绩：_____

一、常见天棚工程

二、天棚抹灰工程量计算规则

三、吊顶天棚工程量计算规则

1. 天棚龙骨：

2. 天棚吊顶的基层和面层：

课后练习

任务五　　油漆、涂料、裱糊工程

任务导入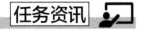

某理工院实训工房图纸见附录，依据图纸中建筑说明内墙面、天棚的做法，试计算首层门卫室内墙面及天棚的乳胶漆定额工程量并编制预算表。

任务资讯

知识导图

一、概述

油漆、涂料组成：油漆、涂料是一种胶体液态混合剂，主要由胶粘剂、溶剂（稀释剂）、颜料、催干剂、增韧剂等材料组成。

常用油漆涂料：油漆涂料从材料性能上可分为油质涂料和水质涂料两大类。其中，水质涂料一般用于抹灰面或混凝土面的粉刷。常用的油漆涂料有清油、清漆、调和漆、防锈漆、乳胶漆等。

油漆涂料施工工艺：基层处理→刷底油→刮腻子→磨光→涂刷油漆(刷涂、喷涂、擦涂、揩涂)。

裱糊是在结构表面、抹灰表面或木材表面、金属表面作的一层纯属装饰的面层，它的材料主要是一些墙纸、墙布、胶带等。

(1)当设计与定额取定的喷、涂、刷遍数不同时，可按《消耗量定额》第十三章 天棚工程相应每增加一遍项目进行调整。

(2)油漆、涂料定额中均已考虑刮腻子。当抹灰面油漆、喷刷涂料设计与定额取定的刮腻子遍数不同时，可按《消耗量定额》第十三章 天棚工程喷刷涂料一节中刮腻子每增减一遍项目进行调整。喷刷涂料一节中刮腻子项目仅适用于单独刮腻子工程。

(3)纸面石膏板等装饰板材面刮腻子刷油漆、涂料，按抹灰面刮腻子刷油漆、涂料相应项目执行。

(4)附墙柱抹灰面喷刷油漆、涂料、裱糊，按墙面相应项目执行；独立柱抹灰面喷刷油漆、涂料、裱糊，按墙面相应项目执行，其中人工乘以系数1.2。

(5)喷塑(一塑三油)：底油、装饰漆、面油，其规格划分如下：

1)大压花：喷点压平，点面积在 1.2 cm² 以上；

2)中压花：喷点压平，点面积在 1~1.2 cm²；

3)喷中点、幼点：喷点面积在 1 cm² 以下。

(6)墙面真石漆、氟碳漆项目不包括分格嵌缝，当设计要求做分格嵌缝时，费用另行计算。

二、定额项目设置

《消耗量定额》第十四章 油漆、涂料、裱糊工程，定额子目划分见表2-161。

表 2-161　油漆、涂料、裱糊工程定额项目设置表

章	节	项目名称	定额编号	工作内容
油漆、涂料、裱糊工程	一、木门油漆	调和漆	14-1 至 14-3	1. 清扫、打磨、补嵌腻子、刷底油一遍、调和漆二遍等。 2. 清扫、打磨、润油粉、满刮腻子一遍、刷调和漆二遍等。 3. 清扫、打磨、刷调和漆一遍等
		醇酸磁漆	14-4 至 14-6	
		硝基清漆	14-7 至 14-9	
		醇酸清漆	14-10 至 14-12	
		聚酯清漆	14-13、14-14	
		聚酯色漆	14-15、14-16	
		其他油漆	14-17 至 14-24	
	二、木扶手及其他板条、线条油漆	调和漆	14-25 至 14-36	详见《消耗量定额》
		醇酸磁漆	14-37 至 14-48	
		硝基清漆	14-49 至 14-60	
		醇酸清漆	14-61 至 14-72	
		聚酯清漆	14-73 至 14-80	
		聚酯色漆	14-81 至 14-88	
		其他油漆	14-89 至 14-96	

章	节	项目名称	定额编号	工作内容
油漆、涂料、裱糊工程	三、其他木材面油漆	调和漆	14-97 至 14-99	详见《消耗量定额》
		醇酸磁漆	14-100 至 14-102	
		硝基清漆	14-103 至 14-105	
		醇酸清漆	14-106 至 14-108	
		聚酯清漆	14-109、14-110	
		聚酯色漆	14-111、14-112	
		其他油漆	14-113 至 14-131	
		木地板油漆	14-132 至 14-134	1. 清扫、打磨、补嵌腻子、刷底油一遍、调和漆三遍等。 2. 清扫、打磨、补嵌腻子、刷底油一遍、油色、刷清漆三遍等。 3. 清扫、打磨、补嵌腻子、刷底油一遍、润油粉、漆片、擦蜡等
	四、金属面油漆	金属面防腐油漆	按种类分 14-135 至 14-170	详见《消耗量定额》
		金属面其他油漆	14-171 至 14-179	
		金属面防火涂料	14-180 至 14-188	清理基层、喷防火涂料等
	五、抹灰面油漆	调和漆、真石漆、氟碳漆	14-189 至 14-193	详见《消耗量定额》
		过氯乙烯漆	14-194 至 14-197	
		乳胶漆	14-198 至 14-208	1. 墙面、天棚面：清扫、满刮腻子二遍、打磨、刷底漆一遍、刷乳胶漆二遍等。 2. 每增加一遍：刷乳胶漆一遍等
		耐磨漆	14-209 至 14-212	详见《消耗量定额》
	六、喷刷涂料	涂料	14-213 至 14-240	
		胶砂、彩砂喷涂	14-241、14-242	清扫、找补孔洞、调料、刮腻子、遮盖不应喷处、喷涂料、压平等
		一塑三油	14-243 至 14-246	详见《消耗量定额》
		美术涂饰	14-247、14-248	
		腻子及其他	14-249 至 14-256	
	七、裱糊	壁纸	14-257 至 14-262	清扫、找补腻子、刷底胶、刷粘贴剂、铺贴壁纸等
		织锦缎	14-263、14-264	详见《消耗量定额》

三、油漆、涂料、裱糊工程计量与计价

(一)木门油漆工程计量与计价

1. 工程量计算规则

执行单层木门油漆的项目，其工程量计算规则及相应系数见表 2-162。

表 2-162　工程量计算规则和系数表

	项目	系数	工程量计算规则(设计图示尺寸)
1	单层木门	1.00	
2	单层半玻门	0.85	
3	单层全玻门	0.75	
4	半截百叶门	1.50	
5	全百叶门	1.70	门洞口面积
6	厂库房大门	1.10	
7	纱门扇	0.80	
8	特种门(包括冷藏门)	1.00	
9	装饰门扇	0.90	扇外围尺寸面积
10	间壁、隔断	1.00	
11	玻璃间壁露明墙筋	0.80	单面外围面积
12	木栅栏、木栏杆(带扶手)	0.90	

2. 计算公式

$$S=(门洞口面积/扇外围尺寸面积/单面外围面积)×相应系数$$

3. 定额应用

(1)油漆浅、中、深各种颜色已在定额中综合考虑,颜色不同时,不另行调整。

(2)定额综合考虑了在同一平面上的分色,但美术图案需另外计算。

(3)木材面硝基清漆项目中每增加刷理漆片一遍项目和每增加硝基清漆一遍项目均适用于三遍以内。

(4)木材面聚酯清漆、聚酯色漆项目,当设计与定额取定的底漆遍数不同时,可按每增加聚酯清漆(或聚酯色漆)一遍项目进行调整,其中聚酯清漆(或聚酯色漆)调整为聚酯底漆,消耗量不变。

(5)木材面刷底油一遍、清油一遍可按相应底油一遍、熟桐油一遍项目执行,其中熟桐油调整为清油,消耗量不变。

(6)木门、木扶手、其他木材面等刷漆,按熟桐油、底油、生漆两遍项目执行。

(二)木扶手及其他板条、线条油漆工程计量与计价

1. 工程量计算规则

(1)执行木扶手(不带托板)油漆的项目,其工程量计算规则及相应系数见表 2-163。

表 2-163　工程量计算规则和系数表

	项目	系数	工程量计算规则(设计图示尺寸)
1	木扶手(不带托板)	1.00	
2	木扶手(带托板)	2.50	延长米
3	封檐板、博风板	1.70	
4	黑板框、生活园地框	0.50	

(2)木线条油漆按设计图示尺寸以长度计算。

2. 计算公式

(1)执行木扶手(不带托板)油漆:

$$L = l \times 相应系数$$

式中　l——延长米。

（2）木线条油漆：

$$L = l$$

式中　l——长度。

3. 定额应用

（1）附着安装在同材质装饰面上的木线条、石膏线条等油漆、涂料，与装饰面同色者，并入装饰面计算；与装饰面分色者，单独计算。

（2）木门、木扶手、其他木材面等刷漆，按熟桐油、底油、生漆两遍项目执行。

(三)其他木材面油漆工程计量与计价

1. 工程量计算规则

（1）执行其他木材面油漆的项目，其工程量计算规则及相应系数见表2-164。

表 2-164　工程量计算规则和系数表

	项目	系数	工程量计算规则(设计图示尺寸)
1	木板、胶合板天棚	1.00	长×宽
2	屋面板带檩条	1.10	斜长×宽
3	清水板条檐口天棚	1.10	
4	吸音板(墙面或天棚)	0.87	
5	鱼鳞板墙	2.40	长×宽
6	木护墙、木墙裙、木踢脚	0.83	
7	窗台板、窗帘盒	0.83	
8	出入口盖板、检查口	0.87	
9	壁橱	0.83	展开面积
10	木屋架	1.77	跨度(长)×中高×1/2
11	以上未包括的其余木材面油漆	0.83	展开面积

（2）木地板油漆按设计图示尺寸以面积计算，空洞、空圈、暖气包槽、壁龛的开口部分并入相应的工程量内。

（3）木龙骨刷防火、防腐涂料按设计图示尺寸以龙骨架投影面积计算。

（4）基层板刷防火、防腐涂料按实际涂刷面积计算。

（5）油漆面抛光打蜡按相应刷油部位油漆工程量计算规则计算。

2. 定额应用

（1）木材面硝基清漆项目中每增加刷理漆片一遍项目和每增加硝基清漆一遍项目均适用于三遍以内。

（2）木材面聚酯清漆、聚酯色漆项目，当设计与定额取定的底漆遍数不同时，可按每增加聚酯清漆(或聚酯色漆)一遍项目进行调整，其中聚酯清漆(或聚酯色漆)调整为聚酯底漆，消耗量不变。

（3）木材面刷底油一遍、清油一遍可按相应底油一遍、熟桐油一遍项目执行，其中熟桐油调整为清油，消耗量不变。

（4）木门、木扶手、其他木材面等刷漆，按熟桐油、底油、生漆两遍项目执行。

（5）木龙骨刷防火涂料按四面涂刷考虑，木龙骨刷防腐涂料按一面(接触结构基层面)涂刷考虑。

(四)金属面油漆工程计量与计价

1. 工程量计算规则

(1)执行金属面油漆、涂料项目,其工程量按设计图示尺寸以展开面积计算。质量在 500 kg 以内的单个金属构件,可参考表 2-165 中相应的系数,将质量(t)折算为面积。

表 2-165　质量折算面积参考系数表

	项目	系数
1	钢栅栏门、栏杆、窗栅	64.98
2	钢爬梯	44.84
3	踏步式钢扶梯	39.90
4	轻型屋架	53.20
5	零星铁件	58.00

(2)执行金属平板屋面、镀锌薄钢板面(涂刷磷化、锌黄底漆)油漆的项目,其工程量计算规则及相应的系数见表 2-166。

表 2-166　工程量计算规则和系数表

	项目	系数	工程量计算规则(设计图示尺寸)
1	平板屋面	1.00	斜长×宽
2	瓦垄板屋面	1.20	斜长×宽
3	排水、伸缩缝盖板	1.05	展开面积
4	吸气罩	2.20	水平投影面积
5	包镀锌薄钢板门	2.20	门窗洞口面积

2. 定额应用

(1)当设计要求金属面刷两遍防锈漆时,按金属面刷防锈漆一遍项目执行,其中人工乘以系数 1.74,材料均乘以系数 1.90。

(2)金属面油漆项目均考虑了手工除锈,如实际为机械除锈,另按《消耗量定额》第六章 金属结构工程中相应项目执行,油漆项目中的除锈用工也不扣除。

(3)金属面防火涂料项目按涂料密度 500 kg/m³ 和项目中注明的涂刷厚度计算,当设计与定额取定的涂料密度、涂刷厚度不同时,防火涂料消耗量可作调整。

(五)抹灰面油漆、涂料工程计量与计价

1. 工程量计算规则

(1)抹灰面油漆、涂料(另做说明的除外)按设计图示尺寸以面积计算。

(2)踢脚线刷耐磨漆按设计图示尺寸长度计算。

抹灰面油漆工程

(3)槽形底板、混凝土折瓦板、有梁板底、密肋梁板底、井字梁板底刷油漆、涂料按设计图示尺寸展开面积计算。

(4)墙面及天棚面刷石灰油浆、白水泥、石灰浆、石灰大白浆、普通水泥浆、可赛银浆、大白浆等涂料工程量按抹灰面积工程量计算规则。

(5)混凝土花格窗、栏杆花饰刷(喷)油漆、涂料按设计图示洞口面积计算。

(6)天棚、墙、柱面基层板缝粘贴胶带纸按相应天棚、墙、柱面基层板面积计算。

2. 计算公式

抹灰面油漆

$$S = S_{图示尺寸}$$

式中 $S_{图示尺寸}$——按设计图示尺寸面积。

3. 定额应用

门窗套、窗台板、腰线、压顶、扶手(栏板上扶手)等抹灰面刷油漆、涂料，与整体墙面同色者，并入墙面计算；与整体墙面分色者，单独计算，按墙面相应项目执行，其中人工乘以系数 1.43。

4. 案例分析

【案例 2-45】 某办公室天棚吊顶采用装配式 U 形钢龙骨(不上人型)，规格为 300 mm×300 mm，跌级吊顶；天棚面层采用石膏板安装在 U 形钢龙骨上；设计变更为天棚面层仿瓷涂料三遍、乳胶漆三遍。天棚构造参考图 2-150，外墙厚 240 mm。列项计算该工程天棚仿瓷涂料、乳胶漆工程量及人材机费用(图中尺寸均以"mm"为单位)。

【解】 (1)根据题意及消耗量定额计算规则：

天棚面层仿瓷涂料及乳胶漆工程量计算：

天棚面层仿瓷涂料 $S = (8.00 - 0.24) \times (6.00 - 0.24) + (8.00 - 0.24 - 0.90 \times 2 + 6.00 - 0.24 - 0.90 \times 2) \times 2 \times 0.20 \times 2 = 52.63(\text{m}^2)$

天棚面层乳胶漆 $S = 52.63 \text{ m}^2$

(2)定额列项套定额基价并计算相关费用：见二维码中的常用定额摘录表。

1)天棚仿瓷涂料三遍工程量套用定额子目 14-218：基价 = 1 811.81 元/100 m²(其中人工费 = 1 140 元/100 m²，机械费 = 0 元/100 m²)

∴天棚仿瓷涂料三遍人材机费用 = 52.63×1 811.81/100 = 953.56(元)

其中人工费 = 52.63×1 140/100 = 599.98(元)

2)天棚乳胶漆三遍工程量套用定额子目 14-200 及子目 14-201：基价 = (2 125.74 元/100 m²) + (321.97 元/100 m²)

(其中人工费 = 984.96 元/100 m² + 186.62 元/100 m²，机械费 = 0 元/100 m²)

∴天棚乳胶漆三遍人材机费用 = 52.63×[(2 125.74 元/100 m²) + (321.97 元/100 m²)] = 1 118.78 + 169.45 = 1 288.23(元)

其中人工费 = 52.63×(984.96 + 186.62) = 518.38 + 98.22 = 616.60(元)

(3)天棚面层仿瓷涂料及乳胶漆工程预算表见表 2-167。

表 2-167 装饰工程预算表

工程项目：某办公室

序号	定额编号	项目名称	单位	工程量	定额基价/元			合价/元		
					基价	人工费	机械费	合价	人工费	机械费
1	14-218	天棚仿瓷涂料三遍	100 m²	0.526 3	1 811.81	1 140	0	953.56	599.98	0
2	14-200	天棚乳胶漆两遍	100 m²	0.526 3	2 125.74	984.96	0	1 118.78	518.38	0
3	14-201	天棚乳胶漆每增一遍	100 m²	0.526 3	321.97	186.62	0	169.45	98.22	0
小计								2 241.79	1 216.58	0

(六)裱糊工程计量与计价

1. 工程量计算规则

墙面、天棚面裱糊按设计图示尺寸以面积计算。

2. 工程量计算公式

$$墙面、天棚面裱糊 \quad S = S_{图示尺寸}$$

式中 $S_{图示尺寸}$——按设计图示尺寸面积。

3. 定额应用

(1)壁纸定额子目工作内容为清扫、找补腻子、刷底胶、刷粘结剂、铺贴壁纸等。

墙面贴壁纸定额子目14-257至14-259，天棚面贴壁纸定额子目14-260至14-262。

(2)织锦缎定额子目工作内容为清扫基层、找补、刷底油、配置贴面材料、裱糊刷胶、裁贴墙纸布等。

墙面贴织锦缎定额子目14-263，天棚面贴织锦缎定额子目14-264。

💡 **思政小贴士**

努力进取，积极探索：作为进一步的装饰装修工程，可不断美化、完善建筑，鼓励学生努力进取、积极探索。

习近平总书记指出："要从新时代中国特色社会主义思想中汲取奋发进取的智慧和力量，熟练掌握其中蕴含的领导方法、思想方法、工作方法，不断提高履职尽责的能力和水平。"

任务实施

【解】(1)由已知条件，门卫室乳胶漆工程量计算：

1)内墙面乳胶漆工程量 $S = S_{图示尺寸} = [(3-0.24)+(4.8-0.24)] \times 2 \times (4.2-0.1) - 1.2 \times 2.1 \times 2 - 0.9 \times 2.1 = 53.09 (m^2)$

2)天棚乳胶漆的工程量 $S = S_{图示尺寸} = (3-0.24) \times (4.8-0.24) = 12.59 (m^2)$

(2)定额列项套定额基价并计算相关费用：

1)根据定额子目14-199，室内墙面乳胶漆两遍定额基价1 928.75元/100 m^2(其中人工费=787.97元/100 m^2，机械费0元/100 m^2)

人材机费用=53.09×1 928.75/100=1 023.97(元)

其中人工费=53.09×787.97/100=418.33(元)

2)根据定额子目14-200，天棚面乳胶漆两遍定额基价2 125.74元/100 m^2(其中人工费=984.96元/100 m^2，机械费0元/100 m^2)

人材机费用=12.59×2 125.74/100=267.63(元)

其中人工费=12.59×984.96/100=124.01(元)

(3)计算结果见工程预算表2-168。

表 2-168 装饰工程预算表

工程项目：某理工院实训工房

序号	定额编号	项目名称	单位	工程量	定额基价/元			合价/元		
					基价	人工费	机械费	合价	人工费	机械费
1	14-199	室内墙面乳胶漆	100 m²	0.530 9	1 928.75	787.97	0	1 023.97	418.33	0
2	14-200	天棚面乳胶漆	100 m²	0.125 9	2 125.74	984.96	0	267.63	124.01	0
小计								1 364.51	572.13	0

任务单

某理工院实训工房图纸见附录。

【任务 2-25】 请编制室内墙面(除首层门卫室)涂料装饰定额工程量和预算表。

【任务 2-26】 请编制天棚(除首层门卫室)涂料装饰定额工程量和预算表。

将计算过程填入表 2-169，将人材机分析填入表 2-170。

常用定额摘录

表 2-169　定额工程量和合价计算书

班级：_____　　学号：_____　　姓名：_____　　成绩：_____

序号	定额编号	项目名称	定额基价	单位	工程量	工程量计算过程	合价计算过程

表 2-170　人材机分析表

序号	定额编号	分项工程名称	计量单位	工程数量	综合工日		材料名称				机械台班						…	…
					定额	数量	定额	数量	定额	数量	定额	数量	定额	数量	定额	数量		

本任务重点学习了以下内容：

(1)木门油漆工程工程量计算规则。执行单层木门油漆的项目，其工程量计算规则及相应系数见表2-163。

(2)木扶手及其他板条、线条油漆工程工程量计算规则

1)执行木扶手(不带托板)油漆的项目，其工程量计算规则及相应系数见表2-164。

2)木线条油漆按设计图示尺寸以长度计算。

(3)其他木材面油漆工程工程量计算规则。

1)执行其他木材面油漆的项目，其工程量计算规则及相应系数见表2-165。

2)木地板油漆按设计图示尺寸以面积计算，空洞、空圈、暖气包槽、壁龛的开口部分并入相应的工程量内。

3)木龙骨刷防火、防腐涂料按设计图示尺寸以龙骨架投影面积计算。

4)基层板刷防火、防腐涂料按实际涂刷面积计算。

5)油漆面抛光打蜡按相应刷油部位油漆工程量计算规则计算。

(4)金属面油漆工程工程量计算规则。

1)执行金属面油漆、涂料项目，其工程量按设计图示尺寸以展开面积计算。质量在500 kg以内的单个金属构件，可参考表2-166中相应的系数，将质量(t)折算为面积。

2)执行金属平板屋面、镀锌铁皮面(涂刷磷化、锌黄底漆)油漆的项目，其工程量计算规则及相应的系数见表2-167。

(5)抹灰面油漆工程工程量计算规则。

1)抹灰面油漆、涂料(另做说明的除外)按设计图示尺寸以面积计算。

2)踢脚线刷耐磨漆按设计图示尺寸长度计算。

3)槽形底板、混凝土折瓦板、有梁板底、密肋梁板底、井字梁板底刷油漆、涂料按设计图示尺寸展开面积计算。

4)墙面及天棚面刷石灰油浆、白水泥、石灰浆、石灰大白浆、普通水泥浆、可赛银浆、大白浆等涂料工程量按抹灰面积工程量计算规则计算。

5)混凝土花格窗、栏杆花饰刷(喷)油漆、涂料按设计图示洞口面积计算。

6)天棚、墙、柱面基层板缝粘贴胶带纸按相应天棚、墙、柱面基层板面积计算。

(6)墙面、天棚面裱糊按设计图示尺寸以面积计算。

通过本任务的学习，学生根据重点知识点的提示，完成"任务五 油漆、涂料、裱糊工程"学生笔记(表2-171)的填写，并对油漆、涂料、裱糊工程计算方法及注意事项进行归纳总结。

表 2-171 "任务五 油漆、涂料、裱糊工程"学生笔记

班级：_____ 学号：_____ 姓名：_____ 成绩：_____

一、木门油漆

二、木扶手及其他板条、线条油漆

三、其他木材面油漆

四、金属面油漆

五、抹灰面油漆

六、裱糊

单元四　装配式建筑计量与计价

【知识目标】

1. 了解装配式建筑概念、分类及施工流程，熟悉装配式建筑计量与计价依据。

2. 掌握装配式混凝土结构计量与计价方法。

3. 掌握装配式钢结构计量与计价方法。

4. 掌握装配式建筑构件与部品工程计量与计价方法。

【能力目标】

1. 能正确进行装配式混凝土结构计量与计价。

2. 能正确进行装配式钢结构计量与计价。

3. 能正确进行装配式建筑构件与部品工程计量与计价。

【素质目标】

1. 社会素质：通过本单元的学习，培养学生树立绿色、环保、低碳、节能意识。

2. 科学素质：通过本单元的学习，培养学生紧跟行业发展前景，树立促进建筑行业绿色、健康和可持续发展的意识，提高学生创新能力和团队协作能力，使其树立并牢记社会主义核心价值观。

知识导图

任务一　装配式建筑概述

任务资讯

一、装配式建筑概念

按照国家标准《装配式混凝土建筑技术标准》(GB/T 51231—2016)(以下简称《装标》)的定义，装配式建筑是"结构系统、外围护系统、内装系统、设备与管线系统"的主要部分采用预制部品部件集成的建筑，是指建筑物在建造过程中，建筑物四个系统中的主要部品部件(如楼板、墙板、楼梯、阳台等)，在工厂加工制作，运输到施工现场，利用可靠的机械设备，通过吊装、连接等工艺，在现场组合、安装而成的建筑。因为采用标准化设计、工厂化生产、装配化施工、信息化管理、智能化应用，是现代工业化生产方式的代表。它是传统建筑业的一次革命和发展方向，其最大优点是预制部品部件精度高，缩短了现场施工的时间、受气候条件制约小，所以建造速度快，节约劳动力并可提高建筑质量。

二、装配式建筑分类

(一)按其装配工艺

装配式建筑按其装配工艺可分为全装配式建筑和半装配式建筑。

1. 全装配式建筑

全装配式建筑是指建筑所需的生产构件大部分都是在相关的工厂预制好，运输到施工现场进行组装，其构件主要包括装配式大板、盒子结构、板柱结构和框架结构等。

2. 半装配式建筑

半装配式建筑是指主要构件采用预制构件，运至施工现场后，通过现浇混凝土连接，形成装配式结构的建筑物。当结构中存在一些复杂而工厂不能预制，必须在现场浇筑的节点，就可采用半装配式结构，可见半装配式结构的优势就很明显了。

(二)按使用功能

装配式建筑按使用功能可分为装配式工业建筑与装配式民用建筑。民用建筑中又分为公共建筑和住宅建筑。

(三)按建筑高度

装配式建筑按建筑高度可分为低层装配式建筑、多层装配式建筑、高层装配式建筑和超高层装配式建筑。

(四)按主体建筑材料

装配式建筑按主体建筑材料可分为装配式混凝土结构（Precast Concrete，PC）、装配式钢结构、装配式木结构、装配式钢-混凝土组合结构。

(1)装配式混凝土结构，建筑的结构系统由混凝土部件（预制构件）构成的装配式建筑。

(2)装配式钢结构，将型钢、钢板和钢管等制成的构件，采用焊接、螺栓或铆钉等连接方式组装而成的钢结构；钢结构具备轻质高强、可塑性强、抗震性强、绿色节能等优势。

(3)装配式木结构，将木材作为主要受力构件，经现场装配而成的木结构。

(4)装配式钢-混凝土组合结构，使钢材和混凝土优势互补、充分发挥材料效能。

(五)按结构体系

装配式建筑按结构体系可分为装配式剪力墙结构体系、框架结构体系、框架剪力墙结构体系、交错桁架结构体系等。

三、装配式建筑施工流程

装配式建筑施工流程：装配式构件制作→分类堆放→运输至工地现场→组装→建筑物。

1. 混凝土构件制作工艺流程

混凝土构件制作工艺流程：模板制作→钢筋绑扎→混凝土浇筑→脱模。

钢筋绑扎时需预留孔洞，需将吊钩预埋其中。

2. 装配式混凝土结构组装流程

装配式混凝土结构常有框架结构体系和剪力墙结构体系。框架结构体系主要由竖向部件预制柱、水平构件预制梁、预制（叠合）楼板组成。其中，柱子竖向钢筋主要通过灌浆套筒连接方式进行连接。剪力墙结构体系由竖向部件预制剪力墙，水平构件是预制梁、预制（叠合）楼板组成。其中，竖向结构钢筋主要通过灌浆套筒连接、浆锚连接、焊接等方式进行连接，墙底坐浆或灌浆。水平方向主要由后浇混凝土段连接，后浇段一般位于边缘构处。后浇混凝土段里面钢筋通过机械套筒连接、绑扎连接、焊接等方式连接。

按照标准楼层的施工流程：预制柱（墙）吊装→预制梁吊装→预制板吊装→预制外挂板吊装→预制阳台板吊装→楼梯吊装→绑扎连接部位钢筋→进行节点和梁板现浇层的浇筑。

(1)竖向构件安装工艺流程。安装吊具，揽风绳→构件吊平，起吊→拆除临边防护→构件吊运及落位→斜支撑安装→构件校核→质量验收→塞缝灌浆。

(2)叠合梁安装工艺流程:安装吊具,揽风绳→构件吊平,起吊→构件吊运及落位→构件校核→质量验收。

(3)叠合楼板安装工艺流程:安装吊具,揽风绳→构件吊运及落位→构件校核→卸勾→质量验收→绑扎连接部位钢筋→浇筑混凝土。

四、装配式建筑计量与计价依据

为有效推进我省装配式建筑发展,合理确定装配式建筑工程造价,根据中华人民共和国住房和城乡建设部《装配式建筑工程消耗量定额》[TY01-01(01)-2016],结合江西省实际情况,制定2019版《江西省装配式建筑工程消耗量定额及统一基价表(试行)》(以下简称本定额)。本定额适用于装配式混凝土结构、钢结构建筑工程项目。

(一)本定额组成

(1)定额总说明。

(2)按分部工程分章,章以下分节,节以下为定额子目(分项工程),本定额主要包含第一章装配式混凝土工程、第二章装配式钢结构工程、第三章建筑构件及部品工程和第四章措施项目。

(3)每一章由说明、工程量计算规则及项目表组成。

(4)定额项目表内容:

1)工作内容和计量单位。

2)定额编号和项目名称。

3)基价和其中包含的人工费、材料费、机械费。

4)人工、材料、机械的名称、单位、单价和消耗量。

(二)本定额作用

本定额是完成规定计量单位分部分项、措施项目所需的人工、材料、施工机械台班的消耗量标准,是编制装配式建筑工程投资估算、设计概算、招标控制价的依据,是确定合同价、结算价、调解工程价款争议的基础。

(三)本定额使用要求

(1)本定额与《消耗量定额》配套使用。其中,第一、二、四章为建筑工程;第三章为装饰工程。

(2)本定额包括符合装配式建筑项目特征的相关定额子目,对装配式建筑中采用传统施工工艺的项目,按本定额有关说明及《消耗量定额》对应项目及其规定执行。

(3)本定额是按现行的装配式建筑工程施工验收规范、质量评定标准和安全操作规程,根据正常的施工条件和合理的劳动组织与工期安排,结合国内大多数施工企业现阶段采用的施工工法、机械化程度进行编制。

(四)定额中人工消耗量和单价的确定

(1)《消耗量定额》的人工不分技术级别,以综合工日表示。

(2)《消耗量定额》的人工包括基本用工、超运距用工、辅助用工和人工幅度差。

(3)《消耗量定额》的人工每工日按8 h工作制计算。

(4)综合工日单价,建筑工程按每工日85元,装饰工程按每工日96元计算。

(五)定额中材料消耗量和价格的确定

(1)《消耗量定额》采用的材料(包括构配件、零件、半成品、成品)均为符合国家质量标准和相应设计要求的合格产品。

(2)《消耗量定额》中的材料包括施工中消耗的主要材料、辅助材料、周转材料和其他材料。

(3)《消耗量定额》中材料量包括净用量和损耗量。损耗量包括从工地仓库、现场集中堆放点（或现场加工地点）至操作（或安装）地点的施工场内运输损耗、施工操作损耗、施工现场堆放损耗等，规范（设计文件）规定的预留量、搭接量不在损耗中考虑。

(4)本定额中各类预制构配件均按成品构件现场安装进行编制。

(5)《消耗量定额》中所使用的砂浆均按干混预拌砂浆编制。若实际使用现拌砂浆或湿拌预拌砂浆时，按以下方法调整：

1)使用现拌砂浆的，除将定额中的干混预拌砂浆调换为现拌砂浆外，砌筑定额按每立方米砂浆增加：人工 0.382 工日、200 L 灰浆搅拌机 0.167 台班，同时，扣除原定额中干混砂浆罐式搅拌机台班；其余定额按每立方米砂浆增加人工 0.382 工日，同时将原定额中干混砂浆罐式搅拌机调整为 200 L 灰浆搅拌机，台班含量不变。

2)使用湿拌预拌砂浆的，除将定额中的干混预拌砂浆调换为湿拌预拌砂浆外，另按相应定额中每立方米砂浆扣除人工 0.20 工日，并扣除干混砂浆罐式搅拌机台班数量。

(6)本定额中的周转性材料按摊销量进行编制，已包括回库维修的耗量。

(7)将用量少、低值易耗的零星材料列为其他材料费。

(8)材料预算价格按调查的市场价格综合取定。材料预算价格中不包含增值税可抵扣进项税额的价格。

(9)本定额中材料消耗量中带括号者，表示基价中未包括其价值。

(六)定额中施工机械台班消耗量和价格的确定

(1)定额中的机械按常用机械、合理机械配备和施工企业的机械化装备程度，并结合工程实际综合确定。

(2)定额中的机械台班消耗量按正常机械施工工效并考虑机械幅度差综合确定，每台班按 8 h 工作制计算。

(3)凡单位价值 2 000 元以内，使用年限在 1 年以内的不构成固定资产的施工机械，不列入机械台班消耗量，作为工具用具在建筑安装工程费中的企业管理费考虑，其消耗的燃料动力等已列入材料内。

(4)机械台班价格组成项费用均不包括增值税可抵扣进项税额的价格。

(七)定额其他规定

(1)本定额的工作内容已说明了主要的施工工序，次要工序虽未一一列出，但均已包括在内。

(2)本定额中遇有两个或两个以上系数时，按连乘法计算。

(3)本定额凡注明"××以内"或"××以下"及"小于××"均包括××本身；"××以外"或"××以上"及"大于××"者，则不包括××本身。

(4)本定额中未注明（或省略）的尺寸单位均以"mm"为单位。

小　结

本任务主要介绍了以下内容：

一、装配式建筑概念

装配式建筑是"结构系统、外围护系统、内装系统、设备与管线系统"的主要部分采用预制部品部件集成的建筑，是指建筑物在建造过程中，建筑物四个系统中的主要部品部件（如楼板、墙板、楼梯、阳台等），在工厂加工制作，运输到施工现场，利用可靠的机械设备，通过吊装、连接等工艺，在现场组合、安装而成的建筑。

二、装配式建筑分类

装配式建筑分类方式很多，可按其装配工艺、按使用功能、建筑高度、按主体建筑材料、结构体系等分类。按主体建筑材料，装配式建筑可分装配式混凝土结构（Precast Concrete，PC）、装配式钢结构、现代木结构、装配式钢-混凝土组合结构。

三、装配式建筑施工流程

装配式构件制作→分类堆放→运输至工地现场→组装→建筑物。

四、装配式建筑计量与计价依据

根据住房和城乡建设部《装配式建筑工程消耗量定额》[TY01-01(01)-2016]，结合我省实际情况，制定 2019 版《江西省装配式建筑工程消耗量定额及统一基价表（试行）》（以下简称本定额）。

(1)定额组成。

(2)定额作用。

(3)定额使用要求。

(4)定额中人工消耗量和单价的确定。

(5)定额中材料消耗量和价格的确定。

(6)定额中施工机械台班消耗量和价格的确定。

(7)定额其他规定。

通过本任务的学习，学生需了解装配式建筑，熟悉装配式建筑施工工艺流程，掌握 2019 版《江西省装配式建筑工程消耗量定额及统一基价表（试行）》定额总说明的内容。

学生笔记

通过本任务的学习，学生根据重点知识点的提示，完成"任务一 装配式建筑概述"学生笔记（表 2-172）的填写，并对重点知识点加强学习，进行归纳总结。

表 2-172 任务一 装配式建筑概述学生笔记

班级：_____ 学号：_____ 姓名：_____ 成绩：_____

1. 装配式建筑的定义：
2. 装配式建筑分类：
3. 装配式建筑施工流程：
4. 装配式建筑计价依据：

一、概述

装配式混凝土结构工程是指预制混凝土构件通过可靠的连接方式装配而成的混凝土结构工程，构件的连接方法有连接部位后浇混凝土、螺栓或预制应力来连接等方式，钢筋连接可采用钢筋套筒灌浆连接、钢筋浆锚搭接连接、焊接、机械连接及预留孔洞搭接连接等方式。其主要有装配整体式混凝土结构和全装配混凝土结构两大类。装配整体式混凝土结构是指由预制混凝土构件通过可靠的方式进行连接并与现浇混凝土、水泥基灌浆料形成整体的装配式混凝土结构，其施工内容包含构件安装、连接及后浇混凝土等；全装配混凝土结构是指预制构件采用螺栓连接、焊接等形成整体的装配式结构。其施工内容包含构件安装、构件连接等。

(一)装配式混凝土构件

装配式混凝土构件主要包括预制柱、预制梁、预制剪力墙、单层叠合剪力墙、双层叠合剪力墙、外挂墙板、预制混凝土夹心保温外墙板、预制叠合保温外墙板、全预制楼板、叠合楼板、全预制阳台板、叠合阳台板、预制飘窗、全预制空调板、全预制女儿墙、装饰柱等。

1. 预制柱

预制柱(图 2-146)：装配式框架结构中常采用预制柱，柱的种类有矩形柱、圆形柱、异形柱、实心柱和空心柱，工程中以实心柱较为普遍，柱间常采用套筒注浆、浆锚和焊接等连接方式。

2. 预制梁

预制梁常见的有全预制梁和叠合梁(图 2-147)，预制混凝土叠合梁是由预制混凝土底梁和后浇混凝土组成分两阶段成型的整体受力水平构件，其下半部分在工厂预制，上半部分在工地现浇。

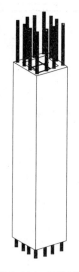

图 2-146　预制柱

图 2-147　预制叠合梁

3. 预制墙

预制墙常见的有预制剪力墙、单层叠合剪力墙、双层叠合剪力墙、外挂墙板、预制混凝土夹心保温外墙板、预制叠合保温外墙板等。

(1)预制剪力墙板(图2-148):墙板侧面在施工现场通过预留钢筋与现浇剪力墙边缘构件连接,底部通过钢筋灌浆套筒与下层预制剪力墙预留钢筋连接。

(2)预制夹心保温外墙(图2-149):内叶板为预制混凝土剪力墙、中间夹有保温层、外叶板为钢筋混凝土保护层。内叶板侧面在施工现场通过预留钢筋与现浇剪力墙边缘构件连接,底部通过钢筋灌浆套筒与下层预制剪力墙预留钢筋连接。

图2-148　预制剪力墙

图2-149　预制夹心保温外墙

(3)预制外墙模板(PCF)(图2-150):一般由混凝土和保温层组成。在施工现场安装后作为后浇筑混凝土墙的外侧模板使用。

(4)叠合剪力墙板(图2-151):沿厚度方向分为三层:外侧预制,中间层现浇,外面两侧通过桁架钢筋连接。现场安装后,上下层构件的竖向钢筋在空心内布置、搭接,然后浇筑混凝土形成实心板。

图2-150　预制外墙模板(PCF)

图2-151　叠合剪力墙板

(5)预制圆孔剪力墙板(图2-152):在墙板中预留圆孔,做成圆孔空心板。现场安装后,上下层构件的竖向钢筋网在圆孔内布置、搭接,然后在圆孔内浇筑混凝土形成实心板。

(6)预制带门窗洞口墙(图2-153):在预制墙板中预留门窗洞口。

4. 预制板

预制板常见的有整板和叠合板(图2-154),预制混凝土叠合板为半预制混凝土楼板构件,一半在工厂预制，一半在施工现场现浇。叠合楼板在工地安装到位后，再进行二次浇筑，从而成为整体实心楼板。

图 2-152　预制圆孔剪力墙板

图 2-153　带窗预制剪力墙板

图 2-154　预制叠合板

(二)后浇混凝土

后浇混凝土是指在装配整体式结构中，用于与预制混凝土构件连接形成整体构件的现场浇筑混凝土，涉及后浇混凝土部分钢筋、模板及混凝土浇捣等施工内容。

二、定额项目设置

本定额第一章装配式混凝土结构工程定额子目划分见表 2-173。

三、装配式混凝土结构工程计量与计价

(一)分项工程工程量计算规则

(1)预制混凝土构件安装及后浇混凝土浇捣工程量计算规则。

1)构件安装工程量按成品构件设计图示尺寸的实体积以"m^3"计算，依附于构件制作的各类保温层、饰面层的体积并入相应构件安装中计算，不扣除构件内钢筋、预埋铁件、配管、套管、线盒及单个面积≤0.3 m^2 的孔洞、线箱等所占体积，构件外露钢筋体积也不再增加。

2)后浇混凝土浇捣工程量按设计图示尺寸以实体积计算，不扣除混凝土内钢筋、预埋铁件及单个面积≤0.3 m^2 的孔洞等所占体积。

表 2-173 装配式混凝土结构工程定额项目设置表

分部工程				项目名称		定额编号	工作内容
装配式混凝土结构工程	一、预制混凝土构件安装	柱		实心柱		1-1	同以下墙构件
		梁		单梁		1-2	结合面清理,构件吊装、就位、校正、垫实、固定,接头钢筋调直、焊接、灌缝、嵌缝,搭设及拆除钢支撑
				叠合梁		1-3	
		板		整体板		1-4	
				叠合板		1-5	
		墙	实心剪力墙	外墙板	墙厚≤200 mm	1-6	支撑杆连接件预埋,结合面清理,构件吊装、就位、校正、垫实、固定,座浆料铺筑,搭设及拆除钢支撑
					墙厚>200 mm	1-7	
				内墙板	墙厚≤200 mm	1-8	
					墙厚>200 mm	1-9	
			夹心保温剪力墙外墙板	墙厚≤300 mm		1-10	
				墙厚>300 mm		1-11	
			双叶叠合剪力墙	外墙板		1-12	
				内墙板		1-13	
			外墙面板(PCF板)			1-14	
			外挂墙板	墙厚≤200 mm		1-15	
				墙厚>200 mm		1-16	
		楼梯	直形梯段	简支		1-17	同梁、板构件
				固支		1-18	
		阳台板及其他	叠合板式阳台			1-19	支撑杆连接件预埋,结合面清理,构件吊装、就位、校正、垫实、固定,接头钢筋调直、焊接,构件打磨、座浆料铺筑、填缝料填缝,搭设及拆除钢支撑
			全预制式阳台			1-20	
			凸(飘)窗			1-21	
			空调板			1-22	
			女儿墙	墙高≤600 mm		1-23	
				墙高≤1 400 mm		1-24	
			压顶			1-25	
		套筒注浆	钢筋直径≤φ18			1-26	结合面清理。注浆料搅拌注浆、养护、现场清理
			钢筋直径>φ18			1-27	
		嵌缝、打胶				1-28	清理缝道、剪裁、固定、注胶、现场清理
	二、后浇混凝土浇捣	后浇混凝土浇捣	梁、柱接头			1-29	浇筑、振捣、养护等
			叠合梁、板			1-30	
			叠合剪力墙			1-31	
			连接墙、柱			1-32	
		后浇混凝土钢筋	带肋钢筋	HRB400以内直径	≤φ10	1-33	钢筋制作、运输、绑扎、安装等
					≤φ18	1-34	
					≤φ25	1-35	
					≤φ40	1-36	

分部工程		项目名称			定额编号	工作内容
装配式混凝土结构工程	二、后浇混凝土浇捣	后浇混凝土钢筋	带肋钢筋 HRB400 以外直径	≤φ10	1-37	钢筋制作、运输、绑扎、安装等
				≤φ18	1-38	
				≤φ25	1-39	
				≤φ40	1-40	
			圆钢筋 HPB300 ≤φ10	绑扎	1-41	
				点焊	1-42	
			≤φ18	绑扎	1-43	
				点焊	1-44	
			箍筋 HRB400 以内	≤φ10	1-45	
				>φ10	1-46	
			HRB400 以外	≤φ10	1-47	
				>φ10	1-48	
		后浇混凝土模板	梁、柱接头		1-49	模板拼装、清理模板、刷隔离剂、模板拆除、维护、整理、堆放等
			连接墙、柱		1-50	
			板带		1-51	

3)装配式构件连接处的界定。

①预制装配式柱与叠合梁连接，预制柱高算至梁底，预制叠合梁底梁算至柱侧面，梁上预制板算至柱侧面，中间部分计算后浇混凝土梁柱接头，如图 2-155 所示的装配式梁柱节点。

②预制装配式主次梁连接时，全预制叠合次梁底梁算至主梁侧面，次梁底梁上放置预制板，预制叠合主梁上部计算现浇混凝土叠合梁，如图 2-156 所示的装配式主次梁节点。

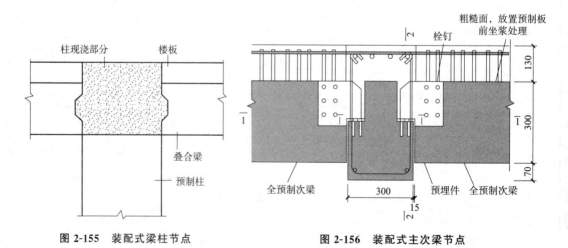

图 2-155　装配式梁柱节点　　　　图 2-156　装配式主次梁节点

③预制叠合梁与板连接，叠合板底板和后浇混凝土板叠合层算至主梁侧面，中间部分计算混凝土叠合梁，如图 2-157 所示的装配式梁板节点。

④装配式叠合梁与墙连接，墙由预制混凝土墙身和现浇混凝土墙身两部分构成，工程量应分别计算，叠合梁上部计算后浇混凝土叠合梁、板，如图 2-158 所示的装配式梁墙节点。

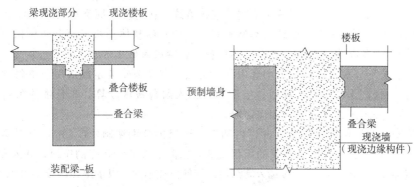

图 2-157　装配式梁板节点　　　　图 2-158　装配式梁墙节点

⑤预制混凝土墙与板连接，上下混凝土墙板之间应计算后浇混凝土连接墙，叠合楼板上部计算后浇混凝土叠合板，如图 2-159 所示的装配式墙板节点。

(2)套筒注浆按设计数量以个计算。

(3)外墙嵌缝、打胶按构件外墙接缝的设计图示尺寸的长度以"m"计算。

(4)后浇混凝土钢筋工程量按设计图示钢筋的长度、数量乘以钢筋单位理论质量计算，其中：

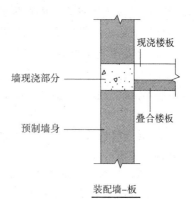

装配墙-板

图 2-159　装配式墙板节点

1)钢筋接头数量应按设计图示及规范要求计算：设计图示及规范要求未标明的，ϕ10 以内的长钢筋按每 12 m 计算一个钢筋接头，ϕ10 以上的长钢筋按每 9 m 计算一个钢筋接头。

2)钢筋接头的搭接长度应按设计图示及规范要求计算，如设计要求钢筋接头采用机械连接、电渣压力焊及气压焊时，按数量计算，不再计算该处的钢筋搭接长度。

3)钢筋工程量应包括双层及多层钢筋的"铁马"数量，不包括预制构件外露钢筋的数量。

(5)后浇混凝土模板工程量按后浇混凝土与模板接触面的面积以"m²"计算，伸出后浇混凝土与预制构件抱合部分的模板面积不增加计算。不扣除后浇混凝土墙、板上单孔面积≤0.3 m² 的孔洞，洞侧壁模板也不增加；应扣除单孔面积≥0.3 m² 的孔洞，孔洞侧壁模板面积并入相应的墙、板模板工程量内计算。

(二)定额应用

1. 预制构件安装

(1)构件安装不分构件外形尺寸、截面类型及是否带有保温，除另有规定者外，均按构件种类套用相应定额。

(2)构件安装定额已包括构件固定所需临时支撑的搭设及拆除，支撑(含支撑用预埋铁件)种类、数量及搭设方式综合考虑。

(3)柱、墙板、女儿墙等构件安装定额中，构件底部坐浆按砌筑砂浆铺筑考虑，遇设计采用灌浆料的，除灌浆材料单价换算以及扣除干混砂浆罐式搅拌机台班外，每 10 m³ 构件安装定额另行增加人工 0.7 工日，其余不变。

(4)外挂墙板、女儿墙构件安装设计要求接缝处填充保温板时，相应保温板消耗量按设计要求增加计算，其余不变。

(5)墙板安装定额不分是否带有门窗洞口，均按相应定额执行。凸(飘)窗安装定额适用于单独预制的凸(飘)窗安装，依附于外墙板制作的凸(飘)窗，并入外墙板内计算，相应定额人工和机械用量乘以系数 1.2。

(6)外挂墙板安装定额已综合考虑了不同的连接方式，按构件不同类型及厚度套用相应定额。

(7)楼梯休息平台安装按平台板结构类型不同，分别套用整体楼板或叠合楼板相应定额，相应定额人工、机械，以及除预制混凝土楼板外的材料用量乘以系数1.3。

(8)阳台板安装不分板式或梁式，均套用同一定额。空调板安装定额适用于单独预制的空调板安装，依附于阳台板制作的栏板、翻沿、空调板，并入阳台板内计算。非悬挑的阳台板安装，分别按梁、板安装有关规则计算并套用相应定额。

(9)女儿墙安装按构件净高以 0.6 m 以内和 1.4 m 以内分别编制，1.4 m 以上时套用外墙板安装定额。压顶安装定额适用于单独预制的压顶安装，依附于女儿墙制作的压顶，并入女儿墙计算。

(10)套筒注浆不分部位、方向，按锚入套筒内的钢筋直径不同，以 ϕ18 以内及 ϕ18 以上分别编制。

(11)外墙嵌缝、打胶定额中注胶缝的断面按 20 mm×15 mm 编制，若设计断面与定额不同时，密封胶用量按比例调整，其余不变。本定额中的密封胶按硅酮耐候胶考虑，遇设计采用的种类与本定额不同时，材料单价进行换算。

2. 后浇混凝土浇捣

(1)墙板或柱等预制垂直构件之间设计采用现浇混凝土墙连接的，当连接墙的长度在 2 m 以内时，套用后浇混凝土连接墙、柱定额，长度超过 2 m 的，按《消耗量定额》第五章 混凝土及钢筋混凝土工程相应项目及规定执行。

(2)叠合楼板或整体楼板之间设计采用现浇混凝土板带拼缝的，板带混凝土浇捣并入后浇混凝土叠合梁、板内计算。

(3)后浇混凝土钢筋制作、安装定额按钢筋品种、型号、规格结合连接方法及用途划分，相应定额内的钢筋型号及比例已综合考虑，各类钢筋的制作成型、绑扎、安装、接头、固定及与预制构件外露钢筋的绑扎、焊接等所用人工、材料、机械消耗已综合考虑在相应定额内。钢筋接头按《消耗量定额》第五章 混凝土及钢筋混凝土工程相应项目及规定执行。

(4)后浇混凝土模板定额消耗量中已包含了伸出后浇混凝土与预制构件抱合部分模板的用量。

(三)案例分析

【案例 2-46】 某工程叠合梁模板图如图 2-160 所示，试计算完成此叠合梁安装费用。

常用定额摘录

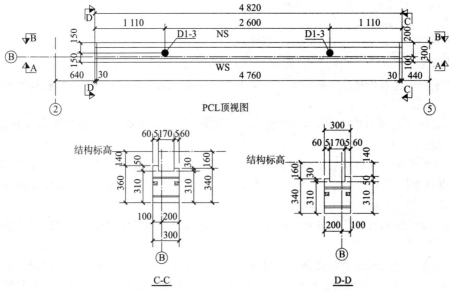

图 2-160 叠合梁模板图

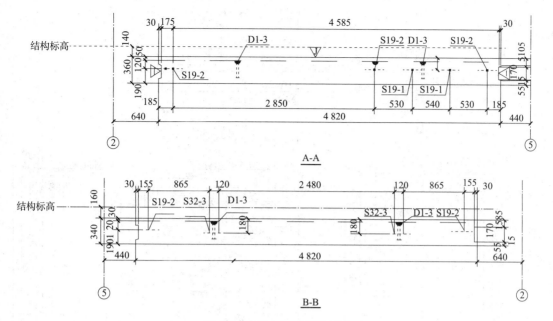

图 2-160 叠合梁模板图(续)

【解】 此叠合梁施工包含预制叠合梁安装和后浇叠合梁模板和钢筋安装及混凝土浇捣,叠合梁安装完成后,与板一起现浇混凝土,在此只计算叠合梁安装费用。

(1)预制叠合梁安装工程量。

工程量按成品构件设计图示尺寸实际体积计算:

$$V = 4.82 \times 0.3 \times 0.31 + 4.82 \times (0.05 + 0.03) \times 0.06 - (0.17 + 0.18) \div 2 \times 0.03 \times 2$$
$$= 0.46 (m^2)$$

(2)套用定额子目(详见二维码中常用定额摘录表),计算分项工程费用见表 2-174。

表 2-174 工程预算表

工程名称:某工程

序号	定额编号	项目名称	单位	工程量	定额基价/元			合价/元		
					基价	人工费	机械费	合价	人工费	机械费
1	1-3	叠合梁安装	10 m³	0.046	32 662.56	1 405.05	0	1 502.48	64.63	0
		小计						1 502.48	64.63	0

【案例 2-47】 某工程预制剪力墙外墙板模板图如图 2-161 所示,根据图纸配筋图可知上下锚固钢筋为 HRB400,直径为 20 mm,采用套筒注浆连接,外墙板嵌缝、打胶做法不详,试根据图纸已知内容,结合本定额计算此剪力墙安装完成所需人材机总费用。

【解】 根据图纸和定额,预制剪力墙安装施工涉及预制剪力墙安装和套筒注浆两项内容,应列以下项目计算工程量及分项工程费用。

(1)预制剪力墙安装工程量按成品构件设计图示尺寸实际体积计算。

$$V = 2.15 \times 2.99 \times 0.2 + 2.15 \times 0.14 \times 0.06 + 2.15 \times 0.03 \times 0.055 = 1.307 (m^3)$$

(2)套筒注浆工程量按数量计算:$N = 6$ 个

(3)套用相应定额子目表(详见二维码中定额子目摘录表),计算分项工程费用,详见工程预算表 2-175。

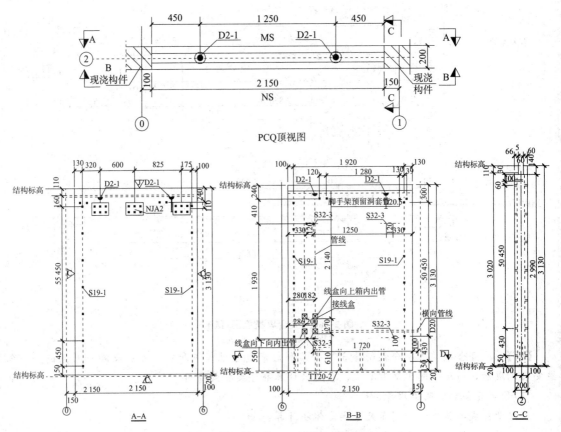

图 2-161　预制剪力墙外墙板模板图

表 2-175　工程预算表

工程名称：某工程

序号	定额编号	项目名称	单位	工程量	定额基价/元			合价/元		
					基价	人工费	机械费	合价	人工费	机械费
1	1-6	实心剪力墙外墙板	10 m³	0.130 7	31 415.04	1 083.67	1.89	4 105.95	141.64	0.25
2	1-27	套筒灌浆	10 个	0.6	81.74	20.4	0	49.04	12.24	0
小计								4 154.99	153.88	0.25

小　结

本任务主要介绍了以下内容。

（1）装配式混凝土结构工程定义。装配式混凝土结构工程是指预制混凝土构件在工厂加工制作，运输到施工现场，利用可靠的机械设备，通过吊装、连接等工艺，在现场组合、安装而成的建筑。

（2）装配式混凝土构件。装配式混凝土构件主要包括预制柱、预制梁、预制墙、预制板、楼梯阳台等。

（3）预制混凝土构件安装工程量计算规则预制混凝土构件安装工程量按成品构件设计图示尺寸的实体积以"m³"计算，依附于构件制作的各类保温层、饰面层的体积并入相应构件安装中计算，不扣除构件内钢筋、预埋铁件、配管、套管、线盒及单个面积≤0.3 m²的孔洞、线箱等所占体积，构件外露钢筋体积也不再增加。

（4）后浇混凝土浇捣工程量计算规则。后浇混凝土浇捣工程量按设计图示尺寸以实体积计算，不扣除混凝土内钢筋、预埋铁件及单个面积≤0.3 m²的孔洞等所占体积。

（5）后浇混凝土钢筋工程量按设计图示钢筋的长度、数量乘以钢筋单位理论质量计算。

（6）后浇混凝土模板工程量按后浇混凝土与模板接触面的面积以"m²"计算，伸出后浇混凝土与预制构件抱合部分的模板面积不增加计算。不扣除后浇混凝土墙、板上单孔面积≤0.3 m²的孔洞，洞侧壁模板也不增加；应扣除单孔面积≥0.3 m²的孔洞，孔洞侧壁模板面积并入相应的墙、板模板工程量内计算。

（7）套筒注浆按设计数量以个计算。通过本任务的学习，学生需掌握构件安装工程量的计算和后浇混凝土浇捣、模板、钢筋工程量的计算，能正确套用定额子目计算分部分项工程费用。

学生笔记

通过本任务的学习，学生根据重点知识点的提示，完成"任务二 装配式混凝土结构"学生笔记（表2-176）的填写，并对重点知识点加强学习，进行归纳总结。

表2-176 "任务二 装配式混凝土结构"学生笔记

班级：_____ 学号：_____ 姓名：_____ 成绩：_____

1. 预制混凝土构件安装工程量计算规则：

2. 后浇混凝土浇捣工程量计算规则：

3. 后浇混凝土钢筋工程量计算规则：

4. 后浇混凝土模板工程量计算规则:

任务三　装配式钢结构工程

任务资讯

一、概述

装配式钢结构工程是由钢结构、围护系统、设备与管线系统和内装系统组成的。钢结构工程主要由型钢和钢板等制成的钢梁、钢柱、钢桁架等构件,通过焊缝、螺栓或铆钉连接形成的结构工程。

(一)本定额适用范围

本定额装配式钢结构安装包括钢网架安装、厂(库)房钢结构安装、住宅钢结构安装及钢结构围护体系安装等内容。大卖场、物流中心等钢结构安装工程,可参照厂(库)房钢结构安装的相应定额;高层商务楼、商住楼等钢结构安装工程可参照住宅钢结构安装相应定额。

(二)本章定额相应项目所含油漆说明

本章定额相应项目所含油漆,仅指构件安装时节点焊接或因切割引起补漆。预制钢构件的除锈、油漆及防火涂料的费用应在成品价格内包含;若成品价格未包含油漆及防火涂料费用的,另按《消耗量定额》第十四章 油漆、涂料、裱糊工程的相应项目及规定执行。

(三)预制钢构件安装有关说明

(1)构件安装定额中预制钢构件以外购成品编制,不考虑施工损耗。

(2)本定额已包括施工企业按照质量验收规范要求,针对安装工作自检所发生的磁粉探伤、超声波探伤等常规检测费用。

(3)钢支座定额适用于单独成品支座安装。

(4)厂(库)房钢结构的柱间支撑、屋面支撑、系杆、撑杆、隅撑、墙梁、钢天窗架等安装套用钢支撑(钢檩条)安装定额,钢走道安装套用钢平台安装定额。

(5)零星钢构件安装定额,适用于本章未列项目且单件质量在 25 kg 以内的小型钢构件安装。住宅钢结构的零星钢构件安装套用厂(库)房钢结构的零星钢构件安装定额,并扣除本定额中汽车式起重机消耗量。

(6)厂(库)房钢结构安装的垂直运输已包括在相应定额内,不另行计算。住宅钢结构安装定额内的汽车式起重机台班用量为钢构件现场转运消耗量,垂直运输按本定额第五章 措施项目相应项目执行。

(7)钢构件安装项目中已考虑现场拼装费用,但未考虑分块或整体吊装的钢网架、钢桁架地面平台拼装摊销,如发生,套用现场拼装平台摊销定额项目。

(四)围护体系安装有关说明

(1)钢楼层板混凝土浇捣所需收边板的用量,均已包括在相应定额的消耗量中,不另单独计算。

(2)墙面板包角，包边、窗台泛水等所需增加的用量，均已包括在相应定额的消耗量中，不另单独计算。

二、定额项目设置

本定额第二章 装配式钢结构工程定额子目划分见表2-177。

表 2-177 装配式钢结构工程定额项目设置表

分部工程	项目名称			定额编号	工作内容
装配式钢结构工程	一、预制钢构件安装	1. 钢网架	钢网架	焊接空心球网架	2-1	卸料、检验、基础线测定、找正、找平、分块拼装、翻身加固、吊装上位、就位、校正、焊接、固定、补漆、清理等
				螺栓球节点网架	2-2	
				焊接不锈钢空心球网架	2-3	
			钢支座	固定支座	2-4	安装、定位、固定、焊接
				单向滑移支座	2-5	
				双向滑移支座	2-6	
		2. 厂库房钢结构	钢屋架	钢屋架按质量(t)分≤1.5、≤3、≤8、≤15、≤25	2-7 至 2-11	放线、卸料、检验、划线、构件拼装、加固，翻身就位、绑扎吊装、校正、焊接、固定、补漆、清理等
				钢桁架按质量分≤1.5、≤3、≤8、≤15、≤25、≤40	2-12 至 2-17	
			钢柱按质量(t)分≤3、≤8、≤15、≤25		2-18 至 2-21	
			钢梁按质量(t)分≤1.5、≤3、≤8、≤15		2-22 至 2-25	
			钢吊车梁按质量(t)分≤3、≤8、≤15、≤25		2-26 至 2-29	
			钢平台、钢楼梯	钢平台(钢走道)	2-30	
				钢楼梯 踏步式	2-31	
				爬式	2-32	
			其他钢构件	钢支撑(钢檩条)	2-33	
				钢墙架(挡风架)	2-34	
				零星钢构件	2-35	
			现场拼装平台摊销		2-36	
	二、围护体系安装	3. 住宅钢结构	钢柱按质量(t)分≤3、≤5、≤10、≤15		2-37 至 2-40	放线、卸料、检验、划线、构件拼装、加固，翻身就位、绑扎吊装、校正、焊接、固定、补漆、清理等
			钢梁按质量(t)分≤0.5、≤1.5、≤3、≤5		2-41 至 2-44	
			钢支撑按质量(t)分≤1.5、≤3、≤5、≤8		2-45 至 2-48	
			踏步式楼梯		2-49	
		钢楼层板	自承式楼层板		2-50	场内运输、选料、放线、配板、切割、拼装、安装
			压型钢板楼层板		2-51	
		墙面板	墙面板	彩钢夹芯板	2-52	
				采光板	2-53	
				压型钢板	2-54	

分部工程		项目名称			定额编号	工作内容
装配式钢结构工程	二、围护体系安装	墙面板	硅酸钙板灌浆墙面板	双面隔墙	2-55	1. 放线、卸料、检验、划线、构件加固、构件拼装、翻身就位、绑扎吊装、校正、焊接、龙骨固定、补漆、清理等。 2. 清理基层、保温岩棉铺设、双面胶纸固定。 3. 墙面开孔、上料搅拌、泵送、灌浆、敲击振捣、灌浆口抹平清理
				保温岩棉铺设	2-56	
				EPS混凝土浇灌	2-57	
			硅酸钙板包柱、包梁		2-58	1. 选料、抹砂浆、贴砌块、擦缝。 2. 放线、卸料、检验、划线、构件加固、翻身就位、绑扎吊装、校正、焊接、固定、补漆、清理等
			蒸压砂加气保温块贴面		2-59	
		屋面板	屋面板	彩钢夹芯板	2-60	放料、下料、切割断料、周边塞口、清扫、弹线、安装
				采光板	2-61	
				压型钢板	2-62	
			天沟	钢板	2-63	放样、划线、裁料、平整、拼装、焊接、成品校正
				不锈钢	2-64	
				彩钢板	2-65	

三、装配式钢结构工程计量与计价

(一)预制钢构件安装计量与计价

1. 工程量计算规则

(1)构件安装工程量按成品构件的设计图示尺寸以质量计算,不扣除单个面积≤0.3 m²的孔洞质量,焊缝、铆钉、螺栓等不另增加质量。

(2)钢网架工程量不扣除孔眼的质量,焊缝、铆钉等不另增加质量。焊接空心球网架质量包括连接钢管杆件、连接球、支托和网架支座等零件的质量,螺栓球节点网架质量包括连接钢管杆件(含高强度螺栓、销子、套筒、锥头或封板)、螺栓球、支托和网架支座等零件的质量。

(3)依附在钢柱上的牛腿及悬臂梁的质量等并入钢柱的质量内,钢柱上的柱脚板、加劲板、柱顶板、隔板和肋板并入钢柱工程量内。

(4)钢管柱上的节点板、加强环、内衬板(管)、牛腿等并入钢管柱的质量内。

(5)钢平台的工程量包括钢平台的柱、梁、板、斜撑等的质量,依附于钢平台上的钢扶梯及平台栏杆,并入钢平台工程量内。

(6)钢楼梯的工程量包括楼梯平台、楼梯梁、楼梯踏步等的质量,钢楼梯上的扶手、栏杆并入钢楼梯工程量内。

(7)钢构件现场拼装平台摊销工程量按实施拼装构件的工程量计算。

2. 定额应用

(1)预制钢结构构件安装,按构件种类及质量不同套用定额。

(2)不锈钢螺栓球网架安装套用螺栓球节点网架安装定额,同时取消定额中油漆及稀释剂含量,人工消耗量乘以系数0.95。

(3)组合钢板剪力墙安装套用住宅钢结构3 t以内钢柱安装定额,相应定额人工、机械及除预制钢柱外的材料用量乘以系数1.5。

3. 案例分析

【案例2-48】 某工程采用装配式钢结构,有实腹钢柱26根,每根长18 m,重4.5 t,有钢屋架13榀,每榀长18 m,重0.9 t;施工单位在附属加工厂进行构件制作,每根钢柱分2段制作、每榀屋架分3段制作,均在现场拼装,现场用混凝土浇筑了一块场地用作构件拼装,混凝土地面距吊装机械在15 m内。

试结合本定额,确定定额项目,并计算工程量和分部分项工程费。

【解】 根据定额需列以下项目计算工程量(钢构件安装项目中已考虑现场拼装费用,故不需计算现场拼装平台摊销费)。

(1)钢柱(≤8 t)安装工程量=26×4.5=117(t)

(2)钢屋架(≤1.5 t)安装工程量=13×0.9=11.7(t)

(3)套用定额子目表(详见二维码中的常用定额摘录)基价,计算各分项工程费用,详见工程预算表2-178。

常用定额摘录

表2-178 工程预算表

工程名称:某工程

序号	定额编号	项目名称	单位	工程量	定额基价/元			合价/元		
					基价	人工费	机械费	合价	人工费	机械费
1	2-7	钢屋架(≤1.5 t)安装	t	11.7	7 914.81	229.67	290.47	92 603.28	2 687.14	3 398.5
2	2-19	钢柱(≤8 t)安装	t	117	6 711.15	214.2	141.14	785 204.55	25 061.4	16 513.38
		小计						877 807.83	27 748.54	19 911.88

(二)围护体系安装计量与计价

1. 工程量计算规则

(1)钢楼层板、屋面板按设计图示尺寸的铺设面积计算,不扣除单个面积≤0.3 m²的柱、垛及孔洞所占面积。

(2)硅酸钙板墙面板按设计图示尺寸的墙体面积以"m²"计算,不扣除单个面积≤0.3 m²的孔洞所占面积。

(3)保温岩棉铺设、EPS混凝土浇灌按设计图示尺寸的铺设或浇灌体积以"m³"计算,不扣除单个面积≤0.3 m²的孔洞所占体积。

(4)硅酸钙板包柱、包梁及蒸压砂加气保温块贴面工程量按钢构件设计断面尺寸以"m²"计算。

(5)钢板天沟按设计图示尺以质量计算,依附天沟的型钢并入天沟的质量内计算;不锈钢天沟、彩钢板天沟按设计图示尺寸以长度计算。

2. 定额应用

(1)硅酸钙板墙面板项目中双面隔墙定额墙体厚度按180 mm考虑,其中镀锌钢龙骨用量按15 kg/m²编制,设计与定额不同时应进行调整换算。

(2)不锈钢天沟、彩钢板天沟展开宽度为600 mm,若实际展开宽度与定额不同时,板材按比例调整,其他不变。

本任务主要介绍了以下内容：

(1)2019 版《江西省装配式建筑工程消耗量定额及统一基价表(试行)》定额装配式钢结构安装包括钢网架安装、厂(库)房钢结构安装、住宅钢结构安装及钢结构围护体系安装等内容。大卖场、物流中心等钢结构安装工程，可参照厂(库)房钢结构安装的相应定额；高层商务楼、商住楼等钢结构安装工程，可参照住宅钢结构安装相应定额。

(2)构件安装定额中预制钢构件以外购成品编制，不考虑施工损耗。

(3)厂(库)房钢结构安装的垂直运输已包括在相应定额内，不另行计算。住宅钢结构安装定额内的汽车式起重机台班用量为钢构件现场转运消耗量，垂直运输按本定额第五章 措施项目相应项目执行。

(4)钢构件安装项目中已考虑现场拼装费用，但未考虑分块或整体吊装的钢网架、钢桁架地面平台拼装摊销，如发生，套用现场拼装平台摊销定额项目。

(5)预制钢构件安装工程量计算规则

1)构件安装工程量按成品构件的设计图示尺寸以质量计算，不扣除单个面积≤0.3 m² 的孔洞质量，焊缝、铆钉、螺栓等不另增加质量。

2)钢网架工程量不扣除孔眼的质量，焊缝、铆钉等不另增加质量。焊接空心球网架质量包括连接钢管杆件、连接球、支托和网架支座等零件的质量，螺栓球节点网架质量包括连接钢管杆件(含高强螺栓、销子、套筒、锥头或封板)、螺栓球、支托和网架支座等零件的质量。

3)依附在钢柱上的牛腿及悬臂梁的质量等并入钢柱的质量内，钢柱上的柱脚板、加劲板、柱顶板、隔板和肋板并入钢柱工程量内。

4)钢管柱上的节点板、加强环、内衬板(管)、牛腿等并入钢管柱的质量内。

5)钢平台的工程量包括钢平台的柱、梁、板、斜撑等的质量，依附于钢平台上的钢扶梯及平台栏杆，并入钢平台工程量内。

6)钢楼梯的工程量包括楼梯平台、楼梯梁、楼梯踏步等的质量，钢楼梯上的扶手、栏杆并入钢楼梯工程量内。

7)钢构件现场拼装平台摊销工程量按实施拼装构件的工程量计算。

(6)围护体系安装工程量计算规则。

1)钢楼层板。屋面板按设计图示尺寸的铺设面积计算，不扣除单个面积≤0.3 m² 的柱、垛及孔洞所占面积。

2)硅酸钙板墙面板按设计图示尺寸的墙体面积以"m²"计算，不扣除单个面积≤0.3 m² 的孔洞所占面积。

3)保温岩棉铺设、EPS混凝土浇灌按设计图示尺寸的铺设或浇灌体积以"m³"计算，不扣除单个面积≤0.3 m² 的孔洞所占体积。

4)硅酸钙板包柱、包梁及蒸压砂加气保温块贴面工程量按钢构件设计断面尺寸以"m²"计算。

5)钢板天沟按设计图示尺以质量计算，依附天沟的型钢并入天沟的质量内计算；不锈钢天沟、彩钢板天沟按设计图示尺寸以长度计算。

通过本任务的学习，学生需掌握装配式钢结构定额的适用范围，钢结构钢构件安装工程量计算规则及围护体系安装工程量计算规则，能正确套用定额计算分部分项工程费用。

通过本任务的学习，学习根据重点知识点的提示，完成"任务三 装配式钢结构工程"学生笔记（表 2-179）的填写，并对重点知识点加强学习，进行归纳总结。

表 2-179 "任务三 装配式钢结构工程"学生笔记

班级：_____　学号：_____　姓名：_____　成绩：_____

1. 定额装配式钢结构安装的工程：
2. 钢构件安装工程量计算规则：
3. 钢楼梯的工程量的部件：
4. 钢楼层板、屋面板工程量计算规则：

任务四 建筑构件及部品工程

任务资讯

一、概述

本章定额包含单元式幕墙、非承重隔墙、预制烟道及通风道、预制成品护栏、装饰成品部件五类构件及部品的安装。

（一）单元式幕墙安装

（1）本章定额中的单元式幕墙是指由各种面板与支承框架在工厂制成，形成完整的幕墙结构基本单位后，运至施工现场直接安装在主体结构上的建筑幕墙。

（2）单元式幕墙的安装高度是指室外设计地坪至幕墙顶部标高之间的垂直高度。

（3）单元式幕墙安装定额已综合考虑幕墙单元板块的规格尺寸、材质和面层材料不同等因素。

（二）非承重隔墙安装

（1）非承重隔墙安装按板材材质，可分为钢丝网架轻质夹心隔墙板安装、轻质条板隔墙安装及预制轻钢龙骨隔墙安装三类，各类板材按板材厚度分设定额项目。

（2）"增加一道硅酸钙板"定额项目是指在预制轻钢龙骨隔墙板外所进行的面层补板。

（3）非承重隔墙板安装定额已包括各类固定配件、补（填）缝、抗裂措施构造，以及板材遇门窗洞口所需切割改锯、孔洞加固的内容，发生时不另计算。

（三）预制烟道及通风道安装

（1）预制烟道、通风道安装子目未包含进气口、支管、接口件的材料及安装人工消耗量。

（2）成品风帽安装按材质不同划分为混凝土及钢制两类子目。

（四）预制成品护栏安装。

预制成品护栏安装定额按护栏高度 1.4 m 以内编制，护栏高度超过 1.4 m 时，相应定额人工及除预制栏杆外的材料乘以系数 1.1，其余不变。

（五）装饰成品部件安装。

（1）装饰成品部件涉及基层施工的，另按《消耗量定额》的相应项目执行。

（2）墙面成品木饰面面层安装以墙面形状不同，可分为直形、弧形，发生时分别套用相应定额。

（3）成品木门安装定额按门的开启方式、安装方法不同进行划分，相应定额均已包括相配套的门套安装；成品木门（窗）套安装定额按门（窗）套的展开宽度不同分别进行编制，适用于单独门（窗）套的安装。成品木门（带门套）及单独安装的成品木门（窗）套定额中，已包括了相应的贴脸及装饰线条安装人工及材料消耗量，不另单独计算。

（4）成品橱柜安装按上柜、下柜及台面板进行划分，分别套用相应定额。定额中不包括洁具五金、厨具电器等的安装，发生时另行计算。

二、定额项目设置

本定额第三章 建筑构件及部品工程定额子目划分见表 2-180。

表 2-180　建筑构件及部品工程定额项目设置表

分部工程	项目名称			定额子目	工作内容
建筑构件及部品工程	一、单元式幕墙安装	单元式幕墙按安装高度(m)≤60、≤100、≤150、≤200		3-1 至 3-4	预埋件清理、幕墙板块定位、安装,板块间及板块连接件间固定、注胶、清洗、轨道行车拆装
		防火隔断	缝宽(mm)≤200	3-5	防火隔断安装、注防火胶、表面清理
			每增加 100	3-6	
		槽型埋件及连接件	槽型埋件	3-7	槽形预埋件定位、放置、调整及开口封堵,槽形预埋件封口清理,T 形转接螺栓安装
			T 形连接件	3-8	
	二、非承重隔墙安装	钢丝网架轻质夹心隔墙板	按板厚(mm)≤50、≤80、≤100	3-9 至 3-11	现场清理、隔墙板块定位、固定配件安装、隔墙板块安装、板块间、门窗洞口等处钢丝网片、金属配件加固
		轻质条板隔墙	按板厚(mm)≤100、≤120、≤150、≤200	3-12 至 3-15	现场清理、隔墙板块定位、板块及固定配件安装、门窗洞口等处条板空心孔洞填塞、填灌缝、贴玻纤布、砂浆找平
		预制轻钢龙骨隔墙	按板厚(mm)≤80、≤100、≤150	3-16 至 3-18	1. 预制轻钢龙骨隔墙板安装:现场清理、弹线、隔墙板块、洞口定位、板块及固定配件安装、板缝填塞、与主体结构接合处贴玻纤布、隔声材料等。 2. 硅酸钙板安装:清理现场、在已装配好的隔墙板上布板、硅酸钙板安装
			增加一道硅酸钙板	3-19	
	三、预制烟道及通风道安装	预制烟道及通风道	按断面周长(m)≤1.5、≤2、≤2.5	3-20 至 3-22	场地清理、预制构件就位、预制件上下层连接安装、墙、板连接处填塞密实
		成品风帽	混凝土	3-23	1. 清理现场及底座预留孔、风帽就位、立柱安装及预留孔灌浆。 2. 现场清理、金属风帽就位、风帽与底座连接
			钢制	3-24	
	四、预制成品护栏安装	混凝土		3-25	成品定制、构件运输、预埋铁件、切割、就位、校正、固定、焊接、打磨、安装、灌浆、填缝等全部操作过程
		型钢		3-26	
		型钢玻璃		3-27	
	五、装饰成品部件安装	成品卡扣式踢脚线	实木	3-28	基层清理、定位、固定、安装踢脚线等全部操作过程
			金属	3-29	
		墙面成品木饰面	直形	3-30	基层清理、定位、固定、安装木饰面面层等全部操作过程
			弧形	3-31	

261

分部工程	项目名称			定额子目	工作内容
建筑构件及部品工程	五、装饰成品部件安装	成品木门	带门套成品装饰平开复合木门 单开	3-32	测量定位、门及门套运输安装、五金配件安装调试等全部操作过程
			带门套成品装饰平开复合木门 双开	3-33	
			带门套成品装饰平开实木门 单开	3-34	
			带门套成品装饰平开实木门 双开	3-35	
			带门套成品推拉木门 吊装式	3-36	测量定位、门扇运输安装、五金配件安装调试等全部操作过程
			带门套成品推拉木门 落地式	3-37	
			成品木质门套按断面展开宽度(mm)≤250、>250	3-38、3-39	基层清理、定位、固定、安装面层等全过程
			成品木质窗套按断面展开宽度(mm)≤200、>200	3-40、3-41	
		成品橱柜	上柜	3-42	测量,工厂定制橱柜,表面清理,固定,安装等全部操作过程
			下柜	3-43	
			水槽	3-44	
			台面板 人造石	3-45	测量、成品定制、装配、五金件安装、表面清理
			台面板 不锈钢	3-46	
			成品洗漱台柜	3-47	

三、建筑构件及部品工程计量与计价

(一)单元式幕墙安装计量与计价

1. 工程量计算规则

(1)单元式幕墙安装工程量按单元板块组合后设计图示尺寸的外围面积以"m²"计算,不扣除依附于幕墙板块制作的窗、洞口所占的面积。

(2)防火隔断安装工程量按设计图示尺寸的投影面积以"m²"计算。

(3)槽形预埋件及 T 形转换螺栓安装的工程量按设计图示数量以"个"计算。

2. 定额应用

(1)单元式幕墙安装按安装高度不同,分别套用相应定额。同一建筑物的幕墙顶部标高不同时,应按不同高度的垂直界面计算并套用相应定额。

(2)单元式幕墙设计为曲面或者斜面(倾斜角度大于30°)时,安装定额中人工消耗量乘以系数1.15。单元板块面层材料的材质不同时,可调整单元板块主材单价,其他不变。

(3)如设计防火隔断中的镀锌钢板规格、含量与定额不同时,可按设计要求调整镀锌钢板主材价格,其他不变。

(二)非承重隔墙安装计量与计价

1. 工程量计算规则

(1)非承重隔墙安装工程量按设计图示尺寸的墙体面积以"m²"计算,应扣除门窗、洞口、嵌入墙内的钢筋混凝土柱、梁、圈梁等所占体积,不扣除梁头、板头、檩头、垫木、木楞头、沿缘木、木砖、门窗走头、砖墙内加固钢筋、木筋、铁件、钢管及单个面积≤0.3 m²的孔洞所占的体积。

(2)非承重隔墙安装遇设计为双层墙板时，其工程量按单层面积乘以2计算

(3)预制轻钢龙骨隔墙中增贴硅酸钙板的工程量按设计需增贴的面积以"m²"计算。

2. 定额应用

(1)非承重隔墙安装按单层墙板安装进行编制，如遇设计为双层墙板时，根据双层墙板各自的墙板厚度不同，分别套用相应单层墙板安装定额。若双层墙板中间设置保温、隔热或隔声功能层的，发生时另行计算。

(2)钢丝网架轻质夹心隔墙板安装定额中的板材，按聚苯乙烯泡沫夹心板编制，设计不同时可换算墙板主材，其他消耗量保持不变。

(三)预制烟道及通风道安装计量与计价

1. 工程量计算规则

(1)预制烟道、通风道安装工程量按图示长度以"m"计算。

(2)成品风帽安装工程量按设计图示数量以"个"计算。

2. 定额应用

预制烟道、通风道安装子目按照构件断面外包周长划分子目。如设计烟道、通风道规格与定额不同时，可按设计要求调整烟道、通风道规格及主材价格，其他不变。

(四)预制成品护栏安装计量与计价

1. 工程量计算规则

预制成品护栏安装工程量按设计图示尺寸的中心线长度以"m"计算。

2. 定额应用

预制成品护栏安装定额按护栏高度1.4 m以内编制，护栏高度超过1.4 m时，相应定额人工及除预制栏杆外的材料乘以系数1.1，其余不变。

(五)装饰成品部件安装计量与计价

1. 工程量计算规则

(1)成品踢脚线安装工程量按设计图示长度以"m"计算。

(2)墙面成品木饰面安装工程量按设计图示面积以"m²"计算。

(3)带门套成品木门安装工程量按设计图示数量以"樘"计算，成品门(窗)套安装工程量按设计图示洞口尺寸以"m"计算。

(4)成品橱柜安装工程量按设计图示尺寸的柜体中线长度以"m"计算，成品台面板安装工程量按设计图示尺寸的板面中线长度以"m"计算，成品洗漱台柜、成品水槽安装工程量按设计图示数量以"组"计算。

2. 定额应用

(1)成品踢脚线安装定额根据踢脚线材质的不同，以卡扣式直形踢脚线进行编制。遇弧形踢脚线时，相应定额人工消耗量乘以系数1.1，其余不变。

(2)成品木门安装定额中的五金件，设计规格和数量与定额不同时，应进行调整换算。

(3)成品橱柜台面板安装定额的主材价格中已包含材料磨边及金属面板折边费用，不包括面板开孔费用；如设计的成品台面板材质与定额不同时，可换算台面板材料价格，其他不变。

本任务主要介绍了以下内容：

（1）单元式幕墙安装工程量计算规则。

1）单元式幕墙安装工程量按单元板块组合后设计图示尺寸的外围面积以"m²"计算，不扣除依附于幕墙板块制作的窗、洞口所占的面积。

2）防火隔断安装工程量按设计图示尺寸的投影面积以"m²"计算。

3）槽形预埋件及T形转换螺栓安装的工程量按设计图示数量以"个"计算。

（2）非承重隔墙安装工程量计算规则

1）非承重隔墙安装工程量按设计图示尺寸的墙体面积以"m²"计算，应扣除门窗、洞口、嵌入墙内的钢筋混凝土柱、梁、圈梁等所占体积，不扣除梁头、板头、檩头、垫木、木楞头、沿缘木、木砖、门窗走头、砖墙内加固钢筋、木筋、铁件、钢管及单个面积≤0.3 m²的孔洞所占的体积。

2）非承重隔墙安装遇设计为双层墙板时，其工程量按单层面积乘以2计算

3）预制轻钢龙骨隔墙中增贴硅酸钙板的工程量按设计需增贴的面积以"m²"计算。

（3）预制烟道及通风道安装工程量计算规则。

1）预制烟道、通风道安装工程量按图示长度以"m"计算。

2）成品风帽安装工程量按设计图示数量以"个"计算。

（4）预制成品护栏安装工程量计算规则。预制成品护栏安装工程量按设计图示尺寸的中心线长度以"m"计算。

（5）装饰成品部件安装工程量计算规则。

1）成品踢脚线安装工程量按设计图示长度以"m"计算。

2）墙面成品木饰面安装工程量按设计图示面积以"m²"计算。

3）带门套成品木门安装工程量按设计图示数量以"樘"计算，成品门（窗）套安装工程量按设计图示洞口尺寸以"m"计算。

4）成品橱柜安装工程量按设计图示尺寸的柜体中线长度以"m"计算，成品台面板安装工程量按设计图示尺寸的板面中线长度以"m"计算，成品洗漱台柜、成品水槽安装工程量按设计图示数量以"组"计算。

通过本任务的学习，学生掌握装配式建筑构件及部品工程工程量计算规则，能正确套用定额，计算分部分项工程费用。

通过本任务的学习，学生根据重点知识点的提示，完成"任务四　建筑构件及部品工程"学生笔记（表2-181）的填写，并对重点知识点加强学习，进行归纳总结。

表 2-181　"任务四 建筑构件及部品工程"学生笔记

班级：＿＿＿＿＿＿　学号：＿＿＿＿＿＿　姓名：＿＿＿＿＿＿　成绩：＿＿＿＿＿＿

1. 单元式幕墙安装工程量计算规则：

2. 非承重隔墙安装工程量计算规则：

3. 预制烟道及通风道安装工程量计算规则：

4. 预制成品护栏安装工程量计算规则：

5. 装饰成品部件安装工程量计算规则：

课后练习

任务五 措施项目

一、概述

装配式建筑的措施项目，除本定额另有说明外，应按消耗量定额有关规定计算。

(一)装配式混凝土结构工程

(1)综合脚手架按《消耗量定额》第十七章 措施项目"脚手架工程"中"框架结构"项目乘以系数 0.85 计算。

(2)垂直运输费按《消耗量定额》第十七章 措施项目"垂直运输"中"框架结构"项目计算。

(3)建筑物超高增加费按《消耗量定额》第十七章 措施项目相应项目计算，其中人工消耗量乘以系数 0.7。

(二)装配式钢结构工程

(1)综合脚手架、垂直运输按本定额第四章"措施项目"的相应项目及规定执行。

(2)建筑物超高增加费按《消耗量定额》第十七章 措施项目相应项目计算，其中人工消耗量乘以系数 0.7。

二、定额项目设置

《消耗量定额》第十七章 措施项目的项目设置详见本模块单元五相应措施项目定额项目设置表，本定额第四章 措施项目的项目设置见表 2-182。

表 2-182　措施项目定额项目设置表

分部工程			项目名称	定额编号	工作内容
措施项目	工具式模板	柱模板	矩形柱	4-1	1. 模板制作。 2. 模板安装、拆除、整理堆放及场内、外运输。 3. 清理模板黏结物及模内杂物、刷隔离剂、封堵孔洞等
			异形柱	4-2	
			柱支撑(高度超过 3.6 m，每增加 1 m)	4-3	
		梁模板	矩形梁	4-4	
			异形梁	4-5	
			梁支撑(高度超过 3.6 m，每增加 1 m)	4-6	
		墙模板	直形墙	4-7	
			墙支撑(高度超过 3.6 m，每增加 1 m)	4-8	
	脚手架工程	板模板	板	4-9	1. 模板制作。 2. 模板安装、拆除、整理堆放及场内、外运输。 3. 清理模板黏结物及模内杂物、刷隔离剂、封堵孔洞等
			板支撑(高度超过 3.6 m，每增加 1 m)	4-10	
			其他构件模板(整 5 体楼梯普通型)	4-11	

分部工程	项目名称					定额编号	工作内容
措施项目	脚手架工程	钢结构综合工程脚手架	厂(库)房钢结构工程	单层厂房	檐高20 m内、层高6 m内	4-12	1. 场内、场外材料搬运。 2. 搭、拆脚手架、挡脚板、上下翻板子。 3. 拆除脚手架后材料的堆放
					每增加1 m	4-13	
				多层厂房	檐高≤6 m	4-14	
					每增加1 m	4-15	
			住宅钢结构工程按檐高(m)≤20、30、40、50、70、90、110、120、130、140、150、160、170、180、200			4-16 至 4-31	
		工具式脚手架	附着式电动整体提升架			4-32	1. 场内、场外材料搬运。 2. 选择附墙点与主体连接。 3. 搭、拆脚手架。 4. 测试电动装安全销等。 5. 拆除脚手架后材料的堆放
			电动高空作业吊篮			4-33	
	垂直运输	住宅钢结构工程按檐高(m)≤20、30、50、90、120、140、160、180、200				4-44 至 4-42	单位工程合理工期内完成全部工程所需要的垂直运输全部操作过程

三、措施项目计量与计价

(一)工具式模板计量与计价

工具式模板是指组成模板的模板结构和构配件为定型化标准化产品，可多次重复利用，并按规定的程序组装和施工，本定额中的工具式模板按铝合金模板编制。

铝合金模板系统是由铝模板系统、支撑系统、紧固系统和附件系统构成的，本定额中铝合金模板的材料摊销次数按90次考虑。

1. 工程量计算规则

(1)铝合金模板工程量按模板与混凝土的接触面积计算。

(2)现浇钢筋混凝土墙、板上单孔面积≤0.3 m² 的孔洞不予扣除，洞侧壁模板也不增加，单孔面积＞0.3 m² 时应予扣除，洞侧壁模板面积并入墙、板模板工程量内计算。

(3)柱与梁、柱与墙、梁与梁等连接重叠部分以及伸入墙内的梁头、板头与砖接触部分，均不计算模板面积。

(4)楼梯模板工程量按水平投影面积计算。

(5)现浇混凝土柱(不含构造柱)、墙、梁(不含圈、过梁)、板是按高度(板面或地面、垫层面至上层板面的高度)3.6 m综合考虑。如遇斜板面结构时，柱分别按各柱的中心高度为准；墙按分段墙的平均高度为准；框架梁按每跨两端的支座平均高度为准；板(含梁板合计的梁)按高点与低点的平均高度为准。

2. 定额应用

(1)异形柱、梁，是指柱、梁的断面形状为 L 形、十字形、T 形等的柱、梁。圆形柱模板执行异形柱模板。

(2)有梁板模板定额项目已综合考虑了有梁板中弧形梁的情况,梁和板应作为整体套用。圈梁的弧形部分模板按相应圈梁模板套用定额乘以系数 1.2 计算。

(二)脚手架工程计量与计价

(1)装配式混凝土结构工程综合脚手架按《消耗量定额》第十七章 措施项目脚手架工程中"框架结构"项目乘以系数 0.85 计算,具体的计量与计价方法详见本模块单元五任务一。

(2)本定额第四章 措施项目定额脚手架工程包括钢结构工程综合脚手架和工具式脚手架两部分。工具式脚手架是指组成脚手架的架体结构和构配件为定型化标准化产品,可多次重复利用,按规定的程序组装和施工,包括附着式电动整体提升架和电动高空作业吊篮。

1)钢结构工程综合脚手架计量与计价。钢结构工程的综合脚手架定额,包括外墙砌筑及外墙粉饰、3.6 m 以内的内墙砌筑及混凝土浇捣用脚手架以及内墙面和天棚粉饰脚手架。对执行综合脚手架定额以外,还需另行计算单项脚手架费用的,按《消耗量定额》第十七章 措施项目相应项目及规定执行。

①工程量计算规则。综合脚手架按设计图示尺寸以建筑面积计算。

②定额应用。单层厂房综合脚手架定额适用于檐高在 6 m 以内的钢结构建筑,若檐高超过 6 m,则按每增加 1 m 定额计算。多层厂房综合脚手架定额适用于檐高 20 m 以内且层高在 6 m 以内的钢结构建筑,若檐高超过 20 m 或层高超过 6 m,应分别按每增加 1 m 定额计算。

2)附着式电动整体提升架工程计量与计价。

①工程量计算规则。附着式电动整体提升架按提升范围的外墙外边线长度乘以外墙高度以面积计算,不扣除门窗、洞口所占面积。

②定额应用。附着式电动整体提升架定额适用于高层建筑的外墙施工。

3)电动作业高空吊篮计量与计价。

①工程量计算规则。电动作业高空吊篮按外墙垂直投影面积计算,不扣除门窗、洞口所占面积。

②定额应用。电动作业高空吊篮定额适用于外立面装饰用脚手架。

(三)垂直运输计量与计价

(1)装配式混凝土结构的垂直运输费按《消耗量定额》第十七章 措施项目"垂直运输"中"框架结构"项目计算,具体的计量与计价方法详见本模块单元五的任务一。

(2)本定额第四章"措施项目"定额适用于住宅钢结构工程的垂直运输费用计算,高层商务楼、商住楼等钢结构工程可参照执行。厂(库)房钢结构工程的垂直运输费用已包括在相应的安装定额项目内,不另单独计算。

1)住宅钢结构工程垂直运输工程量计算规则。住宅钢结构工程垂直运输机械台班用量,区分不同建筑物檐高按建筑面积计算。

2)住宅钢结构工程垂直运输定额应用。住宅钢结构工程垂直运输费用,区分不同建筑物檐高,按相应檐高套用子目。

【案例 2-49】 某新建住宅工程,采用装配式钢结构,共 16 层(无地下室),设计室外地坪为 -0.5 m,设计室内地坪为 ±0.00。底层层高为 4.2 m,其余每层层高为 3.6 m,内外墙体均采用砌块砌筑,矩形建筑平面,外墙外围尺寸为 48 m×18 m,外墙面装饰采用电动高空作业吊篮施工,试结合江西省现行定额,计算本工程相应的措施项目费。

常用定额摘录

【解】 结合江西省现行定额,应列以下项目计算本工程相应的措施项目费用。

(1)综合脚手架工程量计算:

$$S = 48 \times 18 \times 16 = 13\,824(\text{m}^2)$$

(2)电动高空作业吊篮

$S=(48+18)\times2\times(4.2+3.6\times15+0.5)=7\,748.4(\text{m}^2)$

(3)垂直运输费用 $S=13\,824$ m²

(4)超高增加费:共16层,超过10层,$S=48\times18\times10=8\,640(\text{m}^2)$

套用定额计算各分项工程费用,计算结果见表2-183。

(1)垂直运输中涉及施工电梯和自升式塔式起重机,应计算大型机械进出场费。

(2)建筑物超高增加费按《消耗量定额》第十七章 措施项目相应项目计算,其中人工消耗量乘以系数0.7。

17-138 换:超过增加费换算后的单价=$2\,417.4\times0.7+98.37=1\,790.55$(元/100 m²)

人工费=$2\,417.4\times0.7=1\,692.18$(元/100 m²)

表2-183 工程预算表

工程名称:某工程

序号	定额编号	项目名称	单位	工程量	定额基价/元			合价/元		
					基价	人工费	机械费	合价	人工费	机械费
套《江西省装配式建筑工程消耗量定额及统一基价表》(2019版)项目										
1	4-20	综合脚手架(檐高≤70)	100 m²	138.24	1 534.91	721.65	68.3	212 185.96	99 760.90	9 441.79
2	4-33	电动高空作业吊篮	100 m²	77.484	139.44	134.81	4.63	10 804.37	10 445.62	358.75
3	4-37	垂直运输费用(檐高≤90)	100 m²	138.24	2 381.17	406.73	1 974.44	329 172.94	56 226.36	272 946.59
套《江西省房屋建筑与装饰工程消耗量定额及统一基价表》(2017年版)项目										
4	17-138 换	超高增加费	100 m²	86.40	1 790.55	1 692.18	98.37	154 703.52	146 204.35	8 499.17
5	17-158	塔式起重机固定基础	台次	1	5 339.86	1 319.2	64.93	5 339.86	1 319.2	64.93
6	17-159	施工电梯固定基础	台次	1	5 305.58	1 209.55	77.83	5 305.58	1 209.55	77.83
7	17-161	起重机安拆	台次	1	22 479.06	10 200.00	11 764.66	22 479.06	10 200.00	11 764.66
8	17-169	施工电梯安拆≤75 m	台次	1	8 488.42	4 590.00	3 787.22	8 488.42	4 590.00	3 787.22
9	17-192	起重机进出场	台次	1	22 691.64	3 400.00	19 088.68	22 691.64	3 400.00	19 088.68
10	17-194	施工电梯进出场≤75 m	台次	1	8 628.84	850.00	7 682.98	8 628.84	850.00	7 682.98
							小计	779 800.19	334 205.98	333 712.6

本任务主要介绍了以下内容：

(1)工具式模板工程量计算规则。

1)铝合金模板工程量按模板与混凝土的接触面积计算。

2)现浇钢筋混凝土墙、板上单孔面积≤0.3 m² 的孔洞不予扣除，洞侧壁模板也不增加，单孔面积＞0.3 m² 时应予扣除，洞侧壁模板面积并入墙、板模板工程量内计算。

3)柱与梁、柱与墙、梁与梁等连接重叠部分以及伸入墙内的梁头、板头与砖接触部分，均不计算模板面积。

4)楼梯模板工程量按水平投影面积计算。

5)现浇混凝土柱(不含构造柱)、墙、梁(不含圈、过梁)、板是按高度(板面或地面、垫层面至上层板面的高度)3.6 m 综合考虑。如遇斜板面结构时，柱分别按各柱的中心高度为准；墙按分段墙的平均高度为准；框架梁按每跨两端的支座平均高度为准；板(含梁板合计的梁)按高点与低点的平均高度为准。

(2)脚手架工程计量与计价。

1)装配式混凝土结构工程综合脚手架按 2017 年版《江西省房屋建筑与装饰工程消耗量定额及统一基价表》第十七章 措施项目"脚手架工程"中"框架结构"项目乘以系数 0.85 计算，具体的计量与计价方法详见本模块单元五的任务一。

2)《江西省装配式建筑工程消耗量定额及统一基价表(试行)》(2019 版)定额第四章 措施项目定额脚手架工程包括钢结构工程综合脚手架和工具式脚手架两部分。工具式脚手架是指组成脚手架的架体结构和构配件为定型化标准化产品，可多次重复利用，按规定的程序组装和施工，包括附着式电动整体提升架和电动高空作业吊篮。

①钢结构工程综合脚手架计算规则。综合脚手架按设计图示尺寸以建筑面积计算。

②附着式电动整体提升架工程工程量计算规则。附着式电动整体提升架按提升范围的外墙外边线长度乘以外墙高度以面积计算，不扣除门窗、洞口所占面积。

③电动作业高空吊篮工程量计算规则。电动作业高空吊篮按外墙垂直投影面积计算，不扣除门窗、洞口所占面积。

(3)垂直运输。

1)装配式混凝土结构的垂直运输费按 2017 年版《江西省房屋建筑与装饰工程消耗量定额及统一基价表》第十七章 措施项目"垂直运输"中"框架结构"项目计算，具体的计量与计价方法详见本模块单元五的任务一。

2)《江西省装配式建筑工程消耗量定额及统一基价表(试行)》(2019 版)定额第四章 措施项目定额适用于住宅钢结构工程的垂直运输费用计算，高层商务楼、商住楼等钢结构工程可参照执行。厂(库)房钢结构工程的垂直运输费用已包括在相应的安装定额项目内，不另单独计算。

住宅钢结构工程垂直运输工程量计算规则：住宅钢结构工程垂直运输机械台班用量，区分不同建筑物檐高按建筑面积计算。

通过本任务的学习，学生根据重点知识点的提示，完成"任务五 措施项目"学生笔记（表 2-184）的填写，并对重点知识点加强学习，进行归纳总结。

表 2-184 "任务五 措施项目"学生笔记

班级：_____ 学号：_____ 姓名：_____ 成绩：_____

1. 钢结构工程综合脚手架计算规则：

2. 附着式电动整体提升架工程工程量计算规则：

3. 电动作业高空吊篮工程量计算规则：

4. 住宅钢结构工程垂直运输工程量计算规则：

单元五　单价措施项目计量与计价

【知识目标】
1. 掌握措施项目的含义。
2. 熟悉单价措施项目的内容。
3. 掌握单价措施项目工程量计算规则。

【能力目标】
1. 能结合实际工程项目，正确列出单价措施项目。
2. 能结合实际工程项目，正确计算单价措施项目人材机费用。

【素质目标】
1. 社会素质：通过对不同措施费的学习，学生能学会自制与自律，懂得慎独和自省。
2. 科学素质：通过学习单价措施项目，学生能学会思考，培养大局整体意识。

任务一　脚手架工程

任务导入

某理工院实训工房图纸见附录，试计算本项目综合脚手架工程量并编制预算表。

任务资讯

一、概述

措施项目是指为完成工程项目施工，发生于该工程施工前或施工过程中非工
程实体项目。其主要有环境保护、文明施工、安全施工、临时设施、二次搬运、
模板工程、脚手架工程、垂直运输工程、建筑物超高增加费，大型机械设备进出场及安拆，施工
排水、降水等。工程计价中将措施项目费分为总价措施项目费和单价措施项目费，单价措施项目
可以计算工程量，以"量"计价，更有利于措施费的确定和调整。因此，本教材编制了工程施工中
常用的单价措施项目。

脚手架是专门为高空施工作业、堆放和运送材料、保证施工过程工人安全而设置的架设工具
或操作平台。脚手架不形成工程实体，属于措施项目。脚手架材料是周转材料，在预算定额中规
定的材料消耗量是使用一次应摊销的材料数量。

脚手架按使用材料可分为钢管架、木架、竹架；按搭设形式可分为单排脚手架、双排脚手架
（图 2-162）、满堂脚手架（图 2-163）、活动脚手架、挑脚手架、吊篮脚手架等；按使用范围可分为
结构用脚手架和装饰用脚手架。

知识导图

图 2-162　双排脚手架　　　　　　　　图 2-163　满堂脚手架

（1）本章脚手架措施项目是指施工需要的脚手架搭、拆、运输及脚手架摊销的工料消耗。

（2）本章脚手架措施项目材料均按钢管式脚手架编制。

（3）各项脚手架消耗量中未包括脚手架基础加固。基础加固是指脚手架立杆下端以下或脚手架底座下皮以下的一切做法。

（4）高度在 3.6 m 以外墙面装饰不能利用原砌筑脚手架时，可计算装饰脚手架。装饰脚手架执行双排脚手架定额乘以系数 0.3。室内凡计算了满堂脚手架，墙面装饰不再计算墙面粉饰脚手架，只按每 100 m² 墙面垂直投影面积增加改架工 1.28 工日。

二、定额项目设置

《消耗量定额》第十七章 措施项目，定额子目划分见表 2-185。

表 2-185　脚手架工程定额项目设置表

章	节	项目名称	定额编号	工作内容
脚手架工程	一、综合脚手架	单层建筑综合脚手架	按建筑面积分 17-1 至 17-6	1. 场内、场外材料搬运。 2. 搭、拆脚手架、挡脚板、上下翻板子。 3. 拆除脚手架后材料的堆放
		多层建筑综合脚手架	17-7 至 17-43	
		地下室综合脚手架	17-44 至 17-47	
	二、单项脚手架	外脚手架	17-48 至 17-55	1. 场内、场外材料搬运。 2. 搭、拆脚手架。 3. 拆除脚手架后材料的堆放
		里脚手架	17-56	
		悬空脚手架	17-57	
		挑脚手架	17-58	
		满堂脚手架	17-59、17-60	
		整体提升架	17-61	详见《消耗量定额》
		安全网	17-62、17-63	支撑、挂网、翻网绳、阴阳角挂绳、拆除等
		外装饰吊篮	17-64	详见《消耗量定额》
		粉饰脚手架	17-65 至 17-67	1. 场内、场外材料搬运。 2. 搭、拆脚手架。 3. 拆除脚手架后材料的堆放

章	节	项目名称	定额编号	工作内容
脚手架工程	三、其他脚手架	电梯井架	17-68 至 17-75	平土、安装底座、搭设、拆除脚手架等全部操作过程
		烟囱脚手架	17-76 至 17-87	挖坑、平台、搭拆脚手架、打缆风桩、拉缆风绳

三、脚手架工程计量与计价

(一)综合脚手架计量与计价

1. 工程量计算规则

按设计图示尺寸以建筑面积计算。

2. 计算公式

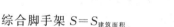

$$综合脚手架\ S = S_{建筑面积}$$

脚手架工程

3. 定额应用

(1)单层建筑综合脚手架适用于檐高 20 m 以内的单层建筑工程。

(2)凡单层建筑工程执行单层建筑综合脚手架项目,二层及二层以上的建筑工程执行多层建筑综合脚手架项目,地下室部分执行地下室综合脚手架项目。

(3)综合脚手架中包括外墙砌筑及外墙粉饰、3.6 m 以内的内墙砌筑及混凝土浇捣用脚手架以及内墙面和天棚粉饰脚手架。

(4)执行综合脚手架,有下列情况者,可另执行单项脚手架项目:

1)满堂基础或者高度(垫层上皮至基础顶面)在 1.2 m 以外的混凝土或钢筋混凝土基础,按满堂脚手架基本层定额乘以系数 0.3;高度超过 3.6 m,每增加 1 m 按满堂脚手架增加层定额乘以系数 0.3。

2)砌筑高度在 3.6 m 以外的砖内墙,按单排脚手架定额乘以系数 0.3;砌筑高度在 3.6 m 以外的砌块内墙,按相应双排外脚手架定额乘以系数 0.3。

3)砌筑高度在 1.2 m 以外的屋顶烟囱的脚手架,按设计图示烟囱外围周长另加 3.6 m 乘以烟囱出屋顶高度以面积计算,执行里脚手架项目。

4)砌筑高度在 1.2 m 以外的管沟墙及砖基础,按设计图示砌筑长度乘以高度以面积计算,执行里脚手架项目。

5)墙面粉饰高度在 3.6 m 以外的执行内墙面粉饰脚手架项目。

6)按照建筑面积计算规范的有关规定未计入建筑面积,但施工过程中需搭设脚手架的施工部位。

(5)凡不适宜使用综合脚手架的项目,可按相应的单项脚手架项目执行。

4. 案例分析

【案例 2-50】 某工程平面如图 2-164 所示,共三层,层高均为 3.3 m,女儿墙顶标高为 +11 m,室外地坪标高为 -0.3 m,墙厚为 240 mm,轴线尺寸为墙中心线,已知该工程为混合结构(图中尺寸均以"mm"为单位)。计算本工程综合脚手架人材机费用。

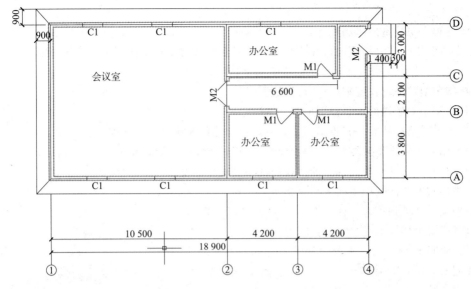

图 2-164　某工程一层平面图

【解】

(1)根据消耗量定额工程量计算规则计算：

综合脚手架工程量＝(18.9＋0.24)×(8.9＋0.24)×3＝524.82(m²)

(2)定额列项套定额基价并计算，相关费用见二维码中常用定额摘录表。

根据定额子目 17-7，确定定额基价为 1 204.05 元/100 m²(其中人工费＝660.88 元/100 m²，机械费＝90.80 元/100 m²)。

则人材机械费用合计为 524.82×1 204.05/100＝6 319.10(元)

其中人工费＝524.82×660.88/100＝3 468.43(元)

机械费＝524.82×90.80/100＝476.54(元)

(3)综合脚手架预算表见表 2-186。

表 2-186　综合脚手架预算表

工程名称：某工程

序号	定额编号	项目名称	单位	工程量	定额基价/元			合价/元		
					基价	人工费	机械费	合价	人工费	机械费
1	17-7	综合脚手架	100 m²	5.248 2	1 204.05	660.88	90.80	6 319.10	3 468.43	476.54
		小计						6 319.10	3 468.43	476.54

(二)单项脚手架计量与计价

1. 工程量计算规则

(1)外脚手架、整体提升架按外墙外边线长度(含墙垛及附墙井道)乘以外墙高度以面积计算。

(2)计算内、外墙脚手架时，均不扣除门、窗、洞口、空圈等所占面积。同一建筑物高度不同时，应按不同高度分别计算。

(3)里脚手架按墙面垂直投影面积计算。

(4)独立柱按设计图示尺寸，以结构外围周长另加 3.6 m 乘以高度以面积计算。执行双排外脚手架定额项目乘以系数。

(5)现浇钢筋混凝土梁按梁顶面至地面(或楼面)间的高度乘以梁净长以面积计算。执行双排外脚手架定额项目乘以系数。

(6)满堂脚手架按室内净面积计算，其高度在 3.6～5.2 m 时计算基本层，5.2 m 以外，每增加 1.2 m 计算一个增加层，不足 0.6 m 按一个增加层乘以系数 0.5 计算。其计算公式如下：

$$满堂脚手架增加层＝(室内净高－5.2)/1.2$$

(7)挑脚手架按搭设长度乘以层数以长度计算。

(8)悬空脚手架按搭设水平投影面积计算。

(9)吊篮脚手架按外墙垂直投影面积计算，不扣除门窗洞口所占面积。

(10)内墙面粉饰脚手架按内墙面垂直投影面积计算，不扣除门窗洞口所占面积。

(11)立挂式安全网按架网部分的实挂长度乘以实挂高度以面积计算。

(12)挑出式安全网按挑出的水平投影面积计算。

(13)烟囱、水塔脚手架，区分不同搭设高度，以"座"计算。

(14)电梯脚手架按单孔以"座"计算。

(15)砌筑贮仓脚手架，不分单筒或贮仓组均按贮仓外边线周长，乘以设计室外地坪至贮仓上口之间高度，以面积计算。

(16)贮水(油)池脚手架，按外壁周长乘以室外地坪至池壁顶面之间的高度，以面积计算。

(17)设备基础(块体)脚手架，按其外形周长乘以地坪至外形顶面边线之间的高度，以面积计算。

(18)整体提升架按建筑物外墙的垂直投影面积计算，如图 2-165 所示。

图 2-165 整体提升脚手架

2. 计算公式

外脚手架、整体提升架的计算公式如下：

$$S＝L_{外边线}×H$$

式中　$L_{外边线}$——外墙外边线长度；

　　　H——外墙高度；外墙高度是指设计室外地面至外墙顶面的高度，山墙为 1/2 高。

3. 定额应用

(1)建筑物外墙脚手架，设计室外地坪至檐口的砌筑高度在 15 m 以内的按单排脚手架计算；砌筑高度在 15 m 以外或砌筑高度虽不足 15 m，但外墙门窗及装饰面积超过外墙表面积 60% 时，执行双排脚手架项目。

(2)外脚手架消耗量中已综合斜道、上料平台、护卫栏杆等。

(3)建筑物内墙脚手架，设计室内地坪至板底(或山墙高度的 1/2 处)的砌筑高度在 3.6 m 以内的，执行里脚手架项目。

(4)围墙脚手架，室外地坪至围墙顶面的砌筑高度在 3.6 m 以内的，按里脚手架计算；砌筑高度在 3.6 m 以外的，执行单排外脚手架项目。

(5)石砌墙体，砌筑高度在 1.2 m 以外时，执行双排外脚手架项目。

(6)大型设备基础，凡距地坪高度在 1.2 m 以外的，执行双排外脚手架项目。

(7)挑脚手架适用于外檐挑檐等部位的局部装饰。

(8)悬空脚手架适用于有露明屋架的屋面板勾缝、油漆或喷浆等部位。

(9)整体提升架适用于高层建筑的外墙施工。

(10)独立柱、现浇混凝土单(连续)梁执行双排外脚手架定额项目乘以系数 0.3。

(11)砌筑贮仓执行双排外脚手架项目。

(12)贮水(油)池、大型设备基础(块体)，凡距地坪高度在 1.2 m 以外的，执行双排外脚手架项目。

4. 案例分析

【案例 2-51】 如图 2-166 所示，某工程办公室首层层高为 4.2 m，办公室开间为 6 m，进深为 4.8 m，该工程已计算了综合脚手架。试计算该工程首层房间内墙砌筑应增加的单项脚手架工程量及人材机费用（图中轴线尺寸为墙的中心线，墙厚为 240 mm，板厚为 100 mm，轴线尺寸均以"mm"为单位）。

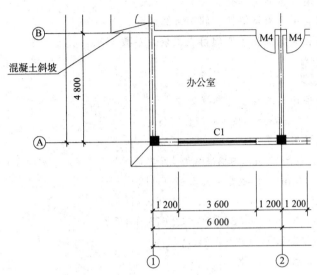

图 2-166 某工程办公室平面图

【解】

(1)计算内墙砌筑脚手架工程量（以Ⓑ轴墙体为例）：

$$S_{内脚手架} = L_{净长} \times H_{净高} = (6-0.24) \times (4.2-0.1) = 23.62(m^2)$$

(2)定额列项套定额基价并计算相关费用：

根据计算规则，砌筑高度在 3.6 m 以外的砖内墙，按单排脚手架定额乘以系数 0.3。

单项脚手架工程量套用定额子目(17-48)换：$0.3 \times 957.4 = 287.22$(元/100 m²)，详见二维码中的常用定额摘录表。

单项脚手架工程量套用定额子目 17-48 换：

人材机费用 = $23.62 \times 287.22/100 = 67.84$(元)

其中人工费 = $23.62 \times (469.37 \times 0.3)/100 = 33.26$(元)

机械费 = $23.62 \times (52.53 \times 0.3)/100 = 3.72$(元)

(3)建筑工程预算表见表 2-187。

表 2-187 建筑工程预算表

工程名称：某工程

序号	定额编号	项目名称	单位	工程量	定额基价/元			合价/元		
					基价	人工费	机械费	合价	人工费	机械费
1	17-48 换	单项脚手架	100 m²	0.236 2	287.22	140.81	15.76	67.84	33.26	3.72
		小计						67.84	33.26	3.72

(三)其他脚手架计量与计价

1. 工程量计算规则

电梯井架按单孔以"座"计算。

2. 定额应用

(1)电梯井架每一电梯台数为一孔。

(2)烟囱脚手架综合了垂直运输架、斜道、缆风绳、地锚等。

(3)水塔脚手架按相应烟囱脚手架项目人工乘以系数 1.11,其他不变。

任务实施

【解】 (1)由已知条件及工程量计算规则得:

$S = (48+0.24) \times (12+0.24) \times 3 = 1\ 771.37(\text{m}^2)$

(2)定额工料机总费用计算:

根据定额子目 17-9,檐高 20 m 以内框架结构多层建筑综合脚手架定额基价为 3 544.98 元/100 m²(其中人工费 = 1 841.36 元/100 m²,机械费 = 312.92 元/100 m²)。

人材机费用 = 1 771.37 × 3 544.98/100 = 62 794.71(元)

其中人工费 = 1 771.37 × 1 841.36/100 = 32 617.30(元)

机械费 = 1 771.37 × 312.92/100 = 5 542.97(元)

(3)综合脚手架预算表见表 2-188。

表 2-188 综合脚手架预算表

工程项目:某理工院实训工房

序号	定额编号	项目名称	单位	工程量	定额基价/元			合价/元		
					基价	人工费	机械费	合价	人工费	机械费
1	17-9	多层建筑综合脚手架	100 m²	17.713 7	3 544.9	1 841.36	312.92	62 794.71	32 617.30	5 542.97
小计								62 794.71	32 617.30	5 542.97

任务单

【任务 2-27】 某理工院实训工房图纸见附录。请编制脚手架(除综合脚手架)工程定额工程量和预算表,并将计算过程填入表 2-189。

常用定额摘录

表 2-189 定额工程量和合价计算书

班级:_____ 学号:_____ 姓名:_____ 成绩:_____

序号	定额编号	项目名称	定额基价	单位	工程量	工程量计算过程	合价计算过程

本任务重点学习了以下内容：

（1）综合脚手架。综合脚手架按设计图示尺寸以建筑面积计算。

（2）单项脚手架。

1）外脚手架、整体提升架按外墙外边线长度（含墙垛及附墙井道）乘以外墙高度以面积计算。

2）计算内、外墙脚手架时，均不扣除门、窗、洞口、空圈等所占面积。同一建筑物高度不同时，应按不同高度分别计算。

3）里脚手架按墙面垂直投影面积计算。

4）独立柱按设计图示尺寸，以结构外围周长另加3.6 m乘以高度以面积计算。执行双排外脚手架定额项目乘以系数。

5）现浇钢筋混凝土梁按梁顶面至地面（或楼面）间的高度乘以梁净长以面积计算。执行双排外脚手架定额项目乘以系数。

6）满堂脚手架按室内净面积计算，其高度在3.6～5.2 m时计算基本层，5.2 m以外，每增加1.2 m计算一个增加层，不足0.6 m按一个增加层乘以系数0.5计算。计算公式如下：满堂脚手架增加层＝（室内净高－5.2）/1.2。

7）挑脚手架按搭设长度乘以层数以长度计算。

8）悬空脚手架按搭设水平投影面积计算。

9）吊篮脚手架按外墙垂直投影面积计算，不扣除门窗洞口所占面积。

10）内墙面粉饰脚手架按内墙面垂直投影面积计算，不扣除门窗洞口所占面积。

11）立挂式安全网按架网部分的实挂长度乘以实挂高度以面积计算。

12）挑出式安全网按挑出的水平投影面积计算。烟囱、水塔脚手架，区分不同搭设高度，以"座"计算。

13）电梯脚手架按单孔以"座"计算。

14）砌筑贮仓脚手架，不分单筒或贮仓组均按贮仓外边线周长，乘以设计室外地坪至贮仓上口之间高度，以面积计算。

15）贮水（油）池脚手架，按外壁周长乘以室外地坪至池壁顶面之间的高度，以面积计算。

16）设备基础（块体）脚手架，按其外形周长乘以地坪至外形顶面边线之间的高度，以面积计算。

17）整体提升架按建筑物外墙的垂直投影面积计算。

（3）其他脚手架。电梯井架按单孔以"座"计算。

通过本任务的学习，根据重点知识点的提示，完成"任务一　脚手架工程"学生笔记（表2-190）的填写，并对脚手架工程计算方法及注意事项进行归纳总结。

表 2-190 "任务一 脚手架工程"学生笔记

班级：＿＿＿＿＿＿　学号：＿＿＿＿＿＿　姓名：＿＿＿＿＿＿　成绩：＿＿＿＿＿＿

一、单价措施项目包含的内容

二、脚手架工程量计算规则

1. 综合脚手架：

2. 单项脚手架：

3. 其他脚手架：

课后练习

任务二　垂直运输工程

任务导入

某理工院实训工房图纸见附录，该工程采用塔式起重机，泵送混凝土。
请编制垂直运输分项工程定额工程量和预算表。

知识导图

一、概述

垂直运输工程是指在施工过程中所需的垂直运输机械台班,如在砌筑工程中,不仅要运输大量的砖(或砌块)、砂浆,而且还要运输脚手架、脚手板和各种预制构件。按建筑物性质可分为建筑物垂直运输和构筑物垂直运输。常用的垂直运输机械设备有龙门架(图 2-167)、井字架、塔式起重机(图 2-168)及外用电梯等。

图 2-167 龙门架提升机

图 2-168 塔式起重机

二、定额项目设置

《消耗量定额》第十七章 措施项目,定额子目划分见表 2-191。

表 2-191 垂直工程定额项目设置表

章	节	项目名称	定额编号	工作内容
垂直运输工程	一、20 m(6 层)以内卷扬机施工	卷扬机施工	17-88 至 17-90	单位工程合理工期内完成全部工程所需要的垂直运输全部操作过程
	二、20 m(6 层)以内塔式起重机施工	塔式起重机施工	17-91、17-92	
	三、20 m(6 层)以上塔式起重机施工	全现浇结构	按檐高分 17-93 至 17-98	
		现浇框架	按檐高分 17-99 至 17-104	
		滑模施工	按檐高 17-105 至 17-110	
		其他结构	按檐高 17-111 至 17-116	
	四、构筑物垂直运输	烟囱	17-117 至 17-120	
		水塔	17-121、17-122	
		筒仓(4 个以内)	17-123、17-124	

章	节	项目名称	定额编号	工作内容
垂直运输工程	五、独立地下室垂直运输	独立地下室	17-125 至 17-127	单位工程合理工期内完成全部工程所需要的垂直运输全部操作过程
	六、单独装饰工程垂直运输	单层建筑物	17-128、17-129	材料垂直运输
		多层建筑物	17-130 至 17-136	1. 材料垂直运输。2. 施工人员上下使用外用电梯

垂直运输、超高增加费

三、垂直运输工程计量与计价

1. 工程量计算规则

(1)建筑物垂直运输机械台班用量,区分不同建筑物结构及檐高按建筑面积计算。地下室面积与地上面积合并计算。

(2)《消耗量定额》第十七章 措施项目按泵送混凝土考虑,如采用非泵送,垂直运输费按以下方法增加:相应项目乘以调增系数8%,再乘以非泵送混凝土数量占全部混凝土数量的百分比。

(3)单独装饰工程垂直运输费区分不同檐高按定额工日计算。

2. 定额应用

(1)建筑物檐高以设计室外地坪至檐口滴水高度(平屋顶是指屋面板底高度,斜屋面是指外墙外边线与斜屋面板底的交点)为准。凸出主体建筑屋顶的楼梯间、电梯间、水箱间、屋面天窗等不计入檐口高度之内。

(2)同一建筑物有不同檐高时,按建筑物的不同檐高纵向分割,分别计算建筑面积,并按各自的檐高执行相应项目。建筑物多种结构按不同结构分别计算。

(3)垂直运输工作内容,包括单位工程在合理工期内完成全部工程项目所需要的垂直运输机械台班,不包括机械的场外往返运输,一次安拆及路基铺垫和轨道铺拆等的费用。

(4)檐高3.6 m以内的单层建筑,不计算垂直运输机械台班。

(5)本定额层高按3.6 m考虑,超过3.6 m者,应另计层高超高垂直运输增加费,每超过1 m,其超高部分按相应定额增加10%,超高不足1 m,按1 m计算。

3. 案例分析

【案例2-52】 某工程檐高33.45 m,共10层,每层层高为3.3 m,每层建筑面积为500 m²,框架结构,垂直运输机械为1台自升式塔式起重机;所有工程均采用泵送混凝土,试计算本工程的垂直运输工程人材机费用。

【解】 (1)根据定额工程量计算规则,工程量计算:

垂直运输工程量=10×500=5 000(m²)

(2)定额列项套定额基价并计算相关费用:

根据定额子目17-99,确定定额基价为2 556.20 元/100 m²(其中人工费=591.94 元/100 m²,机械费=1 964.26 元/100 m²)

则人材机费用合计为5 000×2 556.20/100=127 810(元)

其中人工费=5 000×591.94/100=29 597(元)

机械费=5 000×1 964.26/100=98 213(元)

(3)垂直运输预算表见表2-192。

表 2-192　建筑工程预算表

工程名称：某理工院实训工房

序号	定额编号	项目名称	单位	工程量	定额基价/元			合价/元		
					基价	人工费	机械费	合价	人工费	机械费
1	17-99	垂直运输(塔式起重机,现浇框架结构,檐高40 m内)	100 m²	50	2 556.20	591.94	1 964.26	127 810	29 597	98 213

任务实施

【解】 (1)本定额层高按3.6 m考虑,超过3.6 m者,应另计层高超高垂直运输增加费,每超过1 m,其超高部分按相应定额增加10%,超高不足1 m,按1 m计算。

由已知条件及工程量计算规则得：

首层：$S=(48+0.24)\times(12+0.24)=590.46(m^2)$

二、三层：$S=(48+0.24)\times(12+0.24)\times2=1\,180.92(m^2)$

(2)定额工料机总费用计算(见二维码中常见定额摘录表)：

根据定额子目17-92,20 m(6层)以内塔式起重机施工定额基价为1 910.46元/100 m²(其中人工209.27元/100 m²,机械1 701.19元/100 m²)；首层定额子目17-92换,定额基价为1 910.46×1.1=2 101.51(元/100 m²)[其中,人工费=209.27×1.1=230.20(元/100 m²),机械费=1 701.19×1.1=1 871.31(元/100 m²)]。

1)首层人材机费用=590.46×2 101.51/100=12 408.58(元)

其中人工费=590.46×230.20/100=1 359.24(元)

机械费=590.46×1 871.31/100=11 049.34(元)

2)二、三层人材机费用总和=1 180.92×1 910.46/100=22 561.00(元)

其中人工费=1 180.92×209.27/100=2 471.31(元)

机械费=1 180.92×1 701.19/100=20 089.69(元)

(3)垂直运输工程预算表见表2-193。

表 2-193　垂直运输工程预算表

工程项目：某理工院实训工房

序号	定额编号	项目名称	单位	工程量	定额基价/元			合价/元		
					基价	人工费	机械费	合价	人工费	机械费
1	17-92换	首层垂直运输工程	100 m²	5.904 6	2 101.51	230.20	1 871.31	12 408.58	1 359.24	11 049.34
2	17-92	二、三层垂直运输工程	100 m²	11.809 2	1 910.46	209.27	1 701.19	22 561.00	2 471.31	20 089.69
		小计						34 969.58	3 830.55	31 139.03

任务单

【任务 2-28】 某理工院实训工房图纸见附录，若该工程采用垂直运输机械为卷扬机，泵送混凝土。请编制垂直运输分项工程定额工程量和预算表，将任务单计算过程填入表2-194。

常用定额摘录

表 2-194　定额工程量和合价计算书

班级：_____　学号：_____　姓名：_____　成绩：_____

序号	定额编号	项目名称	定额基价	单位	工程量	工程量计算过程	合价计算过程

小　结

本任务重点学习了以下内容：

(1)建筑物垂直运输机械台班用量，区分不同建筑物结构及檐高按建筑面积计算。地下室面积与地上面积合并计算。

(2)《消耗量定额》第十七章 措施项目按泵送混凝土考虑，如采用非泵送，垂直运输费按以下方法增加：相应项目乘以调增系数8%，再乘以非泵送混凝土数量占全部混凝土数量的百分比。

(3)单独装饰工程垂直运输费区分不同檐高按定额工日计算。

学生笔记

通过本任务的学习，学生根据重点知识点的提示，完成"任务二 垂直运输费"学生笔记(表2-195)的填写，并对垂直运输费计算方法及注意事项进行归纳总结。

表 2-195 "任务二 垂直运输费"学生笔记

班级：_____ 学号：_____ 姓名：_____ 成绩：_____

一、垂直运输费按建筑物性质分类

二、垂直运输费工程量计算规则

课后练习

任务三　超高增加费

任务导入

某工程檐高为 33.45 m，共 10 层，每层层高为 3.3 m，每层建筑面积为 500 m²，试计算本工程的建筑工程超高增加费(人材机费用)。

任务资讯

知识导图

一、概述

建筑物超高增加费指建筑物高度超过一定标准时，施工中导致人工降效、其他机械降效、用水加压等费用。例如：工人上下班降低工效、上下楼及自然休息增加时间；垂直运输影响的时间；人工降效引起的机械降效；水压不足所发生的加压水泵台班。

(1)建筑物超高增加人工、机械定额适用于单层建筑物檐口高度超过 20 m，多层建筑物超过6 层的项目。

(2)建筑工程与装饰工程的超高费分别计算。

二、定额项目设置

《消耗量定额》第十七章 措施项目，定额子目划分见表2-196。

表 2-196　超高增加费定额项目设置表

章	节	项目名称	定额编号	工作内容
建筑物 超高增加费	一、建筑工程超高增加费		按檐高分 17-137 至 17-145	1. 工人上下班降低工效、上下楼及自然休息增加时间。 2. 垂直运输影响的时间。 3. 由于人工降效引起的机械降效。 4. 水压不足所发生的加压水泵台班
	二、装饰工程 超高增加费	单层建筑物	按檐高分 17-146 至 17-148	
		多层建筑物	按垂直运输高度 分 17-149 至 17-157	1. 工人上下班降低工效、上下楼及自然休息增加时间。 2. 垂直运输影响的时间。 3. 由于人工降效引起的机械降效

三、超高增加费计量与计价

(一)建筑工程超高增加费计量与计价

1. 工程量计算规则

(1)各项定额中包括的内容是指单层建筑物檐口高度超过 20 m，多层建筑物超过 6 层的项目。

(2)建筑工程超高增加费的人工、机械按建筑物超高部分的建筑面积计算。

2. 计算公式

建筑工程超高增加费：

$$S = S_{超高部分}$$

式中　$S_{超高部分}$——建筑物超高部分的建筑面积。

3. 定额应用

(1)建筑物超高增加人工、机械定额适用于单层建筑物檐口高度超过 20 m，多层建筑物超过 6 层的项目。

(2)建筑工程与装饰工程的超高费分别计算。

(二)装饰工程超高增加费计量与计价

1. 工程量计算规则

(1)各项定额中包括的内容是指单层建筑物檐口高度超过 20 m，多层建筑物超过 6 层的项目。

(2)装饰工程的超高增加费按超高部分的人工费、机械费乘以人工、机械的降效增加系数计算。

2. 计算公式

装饰工程超高增加费：

$$F = F_{超高部分} \times \alpha$$

式中　$F_{超高部分}$——建筑物超高部分的人工费、机械费；

　　　　α——人工、机械的降效增加系数。

3. 定额应用

(1)建筑物超高增加人工、机械定额适用于单层建筑物檐口高度超过 20 m，多层建筑物超过 6 层的项目。

(2)建筑工程与装饰工程的超高费分别计算。

任务实施

【解】　(1)根据定额工程量计算规则，工程量计算：

建筑工程超高增加费工程量为 $4 \times 500 = 2\,000(m^2)$

(2)建筑工程超高增加费费用计算：

根据定额子目 17-137，确定定额基价为 1 468.08 元/100 m²(其中人工为 1 450.95 元/100 m²，机械为 17.13 元/100 m²)。

则人材机费用合计为 $2\,000 \times 1\,468.08/100 = 29\,361.60(元)$

其中人工费 $= 2\,000 \times 1\,450.95/100 = 29\,019.00(元)$

机械费 $= 2\,000 \times 17.13/100 = 342.60(元)$

(3)费用计算结果见表 2-197。

常用定额摘录

表 2-197　建筑工程预算表

工程名称：某工程

序号	定额编号	项目名称	单位	工程量	定额基价/元			合价/元		
					基价	人工费	机械费	合价	人工费	机械费
1	17-137	建筑超高增加费(檐高 40 m 内)	100 m²	20.00	1 468.08	1 450.95	17.13	29 361.6	29 019.00	342.60

小结

本任务重点学习了以下内容：

(1)各项定额中包括的内容指单层建筑物檐口高度超过 20 m，多层建筑物超过 6 层的项目。

(2)建筑工程超高增加费的人工、机械按建筑物超高部分的建筑面积计算。

(3)装饰工程的超高增加费按超高部分的人工费、机械费乘以人工、机械的降效增加系数计算。

学生笔记

通过本任务的学习，学生根据重点知识点的提示，完成"任务三　超高增加费"学生笔记(表 2-198)的填写，并对超高增加费计算方法及注意事项进行归纳总结。

表 2-198 "任务三 超高增加费"学生笔记

班级：_____ 学号：_____ 姓名：_____ 成绩：_____

一、举例说明超高增加费

二、超高增加费工程量计算规则

课后练习

任务四　大型机械进出场及安拆

任务导入

某理工院实训工房图纸见附录，垂直运输机械为 1 台自升式塔式起重机，采用固定式基础，均采用泵送混凝土，编制大型机械设备进出场及安拆费定额工程量和预算表。

知识导图

任务资讯

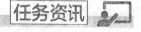

一、概述

大型机械设备进出场及安拆费是指机械整体或分体自停放场地运至施工现场或由一个施工地点运至另一个施工地点，所发生的机械进出场运输和转移费用，以及机械在施工现场进行安装、拆卸所需的人工费、材料费、机械费、试运转费和安装所需的辅助设施的费用。

(1)自升式塔式起重机(图2-169)的轨道铺拆以直线形为准,如铺设弧线形时,定额乘以系数1.15。

(2)固定式基础(图2-170)适用于混凝土体积在10 m³以内的塔式起重机基础,如超出者按实际混凝土工程、模板工程、钢筋工程分别计算工程量,按本定额"第五章混凝土及钢筋混凝土工程"相应项目执行。

图2-169　自升式塔式起重机

图2-170　固定式基础塔式起重机

(3)固定式基础如需打桩时,打桩费用另行计算。

(4)大型机械设备现场的行驶路线需修整铺垫时,其人工修整可按实际计算。

同一施工现场各建筑物之间的运输,定额按100 m以内综合考虑,如转移距离超过100 m,在300 m以内的,按相应场外运输费用乘以系数0.3;在500 m以内的,按相应场外运输费用乘以系数0.6。使用道木铺垫按15次摊销,使用碎石零星铺垫按一次摊销。

二、定额项目设置

《消耗量定额》第十七章 措施项目,定额子目划分见表2-199。

表2-199　大型机械设备进出场及安拆定额项目设置表

章	节	项目名称	定额编号	工作内容
大型机械进出场及安拆	一、塔式起重机及施工电梯基础	塔式起重机固定式基础	17-158	详见定额
		施工电梯固定式基础	17-159	
		塔式起重机轨道式基础	17-160	1. 路基碾压、铺渣石。2. 枕木、道轨的铺拆
	二、大型机械设备安拆	自升式塔式起重机安拆费	17-161	1. 机械运至现场后的安装、试运转。2. 工程竣工后的拆除
		柴油打桩机安拆费	17-162	
		静力压桩机安拆费	17-163 至 17-167	
		架桥机安拆费	17-168	
		施工电梯安拆费	17-169 至 17-172	
		三轴搅拌桩机安拆费	17-173	
	三、大型机械设备进出场		17-174 至 17-199	机械整体或分体自停放地点运至施工现场(或由一工地运至另一工地)的运输、装卸、辅助材料费用

三、大型机械设备进出场及安拆计量与计价

1. 工程量计算规则

(1)大型机械设备安拆费按台次计算。

(2)大型机械设备进出场费按台次计算。

2. 计算公式

大型机械设备进出场及安拆:

$$N=n$$

式中　n——台次。

3. 定额应用

(1)机械安拆费是安装、拆卸的一次性费用。

(2)机械安拆费中包括机械安装完毕后的试运转费用。

(3)柴油打桩机的安拆费中,已包括轨道的安拆费用。

(4)自升式塔式起重机安拆费按塔高 45 m 确定,>45 m 且檐高≤200 m,塔高每增高 10 m,按相应定额增加费用 10%,尾数不足 10 m 按 10 m 计算。

(5)进出场费中已包括往返一次的费用。

(6)进出场费中已包括了臂杆、铲斗及附件、道木、道轨的运费。

(7)机械运输路途中的台班费,不另计取。

任务实施

【解】 (1)根据定额工程量计算规则,工程量计算:大型机械进出场费工程量为 1 台塔式起重机。

(2)大型机械进出场费费用计算:

1)根据定额子目 17-158,塔式起重机基础(固定式)确定定额基价为 5 339.86 元/座(其中人工为 1 319.20 元/座,机械为 64.93 元/座)。

则人材机费用合计=1×5 339.86=5 339.86(元)

其中人工费=1×1 319.20=1 319.20(元)

机械费=1×64.93=64.93(元)

2)根据定额子目 17-161,自升式塔式起重机安拆费确定定额基价为 22 479.06 元/台次(其中人工为 10 200.00 元/台次,机械为 11 764.66 元/台次)。

则人材机费用合计=1×22 479.06=22 479.06(元)

其中人工费=1×10 200.00=10 200.00(元)

机械费=1×11 764.66=11 764.66(元)

3)根据定额子目 17-192,自升式塔式起重机进出场费确定定额基价为 22 691.64 元/台次(其中人工为 3 400.00 元/台次,机械为 19 088.68 元/台次)。

则人材机费用合计=1×22 691.64=22 691.64(元)

其中人工费=1×3 400.00=3 400.00(元)

机械费=1×19 088.68=19 088.68(元)

(3)费用计算结果见表 2-200。

表 2-200　建筑工程预算表

工程名称：某工程

序号	定额编号	项目名称	单位	工程量	定额基价/元			合价/元		
					基价	人工费	机械费	合价	人工费	机械费
1	17-158	塔式起重机基础(固定式)	座	1	5 339.86	1 319.20	64.93	5 339.86	1 319.20	64.93
2	17-161	自升式塔式起重机安拆费	台次	1	22 479.06	10 200.00	11 764.66	22 479.06	10 200.00	11 764.66
3	17-192	自升式塔式起重机进出场费	台次	1	22 691.64	3 400.00	19 088.68	22 691.64	3 400.00	19 088.68
小计								50 510.56	14 919.2	30 918.27

任务单

常用定额摘录

【任务 2-29】　某理工院实训工房图纸见附录，该工程还采用 1 台施工电梯。请编制大型机械设备进出场及安拆费(施工电梯)定额工程量和预算表；并将任务单计算过程填入表 2-201。

表 2-201　定额工程量和合价计算书

班级：＿＿＿＿＿＿　学号：＿＿＿＿＿＿　姓名：＿＿＿＿＿＿　成绩：＿＿＿＿＿＿

序号	定额编号	项目名称	定额基价	单位	工程量	工程量计算过程	合价计算过程

小结

本任务重点学习了以下内容：

(1)大型机械设备安拆费按台次计算。

(2)大型机械设备进出场费按台次计算。

通过本任务的学习，学生根据重点知识点的提示，完成"任务四 大型机械设备进出场及安拆"学生笔记（表 2-202）的填写，并对大型机械进出场及安拆计算方法及注意事项进行归纳总结。

表 2-202 "任务四 大型机械进出场及安拆"学生笔记

班级：_____ 学号：_____ 姓名：_____ 成绩：_____

一、大型机械设备进出场及安拆的概念
二、大型机械设备进出场及安拆工程量计算规则

任务五 　施工排水、降水

任务导入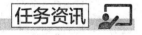

某工程施工排水、降水采用集水井（干砖）方式，在基坑内设置 3 座集水井，井深为 3 m，工期为 7 天，试编制施工排水、降水定额工程量和预算表。

任务资讯

知识导图

一、概述

施工排水、降水是指为确保工程在正常条件下施工而采取的各种排水、降水措施。常用排水、降水方法如下：

(1)轻型井点降水(图2-171)是人工降低地下水水位的一种方法,它是沿基坑四周或一侧将直径较细的井管沉入深于基底的含水层内,井管上部与总管连接,通过总管利用抽水设备将地下水从井管内不断抽出,使原有地下水水位降低到基底以下。

(2)喷射井点降水(图2-172)是在井点管内部装设特制的喷射器,用高压水泵或空气压缩机通过井点管中的内管向喷射器输入高压水(喷水井点)或压缩空气(喷气井点),形成水气射流,将地下水经井点外管与内管之间的间隙抽出排走。

(3)集水井排水法(图2-173)是基坑或沟槽开

图2-171　轻型井点降水

挖时,在坑底设置集水井,并沿坑底的周围或中央开挖排水沟,使水在重力作用下流入集水井内,然后用水泵抽出坑外。

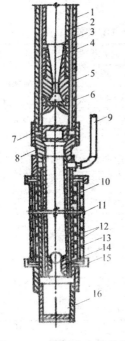

图2-172　喷射井点管构造

1—外管;2—内管;3—喷射器;4—扩散管;5—混合管;
6—喷嘴;7—缩节管;8—连接座;9—真空测定管;
10—滤管芯管;11—滤管有空套管;12—滤管外缠滤网及保护网;
13—止回球阀;14—止回阀座;15—护套;16—沉泥管

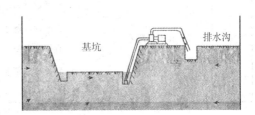

图2-173　集水井排水法

基坑　　排水沟

二、施工排水、降水计量与计价

1. 工程量计算规则

(1)轻型井点、喷射井点排水的井管安装、拆除以"根"为单位计算,使用以"套·天"计算;真空深井、自流深井排水的安装拆除以每口井计算,使用以每口"井·天"计算。

(2)使用天数以每昼夜(24 h)为一天,并按施工组织设计要求的使用天数计算。

（3）集水井按设计图示数量以"座"计算，大口井按累计井深以长度计算。

2. 定额应用

（1）轻型井点以50根为一套，喷射井点以30根为一套，使用时累计根数轻型井点少于25根，喷射井点少于15根，使用费按相应定额乘以系数0.7。

（2）井管间距应根据地质条件和施工降水要求，按施工组织设计确定，施工组织设计未考虑时，可按轻型井点管距1.2 m、喷射井点管距2.5 m确定。

（3）直流深井降水成孔直径不同时，只调整相应的黄砂含量，其余不变；PVC-U加筋管直径不同时，调整管材价格的同时，按管子周长的比例调整相应的密目网及钢丝。

（4）排水井分集水井和大口井两种。集水井定额项目按基坑内设置考虑，井深在4 m以内，按本定额计算。如井深超过4 m，定额按比例调整。大口井按井管直径分两种规格，抽水结束时回填大口井的人工和材料未包括在消耗量内，实际发生时应另行计算。

三、定额项目设置

《消耗量定额》第十七章 措施项目，定额子目划分见表2-203。

表 2-203 施工排水、降水定额项目设置表

章	节	项目名称	定额编号	工作内容
施工排水、降水	一、成井	轻型井点	17-200	1. 钻孔、安装井管、地面管线连接、装水泵、滤砂、孔口封土及拆管、清洗、整理等全部操作过程。 2. 槽坑排水、抽水机具的安装、移动、拆除
		喷射井点	17-201	
		真空深井降水	17-202、17-203	
		直流深井降水	17-204、17-205	
		无砂混凝土管井点	17-206、17-207	
		集水井	17-208、17-209	
	二、排水、降水	轻型井点	17-210	抽水、值班、降水设备维修等
		喷射井点	17-211	
		真空深井降水	17-212、17-213	
		直流深井降水	17-214	
		无砂混凝土管井点	17-215	
		集水井	17-216	

💡 **思政小贴士**

自我管理、大局意识：通过不同措施费的讲解，引导学生思考，作为一名大学生，该如何自律？同时培养学生大局整体意识。

什么是自律？表面意思即"在没人监督的情况下通过自己要求自己，变被动为主动，自觉的遵循法度，拿它来约束自己的一言一行"。作为青年一代应当自律自强，自律行为与顽强的意志力是分不开的，没有顽强意志力的支撑，自律只是一纸空谈。

习近平总书记强调，必须牢固树立高度自觉的大局意识，自觉从大局看问题，把工作放到大局中思考、定位、摆布，做到正确认识大局、自觉服从大局、坚决维护大局。作为新时代的大学生们，坚持和发展中国特色社会主义是我们需要书写的大文章，写好这篇大文章必须树立大局意识。

【解】 (1)根据定额工程量计算规则,工程量计算:

成井3座。

集水井3座。工期7天。

(2)施工排水、降水费用计算:

1)根据定额子目17-208,成井确定定额基价为1 935.15元/座(其中人工为1 199.35元/座,机械为89.27元/座)。

则人材机费用合计=3×1 935.15=5 805.45(元)

其中人工费=3×1 199.35=3 598.05(元)

机械费=3×89.27=267.81(元)

2)根据定额子目17-216,集水井确定定额基价为92.64元/座•天(其中人工为25.50元/座•天,机械为67.14元/座•天)。

则人材机费用合计=21×92.64=1 945.44(元)

其中人工费=21×25.50=535.50(元)

机械费=21×67.14=1 409.94(元)

(3)建筑工程预算表见表2-204。

表2-204　建筑工程预算表

工程名称:某工程

序号	定额编号	项目名称	单位	工程量	定额基价/元			合价/元		
					基价	人工费	机械费	合价	人工费	机械费
1	17-208	成井(干砖)	座	3	1 935.15	1 199.35	89.27	5 805.45	3 598.05	267.81
2	17-216	集水井	座•天	21	92.64	25.50	67.14	1 945.44	535.50	1 409.94
		小计						7 750.89	4 133.55	1 677.75

小　结

本任务重点学习了以下内容:

(1)轻型井点、喷射井点排水的井管安装、拆除以"根"为单位计算,使用以"套•天"计算;真空深井、自流深井排水的安装拆除以每口井计算,使用以每口"井•天"计算。

(2)使用天数以每昼夜(24 h)为一天,并按施工组织设计要求的使用天数计算。

(3)集水井按设计图示数量以"座"计算,大口井按累计井深以长度计算。

学生笔记

通过本任务的学习,学生根据重点知识点的提示,完成"任务五 施工排水、降水"学生笔记(表2-205)的填写,并对施工排水、降水计算方法及注意事项进行归纳总结。

表 2-205　"任务五　施工排水、降水"学生笔记

班级：_____　　学号：_____　　姓名：_____　　成绩：_____

一、施工排水、降水的常用方法

二、施工排水、降水工程量计算规则

模块三　工程量清单编制

【知识目标】

1. 熟悉《计价规范》。
2. 理解工程量清单的含义。
3. 熟悉招标工程量清单编制的一般规定。
4. 熟悉分部分项工程量清单编制说明。
5. 掌握各分部分项工程量清单编制。
6. 掌握措施项目、其他项目、规费和税金清单编制。

【能力目标】

1. 能正确完成各分部分项工程量清单编制。
2. 能正确完成措施项目、其他项目、规费和税金清单编制。

知识导图

【素质目标】

1. 社会素质：在教师地引导下，学生应了解到"社会公平正义"是整个法治中国建设的根本价值准则。

2. 科学素质：结合工程量清单编制原则，在教师的引导，学生能意识到无论从事任何行业都要遵守规则，国家在治理过程中也是依法依规。

任务一　工程量清单编制依据

任务资讯

一、《计价规范》简介

(一)工程量清单计价实施历程

随着我国改革开放的进一步加快，为了与国际通行的计价方法相适应，为建设市场主体创造一个与国际管理接轨的市场竞争环境，根据《中华人民共和国建筑法》(以下简称《建筑法》)、《中华人民共和国民法典》(以下简称《民法典》)、《中华人民共和国招标投标法》(以下简称《招标投标法》)等法律、法规，按照工程造价管理改革的要求，建设部于 2003 年 2 月 17 日颁布了我国第一部工程量清单计价规范《建设工程工程量清单计价规范》(GB 50500—2003)，主要侧重于规范工程招投标中的工程量清单计价，对工程合同签订、工程计量与价款支付、合同价款调整、索赔和竣工结算等方面缺乏相应的规定。

针对 2003 规范执行中存在的问题，建设部于 2008 年 7 月 9 日又颁布了《建设工程工程量清单计价规范》(GB 50500—2008)。又于 2012 年 12 月 25 日颁布了《建设工程工程量清单计价规范》(GB 50500—2013)和《房屋建筑与装饰工程工程量计算规范》(GB 50854—2013)(以下简称《计算规范》)等 9 本计量规范，并于 2013 年 7 月 1 日起实施。《计价规范》和《计算规范》的实施，提高了工程量清单计价改革的整体效力，有利于我国工程造价管理职能的转变和规范建筑市场的计价行为，建立公开、公平、公正的市场竞争秩序。

💡 **思政小贴士**

党的二十大报告指出："我们要坚持走中国特色社会主义法治道路，建设中国特色社会主义法治体系、建设社会主义法治国家，围绕保障和促进社会公平正义，坚持依法治国、依法执政、依法行政共同推进，坚持法治国家、法治政府、法治社会一体建设，全面推进科学立法、严格执法、公正司法、全民守法，全面推进国家各方面工作法治化。"

依法依规：结合工程量清单编制原则，在教师的引导下，学生能意识到无论从事任何行业都要遵守规则，国家在治理过程中也是如此。

习近平总书记在党的二十大报告中强调"坚持制度治党、依规治党"，并将其作为完善党的自我革命制度规范体系的一项重要举措。坚持制度治党、依规治党，是习近平总书记着眼党长期执政和国家长治久安提出的重大战略思想，在党的建设史上具有重大理论和实践意义。

《计价规范》和《计算规范》贯彻落实了近几年各项工程造价管理制度和政策措施，深化和完善了工程量清单计价制度，形成了以《计价规范》为母规范，九大专业工程量计量规范与其配套使用的工程量清单计价体系，俗称"一母九子"。

一母：《建设工程工程量清单计价规范》　　　　编号：GB 50500—2013

九子：01《房屋建筑与装饰工程工程量计算规范》　编号：GB 50854—2013

02《仿古建筑工程工程量计算规范》　　　　编号：GB 50855—2013

03《通用安装工程工程量计算规范》　　　　编号：GB 50856—2013

04《市政工程工程量计算规范》　　　　　　编号：GB 50857—2013

05《园林绿化工程工程量计算规范》　　　　编号：GB 50858—2013

06《矿山工程工程量计算规范》　　　　　　编号：GB 50859—2013

07《构筑物工程工程量计算规范》　　　　　编号：GB 50860—2013

08《城市轨道交通工程工程量计算规范》　　编号：GB 50861—2013

09《爆破工程工程量计算规范》　　　　　　编号：GB 50862—2013

(二)《计价规范》的内容

《计价规范》包括总则、术语、一般规定、工程量清单编制、招标控制价、投标报价、合同价款约定、工程计量、合同价款调整、合同价款期中支付、竣工结算与支付、合同解除的价款结算与支付、合同价款争议的解决、工程造价鉴定、工程计价资料与档案、工程计价表格及 11 个附录。

二、工程量清单的含义

工程量清单是载明建设工程分部分项工程项目、措施项目和其他项目的名称和相应数量，以及规费和税金项目等内容的明细清单。工程量清单又可分为招标工程量清单和已标价工程量清单。招标工程量清单由招标人根据国家标准、招标文件、设计文件，以及施工现场常规施工方法来编制；而作为投标文件组成部分的已标明价格并经承包人确认的称为已标价工程量清单。

三、招标工程量清单编制的一般规定

(1)招标工程量清单应由具有编制能力的招标人或受其委托，具有相应资质的工程造价咨询人编制。

（2）招标工程量清单必须作为招标文件的组成部分，其准确性和完整性由招标人负责。

（3）招标工程量清单是工程量清单计价的基础，应作为编制招标控制价、投标报价、计算或调整工程量、索赔等的依据之一。

（4）招标工程量清单应以单位（项）工程为单位编制，应由分部分项工程量清单、措施项目清单、其他项目清单、规费项目清单和税金项目清单组成。

任务二　分部分项工程量清单编制

任务导入

请编制某理工院实训工房施工图平整场地工程量清单，图纸见附录，已知工程地点为某市区，二类土壤、土方挖填平衡，施工方案为机械平整场地。

任务资讯

分部分项工程是指按现行国家计量规范对各专业工程划分的项目，如房屋建筑与装饰工程划分的土石方工程、地基处理与桩基工程、砌筑工程、钢筋及钢筋混凝土工程等。

分部分项工程量清单的编制，首先要实行"五统一"的原则，即统一项目编码、统一项目名称、统一计量单位、统一特征描述、统一工程量计算规则，在五统一的前提下编制清单项目，其格式见表3-1，在分部分项工程量清单的编制过程中，由招标人负责前六项内容填列，金额部分在编制招标控制价或投标报价时填列。

表 3-1　分部分项工程和单价措施项目清单与计价表

工程名称：　　　　　　　　标段：　　　　　　　　　　　第　页　共　页

序号	项目编码	项目名称	项目特征描述	计量单位	工程量	金额/元		
						综合单价	合价	其中
								暂估价

一、分部分项工程量清单编制说明

（一）项目编码

分部分项工程量清单项目编码以 12 位阿拉伯数字表示。其中，1、2 位是专业工程代码，如房屋建筑与装饰工程为 01，仿古建筑工程为 02，通用安装工程为 03，市政工程为 04，园林绿化工程为 05，矿山工程为 06，构筑物工程为 07，城市轨道交通工程为 08，爆破工程为 09。3、4 位是附录分类顺序码，5、6 位是分部工程顺序码，7、8、9 位是分项工程项目名称顺序码，10、11、12 位是清单项目名称顺序码。其中前 9 位是《计算规范》给定的全国统一编码，根据九大专业工程量计量规范的规定设置，后 3 位清单项目名称顺序码由清单编制人区分具体工程的清单项目特征而分别编码，如图 3-1 所示。

分部分项工程项目清单项目编码编制

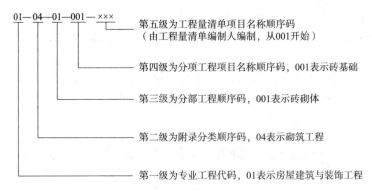

图 3-1　工程量清单项目编码结构图

当同一标段(或合同段)的一份工程量清单中含有多个单项或单位(以下简称单位)工程且工程量清单是以单位工程为编制对象时,在编制工程量清单时应特别注意对项目编码十至十二位的设置不得有重码的规定。

补充项目的编码由《计算规范》的代码 01 与 B 和三位阿拉伯数字组成,并应从 01B001 起顺序编制,同一招标工程的项目不得重码。

(二)项目名称

分部分项工程量清单的项目名称应按各专业工程计量规范附录的项目名称结合拟建工程的实际确定。附录表中的"项目名称"为分项工程项目名称,是形成分部分项工程量清单项目名称的基础。即在编制分部分项工程量清单时,以附录中的分项工程项目名称为基础,考虑该项目的规格、型号、材质等特征要求,结合拟建工程的实际情况,使其工程量清单项目名称具体化、细化,以反映影响工程造价的主要因素。例如,"门窗工程"中"特殊门"应区分"冷藏门""冷冻闸门""保温门""变电室门""隔声门""人防门""金库门"等。清单项目名称应表达详细、准确,各专业工程计量规范中的分项工程项目名称如有缺陷,招标人可作补充,并报当地工程造价管理机构(省级)备案。

(三)项目特征

项目特征是构成分部分项工程项目、措施项目自身价值的本质特征。项目特征是对项目的准确描述,是确定一个清单项目综合单价不可缺少的重要依据,是区分清单项目的依据,是履行合同义务的基础。分部分项工程量清单的项目特征应按各专业工程计量规范附录中规定的项目特征,结合技术规范、标准图集、施工图纸,按照工程结构、使用材质及规格或安装位置等,予以详细而准确的表述和说明。凡项目特征中未描述到的其他独有特征,由清单编制人视项目具体情况确定,以准确描述清单项目为准。

在各专业工程计量规范附录中还有关于各清单项目"工作内容"的描述。工作内容是指完成清单项目可能发生的具体工作和操作程序,但应注意的是,在编制分部分项工程量清单时,工作内容通常无需描述,因为在《计价规范》中,工程量清单项目与工程量计算规则、工作内容有一一对应关系,当采用《计价规范》这一标准时,工作内容均有规定。

(四)计量单位

计量单位应采用基本单位,除各专业另有特殊规定外均按以下单位计量:

(1)以重量计算的项目:吨或千克(t 或 kg)。

(2)以体积计算的项目:立方米(m^3)。

(3)以面积计算的项目:平方米(m^2)。

(4)以长度计算的项目:米(m)。

(5)以自然计量单位计算的项目:个、套、块、樘、组、台……

(6)没有具体数量的项目：宗、项……

各专业有特殊计量单位的，另外加以说明，当计量单位有两个或两个以上时，应根据所编制工程量清单项目的特征要求，选择最适宜表现该项目特征并方便计量的单位。

计量单位的有效位数应遵守下列规定：

(1)以"t"为单位，应保留小数点后三位数字，第四位小数四舍五入。

(2)以"m""m""m""kg"为单位，应保留小数点后两位数字，第三位小数四舍五入。

(3)以"个""件""根""组""系统"等为单位，应取整数。

(五)工程数量的计算

工程数量主要通过工程量计算规则计算得到。工程量计算规则是指对清单项目工程量的计算规定。除另有说明外，所有清单项目的工程量应以实体工程量为准，并以完成后的净值计算；投标人投标报价时，应在单价中考虑施工中的各种损耗和需要增加的工程量。

根据《计价规范》与《计算规范》的规定，工程量计算规则可分为房屋建筑与装饰工程、仿古建筑工程、通用安装工程、市政工程、园林绿化工程、矿山工程、构筑物工程、城市轨道交通工程、爆破工程九大类。

以房屋建筑与装饰工程为例，其《计算规范》中规定的实体项目包括土石方工程，地基处理与边坡支护工程，桩基工程，砌筑工程，混凝土及钢筋混凝土工程，金属结构工程，木结构工程，门窗工程，屋面及防水工程，保温、隔热、防腐工程，楼地面装饰工程，墙、柱面装饰与隔断、幕墙工程，天棚工程，油漆、涂料、裱糊工程，其他装饰工程，拆除工程等，分别制定了它们的项目设置和工程计算规则。

随着工程建设中新材料、新技术、新工艺等的不断涌现，《计算规范》附录所列的工程量清单项目不可能包含所有项目。在编制工程量清单时，当出现《计算规范》附录中未包括的清单项目时，编制人应作补充。在编制补充项目时应注意以下三个方面：

(1)补充项目的编码应按《计算规范》的规定确定。具体做法如下：补充项目的编码由计量规范的代码与 B 和三位阿拉伯数字组成，并应从 001 起顺序编制，例如，房屋建筑与装饰工程如需补充项目，则其编码应从 01B001 开始起顺序编制，同一招标工程的项目不得重码。

(2)在工程量清单中应附补充项目的项目名称、项目特征、计量单位、工程量计算规则和工作内容。

(3)将编制的补充项目报省级或行业工程造价管理机构备案。

二、各分部分项工程量清单编制

建筑与装饰工程工程量的计算是根据《计算规范》附录中清单项目设置和工程量计算规则进行的，《计算规范》只适用于房屋建筑与装饰工程施工发承包计价活动中的工程量清单编制和工程量计算。根据《计算规范》规定，主要分部分项工程工程量计算规则如下。

(一)土石方工程(附录 A 土石方工程)

土石方工程包括土方工程、石方工程及回填三部分。

1. 土方工程

(1)平整场地(010101001)。按设计图示尺寸以建筑物首层建筑面积计算，单位：m²。建筑物场地厚度≤±300 mm 的挖、填、运、找平，应按平整场地项目编码列项。厚度>±300 mm 的竖向布置挖土或山坡切土应按一般土方项目编码列项。项目特征包括土壤类别、弃土运距、取土运距。

在平整场地若需要外运土方或取土回填时，在清单项目特征中应描述弃土运

挖基坑土方计量
与计价(清单)

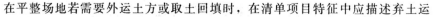

距或取土运距，其报价应包括在平整场地项目中；当清单中没有描述弃、取土运距时，应注明由投标人根据施工现场实际情况自行考虑到投标报价中。

（2）挖一般土方（010101002）。按设计图示尺寸以体积计算，单位：m^3。挖土方平均厚度应按自然地面测量标高至设计地坪标高间的平均厚度确定。土石方体积应按挖掘前的天然密实体积计算，如需按天然密实体积折算时，应按表 3-2 系数计算。挖土方如需截桩头时，应按桩基工程相关项目列项。桩间挖土不扣除桩的体积，并在项目特征中加以描述。

表 3-2　土方体积折算系数表

天然密实度体积	虚方体积	夯实后体积	松填体积
1.00	1.30	0.87	1.08
0.77	1.00	0.67	0.83
1.15	1.49	1.00	1.24
0.93	1.20	0.81	1.00
注：虚方指未经碾压、堆积时间≤1 年的土壤			

（3）挖沟槽土方、挖基坑土方（010101003、010101004），按设计图示尺寸以基础垫层底面积乘以挖土深度计算，单位：m^3。基础土方开挖深度应按基础垫层底表面标高至交付施工场地标高确定，无交付施工场地标高时，应按自然地面标高确定。

挖沟槽、基坑、一般土方因工作面和放坡增加的工程量（管沟工作面增加的工程量），是否并入各土方工程量中，按各省、自治区、直辖市或行业建设主管部门的规定实施，如并入各土方工程量中，办理工程结算时，按经发包人认可的施工组织设计规定计算。

（4）冻土开挖（010101005）。按设计图示尺寸开挖面积乘以厚度以体积计算，单位：m^3。

（5）挖淤泥、流砂（010101006）。按设计图示位置、界限以体积计算，单位：m^3。挖方出现流砂、淤泥时，如设计未明确，在编制工程量清单时，其工程数量可为暂估量，结算时应根据实际情况由发包人与承包人双方现场签证确认工程量。

（6）管沟土方（010101007）。按设计图示以管道中心线长度计算，单位：m。按设计图示管底垫层面积乘以挖土深度计算；无管底垫层按管外径的水平投影面积乘以挖土深度计算。不扣除各类井的长度，井的土方并入，单位：m^3。

管沟土方项目适用于管道（给水排水、工业、电力、通信）、光（电）缆沟［包括人（手）孔、接口坑及连接井（检查井）］等。有管沟设计时，平均深度以沟垫层底面标高至交付施工场地标高计算；无管沟设计时，直埋管深度应按管底外表面标高至交付施工场地标高的平均高度计算。

2. 回填

（1）回填方（010103001）。按设计图示尺寸以体积计算，单位：m^3。

1）场地回填：回填面积乘以平均回填厚度。

2）室内回填：主墙间净面积乘以回填厚度，不扣除间隔墙。

3）基础回填：按挖方清单项目工程量减去自然地坪以下埋设的基础体积（包括基础垫层及其他构筑物）。

回填方项目特征包括密实度要求、填方材料品种、填方粒径要求、填方来源及运距。在项目特征描述中需要注意以下问题：

1）填方密实度要求，在无特殊要求情况下，项目特征可描述为满足设计和规范的要求。

2）填方材料品种可以不描述，但应注明由投标人根据设计要求验方后方可填入，并符合相关工程的质量规范要求。

3）填方粒径要求，在无特殊要求情况下，项目特征可以不描述。

4）如需买土回填应在项目特征填方来源中描述，并注明买土方数量。

（2）余方弃置（010103002）。按挖方清单项目工程量减去利用回填方体积（正数）计算，单位：m³。

（二）地基处理与边坡支护工程（附录B 地基处理与边坡支护工程）

地基处理与边坡支护工程包括地基处理、基坑与边坡支护。分项工程中所涉及的项目特征"地层情况"按表2-27和表2-28的规定，并根据岩土工程勘察报告按单位工程各地层所占比例（包括范围值）进行描述；对无法准确描述的地层情况，可注明由投标人根据岩土工程勘察报告自行决定报价。项目特征中的"桩长"应包括桩尖，空桩长度＝孔深－桩长，孔深为自然地面至设计桩底的深度。

1. 地基处理

（1）换填垫层、铺设土工合成材料、预压地基、强夯地基振冲密实（不填料）（010201001、010201002、010201003、010201004、010201005）。换填垫层：按设计图示尺寸以体积计算，单位：m³。铺设土工合成材料：按设计图示尺寸以面积计算，单位：m²。预压地基、强夯地基：按设计图示处理范围以面积计算，单位：m²；振冲密实（不填料）：按设计图示处理范围以面积计算，单位：m²。

（2）振冲桩（填料）（010201006）。按设计图示尺寸以桩长计算，单位：m；或按设计桩截面乘以桩长以体积计算，单位：m³。

（3）砂石桩（010201007）。按设计图示尺寸以桩长（包括桩尖）计算，单位：m；或按设计桩截面乘以桩长（包括桩尖）以体积计算，单位：m³。

（4）水泥粉煤灰碎石桩（010201008）。按设计图示尺寸以桩长（包括桩尖）计算，单位：m。夯实水泥土桩、石灰桩、灰土（土）挤密桩等工程量计算规则与此项目相同。

（5）深层搅拌桩（010201009）。按设计图示尺寸以桩长计算，单位：m。粉喷桩、柱锤冲扩桩与此项目相同。

（6）注浆地基（010201016）。按设计图示尺寸以钻孔深度计算，单位：m；或按设计图示尺寸以加固体积计算，单位：m³。高压喷射注浆类型包括旋喷、摆喷、定喷，高压喷射注浆方法包括单管法、双重管法、三重管法。

（7）褥垫层（010201017）。按设计图示尺寸以铺设面积计算，单位：m²；或按设计图示尺寸以体积计算，单位：m³。

2. 基坑与边坡支护

（1）地下连续墙（010202001）。按设计图示墙中心线长乘以厚度乘以槽深以体积计算，单位：m³。地下连续墙和喷射混凝土（砂浆）的钢筋网、咬合灌注桩的钢筋笼及钢筋混凝土支撑的钢筋制作、安装、混凝土挡土墙按混凝土及钢筋混凝土工程中相关项目列项。

（2）咬合灌注桩（010202002）。按设计图示尺寸以桩长计算，单位：m；或按设计图示数量计算，单位：根。

（3）圆木桩、预制钢筋混凝土板桩（010202003、010202004）。按设计图示尺寸以桩长（包括桩尖）计算，单位：m；或按设计图示数量计算，单位：根。

（4）型钢桩（010202005）。按设计图示尺寸以质量计算，单位：t；或按设计图示数量计算，单位：根。

（5）钢板桩（010202006）。按设计图示尺寸以质量计算，单位：t；或按设计图示墙中心线长乘以桩长以面积计算，单位：m²。

（6）锚杆（锚索）、土钉（010202007、010202008）。按设计图示尺寸以钻孔深度计算，单位：m；或按设计图示数量计算，单位：根。

(7)喷射混凝土、水泥砂浆(010202009)。按设计图示尺寸以面积计算,单位:m²。

(8)钢筋混凝土支撑(010202010)。按设计图示尺寸以体积计算,单位:m³。

(9)钢支撑(010202011)。按设计图示尺寸以质量计算,单位:t。不扣除孔眼质量,焊条、铆钉、螺栓等不另增加质量。

(三)桩基础工程(附录C 桩基础工程)

桩基础工程包括打桩、灌注桩。项目特征中涉及"地层情况"和"桩长"的,地层情况和桩长描述与"地基处理与边坡支护工程"一致;项目特征中涉及"桩截面、混凝土强度等级、桩类型等"可直接用标准图代号或设计桩型进行描述。

1. 打桩

(1)预制钢筋混凝土方桩、预制钢筋混凝土管桩(010301001、010301002)。按设计图示尺寸以桩长(包括桩尖)计算,单位:m;或按设计图示截面面积乘以桩长(包括桩尖)以实体积计算,单位:m³;或按设计图示数量计算,单位:根。

预制钢筋混凝土方桩、预制钢筋混凝土管项目以成品桩考虑,应包括成品桩购置费,如果用现场预制,应包括现场预制桩的所有费用。打试验桩和打斜桩应按相应项目单独列项,并应在项目特征中注明试验桩或斜桩(斜率)。

(2)钢管桩(010301003)。按设计图示尺寸以质量计算,单位:t;或按设计图示数量计算,单位:根。

(3)截(凿)桩头(010301004)。按设计桩截面乘以桩头长度以体积计算,单位:m³;或按设计图示数量计算,单位:根。截(凿)桩头项目适用于地基处理与边坡支护工程、桩基础工程所列桩的桩头截(凿)。

2. 灌注桩

(1)泥浆护壁成孔灌注桩、沉管灌注桩、干作业成孔灌注桩(010302001、010302002、010302003)。按设计图示尺寸以桩长(包括桩尖)计算,单位:m;或按不同截面在桩上范围内以体积计算,单位:m³;或按设计图示数量计算,单位:根。

泥浆护壁成孔灌注桩是指在泥浆护壁条件下成孔,采用水下灌注混凝土的桩。其成孔方法包括冲击钻成孔、冲抓锥成孔、回旋钻成孔、潜水钻成孔、泥浆护壁的旋挖成孔等。沉管灌注桩的沉管方法包括锤击沉管法、振动沉管法、振动冲击沉管法、内夯沉管法等。干作业成孔灌注桩是指不用泥浆护壁和套管护壁的情况下,用钻机成孔后,下钢筋笼,灌注混凝土的桩,适用于地下水水位以上的土层使用。其成孔方法包括螺旋钻成孔、螺旋钻成孔扩底、干作业的旋挖成孔等。

(2)挖孔桩土(石)方(010302004)。按设计图示尺寸(含护壁)截面面积乘以挖孔深度以体积计算,单位:m³。混凝土灌注桩的钢筋笼制作、安装,按混凝土与钢筋混凝土工程中相关项目编码列项。

(3)人工挖孔灌注桩(010302005)。按桩芯混凝土体积计算,单位:m³;或按设计图示数量计算,单位:根。

(4)钻孔压浆桩(010302006)。按设计图示尺寸以桩长计算,单位:m;或按设计图示数量计算,单位:根。

(5)灌注桩后压浆(010302007)。按设计图示以注浆孔数计算,单位:孔。

3. 工程量清单编制案例

【案例3-1】 某厂房预制混凝土方桩80根,设计断面尺寸 $A×B$=300 mm×300 mm及桩长如图3-2所示,使用液压静力压桩机压制方桩,试编制本工程桩基工程量清单。

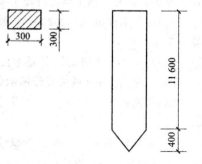

图3-2 方桩的平面和剖面图

【解】 (1)由已知条件得:

$$A = B = 0.3 \text{ m} \quad L = 11.6 + 0.4 = 12 \text{(m)} \quad N = 80 \text{ 根}$$

$$V_{\text{方桩}} = A \times B \times L \times N = 0.3 \times 0.3 \times 12 \times 80 = 86.4 \text{(m}^3\text{)}$$

(2)分部分项工程和单价措施项目清单与计价表,见表3-3。

表 3-3　分部分项工程和单价措施项目计价表

工程名称:某厂房

序号	项目编码	项目名称	项目特征描述	计量单位	工程量	金额/元		
						综合单价	合价	其中
								暂估价
1	010301001001	预制钢筋混凝土方桩	1. 三类土; 2. 桩长 12 m; 3. 桩截面 300 mm×300 mm; 4. 液压静力压桩	m³	86.4			

(四)砌筑工程(附录 D　砌筑工程)

砌筑工程包括砖砌体、砌块砌体、石砌体、垫层。在砌筑工程中,若施工图设计标注做法见标准图集时,在项目特征描述中采用注明标注图集的编码、页号及节点大样的方式。

1. 砖砌体

(1)砖基础。砖基础项目适用于各种类型砖基础:柱基础、墙基础、管道基础等。其工程量按设计图示尺寸以体积计算,单位:m³。

1)包括附墙垛基础宽出部分体积,扣除地梁(圈梁)、构造柱所占体积,不扣除基础大放脚 T 形接头处的重叠部分及嵌入基础内的钢筋、铁件、管道、基础砂浆防潮层和单个面积≤0.3 m² 的孔洞所占体积,靠墙暖气沟的挑檐不增加。

2)基础长度:外墙基础按外墙中心线,内墙基础按内墙净长线计算。

3)基础与墙(柱)身使用同一种材料时,以设计室内地面为界(有地下室者,以地下室室内设计地面为界),以下为基础,以上为墙(柱)身。基础与墙身使用不同材料时,位于设计室内地面高度≤±300 mm 时,以不同材料为分界线,高度>±300 mm 时,以设计室内地面为分界线。砖围墙应以设计室外地坪为界,以下为基础,以上为墙身。

(2)实心砖墙、多孔砖墙、空心砖墙。

1)按设计图示尺寸以体积计算,单位:m³。扣除门窗、洞口、嵌入墙内的钢筋混凝土柱、梁、圈梁、挑梁、过梁及凹进墙内的壁龛、管槽、暖气槽、消火栓箱所占体积。不扣除梁头、板头、模头、垫木、木楞头、沿椽木、木砖、门窗走头、砖墙内加固钢筋、木筋、铁件、钢管及单个面积≤0.3 m² 的孔洞所占体积。凸出墙面的腰线、挑檐、压顶、窗台线、虎头砖、门窗套的体积也不增加。凸出墙面的砖垛并入墙体体积内计算。附墙烟囱、通风道、垃圾道应按设计图示尺寸以体积(扣除孔洞所占体积)计算并入所依附的墙体体积内。当设计规定孔洞内需抹灰时,应按"墙、柱面装饰与隔断、幕墙工程"中零星抹灰项目编码列项。

2)墙长度。外墙按中心线、内墙按净长计算。

3)墙高度。外墙:斜(坡)屋面无檐口天棚者算至屋面板底;有屋架且室内外均有天棚者算至屋架下弦底另加 200 mm;无天棚者算至屋架下弦底另加 300 mm,出檐宽度超过 600 mm 时按实砌高度计算;有钢筋混凝土楼板隔层者算至板顶。平屋面算至钢筋混凝土板底。内墙:位于屋架下弦者,算至屋架下弦底;无屋架者算至天棚底另加 100 mm;有钢筋混凝土楼板隔层者算至楼板顶；有框架梁时算至梁底。女儿墙：从屋面板上表面算至女儿墙顶面（如有混凝土压顶时算至压顶下表面）。内、外山墙：按其平均高度计算。

4)围墙。高度算至压顶上表面（如有混凝土压顶时算至压顶下表面），围墙柱并入围墙体积内。

5)框架间墙。不分内外墙按墙体净尺寸以体积计算。

（3）其他墙体。

1)空斗墙。按设计图示尺寸以空斗墙外形体积计算，单位：m^3。墙角、内外墙交接处、门窗洞口立边、窗台砖、屋檐处的实砌部分体积并入空斗墙体积内。

2)空花墙。按设计图示尺寸以空花部分外形体积计算，单位：m^3。不扣除空洞部分体积。

3)填充墙。按设计图示尺寸以填充墙外形体积计算，单位：m^3。

（4）实心砖柱、多孔砖柱。按设计图示尺寸以体积计算，单位：m^3。扣除混凝土及钢筋混凝土梁垫、梁头、板头所占体积。

（5）零星砌砖。按零星项目列项的有：框架外表面的镶贴砖部分，空斗墙的窗间墙、窗台下、楼板下、梁头下等的实砌部分，台阶、台阶挡墙、梯带、锅台、炉灶、蹲台、池槽、池槽腿、砖胎模、花台、花池、楼梯栏板、阳台栏板、地垄墙、$\leqslant 0.3\ m^2$ 的孔洞填塞等。

以上项目中砖砌锅台与炉灶可按外形尺寸以设计图示数量计算，单位：个；砖砌台阶可按图示尺寸水平投影面积计算，单位：m^2；小便槽、地垄墙可按图示尺寸以长度计算，单位：m；其他工程按图示尺寸截面面积乘以长度以体积计算，单位：m^3。

（6）砖检查井、散水、地坪、地沟、明沟、砖砌挖孔桩护壁。

1)砖检查井以座为单位，按设计图示数量计算。

2)砖散水、地坪以"m^2"为单位，按设计图示尺寸以面积计算。

3)砖地沟、明沟以"m"为单位，按设计图示以中心线长度计算。

4)砖砌挖孔桩护壁以"m^3"为单位，按设计图示尺寸以体积计算。

2. 砌块砌体

（1）砌块墙。按设计图示尺寸以体积计算，单位：m^3。扣除门窗、洞口、嵌入墙内的钢筋混凝土柱、梁、圈梁、挑梁、过梁及凹进墙内的壁龛、管槽、暖气槽、消火栓箱所占体积。不扣除梁头、板头、檩头、垫木、木楞头、沿缘木、木砖、门窗走头、砌块墙内加固钢筋、木筋、铁件、钢管及单个面积$\leqslant 0.3\ m^2$ 的孔洞所占体积。凸出墙面的腰线、挑檐、压顶、窗台线、虎头砖、门窗套的体积不增加。凸出墙面的砖垛并入墙体积内计算。

1)墙长度。外墙按中心线、内墙按净长计算。

2)墙高度。外墙：斜（坡）屋面无檐口天棚者算至屋面板底；有屋架且室内外均有天棚者算至屋架下弦底另加200 mm；无天棚者算至屋架下弦底另加300 mm；出檐宽度超过600 mm时按实砌高度计算；平屋面算至钢筋混凝土板底。内墙：位于屋架下弦者，算至屋架下弦底，无屋架者算至天棚底另加100 mm；有钢筋混凝土楼板隔层者算至楼板顶；有框架梁时算至梁底。女儿墙：从屋面板上表面算至女儿墙顶面（如有混凝土压顶时算至压顶下表面）。内、外山墙：按其平均高度计算。

3)围墙。高度算至压顶上表面（如有混凝土压顶时算至压顶下表面），围墙柱并入围墙体积内。

4)框架间墙。不分内外墙按净尺寸以体积计算。

（2）砌块柱。按设计图示尺寸以体积计算，单位：m^3。扣除混凝土及钢筋混凝土梁垫、梁头、板头所占体积。

3. 垫层

除混凝土垫层外，没有包括垫层要求的清单项目应按该垫层项目编码列项。垫层按设计图示尺寸以体积计算，单位：m^3。

4. 工程量清单编制案例

【案例3-2】某工程砖基础如图3-3所示，室外地坪标高为－0.3 m，基础砌筑采用烧结煤矸石普通砖 240 mm×115 mm×53 mm，干混砌筑砂浆 M10，试编制砖基础工程工程量清单。

【解】 (1)砖基础工程量计算。

1)砖基础长度 L。

①外墙基长：$L_{外}=(10+8)×2=36(m)$

②内墙基长：$L_{内}=10-0.24+(8-0.24×2)×2=24.8(m)$

砖基础长度 $L=36+24.8=60.8(m)$

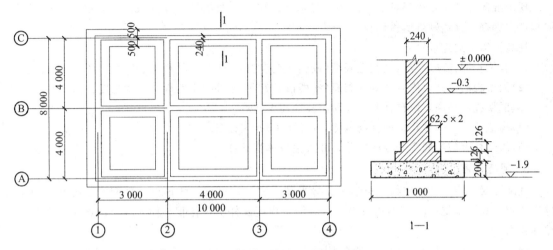

图3-3　某工程基础平面及剖面图

2)基础截面面积 S。

①基础高度 h：$h=1.7$ m；

②基础为 1 砖厚的二层等高式大放脚，查表 2-69 得出 $\Delta S=0.047\ 25$，$\Delta h=0.197$；

基础截面面积 S：$S=0.24×1.7+0.047\ 25=0.455(m^2)$

或 $S=0.24×(1.7+0.197)=0.455(m^2)$

3)砖基础工程量 V：$V=60.8×0.455=27.66(m^3)$

(2)砖基础工程分部分项工程和单价措施项目计价表，见表3-4。

表3-4　分部分项工程和单价措施项目计价表

工程名称：某工程

序号	项目编码	项目名称	项目特征描述	计量单位	工程量	金额/元		
						综合单价	合价	其中
								暂估价
1	010401001001	砖基础	1. 烧结煤矸石普通砖 240 mm×115 mm×53 mm；2. 带形基础；3. 干混砌筑砂浆 M10	m^3	27.66			

(五)混凝土及钢筋混凝土工程(附录 E　混凝土及钢筋混凝土工程)

1. 现浇混凝土基础

现浇混凝土基础包括垫层、带形基础、独立基础、满堂基础、设备基础、桩承台基础。按设计图示尺寸以体积计算，单位：m^3。不扣除伸入承台基础的桩头所占体积。项目特征包括混凝土种类、混凝土的强度等级。其中，混凝土的种类是指清水混凝土、彩色混凝土等，如在同一地区既使用预拌(商品)混凝土，又允许现场搅拌混凝土时，也应注明(下同)。

有肋带形基础、无肋带形基础应分别编码列项，并注明肋高；箱式满堂基础及框架式设备基础中柱、梁、墙、板按现浇混凝土柱、梁、墙、板分别编码列项；箱式满堂基础底板按满堂基础项目列项，框架设备基础的基础部分按设备基础列项。

2. 现浇混凝土柱

现浇混凝土柱包括矩形柱、构造柱、异形柱。按设计图示尺寸以体积计算，单位：m^3。不扣除构件内钢筋、预埋铁件所占体积。

柱高按以下规定计算：

(1)有梁板的柱高，应自柱基上表面(或楼板上表面)至上一层楼板上表面之间的高度计算。

(2)无梁板的柱高，应自柱基上表面(或楼板上表面)至柱帽下表面之间的高度计算。

(3)框架柱的柱高，应自柱基上表面至柱顶高度计算。

(4)构造柱按全高计算，嵌接墙体部分(马牙槎)并入柱身体积。

(5)依附柱上的牛腿和升板的柱帽，并入柱身体积计算。

3. 现浇混凝土梁

现浇混凝土梁包括基础梁、矩形梁、异形梁、圈梁、过梁、弧形梁、拱形梁。按设计图示尺寸以体积计算，单位：m^3。不扣除构件内钢筋、预埋铁件所占体积，伸入墙内的梁头、梁垫并入梁体积内。

梁长：梁与柱连接时，梁长算至柱侧面；主梁与次梁连接时，次梁长算至主梁侧面。

4. 现浇混凝土墙

现浇混凝土墙包括直形墙、弧形墙、短肢剪力墙、挡土墙。按设计图示尺寸以体积计算，单位：m^3。不扣除构件内钢筋、预埋铁件所占体积，扣除门窗洞口及单个面积$>0.3~m^2$的孔洞所占体积，墙垛及凸出墙面部分并入墙体体积内计算。

短肢剪力墙是指截面厚度不大于300 mm，各肢截面高度与厚度之比的最大值大于4但不大于8的剪力墙；各肢截面高度与厚度之比的最大值不大于4的剪力墙按柱项目编码列项。

5. 现浇混凝土板

(1)有梁板、无梁板、平板、拱板、薄壳板、栏板。按设计图示尺寸以体积计算，单位：m^3。不扣除单个面积$\leqslant 0.3~m^2$的柱、垛以及孔洞所占体积。压形钢板混凝土楼板扣除构件内压形钢板所占体积。

有梁板(包括主、次梁与板)按梁、板体积之和计算；无梁板按板和柱帽体积之和计算；各类板伸入墙内的板头并入板体积内计算；薄壳板的肋、基梁并入薄壳体积内计算。

(2)天沟(檐沟)、挑檐板。按设计图示尺寸以体积计算，单位：m^3。

(3)雨篷、悬挑板、阳台板。按设计图示尺寸以墙外部分体积计算，单位：m^3。包括伸出墙外的牛腿和雨篷反挑檐的体积。

现浇挑檐、天沟板、雨篷、阳台与板(包括屋面板、楼板)连接时，以外墙外边线为分界线；与圈梁(包括其他梁)连接时，以梁外边线为分界线。外边线以外为挑檐、天沟、雨篷或阳台。

(4)空心板。按设计图示尺寸以体积计算，单位：m^3。空心板(GBF高强度薄壁蜂巢芯板等)应扣除空心部分体积。

(5)其他板。按设计图示尺寸以体积计算，单位：m^3。

6. 现浇混凝土楼梯

现浇混凝土楼梯包括直形楼梯、弧形楼梯。按设计图示尺寸以水平投影面积计算，单位：m^2。不扣除宽度$\leqslant 500~mm$的楼梯井，伸入墙内部分不计算；或按设计图示尺寸以体积计算，单位：m³。

整体楼梯(包括直形楼梯、弧形楼梯)水平投影面积包括休息平台、平台梁、斜梁和楼梯的连接梁。当整体楼梯与现浇楼板无梯梁连接时,以楼梯的最后一个踏步边缘加 300 mm 为界。

7. 现浇混凝土其他构件

(1)散水、坡道、室外地坪。按设计图示尺寸以面积计算,单位：m²。不扣除单个面积≤0.3 m²的孔洞所占面积。

(2)电缆沟、地沟。按设计图示以中心线长度计算,单位：m。

(3)台阶。以"平方米"计量,按设计图示尺寸水平投影面积计算;或者以"立方米"计量,按设计图示尺寸以体积计算。架空式混凝土台阶,按现浇楼梯计算。

(4)扶手、压顶。以"米"计量,按设计图示的中心线延长米计算;或者以"立方米"计量,按设计图示尺寸以体积计算。

(5)化粪池、检查井。按设计图示尺寸以体积计算;以"座"计量,按设计图示数量计算。

(6)其他构件。主要包括现浇混凝土小型池槽、垫块、门框等,按设计图示尺寸以体积计算,单位：m³。

8. 后浇带

后浇带按设计图示尺寸以体积计算,单位：m³。

9. 钢筋工程

(1)现浇构件钢筋、预制构件钢筋、钢筋网片、钢筋笼。按设计图示钢筋(网)长度(面积)乘以单位理论质量计算,单位：t。

现浇构件中伸出构件的锚固钢筋应并入钢筋工程量内。除设计(包括规范规定)标明的搭接外,其他施工搭接不计算工程量,在综合单价中综合考虑。

现浇构件中固定位置的支撑钢筋、双层钢筋用的"铁马"在编制工程量清单时,如果设计未明确,其工程数量可为暂估量,结算时按现场签证数量计算。

(2)先张法预应力钢筋。按设计图示钢筋长度乘以单位理论质量计算,单位：t。

(3)后张法预应力钢筋、预应力钢丝、预应力钢绞线。按设计图示钢筋(丝束、绞线)长度乘以单位理论质量计算,单位：t。

其长度应按以下规定计算：

1)低合金钢筋两端均采用螺杆锚具时,钢筋长度按孔道长度减 0.35 m 计算,螺杆另行计算。

2)低合金钢筋一端采用镦头插片,另一端采用螺杆锚具时,钢筋长度按孔道长度计算,螺杆另行计算。

3)低合金钢筋一端采用镦头插片,另一端采用帮条锚具时,钢筋增加 0.15 m 计算;两端均采用帮条锚具时,钢筋长度按孔道长度增加 0.3 m 计算。

4)低合金钢筋采用后张混凝土自锚时,钢筋长度按孔道长度增加 0.35 m 计算。

5)低合金钢筋(钢绞线)采用 JM、XM、QM 型锚具,孔道长度≤20 m 时,钢筋长度增加 1 m 计算;孔道长度>20 m 时,钢筋(钢绞线)长度增加 1.8 m 计算。

6)碳素钢丝采用锥形锚具,孔道长度≤20 m 时,钢丝束长度按孔道长度增加 1 m 计算;孔道长度>20 m 时,钢丝束长度按孔道长度增加 1.8 m 计算。

7)碳素钢丝采用镦头锚具时,钢丝束长度按孔道长度增加 0.35 m 计算。

(4)钢筋的工程量按以下方法计算：

$$钢筋工程量＝图示钢筋长度×单位理论质量$$

$$图示钢筋长度＝构件尺寸－保护层厚度＋弯起钢筋增加长度＋两端弯钩长度＋$$

$$图纸注明(或规范规定)的搭接长度$$

10. 螺栓、铁件

螺栓、预埋铁件，按设计图示尺寸以质量计算，单位：t。机械连接按数量计算，单位：个。编制工程量清单时，如果设计未明确，其工程数量可为暂估量，实际工程量按现场签证数量计算。

以上现浇或预制混凝土和钢筋混凝土构件，不扣除构件内钢筋、螺栓、预埋铁件、张拉孔道所占体积，但应扣除劲性骨架的型钢所占体积。

11. 工程量清单编制案例

【案例3-3】 某工程基础如图3-3所示，室外地坪标高为－0.3 m，基础垫层采用C15预拌混凝土，试编制该基础垫层工程量清单。

【解】 (1)垫层混凝土工程量计算。

1)基础垫层长度L。

①外墙基础垫层中心线长：$L_{外}=(10+8)\times2=36(m)$

②内墙基础垫层中心线长：$L_{内}=(10-1)+(8-2)\times2=21(m)$

基础长度$L=36+21=57(m)$

2)垫层厚h：$h=0.2\,m$；垫层宽b：$b=1\,m$。

3)$V_{垫}=57\times1\times0.2=11.4(m^3)$

(2)基础垫层分部分项工程和单价措施项目计价表，见表3-5。

表 3-5 分部分项工程和措施项目计价表

工程名称：某工程

序号	项目编码	项目名称	项目特征描述	计量单位	工程量	金额/元		
						综合单价	合价	其中
								暂估价
1	010501001001	基础垫层	垫层厚h=0.2 m；垫层宽b=1 m；C15预拌混凝土	m³	11.4			

(六)门窗工程(附录 H 门窗工程)

门窗工程包括木门、金属门、金属卷帘(闸)门、厂库房大门及特种门、其他门；木窗、金属窗、门窗套、窗台板及窗帘、窗帘盒、轨等。木质门应区分镶板木门、企口木板门、实木装饰门、胶合板门、夹板装饰门、木纱门、全玻门(带木质扇框)、木质半玻门(带木质扇框)等项目，分别编码列项。金属门应区分金属平开门、金属推拉门、金属地弹门、全玻门(带金属扇框)、金属半玻门(带扇框)等项目，分别编码列项。特种门应区分冷藏门、冷冻间门、保温门、变电室门、隔声门、防射线门、人防门、金库门等项目，分别编码列项。

1. 木门

(1)木质门、木质门带套、木质连窗门、木质防火门，按设计图示数量计算，单位：樘；或按设计图示洞口尺寸以面积计算，单位：m²。

木门五金应包括折页、插销、门碰珠、弓背拉手、搭机、木螺丝、弹簧折页(自动门)、管子拉手(自由门、地弹门)、地弹簧(地弹门)、角铁、门轧头(地弹门、自由门)等。木质门带套计量按洞口尺寸以面积计算，不包括门套的面积，但门套应计算在综合单价中。

以"樘"计量的，项目特征必须描述洞口尺寸；以"平方米"计量的，项目特征可不描述洞口尺寸。

(2)木门框，按设计图示数量计算，单位：樘；或按设计图示框的中心线以延长米计算，单位：m。木门框项目特征除了描述门代号及洞口尺寸、防护材料的种类，还需描述框截面尺寸。

(3)门锁安装，按设计图示数量计算，单位：个或套。

2. 金属门

金属门包括金属(塑钢)门、彩板门、钢质防火门、防盗门，按设计图示数量计算，单位：樘；或按设计图示洞口尺寸以面积计算(无设计图示洞口尺寸，按门框、扇外围以面积计算)，单位：m²。

以"樘"计量，项目特征必须描述洞口尺寸，没有洞口尺寸必须描述门框或扇外围尺寸；以"平方米"计量，项目特征可不描述洞口尺寸及框、扇的外围尺寸。

3. 金属卷帘(闸)门

金属卷帘(闸)门项目包括金属卷帘(闸)门、防火卷帘(闸)门，按设计图示数量计算，单位：樘；或按设计图示洞口尺寸以面积计算，单位：m²。以"樘"计量，项目特征必须描述洞口尺寸；以"平方米"计量，项目特征可不描述洞口尺寸。

4. 厂库房大门、特种门

厂库房大门、特种门项目包括木板大门、钢木大门、全钢板大门、防护铁丝门、金属格栅门、钢质花饰大门、特种门。工程量可按数量或面积计算，以"樘"计量，项目特征必须描述洞口尺寸，没有洞口尺寸必须描述门框或扇外围尺寸；以"平方米"计量，项目特征可不描述洞口尺寸及框、扇的外围尺寸。工程量以平方米计量，无设计图示洞口尺寸，按门框、扇外围以面积计算。

(1)木板大门、钢木大门、全钢板大门，按设计图示数量计算，单位：樘；或按设计图示洞口尺寸以面积计算，单位：m²。

(2)防护铁丝门，按设计图示数量计算，单位：樘；或按设计图示门框或扇以面积计算，单位：m²。

(3)金属格栅门，按设计图示数量计算，单位：樘；或按设计图示洞口尺寸以面积计算，单位：m²。

(4)钢质花饰大门，按设计图示数量计算，单位：樘；或按设计图示门框或扇以面积计算，单位：m²。

(5)特种门，按设计图示数量计算，单位：樘；或按设计图示洞口尺寸以面积计算，单位：m²。

5. 其他门

其他门包括电子感应门、旋转门、电子对讲门、电动伸缩门、全玻自由门、镜面不锈钢饰面门、复合材料门。其他门，按设计图示数量计算，单位：樘；或按设计图示洞口尺寸以面积计算，单位：m²。以"樘"计量，项目特征必须描述洞口尺寸，没有洞口尺寸必须描述门框或扇外围尺寸；以"平方米"计量，项目特征可不描述洞口尺寸及框、扇的外围尺寸。以"平方米"计量，无设计图示洞口尺寸，按门框、扇外围以面积计算。

6. 木窗

木窗包括木质窗、木飘(凸)窗、木橱窗、木纱窗。木质窗应区分木百叶窗、木组合窗、木天窗、木固定窗、木装饰空花窗等项目，分别编码列项。

(1)木质窗，按设计图示数量计算，单位：樘；或按设计图示洞口尺寸以面积计算，单位：m²。

(2)木飘(凸)窗、木橱窗，按设计图示数量计算，单位：樘；或按设计图示尺寸以框外围展开面积计算，单位：m²。

(3)木纱窗，按设计图示数量计算，单位：樘；或按框的外围尺寸以面积计算，单位：m²。

7. 金属窗

金属窗应区分金属组合窗、防盗窗等项目，分别编码列项。在项目特征描述中，当金属窗工程量以"樘"计量，项目特征必须描述洞口尺寸，没有洞口尺寸必须描述窗框外围尺寸；以"平方米"计量，项目特征可不描述洞口尺寸及框的外围尺寸。对于金属橱窗、飘(凸)窗以樘计量，项目特征必须描述框外围展开面积。在工程量计算时，当以"平方米"计量，无设计图示洞口尺寸，按窗框外围以面积计算。

(1)金属(塑钢、断桥)窗、金属防火窗、金属百叶窗、金属格栅窗，按设计图示数量计算，单位：樘；或按设计图示洞口尺寸以面积计算，单位：m^2。

(2)金属纱窗，按设计图示数量计算，单位：樘；或按框的外围尺寸以面积计算，单位：m^2。

(3)金属(塑钢、断桥)橱窗、金属(塑钢、断桥)飘(凸)窗，按设计图示数量计算，单位：樘；或按设计图示尺寸以框外围展开面积计算，单位：m^2。

(4)彩板窗、复合材料窗，按设计图示数量计算，单位：樘；或按设计图示洞口尺寸或框外围以面积计算，单位：m^2。

8. 门窗套

门窗套包括木门窗套、金属门窗套、石材门窗套、门窗木贴脸、成品木门窗套。木门窗套适用于单独门窗套的制作、安装。在项目特征描述时，当以"樘"计量时，项目特征必须描述洞口尺寸、门窗套展开宽度；当以"平方米"计量时，项目特征可不描述洞口尺寸、门窗套展开宽度；当以"米"计量时，项目特征必须描述门窗套展开宽度、筒子板及贴脸宽度。

(1)木门窗套、木筒子板、饰面夹板筒子板、金属门窗套、石材门窗套、成品木门窗套，按设计图示数量计算，单位：樘；或按设计图示尺寸以展开面积计算，单位：m^2；或按设计图示中心以延长米计算，单位：m。

(2)门窗木贴脸，按设计图示数量计算，单位：樘；或按设计图示尺寸以延长米计算，单位：m。

9. 窗台板

窗台板包括木窗台板、铝塑窗台板、金属窗台板、石材窗台板。按设计图示尺寸以展开面积计算，单位：m^2。

10. 窗帘、窗帘盒、轨

在项目特征描述中，窗帘若是双层，项目特征必须描述每层材质；当窗帘以"米"计量时，项目特征必须描述窗帘高度和宽度。

木窗帘盒，饰面夹板、塑料窗帘盒，铝合金属窗帘盒，窗帘轨，按设计图示尺寸以长度计算，单位：m。

11. 工程量清单编制案例

【案例 3-4】 某工程底层为厂房，二层为办公楼，厂房大门采用钢木大门，尺寸为 2 400 mm×3 600 mm，共计 2 樘；办公室入户门采用防盗门，尺寸为 900 mm×2 100 mm，共计 12 樘；塑钢窗尺寸为 1 500 mm×1 800 mm，共计 12 樘。试编制本工程门窗工程量清单。

【解】 门窗工程工程量清单编制见表 3-6。

表 3-6 分部分项工程单价措施项目清单与计价表

工程名称：某工程

序号	项目编码	项目名称	项目特征描述	计量单位	工程量	金额/元		
						综合单价	合价	其中
								暂估价
1	010804002001	钢木大门	尺寸：2 400 mm×3 600 mm	樘	2			
2	010802004001	防盗门	尺寸：900 mm×2 100 mm	樘	12			
3	010807001001	塑钢窗	尺寸：1 500 mm×1 800 mm	樘	12			

(七)楼地面装饰工程(附录 L　楼地面装饰工程)

1. 整体面层及找平层

(1)水泥砂浆楼地面、现浇水磨石楼地面、细石混凝土楼地面、菱苦土楼地面、自流坪楼地面，按设计图示尺寸以面积计算，单位：m²。扣除凸出地面构筑物、设备基础、室内管道、地沟等所占面积，不扣除间壁墙及≤0.3 m²柱、垛、附墙烟囱及孔洞所占面积。门洞、空圈、暖气包槽、壁龛的开口部分不增加面积。间壁墙是指墙厚≤120 mm 的墙。

(2)平面砂浆找平层。按设计图示尺寸以面积计算，单位：m²。平面砂浆找平层只适用于仅做找平层的平面抹灰。楼地面混凝土垫层另按现浇混凝土基础中垫层项目编码列项，除混凝土外的其他材料垫层按砌筑工程中垫层项目编码列项。

2. 块料面层

块料面层包括石材楼地面、碎石材楼地面、块料楼地面。按设计图示尺寸以面积计算，单位：m²。门洞、空圈、暖气包槽、壁龛的开口部分并入相应的工程量。

在描述碎石材项目的面层材料特征时可不用描述规格、颜色；石材、块料与黏结材料的结合面刷防渗材料的种类在防护层材料种类中描述(下同)。

3. 橡塑面层

橡塑面层包括橡胶板楼地面、橡胶板卷材楼地面、塑料板楼地面、塑料卷材楼地面。按设计图示尺寸以面积计算，单位：m²。门洞、空圈、暖气包槽、壁龛的开口部分并入相应的工程量内。

4. 其他材料面层

其他材料面层包括地毯楼地面，竹、木(复合)地板，金属复合地板，防静电活动地板。按设计图示尺寸以面积计算，单位：m²。门洞、空圈、暖气包槽、壁龛的开口部分并入相应的工程量内。

5. 踢脚线

踢脚线包括水泥砂浆踢脚线、石材踢脚线、块料踢脚线、塑料板踢脚线、木质踢脚线、金属踢脚线、防静电踢脚线。按设计图示长度乘高度以面积计算，单位：m²；或按延长米计算，单位：m。

6. 楼梯面层

楼梯面层包括石材楼梯面层、块料楼梯面层、拼碎块料面层、水泥砂浆楼梯面层、现浇水磨石楼梯面层、地毯楼梯面层、木板楼梯面层、橡胶(塑料)板楼梯面层。按设计图示尺寸以楼梯(包括踏步、休息平台及≤500 mm 的楼梯井)水平投影面积计算，单位：m²。楼梯与楼地面相连时，算至梯口梁内侧边沿；无梯口梁者，算至最上一层踏步边沿加 300 mm。

7. 台阶装饰

台阶装饰包括石材台阶面、块料台阶面、拼碎块料台阶面、水泥砂浆台阶面、现浇水磨石台阶面、剁假石台阶面。按设计图示尺寸以台阶(包括最上层踏步边沿加 300 mm)水平投影面积计算，单位：m²。

8. 零星装饰项目

零星装饰项目包括石材零星项目、拼碎石材零星项目、块料零星项目、水泥砂浆零星项目。按设计图示尺寸以面积计算，单位：m²。楼梯、台阶牵边和侧面镶贴块料面层，不大于 0.5 m² 的少量分散的楼地面镶贴块料面层，应按零星装饰项目编码列项。

9. 工程量清单编制案例

【案例 3-5】某工程楼面为块料面层，块料面层工程量经设计图纸计算为 600 m²，找平层工程量经计算为 590 m²。工程采用 15 mm 厚干混地面砂浆 M20 找平；楼面块料面层用

600 mm×600 mm陶瓷地面砖。试编制该工程楼面块料面层工程量。

【解】 （1）楼面为块料面层工程量$S_{面层}=600\ m^2$，$S_{找平层}=590\ m^2$。

（2）本工程分部分项工程和单价措施项目计价表，见表3-7。

表3-7 分部分项工程和单价措施项目计价表

工程名称：某工程

序号	项目编码	项目名称	项目特征描述	计量单位	工程量	金额/元		
						综合单价	合价	其中
								暂估价
1	011102003001	块料楼地面	找平层厚度15 mm，干混砂浆M20面层600 mm×600 mm陶瓷地面砖	m²	600			

（八）墙、柱面装饰与隔断、幕墙工程（附录M 墙、柱面装饰与隔断、幕墙工程）

1. 墙面抹灰

墙面抹灰包括墙面一般抹灰、墙面装饰抹灰、墙面勾缝、立面砂浆找平层。按设计图示尺寸以面积计算，单位：m²。扣除墙裙、门窗洞口及单个>0.3 m²的孔洞面积，不扣除踢脚线、挂镜线和墙与构件交接处的面积，门窗洞口和孔洞的侧壁及顶面不增加面积。附墙柱、梁、垛、烟囱侧壁并入相应的墙面面积内。飘窗凸出外墙面增加的抹灰并入外墙工程量内。

（1）外墙抹灰面积按外墙垂直投影面积计算。

（2）外墙裙抹灰面积按其长度乘以高度计算。

（3）内墙抹灰面积按主墙间的净长乘以高度计算。无墙裙的内墙高度按室内楼地面至天棚底面计算；有墙裙的内墙高度按墙裙顶至天棚底面计算。有吊顶天棚抹灰，高度算至天棚底，但有吊顶天棚的内墙面抹灰，抹至吊顶以上部分在综合单价中考虑。

（4）内墙裙抹灰面积按内墙净长乘以高度计算。立面砂浆找平项目适用于仅做找平层的立面抹灰。墙面抹石灰砂浆、水泥砂浆、混合砂浆、聚合物水泥砂浆、麻刀石灰浆、石膏灰浆等按墙面一般抹灰列项；墙面水刷石、斩假石、干粘石、假面砖等按墙面装饰抹灰列项。

2. 柱（梁）面抹灰

柱（梁）面抹灰包括柱、梁面一般抹灰，柱、梁面装饰抹灰，柱、梁面砂浆找平层、柱面勾缝。按设计图示柱断面周长乘以高度以面积计算，单位：m²。柱（梁）面抹石灰砂浆、水泥砂浆、混合砂浆、聚合物水泥砂浆、麻刀石灰浆、石膏灰浆等按柱（梁）面一般抹灰编码列项；柱（梁）面水刷石、斩假石、干粘石、假面砖等按中柱（梁）面装饰抹灰项目编码列项。

3. 零星抹灰

零星抹灰包括零星项目一般抹灰、零星项目装饰抹灰、零星砂浆找平层。按设计图示尺寸以面积计算，单位：m²。墙、柱（梁）面≤0.5 m²的少量分散的抹灰按零星抹灰项目编码列项。

4. 墙面块料面层

（1）石材墙面、拼碎石材墙面、块料墙面，按镶贴表面积计算，单位：m²。项目特征中"安装方式"可描述为砂浆或粘结剂粘贴、挂贴、干挂等，无论采用哪种安装方式，都要详细描述与组价相关的内容。

（2）干挂石材钢骨架，按设计图示尺寸以质量计算，单位：t。

5. 柱（梁）面镶贴块料

（1）石材柱面、块料柱面、拼碎块柱面。按镶贴表面积计算，单位：m²。

(2)柱梁面干挂石材的钢骨架按"墙面块料面层"中的"干挂石材钢骨架"编码列项。

6. 镶贴零星块料

镶贴零星块料包括石材零星项目、块料零星项目、拼碎块零星项目。按镶贴表面积计算，单位：m²。墙柱面≤0.5 m²的少量分散的镶贴块料面层按零星项目执行。

7. 墙饰面

(1)墙面装饰板，按设计图示墙净长乘以净高以面积计算，单位：m²。扣除门窗洞口及单个>0.3 m²的孔洞所占面积。

(2)墙面装饰浮雕，按设计图示尺寸以面积计算，单位：m²。

8. 柱(梁)饰面

(1)柱(梁)面装饰，按设计图示饰面外围尺寸以面积计算，单位：m²。柱帽、柱墩并入相应柱饰面工程量内。

(2)成品装饰柱，按设计数量以"根"计算；或按设计长度以"m"计算。

9. 幕墙工程

(1)带骨架幕墙，按设计图示框外围尺寸以面积计算，单位：m²。与幕墙同种材质的窗所占面积不扣除。

(2)全玻(无框玻璃)幕墙，按设计图示尺寸以面积计算，单位：m²。带肋全玻幕墙按展开面积计算。

10. 隔断

(1)木隔断、金属隔断，按设计图示框外围尺寸以面积计算，单位：m²。不扣除单个≤0.3 m²的孔洞所占面积；浴厕门的材质与隔断相同时，门的面积并入隔断面积内。

(2)玻璃隔断、塑料隔断，按设计图示框外围尺寸以面积计算。不扣除单个≤0.3 m²的孔洞所占面积。

(3)成品隔断，按设计图示框外围尺寸以面积计算，单位：m²；或按设计间的数量计算，单位：间。

(九)天棚工程(附录 N 天棚工程)

1. 天棚抹灰

天棚抹灰，按设计图示尺寸以水平投影面积计算，单位：m²。不扣除间壁墙、垛、柱、附墙烟囱、检查口和管道所占的面积，带梁天棚的梁两侧抹灰面积并入天棚面积内，板式楼梯底面抹灰按斜面积计算，锯齿形楼梯底板抹灰按展开面积计算。

2. 天棚吊顶

(1)吊顶天棚，按设计图示尺寸以水平投影面积计算，单位：m²。天棚面中的灯槽及跌级、锯齿形、吊挂式、藻井式天棚面积不展开计算。不扣除间壁墙、检查口、附墙烟囱、柱垛和管道所占面积，扣除单个>0.3 m²的孔洞、独立柱及与天棚相连的窗帘盒所占的面积。

(2)格栅吊顶、吊筒吊顶、藤条造型悬挂吊顶、织物软雕吊顶、装饰网架吊顶，按设计图示尺寸以水平投影面积计算，单位：m²。

3. 采光天棚

采光天棚按框外围展开面积计算，单位：m²。采光天棚骨架不包括在本节中，应单独按金属结构工程相关项目编码列项。

4. 天棚其他装饰

(1)灯带(槽)，按设计图示尺寸以框外围面积计算，单位：m²。

(2)送风口、回风口，按设计图示数量计算，单位：个。

【解】 该实训工房外墙外边线长为 48.24 m，外墙外边线宽为 12.24 m。轴线尺寸为墙中心线，墙厚为 240 mm。

(1)招标人根据《计算规范》及施工图纸计算机械平整场地清单工程量。

$$S_{清单} = a \times b = 48.24 \times 12.24 = 590.46 (m^2)$$

(2)分部分项工程和单价措施项目清单与计价表，见表 3-8。

表 3-8　分部分项工程和单价措施项目清单与计价表

工程名称：某理工院实训工房

序号	项目编码	项目名称	项目特征描述	计量单位	工程量	综合单价	合价	其中暂估价
							金额/元	
1	010101001001	平整场地	二类土壤	m²	590.46			

任务单

某理工院实训工房图纸见附录，建筑设计说明中门窗表和装修工程说明表。

【任务 3-1】 计算门窗分项工程清单工程量并填写分部分项工程和单价措施项目计价表。

【任务 3-2】 计算地面砖分项工程清单工程量并填写分部分项工程和单价措施项目计价表。

将【任务 3-1】和【任务 3-2】计算过程填入表 3-9 清单工程量计算过程书，将计算结果填入表 3-10 分部分项工程和单价措施项目计价表。

表 3-9　"任务 3-1 和任务 3-2"清单工程量计算过程书

班级：＿＿＿＿＿＿　学号：＿＿＿＿＿＿　姓名：＿＿＿＿＿＿　成绩：＿＿＿＿＿＿

序号	项目编码	项目名称	项目特征	计量单位	工程量计算过程	工程量
1						
2						

表 3-10　分部分项工程和单价措施项目计价表

序号	项目编码	项目名称	项目特征描述	计量单位	工程量	综合单价	合价	其中暂估价
							金额/元	
1								
2								

任务三　措施项目、其他项目、规费和税金清单编制

任务资讯

措施项目、其他项目、规费、
税金清单编制

一、措施项目工程量清单编制

《计算规范》中给出了脚手架工程、混凝土模板及支架(撑)、垂直运输、超高施工增加、大型机械设备进出场及安拆、施工排水及降水、安全文明施工及其他措施项目的计算规则或应包含范围。除安全文明施工及其他措施项目外，前 6 项都详细列出了项目编码、项目名称、项目特征、工程量计算规则、工作内容，其清单的编制与分部分项工程一致。

(一)脚手架工程

(1)综合脚手架，按建筑面积计算，单位：m²。使用综合脚手架时，不再使用外脚手架、里脚手架等单项脚手架；综合脚手架适用于能够按"建筑面积计算规则"计算建筑面积的建筑工程脚手架，不适用于房屋加层、构筑物及附属工程脚手架。综合脚手架项目特征包括建筑结构形式、檐口高度。同一建筑物有不同檐高时，按建筑物竖向切面分别按不同檐高编列清单项目。脚手架的材质可以不作为项目特征内容，但需要注明由投标人根据工程实际情况按照有关规范自行确定。

(2)外脚手架、里脚手架、整体提升架、外装饰吊篮，按所服务对象的垂直投影面积计算，单位：m²。整体提升架包括 2 m 高的防护架体设施。

(3)悬空脚手架、满堂脚手架，按搭设的水平投影面积计算，单位：m²。

(4)挑脚手架，按搭设长度乘以搭设层数以延长米计算，单位：m。

(二)混凝土模板及支架(撑)

混凝土模板及支撑(架)项目，只适用于以"平方米"计量，按模板与混凝土构件的接触面积计算。以"立方米"计量的模板及支撑(架)，采用清水模板时，应在项目特征中说明。按混凝土及钢筋混凝土实体项目执行，其综合单价应包括模板及支撑(架)。以下仅规定了按接触面积计算的规则与方法：

(1)混凝土基础、柱、梁、墙板等主要构件模板及支架工程量按模板与现浇混凝土构件的接触面积计算，单位：m²。原槽浇灌的混凝土基础不计算模板工程量。若现浇混凝土梁、板支撑高度超过 3.6 m 时，项目特征应描述支撑高度。

1)现浇钢筋混凝土墙、板单孔面积≤0.3 m² 的孔洞不予扣除，洞侧壁模板亦不增加；单孔面积＞0.3 m² 时应予扣除，洞侧壁模板面积并入墙、板工程量内计算。

2)现浇框架分别按梁、板、柱有关规定计算；附墙柱、暗梁、暗柱并入墙内工程量内计算。

3)柱、梁、墙、板相互连接的重叠部分，均不计算模板面积。

4)构造柱按图示外露部分计算模板面积。

(2)天沟、檐沟，电缆沟、地沟，散水，扶手，后浇带，化粪池，检查井按模板与现浇混凝土构件的接触面积计算。

(3)雨篷、悬挑板、阳台板，按图示外挑部分尺寸的水平投影面积计算，挑出墙外的悬臂梁及板边不另计算。

(4)楼梯，按楼梯(包括休息平台、平台梁、斜梁和楼层板的连接梁)的水平投影面积计算，不扣除宽度≤500 mm 的楼梯井所占面积，楼梯踏步、踏步板、平台梁等侧面模板不另计算，伸入墙

内部分也不增加。

（三）垂直运输

垂直运输是指施工工程在合理工期内所需垂直运输机械。垂直运输可按建筑面积计算，也可按施工工期日历天数计算，单位：m² 或天。

垂直运输项目特征包括建筑物建筑类型及结构形式、地下室建筑面积、建筑物檐口高度及层数。其中，建筑物的檐口高度是指设计室外地坪至檐口滴水的高度（平屋顶是指屋面板底高度），凸出主体建筑物屋顶的电梯机房、楼梯出口间、水箱间、瞭望塔、排烟机房等不计入檐口高度。同一建筑物有不同檐高时，按建筑物的不同檐高做纵向分割，分别计算建筑面积，以不同檐高分别编码列项。

（四）超高施工增加

单层建筑物檐口高度超过 20 m，多层建筑物超过 6 层时（不包括地下室层数），可按超高部分的建筑面积计算超高施工增加。其工程量计算按建筑物超高部分的建筑面积计算，单位：m²。同一建筑物有不同檐高时，可按不同高度的建筑面积分别计算建筑面积，以不同檐高分别编码列项。

（五）大型机械设备进出场及安拆

安拆费包括施工机械、设备在现场进行安装拆卸所需人工、材料、机械和试运转费用以及机械辅助设施的折旧、搭设、拆除等费用；进出场费包括施工机械、设备整体或分体自停放地点运至施工现场或由一施工地点运至另一施工地点所发生的运输、装卸、辅助材料等费用。工程量按使用机械设备的数量计算，单位：台次。

（六）施工排水、降水

(1)成井，按设计图示尺寸以钻孔深度计算，单位：m。

(2)排水、降水，按排、降水日历天数计算，单位：昼夜。

（七）安全文明施工及其他措施项目

安全文明施工费是指工程施工期间按照国家现行的环境保护、建筑施工安全、施工现场环境与卫生标准和有关规定，购置和更新施工安全防护用具及设施、改善安全生产条件和作业环境所需要的费用。其他措施项目包括夜间施工，非夜间施工照明，二次搬运、冬雨期施工，地上、地下设施、建筑物的临时保护设施，已完工程及设备保护等。

(1)安全文明施工。安全文明施工包含环境保护、文明施工、安全施工、临时设施。

1)环境保护包含范围：现场施工机械设备降低噪声、防扰民措施；水泥和其他易飞扬细颗粒建筑材料密闭存放或采取覆盖措施等；工程防扬尘洒水；土石方、建渣外运车辆防护措施等；现场污染源的控制、生活垃圾清理外运、场地排水排污措施；其他环境保护措施。

2)文明施工包含范围："五牌一图"；现场围挡的墙面美化（包括内外粉刷、刷白、标语等）、压顶装饰；现场厕所便槽刷白、贴面砖，水泥砂浆地面或地砖，建筑物内临时便溺设施；其他施工现场临时设施的装饰装修、美化措施；现场生活卫生设施；符合卫生要求的饮水设备、淋浴、消毒等设施；生活用洁净燃料；防煤气中毒、防蚊虫叮咬等措施；施工现场操作场地的硬化；现场绿化、治安综合治理；现场配备医药保健器材、物品和急救人员培训；现场工人的防暑降温、电风扇、空调等设备及用电；其他文明施工措施。

3)安全施工包含范围：安全资料、特殊作业专项方案的编制，安全施工标志的购置及安全宣传；"三宝"（安全帽、安全带、安全网）、"四口"（楼梯口、电梯井口、通道口、预留洞口）、"五临边"（阳台围边、楼板围边、屋面围边、槽坑围边、卸料平台两侧），水平防护架、垂直防护架、外架封闭等防护；施工安全用电，包括配电箱三级配电、两级保护装置要求、外电防护措施；起重机、塔吊等起重设备（含井架、门架）及外用电梯的安全防护措施（含警示标志）及卸料平台的临边护、层间安全门、防护棚等设施；建筑工地起重机械的检验检测；施工机具防护棚及其围栏的安全保护设施；施工安全防护通道；工人的安全防护用品、用具购置；消防设施与消防器材的配置；电气保护、安全照明设施；其他安全防护措施。

4)临时设施包含范围：施工现场采用彩色、定型钢板，砖、混凝土砌块等围挡的安砌、维修、拆除；施工现场临时建筑物、构筑物的搭设、维修、拆除，如临时宿舍、办公室，食堂、厨房、厕所、诊疗所、临时文化福利用房、临时仓库、加工场、搅拌台、临时简易水塔、水池等；施工现场临时设施的搭设、维修、拆除，如临时供水管道、临时供电管线、小型临时设施等；施工现场规定范围内临时简易道路铺设，临时排水沟、排水设施安砌、维修、拆除；其他临时设施搭设、维修、拆除。

(2)夜间施工。夜间固定照明灯具和临时可移动照明灯具的设置、拆除；夜间施工时，施工现场交通标志、安全标牌、警示灯等的设置、移动、拆除；包括夜间照明设备摊销及照明用电、施工人员夜班补助、夜间施工劳动效率降低等。

(3)非夜间施工照明。为保证工程施工正常进行，在地下室等特殊施工部位施工时所采用的照明设备的安拆、维护、摊销及照明用电等。

(4)二次搬运。由于施工场地条件限制而发生的材料、成品、半成品等一次运输不能到达堆放地点，必须进行的二次或多次搬运。

(5)冬雨期施工。冬雨(风)期施工时增加的临时设施(防寒保温、防雨、防风设施)的搭设、拆除；冬雨(风)期施工时，对砌体、混凝土等采用的特殊加温、保温和养护措施；冬雨(风)期施工时，施工现场的防滑处理、对影响施工的雨雪的清除；包括冬雨(风)期施工时增加的临时设施、施工人员的劳动保护用品、冬雨(风)期施工劳动效率降低等。

(6)地上、地下设施、建筑物的临时保护设施。在工程施工过程中，对已建成的地上、地下设施和建筑物进行的遮盖、封闭、隔离等必要保护措施。

(7)已完工程及设备保护。对已完工程及设备采取的覆盖、包裹、封闭、隔离等必要保护措施。

(八)工程量清单编制案例

【**案例 3-6**】 某工程为二层框架结构，檐高为 7.2 m，工程采用钢管脚手架，本工程建筑面积为 1 180.92 m²。试编制该工程综合脚手架措施项目工程量清单。

【**解**】 (1)综合脚手架工程量清单计算规则按建筑面积计算，即 1 180.92 m²。

(2)综合脚手架分部分项工程和单价措施项目计价表，见表 3-11。

表 3-11 分部分项工程和单价措施项目计价表

工程名称：某工程

序号	项目编码	项目名称	项目特征	计量单位	工程量	金额/元		
						综合单价	合价	其中
								暂估价
1	011701001001	综合脚手架	1. 框架结构； 2. 檐高 7.2 m	m²	1 180.92			

二、其他项目清单编制

(一)其他项目清单编制说明

(1)其他项目清单通常按下列内容列项：暂列金额；暂估价(包括材料暂估单价、专业工程暂估价）；计日工；总承包服务费。

1）暂列金额。暂列金额是指招标人在工程量清单中暂定并包括在合同价款中的一笔款项。其用于施工合同签订时尚未确定或不可预见的所需材料、设备、服务的采购，施工中可能发生的工程变更、合同约定调整因素出现时的工程价款调整及发生的索赔、现场签证确认等的费用。

为保证工程施工建设的顺利实施，应对施工过程中可能出现的各种不确定因素对工程造价的影响进行估算，列出一笔暂列金额。暂列金额可根据工程的复杂程度、设计深度、工程环境条件（包括地质、水文、气候条件等）进行估算，一般可按分部分项工程费的 10%～15% 作为参考。

2）暂估价。暂估价是指招标阶段直至签订合同协议时，招标人在招标文件中提供的用于支付必然发生但暂时不能确定价格的材料，以及需另行发包的专业工程金额。招标人针对每一类暂估价给出相应的拟用项目。

3）计日工。计日工是指在施工过程中，承包人完成发包人提出的施工图纸以外的零星项目或工作，按合同约定的计日工综合单价计价。招标人在其他项目清单中列出相应的项目，并根据经验估算数量。

4）总承包服务费。总承包服务费是指在工程建设的施工阶段实行施工总承包时，为了解决招标人在法律、法规允许的条件下进行专业工程发包及自行采购供应材料、设备时，要求总承包人对发包的专业工程提供协调和配合服务（如分包人使用总包人的脚手架、水电等）；对供应的材料、设备提供收、发和保管服务以及对施工现场进行统一管理；对竣工资料进行统一汇总整理等发生并向总承包人支付的费用。招标人应当预计该项费用并按投标人的投标报价向投标人支付该项费用。

（2）若出现上述未列出的项目，可根据工程的具体情况进行补充。

（二）其他项目清单表格

其他项目清单表格见表 3-12～表 3-17。

表 3-12 其他项目清单

工程名称：××工程　　　　标段：　　　　　　　　　第　页　共　页

序号	项目名称	金额/元	结算金额/元	备注
1	暂列金额			
2	暂估价			
2.1	材料暂估价			
2.2	专业工程暂估价			
3	计日工			
4	总承包服务费			
	合计			

表 3-13 暂列金额明细表

工程名称：××工程　　　　标段：　　　　　　　　　第　页　共　页

序号	项目名称	计量单位	暂定金额/元	备注
1		项		
2		项		
3		项		
4				
	合计			—
注：此表由招标人填写，如不能详列，也可只列暂定金额总额，投标人应将上述暂列金额计入投标总价中				

表 3-14　材料(工程设备)暂估价表

工程名称：××工程　　　　　　　　　标段：　　　　　　　　　第　　页　共　　页

序号	材料(工程设备)名称、规格、型号	计量单位	数量		暂估/元		确认/元		差额±/元		备注
			暂估	确认	单价	合价	单价	合价	单价	合价	
	合计										

注：1. 此表由招标人填写"暂估单价"，并在备注栏说明暂估价的材料、工程设备拟用在那些清单项目上，投标人应将上述材料、工程设备暂估单价计入工程量清单综合单价报价中。

2. 材料包括原材料、燃料、构配件以及按规定应计入建筑安装工程造价的设备

表 3-15　专业工程暂估价表

工程名称：××工程　　　　　　　　　标段：　　　　　　　　　第　　页　共　　页

序号	工程名称	工程内容	暂估金额/元	结算金额/元	差额±/元	备注
	合计					

注：此表"暂估金额"由招标人填写，投标人应将"暂估金额"计入投标总价中

表 3-16　计日工表

工程名称：××工程　　　　　　　　　标段：　　　　　　　　　第　　页　共　　页

编号	项目名称	单位	暂定数量	实际数量	综合单价/元	合价/元	
						暂定	实际
一	人工						
1	普工	工日					
2	技工(综合)	工日					
	人工小计						
二	材料						
1							
2							
	材料小计						
三	施工机械						
1		台班					
2		台班					
	施工机械小计						
四	企业管理费和利润						
	总计						

注：此表项目名称、暂定数量由招标人填写，编制招标控制价时，单价由招标人按有关计价规定确定；投标时，单价由投标人自主报价，按暂定数量计算合价计入投标总价中

表 3-17　总承包服务费计价表

工程名称：××工程　　　　　　　标段：　　　　　　　　　　　　　第　页　共　页

序号	项目名称	项目价值/元	服务内容	计算基础	费率/%	金额/元
1	发包人发包专业工程					
2	发包人提供材料					
合计						

注：此表项目名称、服务内容由招标人填写，编制招标控制价时，费率及金额由招标人按有关计价规定确定；投标时，费率及金额由投标人自主报价，计入投标总价中

(三)其他项目清单编制案例

【案例 3-7】　江西省某沿海城市某建设工程项目采用公开招标形式招标，其招标工程量清单包括以下内容：

(1)安装玻璃幕墙工程的指定分包暂定造价为 1 500 000.00 元，总包服务费按 4% 计取。

(2)对外国土建工程的指定分包暂定造价为 500 000.00 元，总包服务费按 2% 计取。

(3)暂列金额为人民币 1 500 000.00 元。

【分析】

(1)该项目招标工程量清单中其他项目清单都包含哪些内容？

(2)如何编制该项目的其他项目清单？

【解】　根据案例已知条件，结合其他项目清单内容，编写该项目其他项目清单，见表 3-18。

表 3-18　其他项目清单

工程名称：某建设工程　　　　　　　标段：　　　　　　　　　　　　　第　页　共　页

序号	项目名称	金额/元	结算金额/元	备注
1	暂列金额	1 500 000.00		
2	暂估价	2 000 000.00		
2.1	材料暂估价			
2.2	专业工程暂估价	2 000 000.00		玻璃幕墙专业分包暂定造价(1 500 000 元)+外国土建工程分包暂定造价(500 000 元)=2 000 000.00(元)
3	计日工			
4	总承包服务费	70 000.00		1 500 000×4%(安装玻璃幕墙承包服务费)+500 000×2%(外国土建工程承包服务费)=70 000.00(元)
合计		3 570 000.00		—

三、规费和税金清单编制

(一)规费和税金清单编制说明

1. 规费

规费是按国家法律、法规规定，由政府和有关权力部门规定必须缴纳或计取的费用。规费清

单按以下内容列项：

(1)社会保险费。

1)养老保险费：是指企业按照规定标准为职工缴纳的基本养老保险费。

2)失业保险费：是指企业按照规定标准为职工缴纳的失业保险费。

3)医疗保险费：是指企业按照规定标准为职工缴纳的基本医疗保险费。

4)生育保险费：是指企业按照规定标准为职工缴纳的生育保险费。

5)工伤保险费：是指企业按照规定标准为职工缴纳的工伤保险费。

(2)住房公积金：是指企业按规定标准为职工缴纳的住房公积金。

(3)工程排污费：是指按规定缴纳的施工现场工程排污费。

(4)其他应列而未列入的规费，按实际发生计取。

2. 税金

税金是国家税法规定的应计入建筑安装工程造价内的增值税销项税额。

(二)规费和税金清单表格

规费和税金项目计价表，见表 3-19。

表 3-19　规费和税金项目计价表

工程名称：　　　　　　　　标段：　　　　　　　　　　　　　第　页　共　页

序号	项目名称	计算基础	计算基数	计算费率/%	金额/元
1	规费	定额人工费			
1.1	社会保险费	定额人工费			
(1)	养老保险费	定额人工费			
(2)	失业保险费	定额人工费			
(3)	医疗保险费	定额人工费			
(4)	工伤保险费	定额人工费			
(5)	生育保险费	定额人工费			
1.2	住房公积金	定额人工费			
1.3	工程排污费	按工程所在地环境保护部门收取标准。按实计入			
2	税金	分部分项工程费＋措施项目费＋其他项目费＋规费－按规定不计税的工程设备金额			
合计					

编制人(造价人员)：　　　　　　　　　　　　　复核人(造价工程师)：

小　结

本模块重点学习了以下内容：

(1)工程量清单的含义。

(2)各分部分项工程量清单编制。

(3)措施项目、其他项目、规费和税金清单编制。

通过本模块的学习，能结合实际工程图纸，根据清单工程量编制方法，进行各分部分项、措施项目、其他项目、规费和税金清单工程量编制工作。

学生笔记

通过本模块的学习，根据重点知识点的提示，完成"模块三 工程量清单编制"学生笔记（表 3-30）的填写。

表 3-20 "模块三 工程量清单编制"学生笔记

班级：＿＿＿＿＿＿＿　学号：＿＿＿＿＿＿＿　姓名：＿＿＿＿＿＿＿　成绩：＿＿＿＿＿＿＿

一、工程量清单的含义

二、各分部分项工程量清单编制规则

1. 土石方工程：

2. 地基处理与边坡支护工程：

3. 桩基工程：

4. 砌筑工程：

5. 混凝土及钢筋混凝土工程：

6. 门窗工程：

7. 楼地面装饰工程：

课后练习

模块四 招标控制价与投标报价编制

【知识目标】

1. 熟悉《建设工程工程量清单计价规范》。

2. 理解工程量清单计价的含义。

3. 熟悉招标控制价和投标报价编制的一般规定。

4. 熟悉招标控制价和投标报价的计价程序。

5. 掌握综合单价的确定。

6. 掌握分部分项工程和单价措施项目、总价措施项目、其他项目、规费和税金计价表的编制。

【能力目标】

1. 能正确完成综合单价的计算。

2. 能正确完成分部分项工程和单价措施项目、总价措施项目、其他项目、规费和税金计价表的编制。

知识导图

【素质目标】

1. 社会素质：通过本单元招标控制价和投标报价的学习，学生充分认识到马克思主义基本原理中意识受主体状态的影响的普遍真理。站在不同角度考虑同一项目的造价，每个人的立场不同，看待同一问题得出的结论也是不同的。

2. 科学素质：通过本单元的学习，加强学生的程序意识，引导学生遵守程序、按程序办事，才能推进工程造价工作落细、落小、落实。

任务一　工程量清单计价概述

任务资讯

一、简介

为了规范建设工程造价计价行为，统一建设工程计价文件的编制原则和计价方法，根据《建筑法》《民法典》《招标投标法》等法律、法规，制定了《建设工程工程量清单计价规范》（以下简称计价规范）。《计价规范》适用于建设工程发承包及实施阶段的计价活动。

工程量清单计价作为建筑工程造价的一种计价方式，是指在建筑工程招标投标过程中，招标人根据国家现行统一的工程量计算规则，计算工程数量，由招标人依据工程量清单自主报价，并按照经评审低价中标的计价行为方式。招标工程量清单、招标控制价、投标报价、工程计量、合同价款调整、合同价款结算与支付，以及工程造价鉴定等工程造价文件的编制与核对，应由具有专业资格的工程造价人员承担。工程量清单计价过程如图 4-1 所示。

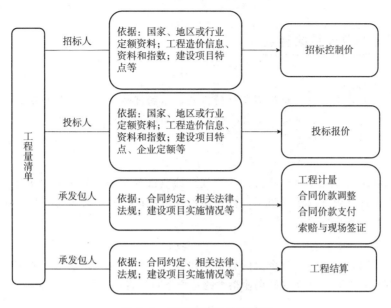

图 4--1　工程量清单计价过程

二、工程量清单计价的作用

(一)有利于规范建设市场秩序，适应社会主义市场经济的需要

工程量清单计价是市场形成工程造价的主要形式，工程量清单计价有利于发挥企业自主报价的能力，实现由政府定价向市场定价的转变；有利于规范业主在招标中的行为，有效避免招标单位在招标中盲目压价的行为，从而真正体现公开、公平、公正的原则，适应市场经济规律。

(二)有利于促进建设市场有序竞争和健康发展

工程量清单招标投标对于招标人来说由于工程量清单是招标文件的组成部分，招标人必须编制准确的工程量清单，并承担相应的风险，促进招标人提高管理水平。由于工程量清单是公开的，将避免工程招标中弄虚作假、暗箱操作等不规范的行为。对于投标人来说，要正确进行工程量清单报价，必须对单位工程成本、利润进行分析，精心选择施工方案，合理组织施工，合理控制现场费用和施工技术措施费用。另外，工程量清单对保证工程款的支付、结算都起到重要的作用。

(三)有利于我国工程造价管理政府职能的转变

实行工程量清单计价，将过去由政府控制的指令性定额计价转变为制定适宜市场经济规律需要的工程量清单计价方法，由过去政府直接干预转变为对工程造价依法监督，有效地加强政府对工程造价的宏观控制。

(四)适应国际发展，融入世界大市场的需要

我国改革开放的进一步加快，促使中国经济日益融入全球市场，特别是我国加入世界贸易组织后，建设市场将进一步对外开放。国外的企业及投资的项目越来越多地进入国内市场，我国企业走出国门海外投资和经营的项目也在增加。为了适应这种对外开放建设市场的形式，就必须与国际通行的计价方法相适应，为建设市场主体创造一个与国际管理接轨的市场竞争环境。工程量清单计价是国际通行的计价办法，在我国实行工程量清单计价，有利于提高国内建设各方主体参与国际化竞争的能力。

三、工程量清单计价的特点

1. 强制性

通过制定统一的建设工程工程量清单计价方法，达到规范计价行为的目的，这些规则和办法是强制性的，工程建设各方面都应该遵守。例如，全部使用国有资金或国有资金占控股权的建设工程必须采用工程量清单计价方式。

2. 实用性

《计价规范》附录中工程量清单项目及计算规则的项目名称表示的是工程实体项目，项目名称明确清晰，工程量计算规则简洁、明了，特别还列有项目特征和工程内容。易于编制工程量清单时确定具体项目名称和投标报价。

3. 竞争性

投标人在报价时，要根据自身企业的施工组织设计、企业的管理水平、施工技术水平等情况报价，每个企业各有不同，这就留给企业很大的竞争空间，将定价权还给了企业。

4. 通用性

工程量清单计价方式与国际惯例接轨，符合工程量计算方法标准化、工程量计算规则统一化、工程造价确定市场化的要求。

四、工程量清单计价的一般规定

(一)计价方式

(1)使用国有资金投资的建设工程发承包，必须采用工程量清单计价。

(2)非国有资金投资的建设工程，宜采用工程量清单计价。

(3)不采用工程量清单计价的建设工程，应执行《计价规范》除工程量清单等专门性规定外的其他规定。

(4)工程量清单应采用综合单价计价。

(5)措施项目中的安全文明施工费必须按国家或省级、行业建设主管部门的规定计算，不得作为竞争性费用。

(6)规费和税金必须按国家或省级、行业建设主管部门的规定计算，不得作为竞争性费用。

(二)计价风险

(1)建设工程发承包，必须在招标文件、合同中明确计价中的风险内容及其范围，不得采用无限风险、所有风险或类似语句规定计价中的风险内容及范围。

(2)由于下列因素出现，影响合同价款调整的，应由发包人承担：

1)国家法律、法规、规章和政策发生变化；

2)省级或行业建设主管部门发布的人工费调整，但承包人对人工费或人工单价的报价高于发布的除外；

3)由政府定价或政府指导价管理的原材料等价格进行了调整。

因承包人原因导致工期延误的，应按《计价规范》的规定执行。

(3)由于市场物价波动影响合同价款的，应由发承包双方合理分摊，按《计价规范》附录填写《承包人提供主要材料和工程设备一览表》作为合同附件；当合同中没有约定，发承包双方发生争议时，应按《计价规范》的规定调整合同价款。

(4)由于承包人使用机械设备、施工技术及组织管理水平等自身原因造成施工费用增加的，应由承包人全部承担。

（5）当不可抗力发生，影响合同价款时，应按《计价规范》的规定执行。

五、工程量清单计价的程序

建设工程发承包及实施阶段的工程造价应由分部分项工程费、措施项目费、其他项目费、规费和税金组成。工程造价计价程序如图4-2所示。

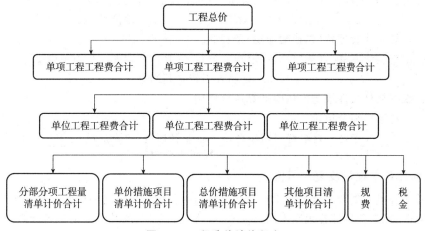

图4-2　工程造价计价程序

（1）分部分项工程费＝∑分部分项工程量×综合单价。

（2）单价措施项目费＝∑单价措施项目工程量×综合单价。

其中，综合单价由人工费、材料费、机械费、管理费、利润等组成，并考虑风险费。

（3）总价措施项目费＝安全文明施工费＋其他总价措施费。

（4）其他项目费＝暂列金额＋暂估价＋计日工＋总承包服务费。

（5）单位工程工程费＝分部分项工程费＋措施项目费＋其他项目费＋规费＋税金。

（6）单项工程工程费＝∑单位工程工程费。

（7）建设项目总价＝∑单项工程工程费。

任务二　综合单价确定

任务资讯

一、综合单价

综合单价是指完成一个规定清单项目所需的人工费、材料和工程设备费、施工机具使用费和企业管理费、利润及一定范围内的风险费用。

二、综合单价确定方法

(一)直接套用定额组价

单项定额组价是指一个分项工程的清单综合单价仅用一个定额项目组合而成。

1．组价特点

(1)内容比较简单；

(2)《计价规范》与所使用定额中的工程量计算规则相同。

2．组价方法

第一步：直接套用消耗量定额基价。

第二步：计算人工费、材料费、机械费合计及定额人工费。

$$人工费、材料费、机械费用＝\sum(工程量×消耗量定额基价)$$

$$定额人工费＝\sum(工程量×人工费基价)$$

第三步：计算企业管理费(包括附加税)及利润。

$$企业管理费(含附加税)＝定额人工费×(管理费费率＋附加税税率)$$

$$利润＝定额人工费×利润率$$

第四步：根据招标文件规定的风险计算风险费用。

第五步：汇总形成综合单价。

$$综合单价＝\frac{\sum[人工费、材料费、机械费用＋企业管理费(含附加税)＋利润＋风险费用]}{清单工程量}$$

(二)重新计算工程量及复合组价

重新计算工程量及复合组价是指工程量清单给出的分项工程项目的单位，与所用的《消耗量定额》的单位不同；或工程量计算规则不同，需要按《消耗量定额》的计算规则重新计算工程量来组价综合单价。

工程量清单应根据《计价规范》计算规则编制，综合性很大，其工程量的计量单位可能与所使用的消耗量定额的计量单位不同，如砖基础，清单工程量的单位是立方米(工程内容：砂浆制作、运输；砌砖；防潮层铺设；材料运输)，这里"防潮层铺设"就需要重新计算其工程量，且单位为平方米。

1．组价特点

(1)内容比较复杂；

(2)《计价规范》与所使用定额中的工程量计算规则不同。

2．组价方法

第一步：重新计算工程量，是指根据所使用定额中的工程量计算规则计算出多个分项工程量。

第二步：根据(直接套用定额组价方法)计算出多个分项工程人工费、材料费、机械费合计及定额人工费合计。

第三步：计算企业管理费(包括附加税)及利润。

3．综合单价计算

$$综合单价＝\frac{[\sum 人工费、材料费、机械费用＋\sum 企业管理费(含附加税)＋\sum 利润＋风险费用]}{工程量}$$

三、确定综合单价应考虑的因素

在招标文件中应通过预留一定的风险费用，或明确说明风险所包括的范围及超出该范围的价格调整方法。对于招标文件中未作要求的可按以下原则确定：

(1)对于技术难度较大和管理复杂的项目，可考虑一定的风险费用，并纳入综合单价中。

(2)对于工程设备、材料价格的市场风险，应依据招标文件的规定，工程所在地或行业工程造价管理机构的有关规定，以及市场价格趋势考虑一定率值的风险费用，纳入综合单价中。

(3)税金、规费等法律、法规、规章和政策变化的风险与人工单价等风险费用不应纳入综合单价。

招标工程发布的分部分项工程量清单对应的综合单价，应按照招标人发布的分部分项工程量清单的项目名称、工程量、项目特征描述，依据工程所在地区颁发的计价定额和人工、材料、机械台班价格信息等进行组价确定，并应编制工程量清单综合单价分析表。

四、案例分析

【案例4-1】 试编制某理工院实训工房(图纸见本书附录)的平整场地工程量清单及清单综合单价(暂不考虑风险因素)。已知工程地点为某市区，二类土壤、土方挖填平衡，施工方案为人工平整场地。

依据《费用定额》规定，企业管理费费率(23.29%)，附加税税率(1.84%)，企业管理费须包括附加税；利润率(15.99%)。依据《消耗量定额》规定人工平整场地定额基价：304.22 元/100 m²。

【解】 (1)根据清单规范及施工图纸计算人工平整场地工程量。

$S_{清单} = a \times b = 48.24 \times 12.24 = 590.46 (\text{m}^2)$

(2)根据图纸及《消耗量定额》《费用定额》计算。

1)平整场地定额计价工程量：

$S_{定额} = a \times b = 48.24 \times 12.24 = 590.46 (\text{m}^2)$

企业管理费 23.29%、附加税率 1.84%，利润 15.99%

套用定额基价子目 1-133，定额基价为 304.22 元/100 m²

2)综合单价计算：(直接套用定额组价)

人材机费用 $= 590.46 \times 304.22/100 = 1\,796.30$(元)(其中人工费 $= 1\,796.30$ 元)

企业管理费(含附加税) $= 1\,796.30 \times (23.29\% + 1.84\%) = 451.41$(元)

利润 $= 1\,796.30 \times 15.99\% = 287.23$(元)

合价 $= 1\,796.30 + 451.41 + 287.23 = 2\,534.94$(元)

3)平整场地综合单价：

$$综合单价 = \frac{\sum[人工费、材料费、机械费用 + 企业管理费(含附加税) + 利润 + 风险费用]}{清单工程量}$$

$$= (1\,796.30 + 451.41 + 287.23) \div 590.46 = 4.29 (元/\text{m}^2)$$

(3)分部分项工程和单价措施项目清单与计价表，见表4-1。

表4-1 分部分项工程和单价措施项目清单与计价表

工程名称：某理工院实训工房

序号	项目编码	项目名称	项目特征	计量单位	工程量	金额/元		其中
						综合单价	合价	暂估价
1	010101001001	平整场地	二类土壤	m²	590.46	4.29	2 534.94	

【案例4-2】 某工程楼面为块料面层，块料面层工程量经设计图纸计算为 600 m²，找平层工程量经计算为 590 m²。工程采用 15 mm 厚干混地面砂浆 M20 找平层；楼面块料面层用 600 mm×600 mm 陶瓷地面砖。试计算该工程楼面块料面层工程量及综合单价(暂不考虑风险因素)。已知工程地点为某市区，依据《消耗量定额》块料面层定额基价 6 885.38 元/100 m²，20 mm 厚找平层定额基价 1 562.64 元/100 m²，每增减 1 mm 厚找平层定额基价 62.51 元/100 m²；依据费用定额规定，企业管理费费率(10.05%)，附加税税率(0.83%)，企业管理费须包括附加税；利润率(7.41%)。

【解】 (1)由已知条件，楼面为块料面层清单工程量 $S_{面层} = 600.00$ m²。

依据《消耗量定额》，查定额子目 11-30：面砖面层定额基价为 6 885.38 元/100 m²

查定额子目 11-1：20 mm 找平层定额基价为 1 562.64 元/100 m²

查定额子目 11-3：每增减 1 mm 厚找平层定额基价 62.51 元/100 m²

(2)清单综合单价：（复合组价）

1)面砖块料面层人材机费用=600/100×6 885.38=41 312.28(元)

其中人工费=600.00×1 936.9/100=11 621.4(元)

2)15 mm 找平层人材机费用=590/100×(1 562.64-62.51×5)=7 375.53(元)

其中人工费=590.00×(685.44-18.72×5)/100=3 491.86(元)

3)企业管理费=(11 621.4+3 491.86)×10.05%=1 518.88(元)

附加税=(11 621.4+3 491.86)×0.83%=125.44(元)

4)利润=(11 621.4+3 491.86)×7.41%=1 119.89(元)

5)合价=41 312.28+7 375.53+1 518.88+125.44+1 119.89=51 452.02(元)

6)综合单价=51 452.02÷600.00=85.75(元/m²)

(3)本工程分部分项工程和单价措施项目计价表，见表 4-2。

表 4-2 分部分项工程和单价措施项目计价表

工程名称：某工程

序号	项目编码	项目名称	项目特征	计量单位	工程量	金额/元		
						综合单价	合价	其中
								暂估价
1	011102003001	块料楼地面	1. 找平层厚度 15 mm，干混砂浆 M20； 2. 面层 600 mm×600 mm 陶瓷地面砖	m²	600.00	85.75	51 452.02	

任务三　招标控制价编制

任务资讯

一、招标控制价

招标控制价是指招标人要把国家或省级、行业建设主管部门颁发的有关计价依据和办法，以及拟定的招标文件和招标工程量清单，结合工程具体情况编制的招标工程的最高限价。

二、招标控制价的编制规定及编制依据

(一)一般规定

(1)国有资金投资的建设工程招标，招标人必须编制招标控制价。

(2)招标控制价应由具有编制能力的招标人或受其委托具有相应资质的工程造价咨询人编制和复核。

(3)工程造价咨询人接受招标人委托编制招标控制价，不得再就同一工程接受投标人委托编制投标报价。

(4)招标控制价应按照(二)编制依据与复核的规定编制，不应上调或下浮。

(5)当招标控制价超过批准的概算时，招标人应将其报原概算审批部门审核。

(6)招标人应在发布招标文件时公布招标控制价，同时应将招标控制价及有关资料报送工程所在地或有该工程管辖权的行业管理部门工程造价管理机构备查。

(二)编制依据与复核

(1)招标控制价应根据下列依据编制与复核：

1)《计价规范》；

2)国家或省级、行业建设主管部门颁发的计价定额和计价办法；

3)建设工程设计文件及相关资料；

4)拟定的招标文件及招标工程量清单；

5)与建设项目相关的标准、规范、技术资料；

6)施工现场情况、工程特点及常规施工方案；

7)工程造价管理机构发布的工程造价信息，当工程造价信息没有发布时，参照市场价；

8)其他的相关资料。

(2)综合单价中应包括招标文件中划分的应由投标人承担的风险范围及其费用，招标文件中没有明确的，如是工程造价咨询人编制，应提请招标人明确；如是招标人编制，应予明确。

(3)分部分项工程和措施项目中的单价项目，应根据拟定的招标文件和招标工程量清单项目中的特征描述及有关要求确定综合单价计算。

(4)措施项目中的总价项目应根据拟定的招标文件和常规施工方案按《计价规范》的规定计价。

(5)其他项目应按下列规定计价：

1)暂列金额应按招标工程量清单中列出的金额填写；

2)暂估价中的材料、工程设备单价应按招标工程量清单中列出的单价计入综合单价；

3)暂估价中的专业工程金额应按招标工程量清单中列出的金额填写；

4)计日工应按招标工程量清单中列出的项目根据工程特点和有关计价依据确定综合单价计算；

5)总承包服务费应根据招标工程量清单列出的内容和要求估算。

(6)规费和税金应按《计价规范》的规定计算。

三、招标控制价的编制内容

招标控制价的编制内容包括分部分项工程费、措施项目费、其他项目费、规费和税金，各个部分有不同的计价要求。

1. 分部分项工程费的编制要求

(1)分部分项工程费应根据招标文件中的分部分项工程量清单及有关要求，按《计价规范》有关规定确定综合单价计价。

(2)工程量依据招标文件中提供的分部分项工程量清单确定。

(3)招标文件提供了暂估单价的材料，应按暂估的单价计入综合单价。

(4)为使招标控制价与投标报价所包含的内容一致，综合单价中应包括招标文件中要求投标人所承担的风险内容及其范围(幅度)产生的风险费用。

2. 措施项目费的编制要求

(1)措施项目费中的安全文明施工费应当按照国家或省级、行业建设主管部门的规定标准计价，该部分不得作为竞争性费用。

（2）措施项目应按招标文件中提供的措施项目清单确定，措施项目可分为以"量"计算和以"项"计算两种。对于可精确计量的措施项目，以"量"计算即按其工程量用与分部分项工程工程量清单单价相同的方式确定综合单价；对于不可精确计量的措施项目，则以"项"为单位，采用费率法按有关规定综合取定，采用费率法时需要确定某项费用的计费基数及其费率，结果应是包括除规费、税金外的全部费用。其计算公式为

以"项"计算的措施项目清单费＝措施项目计费基数×费率

3. 其他项目费的编制要求

（1）暂列金额。暂列金额可根据工程的复杂程度、设计深度、工程环境条件（包括地质、水文、气候条件等）进行估算，一般可以分部分项工程费的 10％～15％ 为参考。

（2）暂估价。暂估价中的材料单价应按照工程造价管理机构发布的工程造价信息中的材料单价计算，工程造价信息未发布的材料单价，其单价参考市场价格估算；暂估价中的专业工程暂估价应分不同专业，按有关计价规定估算。

（3）计日工。在编制招标控制价时，对计日工中的人工单价和施工机械台班单价应按省级、行业建设主管部门或其授权的工程造价管理机构公布的单价计算；材料应按工程造价管理机构发布的工程造价信息中的材料单价计算，工程造价信息未发布单价的材料，其单价按市场调查确定的单价计算。

（4）总承包服务费。总承包服务费应按照省级或行业建设主管部门的规定计算，在计算时可参考以下标准：

1）招标人仅要求对分包的专业工程进行总承包管理和协调时，按分包的专业工程估算造价的 1.5％ 计算。

2）招标人要求对分包的专业工程进行总承包管理和协调，并同时要求提供配合服务时，根据招标文件中列出的配合服务内容和提出的要求，按分包的专业工程估算造价的 3％～5％ 计算。

3）招标人自行供应材料的，按招标人供应材料价值的 1％ 计算。

4. 规费和税金的编制要求

规费和税金必须按国家或省级、行业建设主管部门的规定计算。税金计算公式为

税金＝（人工费＋材料费＋施工机具使用费＋企业管理费＋利润＋规费）×增值税税率

四、招标控制价的计价程序

建设工程的招标控制价反映的是单位工程费用，各单位工程费用是由分部分项工程费、措施项目费、其他项目费、规费和税金组成。建设单位工程招标控制价计价程序见表4-3。

表 4-3　建设单位工程招标控制价计价程序表

工程名称：　　　　　　　　　标段：　　　　　　　　　　　　　第　　页　共　　页

序号	汇总内容	金额/元	其中：暂估价/元
1	分部分项工程		
1.1			
1.2			
2	措施项目		
2.1	其中：安全文明施工费		
3	其他项目		
3.1	其中：暂列金额		
3.2	其中：专业工程暂估价		

序号	汇总内容	金额/元	其中：暂估价/元
3.3	其中：计日工		
3.4	其中：总承包服务费		
4	规费		
5	税金		
招标控制价合计＝1＋2＋3＋4＋5			

注：本表适用于单位工程招标控制价计算，如无单位工程划分，单项工程也使用本表汇总

五、编制招标控制价时应注意的问题

(1)应该正确、全面地选用行业和地方的计价依据、标准、办法与市场化的工程造价信息。其中，采用的材料价格应是工程造价管理机构通过工程造价信息发布的材料价格，工程造价信息未发布材料单价的，其材料单价应通过市场调查确定。另外，未采用工程造价管理机构发布的工程造价信息时，需在招标文件或答疑补充文件中对招标控制价采用的与造价信息不一致的市场价格予以说明，采用的市场价格则应通过调查、分析确定，有可靠的信息来源。

(2)施工机械设备的选型直接关系到综合单价水平，应根据工程项目特点和施工条件，本着经济实用、先进高效的原则确定。

(3)不可竞争的措施项目和规费、税金等费用的计算均属于强制性的条款，编制招标控制价时应按国家有关规定计算。

(4)不同工程项目、不同施工单位会有不同的施工组织方法，所发生的措施费也会有所不同，因此，对于竞争性的措施费用的确定，招标人应首先编制常规的施工组织设计或施工方案，然后经专家论证后再进行合理确定措施项目与费用。

任务四　投标报价编制

任务资讯

一、投标报价

投标报价是投标人投标时报出的工程合同价。投标报价是指在工程招标发包过程中，由投标人或受其委托具有相应资质的工程造价咨询人按照招标文件的要求以及有关计价规定，依据发包人提供的工程量清单、施工设计图纸，结合工程项目特点、施工现场情况及企业自身的施工技术、装备和管理水平等，自主确定的工程造价。

投标报价是投标人希望达成工程承包交易的期望价格，但不能高于招标人设定的招标控制价。投标报价的编制是指投标人对拟承建工程项目所要发生的各种费用的计算过程。

二、投标报价的编制规定及编制依据

(一)一般规定

(1)投标标价应由投标人或受其委托具有相应资质的工程造价咨询人编制。

（2）投标人应依据（二）编制依据与复核的规定自主确定投标报价。

（3）投标报价不得低于工程成本。

（4）投标人必须按招标工程量清单填报价格。项目编码、项目名称、项目特征、计量单位、工程量必须与招标工程量清单一致。

（5）投标人的投标报价高于招标控制价的应予废标。

（二）编制依据与复核

（1）投标报价应根据下列依据编制和复核：

1)《计价规范》；

2)国家或省级、行业建设主管部门颁发的计价定额和计价办法；

3)企业定额，国家或省级、行业建设主管部门颁发的计价定额和计价办法；

4)招标文件、招标工程量清单及其补充通知、答疑纪要；

5)建设工程设计文件及相关资料、相关施工技术方案等其他技术资料；

6)施工现场情况、工程特点及投标时拟定的施工组织设计或施工方案；

7)与建设项目相关的标准、规范等技术资料；

8)市场价格信息或工程造价管理机构发布的工程造价信息；

9)其他的相关资料。

（2）综合单价中应包括招标文件中划分的应由投标人承担的风险范围及其费用，招标文件中没有明确的，应提请招标人明确。

（3）分部分项工程和措施项目中的单价项目，应根据招标文件和招标工程量清单项目中的特征描述确定综合单价计算。

（4）措施项目中的总价项目金额应根据招标文件中的措施项目清单及投标时拟定的施工组织设计或施工方案按《计价规范》规定自主确定。其中，安全文明施工费应按照《计价规范》的规定确定。

（5）其他项目应按下列规定报价：

1)暂列金额应按招标工程量清单中列出的金额填写；

2)材料、工程设备暂估价应按招标工程量清单中列出的单价计入综合单价；

3)专业工程暂估价应按招标工程量清单中列出的金额填写；

4)计日工应按招标工程量清单中列出的项目和数量，自主确定综合单价并计算计日工金额；

5)总承包服务费应根据招标工程量清单中列出的内容和提出的要求自主确定；

（6）规费和税金应按《计价规范》的规定确定。

（7）招标工程量清单与计价表中列明的所有需要填写单价和合价的项目，投标人均应填写且只允许有一个报价。未填写单价和合价的项目，可视为此项费用已包含在已标价工程量清单中其他项目的单价和合价之中。当竣工结算时，此项目不得重新组价予以调整。

（8）投标总价应当与分部分项工程费、措施项目费、其他项目费和规费、税金的合计金额一致。建设项目施工投标总价的组成如图 4-3 所示。

三、投标报价的编制内容

（一）分部分项工程和单价措施项目计价表的编制

确定综合单价是分部分项工程和单价措施项目清单计价表编制过程中最主要的内容，见表 4-4。

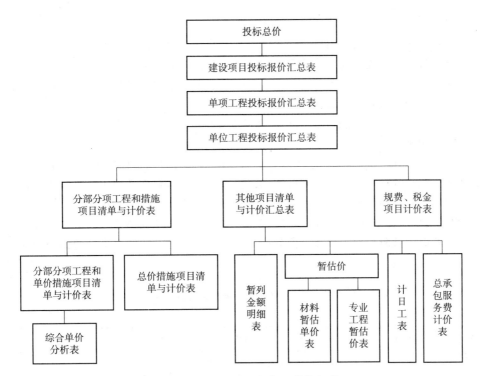

图 4-3　建设项目施工投标总价的组成

表 4-4　分部分项工程和单价措施项目清单与计价表

工程名称：某工程　　　　　　　　　　标段：　　　　　　　　　第　页　共　页

序号	项目编码	项目名称	项目特征描述	计量单位	工程量	综合单价	合计	其中
						金额/元		
								暂估价
		……						
	0105 混凝土及钢筋混凝土工程							
10	010509001001	矩形柱	C30 预拌混凝土	m³	256	440.35	112 729.60	
		……						
		分部小计						
	0117 措施项目							
23	011701001001	综合脚手架	框架、檐高 22 m	m²	10 820	14.31	154 834.20	
		……						
		分部小计						
		合计						

综合单价包括完成一个规定清单项目所需的人工费、材料和工程设备费、施工机具使用费、企业管理费、利润，并考虑风险费用的分摊。

综合单价＝人工费＋材料和工程设备费＋施工机具使用费＋企业管理费＋利润＋风险费用

（1）以项目特征描述为依据。项目特征是确定综合单价的重要依据之一，投标人投标报价时应依据招标文件中清单项目的特征描述确定综合单价。

在招标投标过程中，当出现招标工程量清单特征描述与设计图纸不符时，投标人应以清单的项目特征描述为准，确定投标报价的综合单价。

当施工中施工图纸或设计变更与清单项目特征描述不一致时，发承包双方应按实际施工的项目特征，依据合同约定重新确定综合单价。

（2）材料、工程设备暂估价的处理。招标文件中提供了暂估单价的材料和工程设备，应按其暂估的单价计入清单项目的综合单价中。

（3）考虑合理的风险。招标文件中要求投标人承担的风险费用，投标人应考虑计入综合单价。在施工过程中，当出现的风险内容及其范围（幅度）在招标文件规定的范围（幅度）内时，综合单价不得变动，合同价款不做调整。

（4）工程量清单综合单价分析表的编制。为表明综合单价的合理性，投标人应对其进行单价分析，以作为评标时的判断依据。综合单价分析表的编制应反映上述综合单价的编制过程，并按照规定的格式进行，见表4-5。

表 4-5　工程量清单综合单价分析表

工程名称：某工程　　　　　　　　　　　　标段：　　　　　　　　　　　　第　页　共　页

项目编码	010515001001		项目名称	现浇构件钢筋	计量单位	t	工程量	20
清单综合单价组成明细								

定额编号	定额项目名称	定额单位	数量	单价/元				合价/元			
				人工费	材料费	机具费	管理费和利润	人工费	材料费	机具费	管理费和利润
AD0899	现浇构件钢筋制安	t	1.07	275.47	4 044.58	58.34	95.60	294.75	4 327.70	62.42	102.29
人工单价				小计				294.75	4 327.70	62.42	102.29
80 元/工日				未计价材料费							
清单项目综合单价								4 787.16			

材料费明细	主要材料名称、规格、型号	单位	数量		单价/元	合价/元	暂估单价/元	暂估合价/元
	螺纹钢 HRB400，φ14	t	1.07		—	—	4 000.00	4 280.00
	焊条	kg	8.64		4.00	34.56	—	—
	其他材料费				—	13.14	—	—
	材料费小计				—	47.70	—	4 280.00

注：表中"数量1.07"是单位材料净用量与损耗量之和

（二）总价措施项目清单与计价表的编制

对于不能精确计量的措施项目，应编制总价措施项目清单与计价表，见表4-6。投标人对措施项目中的总价项目投标报价应遵循以下原则：

（1）措施项目的内容应依据招标人提供的措施项目清单和投标人投标时拟订的施工组织设计或

施工方案确定。

(2)措施项目费由投标人自主确定，但其中安全文明施工费必须按照国家或省级、行业建设主管部门的规定计价，不得作为竞争性费用。招标人不得要求投标人对该项费用进行优惠，投标人也不得将该项费用参与市场竞争。

表 4-6　总价措施项目清单与计价表

工程名称：某工程　　　　　　　　　　标段：　　　　　　　　　　　　第　页 共　页

序号	项目编码	项目名称	计算基础	费率/%	金额/元	调整费率/%	调整后金额/元	备注
1	011707001001	安全文明施工费	人工费	13.47	80 963.59			
2	011707002001	夜间施工增加费	人工费	1.5	9 015.99			
		……						
		合计						

(三)其他项目清单与计价表的编制

(1)其他项目费主要包括暂列金额、暂估价、计日工及总承包服务费，见表 4-7。

表 4-7　其他项目清单与计价汇总表

工程名称：某工程　　　　　　　　　　标段：　　　　　　　　　　　　第　页 共　页

序号	项目名称	金额/元	结算金额/元	备注
1	暂列金额	18 000		明细详见表 4-8
2	暂估价	280 000		
2.1	材料(工程设备)暂估价	80 000		明细详见表 4-9
2.2	专业工程暂估价	200 000		明细详见表 4-10
3	计日工	39 000		明细详见表 4-11
4	总承包服务费	24 000		明细详见表 4-12
	合计	361 000		

(2)投标人对其他项目费投标报价应遵循以下原则：

1)暂列金额应按照招标人提供的其他项目清单中列出的金额填写，不得变动，见表 4-8。

表 4-8　暂列金额明细表

工程名称：某工程　　　　　标段：　　　　　　　　　　　　第　页 共　页

序号	项目名称	计量单位	暂定金额/元	备注
1	工程量偏差和设计变更	项	8 000	
2	政策性调整和材料价格波动	项	10 000	
3	……	项		
	合计		18 000	

2)暂估价不得变动和更改。暂估价中的材料、工程设备暂估价必须按照招标人提供的暂估单价计入清单项目的综合单价，见表 4-9；专业工程暂估价必须按照招标人提供的其他项目清单中列出的金额填写，见表 4-10。材料、工程设备暂估单价和专业工程暂估价均由招标人提供，暂估价格在工程实施过程中，对于不同类型的材料与专业工程采用不同的计价方法。

表 4-9　材料(工程设备)暂估价表

工程名称：某工程　　　　　　标段：　　　　　　　　　　　　　第　页　共　页

序号	材料(工程设备)名称、规格、型号	计量单位	数量		暂估/元		确认/元		差额±/元		备注
			暂估	确认	单价	合价	单价	合价	单价	合价	
1	钢筋(规格见施工图纸)	t	20		4 000	80 000					用于现浇钢筋混凝土工程
2	……										
	合计					80 000					

表 4-10　专业工程暂估价表

工程名称：某工程　　　　　　标段：　　　　　　　　　　　　　第　页　共　页

序号	工程名称	工程内容	暂估金额/元	结算金额/元	差额±/元	备注
1	幕墙工程	合同图纸标明以及设计说明中规定的所有幕墙材料、运输、安装、调试、检测等工作	200 000			
2	……					
	小计		200 000			

3)计日工应按照招标人提供的其他项目清单列出的项目和估算的数量，自主确定各项综合单价并计算费用，见表 4-11。

表 4-11　计日工表

工程名称：某工程　　　　　　标段：　　　　　　　　　　　　　第　页　共　页

编号	项目名称	单位	暂定数量	实际数量	综合单价/元	合价/元	
						暂定	实际
一	人工						
1	普工	工日	100		80	8 000	
2	技工(综合)	工日	60		110	6 600	
				人工小计		14 600	
二	材料						
1	钢筋(规格见图纸)	t	3		5 000	15 000	
2	水泥 42.5	t	6		600	3 600	
3	中砂	m³	15		80	1 200	
4	砾石(5～40 mm)	m³	5		40	200	
				材料小计		20 000	
三	施工机械						
1	自升式塔吊起重机	台班	8		550	4 400	
2		台班					
				施工机械小计		4 400	
				总计		39 000	

4)总承包服务费应根据招标人在招标文件中列出的分包专业工程内容和供应材料、设备情况，按照招标人提出的协调、配合与服务要求和施工现场管理需要自主确定，见表4-12。

表4-12　总承包服务费计价表

工程名称：某工程　　　　　　　　标段：　　　　　　　　　　　　第　　页　共　　页

序号	项目名称	项目价值/元	服务内容	计算基础	费率/%	金额/元
1	发包人发包专业工程	400 000	1. 为专业工程承包人提高垂直运输机械和焊接电源接入点，并承担垂直运输费和电费； 2. 按专业工程承包人的要求提供施工工作面并对施工现场进行统一管理，对竣工资料进行统一整理汇总	项目价值	5	20 000
2	发包人提供材料	400 000	对发包人供应的材料进行验收及保管和使用发放	项目价值	1	4 000
……						
合计						24 000

(四)规费、税金项目计价表的编制

规费和税金应按国家或省级、行业建设主管部门的规定计算，不得作为竞争性费用，见表4-13。

表4-13　规费、税金项目清单与计价表

工程名称：某工程　　　　　　　　标段：　　　　　　　　　　　　第　　页　共　　页

序号	项目名称	计算基础	费率/%	金额/元
1	规费			133 596.80
1.1	社会保险费		13.11	105 509.28
(1)	养老保险费	定额人工费＋定额机械费		
(2)	失业保险费	定额人工费＋定额机械费		
(3)	医疗保险费	定额人工费＋定额机械费		
(4)	工伤保险费	定额人工费＋定额机械费		
(5)	生育保险费	定额人工费＋定额机械费		
1.2	住房公积金	定额人工费＋定额机械费	3.32	26 719.36
1.3	工程排污费	定额人工费＋定额机械费	0.17	1 368.16
2	税金	人工费＋材料费＋施工机具使用费＋企业管理费＋利润＋规费	9	144 864.32
合计		278 461.12		

(五)投标报价的汇总

投标人的投标总价应当与组成工程量清单的分部分项工程费、措施项目费、其他项目费和规费、税金的合计金额相一致，即投标人在进行工程量清单招标的投标报价时，不能进行投标总价优惠(或降价、让利)，投标人对投标报价的任何优惠(或降价、让利)均应反映在相应清单项目的综合单价中。

四、投标报价的计价程序

投标报价的计价程序与招标控制价的计价程序具有相同的表格，详见表4-14，与表4-3对比。各单位工程费用由分部分项工程费、措施项目费、其他项目费、规费和税金组成。

表4-14　建设单位工程施工企业投标报价计价程序表

工程名称：　　　　　　　　　　　　　标段：　　　　　　　　　　　　　　第　　页

序号	汇总内容	计算方法	金额/元
1	分部分项工程	自主报价	
1.1			
1.2			
2	措施项目	自主报价	
2.1	其中：安全文明施工费	按规定标准计算	
3	其他项目		
3.1	其中：暂列金额	按招标文件提供金额计列	
3.2	其中：专业工程暂估价	按招标文件提供金额计列	
3.3	其中：计日工	自主报价	
3.4	其中：总承包服务费	自主报价	
4	规费	按规定标准计算	
5	税金	(1+2+3+4)×规定税率	
	投标报价	合计＝1+2+3+4+5	

注：本表适用于单位工程投标报价计算，如无单位工程划分，单项工程也使用本表汇总

五、编制投标报价时应注意的问题

(1)投标报价不得低于工程成本。

(2)必须按招标工程量清单填报价格。项目编码、项目名称、项目特征、计量单位、工程量必须与招标工程量清单一致。

(3)措施项目中的安全文明施工费必须按国家或省级、行业建设主管部门的规定计算，不得作为竞争性费用。

(4)规费和税金必须按国家或省级、行业建设主管部门的规定计算，不得作为竞争性费用。

(5)必须复核工程量清单中的工程量，应以实际工程量来计算工程造价，以招标人提供的工程量进行报价。

💡 思政小贴士

成本管控的职业理念：招标控制价是招标人所能接受的最高价格，投标报价不得低于工程成本，合理的招标控制价应在引导投标人符合市场规律的前提下自主报价、公平竞争，对规范市场秩序起到积极的促进作用。通过模块四的学习，无论之后从事的专业工作是站在甲方、乙方还是第三方的立场，成本管理和控制都是非常重要的，在学习期间就要培养成本管控的岗位素养。

深入学习贯彻落实党的二十大精神，落实立德树人根本任务，要立足岗位抓好业务学习的同时，努力提升专业岗位素养。

小　结

本模块重点学习了以下内容：
(1)工程量清单计价的一般规定。
(2)工程量清单计价的程序。
(3)直接套用定额组价确定综合单价。
(4)重新计算工程量及复合组价确定综合单价。
(5)招标控制价的编制内容与计价程序。
(6)投标报价的编制内容与计价程序。

通过本模块的学习，学生能了解《计价规范》；掌握工程量清单计价的程序；能结合实际施工图纸，根据《计算规范》《计价规范》有关规定，进行招标控制价的编制；能结合实际施工图纸，根据《计算规范》《计价规范》、施工单位技术文件等有关规定，进行投标报价的编制。

学生笔记

通过本模块的学习，根据重点知识点的提示，完成"模块四　招标控制价与投标报价编制"学生笔记(表4-15)的填写。

表4-15　"模块四　招标控制价与投标报价编制"学生笔记

班级：＿＿＿＿＿＿　　学号：＿＿＿＿＿＿　　姓名：＿＿＿＿＿＿　　成绩：＿＿＿＿＿＿

一、工程量清单计价的一般规定

二、工程量清单计价的程序

三、综合单价的确定方法
1.直接套用定额组价：

2.重新计算工程量及复合组价：

四、招标控制价的编制内容与计价程序

五、投标报价的编制内容与计价程序

课后练习

模块五 建筑工程价款结算

单元一   工程价款结算概述

知识导图

【知识目标】

1. 了解建筑工程价款结算的作用。

2. 理解建筑工程价款结算过程中各阶段款项结算的含义。

3. 熟悉建筑工程价款结算过程中各阶段款项结算的依据。

4. 掌握建筑工程价款结算过程中各阶段款项结算的规定。

【能力目标】

1. 能熟悉建筑工程价款结算各个阶段的计算流程。

2. 能正确进行建筑工程价款结算各个阶段的计算过程分析。

【素质目标】

1. 社会素质：通过学习建筑工程价款结算，学生应了解建筑工程价款结算的意义及作用。

2. 科学素质：通过学习建筑工程价款结算各阶段计算流程及相关规定，为学生今后从事相关工作奠定基础。

任务一   工程价款结算

任务资讯

一、工程价款结算的含义、作用与依据

(一)工程价款结算的含义

建设工程价款结算（简称"工程价款结算"），是指对建设工程的发承包合同价款进行约定和依据合同约定进行工程预付款、工程进度款、工程竣工价款结算的活动。

(二)工程价款结算的监管机构

国务院财政部门、各级地方政府财政部门和国务院建设行政主管部门、各级地方政府建设行政主管部门在各自职责范围内负责工程造价结算管理。

从事工程价款结算活动应遵循合法、平等、诚信的原则，并符合国家相关法律、法规和政策的规定。

(三)工程价款结算的作用

(1)工程价款结算是反映工程进度的主要指标。在施工过程中，工程价款结算的依据之一就是按照已完的工程进行结算，根据累计已结算的工程价款占合同总价款的比例，能够近似反映出工程的进度情况。

(2)工程价款结算是加速资金周转的重要环节。施工单位应尽快尽早地结算工程款，不仅有利于偿还债务，还有利于资金回笼，通过加速资金周转，提高资金的使用效率。

(3)工程价款结算是考核经济效益的重要指标。对于施工单位来说，只有工程款如数结清，才意味着避免了经营风险，施工单位也才能获得相应的利润，进而达到良好的经济效果。

(四)工程价款结算的依据

工程价款结算应按合同约定办理，合同未做约定或约定不明的，发、承包双方应依照下列规定与文件协商处理：

(1)国家有关法律、法规和规章制度。

(2)国务院住房城乡建设主管部门，省、自治区、直辖市或有关部门发布的工程造价计价标准、计价办法等有关规定。

(3)建设项目的合同、补充协议、变更签证和现场签证，以及经发、承包人认可的其他有效文件。

(4)其他可依据的材料。

二、工程合同价款

(一)工程合同价款的含义

工程合同价款是指在工程招投标阶段通过签订总承包合同、建筑安装工程承包合同、设备材料采购合同，以及技术和咨询服务合同确定的价格。

招标工程的合同价款应当在规定时间内，依据招标文件、中标人的投标文件，由发包人与承包人(以下简称"发、承包人")订立书面合同约定。

非招标工程的合同价款依据审定的工程预(概)算书由发、承包人在合同中约定。

合同价款在合同中约定后，任何一方不得擅自改变。

(二)工程合同价款的约定方式

发、承包人在签订合同时对于工程价款的约定，可选用下列一种约定方式：

(1)固定总价。合同工期较短且工程合同总价较低的工程，可以采用固定总价合同方式。

(2)固定单价。双方在合同中约定综合单价包含的风险范围和风险费用的计算方法，在约定的风险范围内综合单价不再调整。风险范围以外的综合单价应当在合同中约定。

(3)可调价格。可调价格包括可调综合单价和措施费等，双方应在合同中约定综合单价和措施费的调整方法，调整因素包括以下几项：

1)法律、行政法规和国家有关政策变化影响合同价款。

2)工程造价管理机构的价格调整。

3)经批准的设计变更。

4)发包人更改经审定批准的施工组织设计(修正错误除外)造成费用增加。

5)双方约定的其他因素。

(三)工程合同条款中对涉及工程价款结算的约定

发包人、承包人应当在合同条款中对涉及工程价款结算的下列事项进行约定：

(1)预付工程款的数额、支付时限及抵扣方式。

(2)工程进度款的支付方式、数额及时限。

(3)工程施工中发生变更时，工程价款的调整方法、索赔方式、时限要求及金额支付方式。

(4)发生工程价款纠纷的解决方法。

(5)约定承担风险的范围和幅度及超出约定范围和幅度的调整办法。

(6)工程竣工价款的结算与支付方式、数额及时限。

(7)工程质量保证(保修)金的数额、预扣方式及时限。

(8)安全措施和意外伤害保险费用。

(9)工期及工期提前或延后的奖惩办法。

(10)与履行合同、支付价款相关的担保事项。

任务二　工程预付款

任务资讯

一、工程预付款的含义

工程预付款，一般是指发包单位在开工前拨付给承包单位一定限额的备料周转金。施工单位向建设单位预收备料款的数额取决于主要材料占合同价款的比重、材料储备期和施工工期等因素。

二、工程预付备料款结算的规定

(1)包工包料工程的预付款按合同约定拨付，原则上预付比例不低于合同金额的10%，不高于合同金额的30%，对重大工程项目，按年度工程计划逐年预付。计价执行《计价规范》的工程，实体性消耗和非实体性消耗部分应在合同中分别约定预付款比例。

(2)在具备施工条件的前提下，发包人应在双方签订合同后的一个月内或不迟于约定的开工日期前的7天内预付工程款，发包人不按约定预付，承包人应在预付时间到期后10天内向发包人发出要求预付的通知，发包人收到通知后仍不按要求预付，承包人可在发出通知14天后停止施工，发包人应从约定应付之日起向承包人支付应付款的利息(利率按同期银行贷款利率计)，并承担违约责任。

(3)预付的工程款必须在合同中约定抵扣方式，并在工程进度款中进行抵扣。

(4)凡是没有签订合同或不具备施工条件的工程，发包人不得预付工程款，不得以预付款为名转移资金。

三、工程预付款的担保

发包人要求承包人提供预付款担保的，承包人应在发包人支付预付款7天前提供预付款担保，专用合同条款另有约定的除外。预付款担保可采用银行保函、担保公司担保等形式，具体由合同当事人在专用合同条款中约定。在预付款完全扣回之前，承包人应保证预付款担保持续有效。

发包人在工程款中逐期扣回预付款后，预付款担保额度应相应减少，但剩余的预付款担保金额不得低于未被扣回的预付款金额。

任务三　施工过程结算

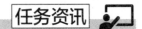

一、施工过程结算的含义

施工过程结算是指发、承包双方在建设工程项目实施过程中，依据施工合同约定的结算周期（时间或进度节点），对已完成质量合格的工程内容（包括现场签证、工程变更、索赔等）开展工程价款计算、调整、确认及支付等的活动。

二、施工过程结算的适用范围

根据江西省有关规定：江西省行政区域内房屋建筑和市政基础设施工程施工合同工期 1 年及 1 年以上的新开工项目要积极推行施工过程结算；鼓励其他项目根据工程具体情况实施施工过程结算。

三、施工过程结算的周期

施工过程结算的周期可按施工形象进度节点划分，做到与进度款支付节点相衔接。房屋建筑工程施工过程结算节点应根据项目大小合理划分，可分为土方开挖及基坑支护、桩基工程、地下室工程、地上主体结构工程（可分段）和装饰装修及安装工程（可分专业）等；市政基础设施工程施工过程结算节点可采用分段、分单项或分专业合理划分。

四、施工过程结算的程序

发、承包双方应依据合同约定的施工过程结算节点进行施工过程结算。承包人应在施工过程结算节点工程验收合格后，及时完成施工过程结算文件编制工作，应在合同约定期限内向发包人递交施工过程结算文件及相应结算资料；发包人应在约定期限内完成施工过程结算的核对、确认。合同约定的施工过程结算办理各项期限按《计价规范》执行。

五、施工过程结算价款编制的规定

发包人应在合同约定的时间内按照合同约定的比例及时足额支付施工过程结算款；施工过程结算款支付比例没有约定或约定不明确的，可按《计价规范》的规定比例进行补充约定。开展施工过程结算工程项目的剩余工程款，一般应当在完成合同约定的施工任务并验收合格后，按发、承包双方认可的工程竣工结算审核资料进行清算和支付。

施工过程结算文件可参照竣工结算文件进行编制。资料包括施工合同、补充协议、中标通知书、施工图纸、工程招标投标文件、施工方案、工程量及其单价，以及各项费用计算、经确认的现场签证、工程变更、索赔等。施工过程结算文件经发、承包双方签字认可后，作为竣工结算文件的组成部分及支付工程进度款的依据，对已完过程结算部分原则上不再重复审核。

任务四 工程进度款

任务资讯

一、工程进度款的含义

工程进度款是指在施工过程中，按逐月、多个月份合计（或形象进度、控制界面等）完成的工程数量计算的各项费用的总和。

二、工程进度款结算方式

（一）按月结算与支付

按月结算与支付，即实行按月支付进度款，竣工后清算的办法。合同工期在两个年度以上的工程，在年终进行工程盘点，办理年度结算。

（二）分段结算与支付

分段结算与支付，即当年开工、当年不能竣工的工程按照工程形象进度，划分不同阶段支付工程进度款。具体划分在合同中明确。

三、工程量计算

（1）承包人应当按照合同约定的方法和时间，向发包人提交已完工程量的报告。发包人接到报告后 14 天内核实已完工程量，并在核实前 1 天通知承包人，承包人应提供条件并派人参加核实，承包人收到通知后不参加核实，以发包人核实的工程量作为工程价款支付的依据。发包人不按约定时间通知承包人，致使承包人未能参加核实，核实结果无效。

（2）发包人收到承包人报告后 14 天内未核实完工程量，从第 15 天起，承包人报告的工程量即视为被确认，作为工程价款支付的依据，双方合同另有约定的按合同执行。

（3）对承包人超出设计图纸（含设计变更）范围和因承包人原因造成返工的工程量，发包人不予计量。

四、工程进度款支付规定

（1）根据确定的工程计量结果，承包人向发包人提出支付工程进度款申请，14 天内，发包人应按不低于工程价款的 60%（政府机关、事业单位、国有企业建设工程进度款支付应不低于已完成工程价款的 80%），不高于工程价款的 90% 向承包人支付工程进度款。按约定时间发包人应扣回的预付款，与工程进度款同期结算抵扣。

（2）发包人超过约定的支付时间不支付工程进度款，承包人应及时向发包人发出要求付款的通知，发包人收到承包人通知后仍不能按要求付款，可与承包人协商签订延期付款协议，经承包人同意后可延期支付，协议应明确延期支付的时间和从工程计量结果确认后第 15 天起计算应付款的利息(利率按同期银行贷款利率计)。

(3)发包人不按合同约定支付工程进度款，双方又未达成延期付款协议，导致施工无法进行，承包人可停止施工，由发包人承担违约责任。

五、工程进度款支付申请依据

工程进度款支付申请依据包括累计已完成工程的工程价款；累计已实际支付的工程价款；本期间已完成的工程价款；本期间已完成的计日工价款；应支付的调整工程价款；本期应扣回的预付款；本期应支付的安全文明施工费；本期应支付的总承包服务费；本期应扣留的质量保证金；本期应支付的、应扣除的索赔金额；本期应支付的、应扣留的其他款项；本期间实际应支付的工程价款等。

发包人应在收到承包人进度款支付申请后的 14 天内根据计量结果和合同约定对申请内容予以核实，确认后向承包人出具进度款支付证书。

六、工程进度款结算与施工过程结算的区别

(1)从周期来看，工程进度款结算主要包括按月结算与分段结算；施工过程结算的周期设定更为丰富，可根据建设工程的主要特征、施工周期、工程的主要结构、分部工程或施工周期进行划分。

(2)从程序来看，工程进度款结算程序强调承包人的主动性，由承包人应当按照合同约定的方法和时间，提交已完工程量报告、提出支付工程进度款的申请；施工过程结算则赋予了发包人结算的权利，以贯彻施工过程结算的强制性。

(3)从衔接来看，工程进度款结算仅仅是工程进度款支付的依据，并不直接进入竣工结算；施工过程结算是竣工结算的有效依据，按施工过程结算文件经发承包双方签字认可后，作为竣工结算文件的组成部分及支付工程进度款的依据，对已完过程结算部分原则上不再重复审核。

任务五　竣工价款结算

任务资讯

一、竣工价款结算的含义

竣工价款结算是指施工企业按照合同规定的内容全部完成所承包的工程，经验收质量合格，并符合合同要求之后，向发包单位进行的最终工程款结算。

二、竣工价款结算的方式

竣工价款结算的方式可分为单位工程竣工结算、单项工程竣工结算和建设项目竣工总结算。

三、竣工价款结算的编制

(1)单位工程竣工结算由承包人编制,发包人审查;实行总承包的工程,由具体承包人编制,在总包人审查的基础上,发包人审查。

(2)单项工程竣工结算或建设项目竣工总结算由总(承)包人编制,发包人可直接进行审查,也可以委托具有相应资质的工程造价咨询机构进行审查。政府投资项目由同级财政部门审查。单项工程竣工结算或建设项目竣工总结算经发、承包人签字盖章后有效。

承包人应在合同约定期限内完成项目竣工结算编制工作,未在规定期限内完成的且提不出正当理由延期的,责任自负。

四、竣工价款结算的申请

除专用合同条款另有约定外,承包人应在工程竣工验收合格后 28 天内向发包人和监理人提交竣工结算申请单,并提交完整的结算资料。

申请单一般包含以下内容:竣工结算合同价格、发包人已支付承包人的款项、应扣留的质量保证金、发包人应支付承包人的款项。

发包人应在收到承包人提交竣工结算款支付申请后 7 天内予以核实,向承包人签发竣工结算支付证书。

五、竣工价款结算的审查期限

单项工程竣工后,承包人应在提交竣工验收报告的同时,向发包人递交竣工结算报告及完整的结算资料,发包人应按以下规定时限进行核对(审查)并提出审查意见。

(1)1 500 万元以下从接到竣工结算报告和完整的竣工结算资料之日起 20 天。

(2)2 500 万元~2 000 万元从接到竣工结算报告和完整的竣工结算资料之日起 30 天。

(3)32 000 万元~5 000 万元从接到竣工结算报告和完整的竣工结算资料之日起 45 天。

(4)45 000 万元以上从接到竣工结算报告和完整的竣工结算资料之日起 60 天。

建设项目竣工总结算在最后一个单项工程竣工结算审查确认后 15 天内汇总,送发包人后 30 天内审查完成。

六、索赔价款结算

发承包人未能按合同约定履行自己的各项义务或发生错误,给另一方造成经济损失的,由受损方按合同约定提出索赔,索赔金额按合同约定支付。

七、合同以外零星项目工程价款结算

发包人要求承包人完成合同以外零星项目,承包人应在接受发包人要求的 7 天内就用工数量和单价、机械台班数量和单价、使用材料和金额等向发包人提出施工签证,发包人签证后施工,如发包人未签证,承包人施工后发生争议的,责任由承包人自负。

小 结

本单元重点学习了以下内容：

（1）工程价款结算、工程合同价款的含义、依据。

（2）工程预付款、施工过程结算、工程进度款、竣工价款结算的含义、计算规定及依据。

通过本单元的学习，学生能对建筑工程价款结算各个阶段有基本的认知，为价款结算计算打下基础。

学生笔记

通过本单元的学习，学生根据重点知识点的提示，完成"单元一 工程价款结算概述"学生笔记（表 5-1）的填写。

表 5-1 "单元一 工程价款结算概述"学生笔记

班级：＿＿＿＿＿＿ 学号：＿＿＿＿＿＿ 姓名：＿＿＿＿＿＿ 成绩：＿＿＿＿＿＿

一、工程价款结算 1. 工程价款结算的含义及规定：   2. 工程合同价款的含义及规定：   二、工程预付款 1. 工程预付款的含义及规定：

2. 工程预付款的担保：

三、施工过程结算

1. 施工过程结算的含义及规定：

2. 施工过程结算周期：

四、工程进度款

1. 工程进度款的含义及规定：

2. 工程进度款支付申请依据：

五、竣工价款结算

1. 竣工价款结算的含义及规定：

2. 竣工价款结算的审查期限：

3. 索赔价款结算的规定：

4. 合同以外零星项目工程价款结算的规定：

单元二　工程价款结算支付

【知识目标】

1. 了解工程价款结算支付的流程。
2. 理解工程预付款支付、工程进度款支付、工程竣工价款结算支付的方式。
3. 熟悉工程预付款支付、工程进度款支付、工程竣工价款结算支付的计算公式。
4. 掌握工程预付款支付、工程进度款支付、工程竣工价款结算支付的计算。

【能力目标】

1. 能正确完成工程预付款、工程进度款、工程竣工价款结算的计算。
2. 能正确进行工程价款结算各阶段工程款申请表的填写。

知识导图

【素质目标】

1. 社会素质：通过学习工程价款结算支付，学生应了解工程价款结算的作用，树立职业自豪感。

2. 科学素质：通过学习工程价款结算支付，学生应熟悉工程价款结算的方式，可以更快融入实践工作中。

任务一　工程预付款支付

任务资讯

施工企业对预付款只有使用权，没有所有权。它是建设单位为保证生产顺利进行而预交给施工单位的一部分垫款。当施工到一定程度后，材料和构配件的储备量将减少，需要的备料款也随之减少，此后办理工程进度款结算时，应开始扣回预付款。扣回的预付款以冲减结算的价款逐次抵扣，至工程竣工前备料款全部扣完。

一、工程预付款结算

工程预付款的计算公式为

工程预付款＝中标合同价款×合同约定预付款支付比例

二、扣回方式

(一)起扣点

工程预付款开始扣回时的工程进度状态。

$$T＝P－M/N$$

式中　T——起扣点(元)；

　　　P——承包工程价款总额；

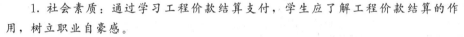

355

M——预付备料款限额；

N——主要材料所占比重。

应扣回预付款：当累计完成产值达到起扣点时，应扣回预付备料款的金额。

$$应扣回预付款＝（累计完成产值－起扣点）\times 主要材料所占比重$$

(二)按合同约定比例扣回

例如，合同中常见以下描述：除专用合同条款另有约定外，预付款在进度付款中同比例扣回。在颁发工程接收证书前，提前解除合同的，尚未扣完的预付款应与合同价款一并结算。

$$应扣回预付款＝工程预付款\times 合同约定扣回比例$$

在实际经济活动中，情况比较复杂，有些工程工期较短，就无须分期扣回。有些工期较长，如跨年度施工，在上一年备料款可以不扣或少扣，并于次年按应付预付款调整，多退少补。

任务二　　工程进度款支付

任务资讯

一、工程质量保证(修)金的含义

工程质量保证(修)金是指发包人与承包人在建设工程承包合同中约定，从应付的工程款中预留，用以保证承包人在缺陷责任期(质量保修期)内对建设工程出现的缺陷进行维修的资金。

二、质量保证金的扣留方式

(1)在支付工程进度款时逐次扣留。在此情形下，质量保证金的计算基数不包括预付款的支付、扣回及价格调整的金额。

发包人累计扣留的质量保证金不得超过结算合同价格的5％(政府机关、事业单位、国有企业建设工程保留不超过工程价款总额3％的质量保证金)，如承包人在发包人签发竣工付款证书后28天内提交质量保证金保函，发包人应同时退还扣留的作为质量保证金的工程价款。

(2)工程竣工结算时一次性扣留质量保证金。发包人收到承包人递交的竣工结算报告及完整的结算资料后，应按规定的期限(合同约定有期限的，从其约定)进行核实，给予确认或者提出修改意见。发包人根据确认的竣工结算报告向承包人支付工程竣工结算价款，保留5％左右的质量保证(修)金(政府机关、事业单位、国有企业建设工程保留不超过工程价款总额3％的质量保证金)，待工程交付使用一年质保期到期后清算(合同另有约定的，从其约定)，质保期内如有返修，发生费用应在质量保证(保修)金内扣除。

(3)双方约定的其他扣留方式。

三、承包人提供质量保证金的方式

(1)质量保证金保函。

(2)相应比例的工程款。

(3)双方约定的其他方式。

四、工程进度款支付的步骤

工程量测量与统计→提交已完工程量报告→工程师审核并确认→建设单位认可并审核→交付工程进度款。

$$当月（期）完成产值＝工程实际完成进度×工程合同相应价款$$
$$工程实际完成进度＝已完成工作量÷计划总工作量×100\%$$

按表 5-2 工程款申请表要求填写申请支付。

表 5-2　工程款支付申请(核准)表

工程名称：　　　　　　　　　　标段：　　　　　　　　　　编号：

致：_____（发包人全称）

　　我方于_____至_____期间已完成了_____工作，根据施工合同的约定，现申请支付本期的工程款额为(大写)_____(小写_____)，请予核准。

序号	名称	金额/元	备注
1	累计已完成的工程价款		
2	累计已实际支付的工程价款		
3	本期间已完成的工程价款		
4	本期间已完成的计日工金额		
5	本期间应增加和扣减的变更金额		
6	本期间应增加和扣减的索赔金额		
7	本期间应抵扣的预付款		
8	本期间应扣减的质量保金		
9	本期间应增加或扣减的其他金额		
10	本期间实际应支付的工程价款		

承包人(章)

造价人员_____　　　承包人代表_____

日期_____

复核意见： □与实际施工情况不相符，修改意见见附件。 □与实际施工情况相符，具体金额由造价工程师复核。 监理工程师_____ 日期_____	复核意见： 　　你方提出的支付申请经复核，本期间已完成工程款额为(大写)_____ (小写_____)，本期间应支付金额为（大写）_____(小写_____)。 监理工程师_____ 日期_____

审核意见：
□不同意
□同意，支付时间为本表签发后的 15 天内。

发包人(章)
发包人代表_____
日期_____

注：1. 在选择栏中的"□"内作标识"√"。
　　2. 本表一式四份。由承包人填报，发包人、监理人、造价咨询人、承包人各存一份

任务三　　工程竣工价款结算支付

任务资讯

一、竣工价款结算的支付

竣工价款结算＝合同价款＋施工过程中预算或合同价款调整数额－预付工程款－已结算工程价款－质量保证金

在调整合同价款中，应把施工中发生的设计变更、费用签证、费用索赔等使工程价款发生增减变化的内容加以调整。

二、最终结清（质量保证金的退还）

除专用合同条款另有约定外，承包人应在缺陷责任期终止证书颁发后 7 天内，按专用合同条款约定的份数向发包人提交最终结清申请单，并提供相关证明材料。

除专用合同条款另有约定外，最终结清申请单应列明质量保证金、应扣除的质量保证金、缺陷责任期内发生的增减费用。

三、工程款申请表（部分）

工程款支付申请（核准）表见表 5-2、现场签证表见表 5-3、费用索赔申请（核准）表见表 5-4。

表 5-3　现场签证表

工程名称：　　　　　　　　　　标段：　　　　　　　　　　编号：

施工部位		日期	
致：＿＿＿＿＿＿＿＿＿＿＿＿＿＿＿＿＿＿＿＿＿＿＿＿＿＿＿＿＿＿＿＿＿（发包人全称） 　　根据＿＿＿＿（指令人姓名）　年　月　日的口头指令或你方＿＿＿＿＿（或监理人）　年　月　日的书面通知，我方要求完成此项工作应支付价款金额为（大写）＿＿＿＿＿＿＿＿＿＿（小写＿＿＿＿），请予批准。 　　附：1. 签证事由及原因 　　　　2. 附图及计算式 　　　　　　　　　　　　　　　　　　　　　　　　　　承包人（章） 　　　　　　　　　　　　　　　　　　　　　　　　　　承包人代表＿＿＿＿＿＿ 　　　　　　　　　　　　　　　　　　　　　　　　　　日期＿＿＿＿＿＿			
复核意见： 　　你方提出的此项签证申请复核： 　　□不同意此项签证，具体意见见附件。 　　□同意此项签证，签证金额的计算，由造价工程师复核。 　　　　　　　　　　　　　监理工程师＿＿＿＿＿＿ 　　　　　　　　　　　　　日期＿＿＿＿＿＿		复核意见： 　　□此项签证被承包人中标的计日工单价计算，金额为（大写）＿＿＿＿＿＿＿＿＿元，（小写＿＿＿＿＿＿元）。 　　□此项签证因无计日工单价，金额为（大写）＿＿＿＿＿＿＿＿＿，（小写＿＿＿＿＿＿）。 　　　　　　　　　　　　　造价工程师＿＿＿＿＿＿ 　　　　　　　　　　　　　日期＿＿＿＿＿＿	

审核意见：
□不同意此项签证。
□同意此项签证，价款与本期进度款同期支付。
发包人（章） 发包人代表_____ 日期_____

注：1. 在选择栏中的"□"内作标识"√"。

    2. 本表一式四份，由承包人在收到发包人（监理人）的口头或书面通知后填写，发包人、监理人、造价咨询人、承包人各存一份。

表 5-4 费用索赔申请（核准）表

工程名称：   标段：   编号：

致：_____（发包人全称）

    根据施工合同条款_____条的约定，由于_____原因，我方要求索赔金额（大写）_____（小写_____），请予核准。

    附：1. 费用索赔的详细理由和依据：

        2. 索赔金额的计算：

        3. 证明材料：

承包人（章）

承包人代表_____

日期_____

复核意见：	复核意见：
根据施工合同条款_____条的约定，你方提出的费用索赔申请复核， □不同意此项索赔，具体意见见附件。 □同意此项索赔，索赔金额的计算，由造价工程师复核。 <div align="right">监理工程师_____ 日期_____</div>	根据施工合同条款_____条的约定，你方提出的费用索赔申请经复核，索赔金额为(大写)，(小写_____元)。 <div align="right">造价工程师_____ 日期_____</div>
审核意见： □不同意此项索赔。 □同意此项索赔，与本期进度款同期支付。 <div align="right">发包人（章） 发包人代表_____ 日期_____</div>	

注：1. 在选择栏中的"□"内作标识"√"。

    2. 本表一式四份，由承包人填报，发包人、监理人、造价咨询人、承包人各存一份本单元重点学习了以下内容：

（1）工程预付款支付的计算，预付款扣回方式。

（2）工程质量保证金的含义及扣留方式、工程进度款申请流程表的填写。

（3）工程竣工价款结算的计算。

通过本单元的学习，学生能对工程价款结算各阶段的支付计算及申请流程有基本的认知，并能独立完成申请表的填写。

学生笔记

通过本单元的学习，根据重点知识点的提示，完成"单元二　工程价款结算支付"学生笔记（表5-5）的填写。

表5-5　"单元二　工程价款结算支付"学生笔记

班级：＿＿＿＿＿　　学号：＿＿＿＿＿　　姓名：＿＿＿＿＿　　成绩：＿＿＿＿＿

一、工程预付款支付

1. 工程预付款结算计算公式：

2. 工程预付款扣回方式及计算公式：

二、工程进度款支付

1. 工程质量保证（修）金的含义及扣留方式：

2. 承包人提供质量保证金的方式：

3. 工程进度款支付步骤及申请表的填写：

三、工程竣工价款结算支付

1. 工程竣工价款结算计算公式：

2. 最终结清注意事项：

课后练习

模块六　工程造价软件应用

【知识目标】

1. 了解计算机软件在工程造价方面应用的意义。
2. 理解工程造价软件的内容及应用流程。
3. 熟悉常用工程造价软件应用程序。
4. 掌握常用工程造价软件基本操作。

【能力目标】

1. 能正确进行工程造价软件的官网下载及安装。
2. 能正确进行工程造价软件基本操作及自主学习。

【素质目标】

知识导图

1. 社会素质：通过学习工程造价软件，学生应了解数字化技术对国家发展的意义，增强民族自信心。

2. 科学素质：通过学习工程造价软件，学生既能手工计算又能利用先进的软件应用技术完成工程造价的工作，掌握多种实践技能。

任务一　工程造价软件概述

任务资讯

工程造价软件

一、工程造价软件的含义

工程造价软件即计算机软件在工程造价方面的应用，主要是指按照国家及地方政府有关部门颁布的建筑工程计价依据为标准，由软件公司开发的工程造价计算汇总软件。目前，江西省建筑行业常用工程造价软件为广联达软件等。本任务以广联达计价软件（土建工程）为例作简单介绍，具体操作参照广联达计价软件应用课程。

二、计算机软件用于工程造价方面的意义

（1）确保计算准确性。由于计算机的计算功能，只要保证输入数据正确，就能在很短的时间内进行准确无误的计算。

（2）大大提高编制工程造价文件的速度和效率，保证工程造价的及时性。由于工程造价的编制工作是一项烦琐的工作，需要投入大量的人力和物力，特别是在工程项目投标期间，时间非常紧，在工程造价软件的支持下，运用计算机进行快速报价，可以保证投标工作快速而顺利地进行。

（3）能对设计变更、材料市场价格变动做出及时的反应。由于计算机具有处理功能和统计功能，对于数据库的数据变化，就能做出及时、全面的改变。

（4）在工程量《计价规范》要求下，工程报价由于是多次组价，更需要工程造价软件的支持，否

则，组价工作将变成一项艰巨的工作。

（5）能够方便地生成各类所需表格。由于工程造价软件的特点，只要一次输入，就可以根据需要生成多种所需的表格。

（6）能进行工程文档资料累计和企业定额生成。由于计算机能进行资料的累计，并且电子文件具有体积小、修改方便等特点，可以及时对所有工程进行文件的管理和归档整理。

（7）能进行工程项目的科学管理。要提高工程的利润，不仅要准确报价，还要对工程进行科学的管理，向管理要效益，向管理要业绩。同样的工程，同样的价格，不同的管理，其后果相差很大。现在已有总承包项目管理软件系统，它将质量、进度、费用融合在一个管理系统中，在国外已有很多的成功案例。

任务二　工程造价软件的内容和应用流程

任务资讯

一、工程造价软件的内容

工程造价软件的内容包括云计价平台、BIM土建计量平台等内容。图6-1所示为广联达软件标志。

广联达云计价平台GCCP6.0-64位
广联达云计价平台GCCP V6.0是一款专为建设工程

（64位）广联达BIM土建计量平台 GTJ2021
GTJ2021利用大数据、BIM、云等技术，为国内工程造价领域的企业…

图6-1　广联达软件标志

二、工程造价土建计量软件的应用流程

工程造价土建计量软件的应用流程如图6-2所示。

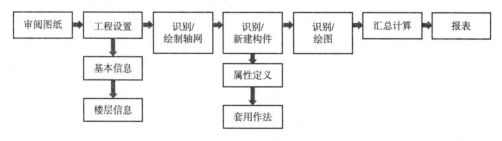

图6-2　工程造价土建计量软件的应用流程

（一）审阅图纸

在应用软件之前，首先要认真审阅图纸，了解图纸设计的基本信息，便于快速操作。

（二）工程绘制

1. 新建工程

（1）选择广联达BIM土建计量平台软件图标，打开广联达BIM土建计量平台GTJ2021。

（2）单击"新建"按钮，进入新建工程界面，依据图纸信息依次修改"工程名称""计算规则""清单定额库"和"钢筋规则"，单击"创建工程"按钮，进入工程设置界面，依据图纸信息需修改工程设置中的内容，如"工程信息""楼层设置""比重设置"等。

2．绘制轴网

在完成上述各项设置后，选择导航栏中的"建模"，单击鼠标左键进入。

选择导航树中的"轴线"→"轴网"命令，鼠标左键单击"构件列表"中的"新建正交轴网"，进入轴网"定义"界面，根据图纸设计要求建立轴网。

3．新建构件（以框架柱为例）

鼠标左键双击导航树中"柱"，鼠标左键单击"构件列表"中的"新建"按钮，选择"新建框架柱"，再单击"定义"按钮，弹出"属性列表"对话框。

根据图纸设计的框架柱，输入柱的钢筋信息。

4．绘图（以框架柱为例）

依次建好框架柱构件后，双击新建好的柱切换到绘图界面，在"框架柱"中，从构件列表界面中选择框架柱的编号，鼠标左键单击"点"按钮，根据柱平面图图纸中相对节点绘制柱。

其他构件新建、绘图相类似，操作较为便捷。

5．汇总计算及报表

单击绘图界面的"汇总计算"按钮，弹出对话框询问"汇总全部还是某一楼层的工程量"，在该对话框中有控件"单构件汇总"，若绘制了楼梯等单构件还需勾选此复选框。汇总完成后单击"查看报表"按钮，可查看汇总的各项报表。

三、工程造价计价软件的应用流程

（一）新建工程

（1）通常情况下一个工程可分为项目、单项、单位，需要新建后进行套价，新建项目步骤如下：

1）在主界面中选择"新建招投标项目"。

2）根据自身工程性质，选择地区、计价方式及招投标项目或单位工程；软件会启动文件管理界面，进入文件管理界面，单击"新建招标项目"按钮。

3）输入项目名称、项目编码，选择地区标准、定额标准、计税方式、税改文件。

（2）输入以上信息后，单击"下一步"按钮，软件会进入招标管理主界面，单击"新建单项项目"按钮，在弹出的新建单项工程界面中输入单项工程名称，勾选相应单位工程，单击"确定"按钮。

（3）单击"新建单位项目"按钮，根据实际情况输入工程名称，选择清单库、清单专业、定额库、定额专业、计税方式、税改文件。单击"确定"按钮可完成新建单位工程。

（4）用同样的方法新建其他单位工程，如装饰工程、安装工程等。通过以上操作完成新建一个招标项目，并形成项目的结构。

（二）导入广联达 BIM 土建算量工程文件

（1）进入"土建工程"单位工程界面，选择"分部分项"→"导入算量文件"命令。

（2）弹出"打开文件"对话框，选择算量文件所在位置并找到相关算量文件，检查无误后单击"打开"按钮，完成广联达 BIM 土建算量文件的导入。

（三）整理清单

（1）在单位工程界面单击"分部分项"→"整理清单"，选择"分部整理"。

（2）在弹出的"分部整理"对话框中勾选"需要章分部标题"，单击"确定"按钮，软件会按照《计价规范》的章节编排增加分部行，并建立分部行和清单行的归属关系。

（3）广联达 BIM 土建算量文件中已包含了项目特征描述，如果想修改项目特征描述，可以左键选择清单项，单击"特征及内容"，单击某特征的特征值单元格，选择或者输入特征值。

（4）在界面中单击"应用规则到全部清单"按钮，软件会把项目特征信息输入项目名称中。

（5）导入的广联达 BIM 土建算量文件中没有包含钢筋工程量的清单项，因此需要添加钢筋工程量的清单。工程量清单项的输入包括查询输入、按照编码直接输入、补充清单项。

（四）计价中的换算

1. 调整人材机系数

在分部分项界面，单击相关分项工程的定额子目，鼠标左键选择"标准换算"，勾选换算内容即可。

2. 换算混凝土及砂浆标号

在分部分项界面，单击相关分项工程的定额子目，鼠标左键选择"标准换算"，单击换算列表下方的材料进行换算即可。

（五）调整人、材、机

在人材机汇总界面下，参照招标文件要求，根据当地的实际情况对材料"市场价"进行调整。有如下两种方法：

（1）单击"人材机汇总"，在所有人材机单价中直接单击需要调整的表格进行调整。

（2）单击"人材机汇总"，再单击"载价"，左键选择"载入 Excel 市场价文件"，选择相应的 Excel 文件即可完成市场价的载入。

（六）计取规费和税金

1. 载入模板

在费用汇总界面，单击"载入模板"，弹出选择模板的对话框；根据招标文件中的项目施工地点，选择正确的模板进行载入即可。

2. 调整规费

针对项目特点，设置费用条件，若需要修改费率，可在"取费设置"中进行。参照工程所在地的费率标准，在相对应的费率栏进行修改即可。

（七）报表的输出与复核

1. 报表预览

单击"报表"按钮，弹出报表界面，单击"载入报表"按钮，选择相应报表模板或历史工程，单击"打开"按钮即可。

2. 报表的输出

（1）单张报表可以导出为 Excel 文件，单击"导出到 Excel 文件"按钮，在保存界面输入文件名，单击"保存"按钮即可。

（2）可以把所有报表批量导出为一个 Excel 文件，单击"批量导出到 Excel"按钮，勾选需要导出的报表，单击"导出选择表"按钮，输入文件名后单击"保存"按钮即可。

四、工程造价软件的发展前景

随着数字化技术的快速发展，建筑行业也开始走向数字化转型，软件产品提供了全面的数字化解决方案，可以满足建筑行业的需求。

随着智能建筑和智慧城市建设的不断推进，软件产品提供智能化的建筑造价管理、项目管理等解决方案，将得到更广泛的应用。

软件产品还提供了基于云服务的解决方案，可以满足建筑行业对于数据安全和业务需求的要求。

小　结

本模块重点学习了以下内容：

（1）工程造价软件的含义及软件应用的意义。

（2）工程造价软件的内容和应用流程。

通过本模块的学习，学生能对工程造价软件有基本的认知，为后期学习"工程造价软件应用"课程奠定基础。

学生笔记

通过本模块的学习，学生根据重点知识点的提示，完成"模块六 工程造价软件应用"学生笔记（表 6-1）的填写。

表 6-1　"模块六 工程造价软件应用"学生笔记

班级：＿＿＿＿＿＿　　学号：＿＿＿＿＿＿　　姓名：＿＿＿＿＿＿　　成绩：＿＿＿＿＿＿

一、工程造价软件概述

1. 工程造价软件的含义：

2. 工程造价软件应用的意义：

二、工程造价软件的内容和应用流程

1. 工程造价软件的内容：

2. 工程造价软件的应用流程：

课后练习

模块七　某理工院实训工房实训

【知识目标】

1. 掌握实际工程项目施工图预算的编制流程、编制方法。
2. 掌握实际工程项目施工图预算的计量计价方法。
3. 掌握实际工程项目工程量清单和招标控制价的编制流程、编制方法。
4. 掌握实际工程项目工程量清单和招标控制价的计量计价方法。

【能力目标】

1. 能结合实际工程项目，正确计算房屋建筑与装饰工程施工图预算。
2. 能结合实际工程项目，正确计算房屋建筑与装饰工程施工图招标控制价。

【素质目标】

1. 社会素质：通过两大实训，学生可以处理综合问题，为以后服务社会打下坚实的基础。
2. 科学素质：通过两大实训，学生对前面的单个知识点理解得更为透彻，综合能力得到进一步提升。也能明白，先学单个知识再串联成整体知识，才能解决综合问题。

知识导图

任务一　施工图预算编制实训

任务资讯

一、施工图预算编制实训任务书

"建筑工程计量与计价"课程实训是为了加强学生对建筑工程计量与计价知识的系统掌握，通过主动地学习及实践操作，学生对建筑及装饰工程施工图预算编制程序和编制方法进一步熟悉与运用，提高自身分析问题和解决问题的能力，加强工程量计算、建筑与装饰定额运用、使用计量计价软件进行施工图预算编制确定工程造价等实际训练，培养学生树立正确的施工图预算编制思想，严谨踏实、认真细致、理实一体化的工作作风。大型作业以学生职业技能培养和职业素养形成为重点，以实际工程项目为载体，坚持"教、学、练、做"相结合的教学理念，突出建筑工程计量计价工作过程、工作岗位内容，培养学生顶岗能力、就业能力。

施工图预算编制在给定建筑结构施工图、消耗量定额和市场价格信息的条件下，采用正确的算量技巧和确定工程造价的计价方法编制出符合要求的施工图预算。学生在规定的时间内，按施工图预算任务书的要求逐项完成后，通过考核，评定学生的成绩。

（一）实训资料

(1)三层框架结构实训工房土建施工图纸（建筑面积为 1 000m² 以上）。

(2)国家建筑标准设计 22G101—1、22G101—2、22G101—3 等图集。

(3)《消耗量定额》和《费用定额》等规范。

(二)实训任务

编制某理工院实训工房施工图预算(定额计价)。

根据《消耗量定额》和《费用定额》、国家规范、设计资料和任务书的要求完成给定工程的土建施工图预算编制。

1. 原始资料

(1)建筑设计说明和结构设计说明。

(2)国家建筑标准设计 22G101—1、22G101—2、22G101—3 等图集。

(3)《消耗量定额》和《费用定额》。

(4)施工图纸设计变更及施工方案说明:

1)本工程建设地点在某市区,按 6 度抗震设防,抗震等级为四级。

2)柱、梁、板、楼梯混凝土强度等级为 C30,其余构件混凝土强度等级为 C25,垫层混凝土强度等级为 C20,均为预拌混凝土。

3)平整场地采用履带式推土机 75 kW。

4)运土方采用自卸汽车 15 t,运距 1 000 m。

5)模板采用复合模板,钢支撑。

2. 实训完成后应提交的材料

建筑(装饰)工程施工图预算,包括分部分项工程费、措施项目费、规费、税金等。工程量计算书(包括土方工程、砌筑工程、混凝土及钢筋混凝土工程等详细计算书),具体内容如下:

(1)工程预(结)算书封面及编制说明;

(2)工程造价取费表;

(3)工程预(结)算表;

(4)价差汇总表;

(5)人材机汇总表;

(6)详细计算手稿(包括各分部分项定额工程量等计算过程)。

3. 主要参考资料

(1)《建筑工程建筑面积计算规范》(GB/T 50353—2013)。

(2)《消耗量定额》。

(3)《费用定额》。

(4)工程造价信息文件及预算手册等资料。

(三)实训内容和时间安排

实训内容和时间安排,见表 7-1。

表 7-1　实训内容和时间安排表

序号	课程内容(教、学、练、做)	课时	备注
1	正确识读施工图纸;熟悉设计图集、规范、定额等资料	根据实际情况自主确实	学生自主练习、教师随堂辅导
2	计算各分部分项工程量	根据实际情况自主确实	学生自主练习、教师随堂辅导
3	计算各措施项目工程量	根据实际情况自主确实	学生自主练习、教师随堂辅导
4	编制分部分项工程和单价措施项目定额计价预算表	根据实际情况自主确实	学生自主练习、教师随堂辅导
5	编制施工图预算表(含规费、税金等)	根据实际情况自主确实	学生自主练习、教师随堂辅导

(四)实训考核内容及分值

实训考核内容及分值,见表7-2。

表7-2 实训考核内容及分值

序号	考核内容	分值(合计100分)
1	考勤情况	15
2	按期完成规定任务的情况	10
3	图表质量、文字表达、书写工整程度	10
4	计算准确、规范,概念清楚	30
5	定额套用、定额换算准确,应用规范正确	30
6	其他	5

考核结果:优、良、中、及格、不及格五级制。

考核方法:应侧重考核学生独立灵活运用理论知识,实践操作技能;掌握定额计价规范、准确计算定额工程量、正确编制施工图预算的能力。

二、施工图预算编制实训相关表格

(1)工程预(结)算书封面,见表2-1。

(2)编制说明,见表2-2。

(3)工程取费表,见表2-3。

(4)工程预算表,见表2-4。

(5)价差汇总表,见表2-5。

(6)工料机分析表,见表2-6。

(7)工程量计算书,见表2-7。

任务二 招标控制价编制实训

任务资讯

一、招标控制价编制实训任务书

"建筑工程计量与计价"课程实训是为了加强学生对建筑工程计量与计价知识的系统掌握,通过系统地理论学习和实践操作,对建筑和装饰工程施工图工程量清单及招标控制价编制程序和编制方法进一步熟悉和运用,提高学生分析问题和解决问题的能力,加强工程量计算、建筑与装饰清单运用、使用计量计价软件等实操训练,培养学生树立正确的施工图招标控制价编制思想,严谨踏实、认真细致、理实一体化的工作作风。大型作业以学生职业技能培养和职业素养形成为重点,以实际工程项目为载体,坚持"教、学、练、做"相结合的教学理念,突出建筑工程计量计价工作过程、工作岗位内容,培养学生的顶岗能力和就业能力。

施工图工程量清单和招标控制价编制在给定建筑结构施工图、工程量清单和市场价格信息或工程造价管理机构发布的工程造价信息的条件下，采用正确的算量技巧和确定工程造价的计价方法编制出符合要求的招标控制价。学生在规定的时间内，按实训任务书的要求逐项完成后，通过考核，评定学生的成绩。

(一)实训资料

(1)三层框架结构实训工房土建施工图纸(建筑面积为 1 000 m² 以上)。

(2)国家建筑标准设计 22G101—1、22G101—2、22G101—3 等图集。

(3)《计价规范》《计算规范》等规范。

(二)实训任务

编制某理工院实训工房施工图工程量清单和招标控制价(清单计价)。

根据《计价规范》《计算规范》、国家规范、设计资料和任务书的要求完成给定工程的土建施工图工程量清单和招标控制价的编制。

1. 原始资料

(1)建筑设计说明和结构设计说明。

(2)国家建筑标准设计 22G101—1、22G101—2、22G101—3 等图集。

(3)《计价规范》《计算规范》等规范。

(4)施工图纸设计变更及施工方案说明:

1)本工程建设地点在某市区，按 6 度抗震设防，抗震等级为四级。

2)柱、梁、板、楼梯混凝土强度等级为 C30，其余构件混凝土强度等级为 C25，垫层混凝土强度等级为 C20，均为预拌混凝土。

3)平整场地采用履带式推土机 75 kW。

4)运土方采用自卸汽车 15 t，运距 1 000 m。

5)模板采用复合模板，钢支撑。

2. 实训完成后应提交的材料

建筑(装饰)工程施工图预算，包括分部分项工程费、措施项目费、其他项目费、规费和税金。工程量计算书(包括土方工程、砌筑工程、混凝土及钢筋混凝土工程等详细计算书)，具体内容如下:

(1)招标控制价封面及编制说明;

(2)单位工程招标控制价汇总表;

(3)分部分项工程和单价措施项目清单与计价表;

(4)总价措施项目清单与计价表;

(5)其他项目清单与计价汇总表;

(6)规费、税金项目计价表;

(7)详细计算手稿(包括各分部分项工程清单工程量等计算过程)。

3. 主要参考资料

(1)《计价规范》。

(2)《计算规范》。

(3)《建筑工程建筑面积计算规范》(GB/T 50353—2013)。

(4)工程造价信息文件及预算手册等资料。

(三)实训内容和时间安排

实训内容和时间安排，见表7-3。

表 7-3　实训内容和时间安排表

序号	课程内容(教、学、练、做)	课时	备注
1	正确识读施工图纸；熟悉设计图集、规范、清单等资料	根据实际情况自主确实	学生自主练习、教师随堂辅导
2	计算各分部分项工程和单价措施项目清单工程量	根据实际情况自主确实	学生自主练习、教师随堂辅导
3	计算各分部分项工程和单价措施项目综合单价	根据实际情况自主确实	学生自主练习、教师随堂辅导
4	计算总价措施项目、规费和税金	根据实际情况自主确实	学生自主练习、教师随堂辅导
5	编制单位工程招标控制价汇总表	根据实际情况自主确实	学生自主练习、教师随堂辅导

(四)实训考核内容及分值

实训考核内容及分值，见表 7-4。

表 7-4　实训考核内容及分值

序号	考核内容	分值(合计 100 分)
1	考勤情况	15
2	按期完成规定任务的情况	10
3	图表质量、文字表达、书写工整程度	10
4	计算准确、规范，概念清楚	30
5	清单运用准确	30
6	其他	5

考核结果：优、良、中、及格、不及格五级制。

考核方法：应侧重考核学生独立灵活运用理论知识，实践操作技能；掌握清单计价规范、准确计算清单工程量、正确编制施工图招标控制价的能力。

二、招标控制价编制实训相关表格

(1)单位工程招标控制价汇总表，见表 7-5。

表 7-5　单位工程招标控制价汇总表

工程名称：　　　　　　　　　　　标段：

序号	汇总内容	金额/元	其中
			暂估价/元

（2）分部分项工程和单价措施项目清单与计价表，见表 7-6。

表 7-6　分部分项工程和单价措施项目清单与计价表

工程名称：　　　　　　　　　　　　　　　　标段：

序号	编码	名称	项目特征描述	计量单位	工程量	金额/元		
						综合单价	合价	其中
								暂估价

（3）总价措施项目清单与计价表，见表 7-7。

表 7-7　总价措施项目清单与计价表

工程名称：　　　　　　　　　　　　　　　　标段：

序号	编码	名称	计算基础	费率/%	金额/元	调整费率/%	调整后金额/元	备注

（4）规费、税金项目计价表，见表 7-8。

表 7-8　规费、税金项目计价表

工程名称：　　　　　　　　　　　　　　　　标段：

序号	名称	计算基础	计算基数	计算费率/%	金额/元

（5）综合单价分析表，见表 7-9。

表 7-9　综合单价分析表

工程名称：　　　　　　　　　　　　　　　　标段：

项目编码		项目名称		计量单位		工程量	
清单综合单价组成明细					清单综合合价组成明细		
定额编号	定额项目名称	定额单位	数量	单价				合价			

定额编号	定额项目名称	定额单位	数量	人工费	材料费	机械费	管理费和利润	人工费	材料费	机械费	管理费和利润

人工单价		小计	
综合工日 85 元/工日		未计价材料费	
清单项目综合单价			

材料费明细	主要材料名称、规格、型号	进项税税率/%	单位	数量	单价/元	合价/元	暂估单价/元	暂估合价/元
其他材料费								
材料费小计								

373

建 筑 设 计 说 明

一般规定

一、工程概况

1.建设地址

本工程为某市某大学工程

2.设计依据

（1）政府主管部门对该项目的批文及本专业资料。

（2）标有建设单位要求的设计任务书及有关规范、技术指标等。

（3）建设单位提供的现状地形图及本工程相关专业提资。

（4）建设单位对本方案的意见和要求等。

（5）国家现行有关规范、规程、标准等。

技术经济指标

总建筑面积：7012.56㎡

建筑基底：三层

耐火等级：二级

总用地面积：1771.37㎡

建筑高度：11.55 M

3.本设计标注尺寸除标高以米为单位外，其余均以毫米为单位。

二、总平面布置

本工程总平面布置见总平面图。

三、建筑施工质量的要求

本工程必须严格按照国家有关建筑施工及验收规范，专业标准要求组织施工，确保工程质量。

四、对建筑材料的选用

本工程所选用的建筑材料均应符合国家有关建筑材料质量标准及环保要求。

五、图纸会审

本工程设计图由施工单位组织有关专业会审无误后方可施工。

六、平面、平面

七、选用标准图和尺寸单位

八、开工及使用前的审查

九、

工程做法

一、屋面工程

1.屋面：本屋面采用防水，屋面保温采用挤塑。

2.屋面防水 详见大样。

3.本屋面采用有组织排水，屋面排水采用PVC水落管。

二、墙体工程

1.本工程除内墙门窗洞口过梁用钢筋混凝土外，其余墙体均为砖墙。

2.墙体主要采用240X115X53。

3.墙体砌筑砂浆采用M10。

三、楼地面工程

1.本工程楼面面层均按房间功能设计，具体做法详见工程做法表。

2.本楼地面垫层采用C20混凝土。

四、门窗工程

1.本工程门窗选用及数量详见门窗表。

2.所有门窗玻璃选用安全玻璃。

五、油漆

1.本工程的油漆颜色详见施工图。

六、安全措施

1.本工程中凡涉及安全的内容，应以施工图为准。

七、室外构配件

1.外墙各种干挂件的预埋件及其它配件与本工程相关专业配合施工。

八、装修工程

一、屋面
1）保护层：30mm 细石混凝土。
2）防水层：4mm 聚氨乙烯卷材（一底三油）。
3）找平层：20mm 厚1:3水泥砂浆 M20。
4）保温层：40mm 聚苯乙烯板。
5）找坡层：30mm 混凝土。
6）找平层：20mm 厚1:3水泥砂浆 M20。
7）结构层：现浇钢筋混凝土。

二、内墙面
1）内墙面乳胶漆二遍饰面。
2）5 厚水泥砂浆 M10 抚光。
3）14 厚1:3水泥砂浆 M10 打底。
4）墙体。

三、卫生间内墙面
1）300×300mm 墙面砖。
2）6 厚1:3水泥砂浆 M10 抚光。
3）14 厚1:3水泥砂浆 M10 打底。
4）墙体。

四、外墙面
1）10mm×800×800 地面砖面层，干水泥擦缝。
2）400×200mm 墙面砖，水泥砂浆勾缝。
3）15mm 厚1:3水泥砂浆 M10 结合层。
4）20mmC20 混凝土垫层。
5）素土夯实。

五、楼面
1）10mm×800×800 地面砖面层，干水泥擦缝。
2）20mm 厚1:3水泥砂浆 M20 结合层。
3）15mm 厚1:3水泥砂浆 M20 找平。
4）现浇钢筋混凝土楼板。

六、天棚
1）耐擦洗水泥浆一道。
2）现浇钢筋混凝土板。

七、卫生间
1）10mm×300×300 防滑地面砖面层，干水泥擦缝。
2）25mm 厚1:3水泥砂浆 M10 结合层。
3）1.5mm 聚氨酯防水涂料（沿墙上翻 1200mm）。
4）15mm 厚1:3水泥砂浆 M20 找平。
5）现浇钢筋混凝土楼板。

八、吊顶
1）微量水泥压花抚光。
2）20mm 厚1:3水泥砂浆 M20 结合层。
3）耐水腻子一道（内掺建筑胶）。
4）现浇钢筋混凝土板。

九、踢脚
1）100 高地面砖。
2）200mmC20 混凝土。
3）素土夯实。

十、散水
1）60mmC20 细石混凝土。
2）密铺100mm 级配 40 厚石灰层。
3）30mm 厚垫层。
4）素土夯实。

十一、墙面
1）内墙面乳胶漆二遍饰面。
2）5 厚1:3水泥灰砂浆 M10 抚光。
3）14 厚1:3水泥砂浆 M10 打底。
4）墙体。

十二、卫生间内墙面
1）5mm 釉合层压入耐碱玻璃纤维网格布一层。
2）刷聚氨水泥浆一道。
3）60mm 界胶聚苯保温层。
4）25厚界面处理剂。

十三、屋面
1）U 型轻钢龙骨 24×28，中距 600。
2）φ8 钢筋吊杆，双向中距1200。
3）14 厚1:3水泥灰砂浆 M10 打底。

十四、吊顶
1）U 型轻钢龙骨（首层 3650，二层 3050）。
2）12mm 厚纸面石膏板层 592*592。
3）φ8 钢筋吊杆，双向中距1200。
4）现浇混凝土板处预留φ10 钢筋吊环，双向中距 1200。

十五、
1）5mm 聚合物水泥浆（阿地面层）。
2）8 厚1:3水泥灰砂浆 M10 结合层。
3）14 厚1:3水泥灰砂浆 M10 打底。
4）墙体内侧。
5）墙基体。

门窗表

类型	编号	洞口尺寸	数量	备注
门	M1	2400×3000	1	隔热钢质防盗全玻门
	M2	1500×3000	5	成品木夹板门（双面）
	M3	3600×4000	2	钢制防火门
	M4	900×2100	31	成品木夹板门（单面）
窗	C1	3600×2700	39	塑钢推拉窗
	C2	1200×2100	12	塑钢推拉窗
	C3	1500×2100	4	塑钢推拉窗

建设单位

工程名称

			图	设计说明	阶段	施工
院 长			图	图纸目录	图别	建施
总设计师	审 核		纸			
项目负责人	校 对		名	门窗表	比例	1:100
专业负责人	设 计		称			
	注 册 师	审 查 师			页码	1

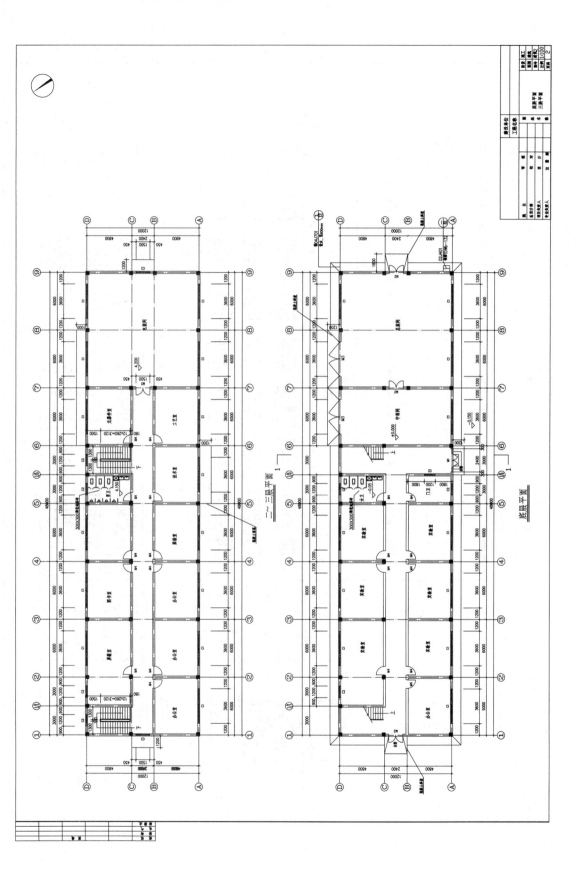

二、三层平面 1

底层平面

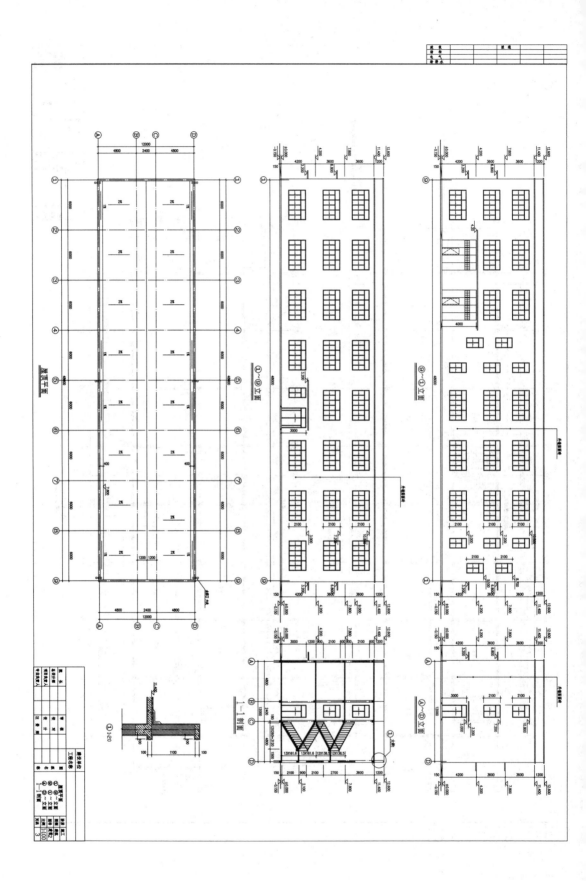

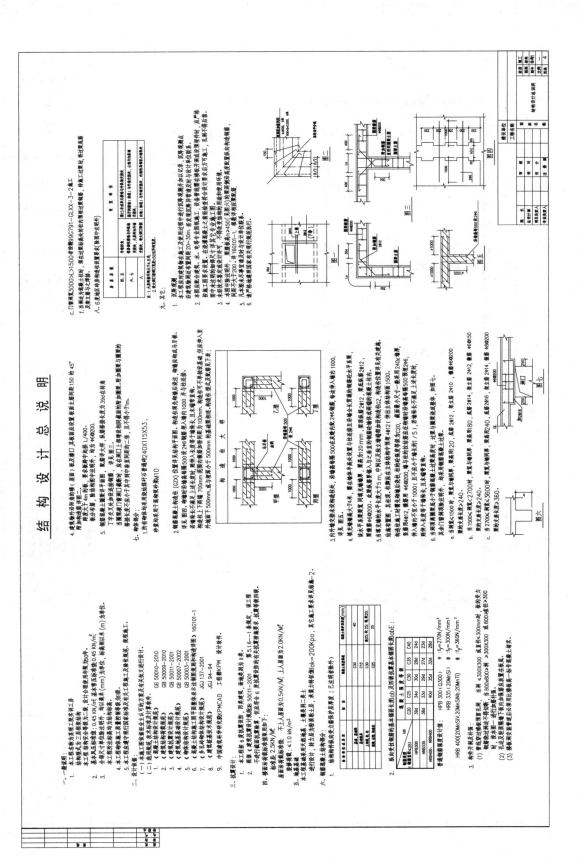

结构设计总说明

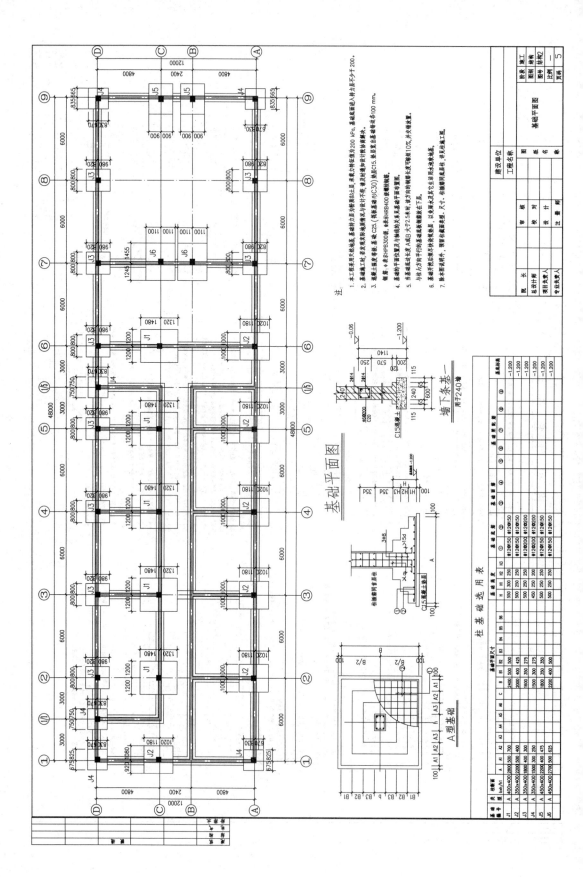

基础平面图

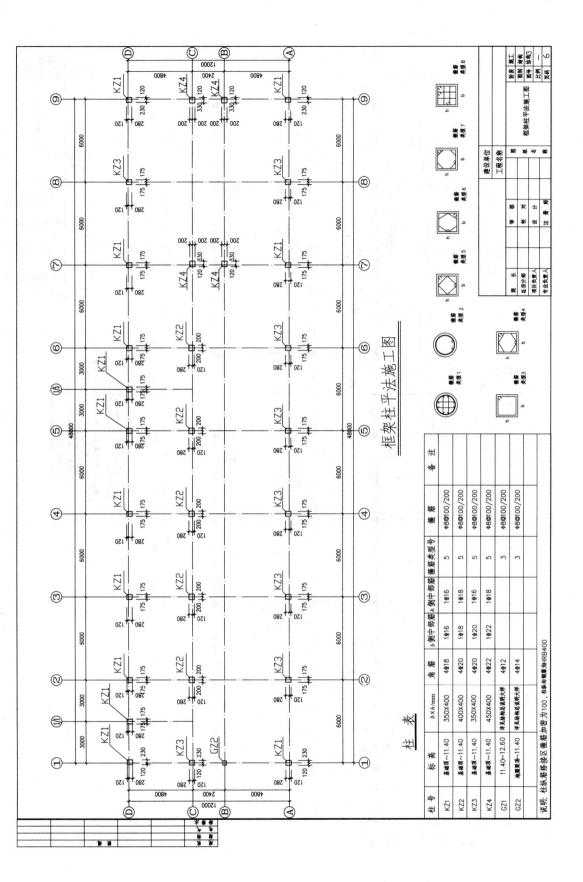

框架柱平法施工图

柱 表

柱号	标高	b×h/mm	角筋	b侧中部筋	h侧中部筋	箍筋类型号	箍筋	备注
KZ1	基础顶~11.40	350X400	4Φ18	1Φ16	1Φ16	5	Φ8@100/200	
KZ2	基础顶~11.40	400X400	4Φ20	1Φ18	1Φ18	5	Φ8@100/200	
KZ3	基础顶~11.40	350X400	4Φ20	1Φ20	1Φ16	5	Φ8@100/200	
KZ4	基础顶~11.40	450X400	4Φ22	1Φ22	1Φ18	5	Φ8@100/200	
GZ1	11.40~12.60	详见墙柱构造详图	4Φ12			3	Φ8@100/200	
GZ2	地震柱~11.40	详见墙柱构造详图	4Φ14			3	Φ8@100/200	

说明：柱纵筋搭接区箍筋加密为100，柱纵向钢筋为HRB400。

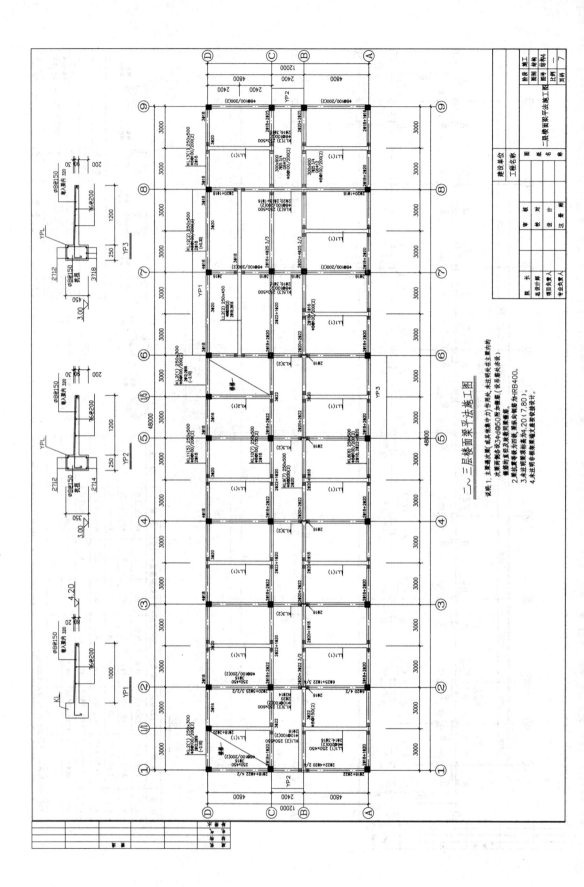

二、三层楼面梁平法施工图

说明：1.主框架次梁（或其他集中力作用处，未注明处大主集内构 大支座两侧各半3小φ@50加密筋（设备布此表）
吊筋的直径及挑数同集道筋。
2.其拉梁专梁方四级，集纵内筋钢筋为HRB400。
3.未注明集项标高为4.20（7.80）。
4.未注明非框架梁纵支座锚定搭接。

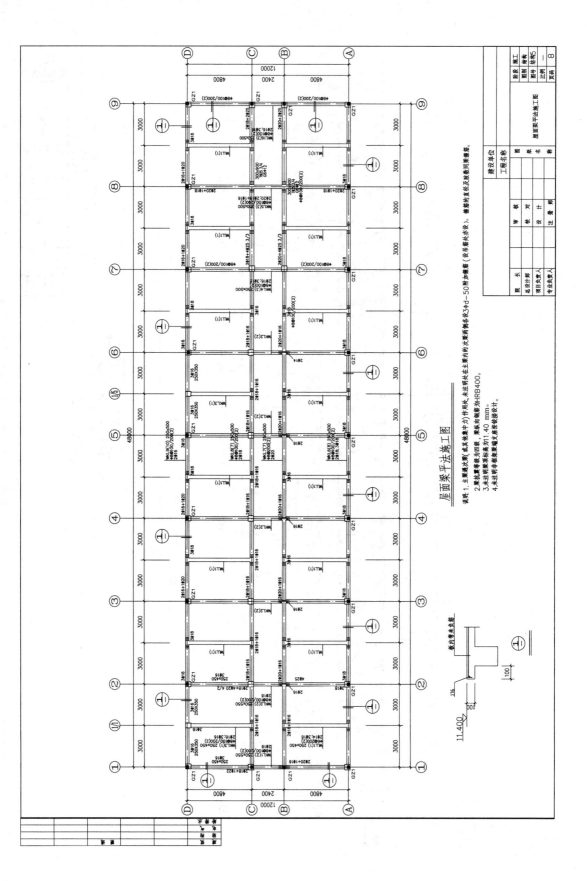

屋面梁平法施工图

说明: 1. 主要横次梁 (或其他集中力) 作用处, 未注明次在主要的次梁两侧各设3φd~50附加箍筋 (设吊筋处求定)。箍筋的直径及肢数同梁箍筋。

2. 梁抗震等级为四级, 梁纵向钢筋为HRB400。

3. 未注明梁顶标高为11.40 mm。

4. 未注明非框架梁端支座按铰接设计。

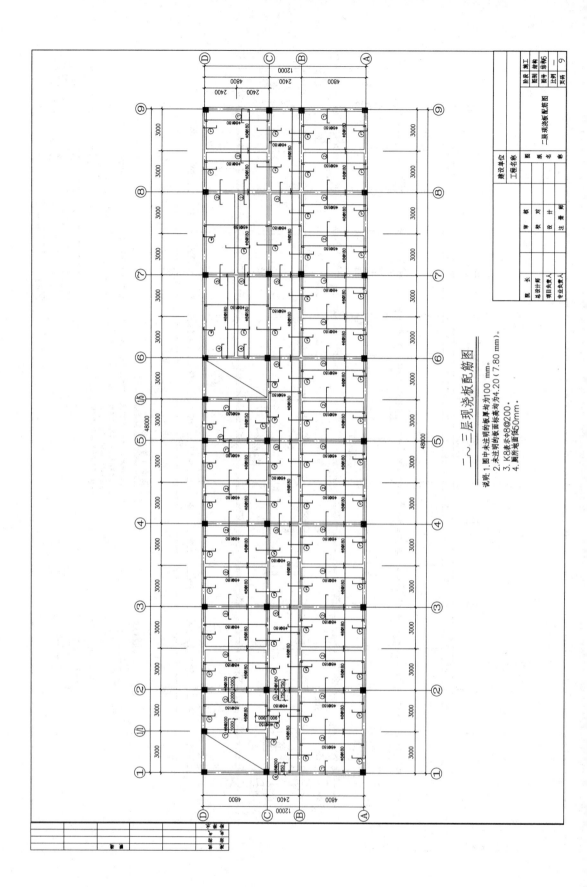

二~三层现浇板配筋图

说明: 1. 图中未注明的板厚均为100 mm。
2. 未注明的板面标高均为4.20 (7.80 mm)。
3. K8表示φ8@200。
4. 厕所地面低50mm。

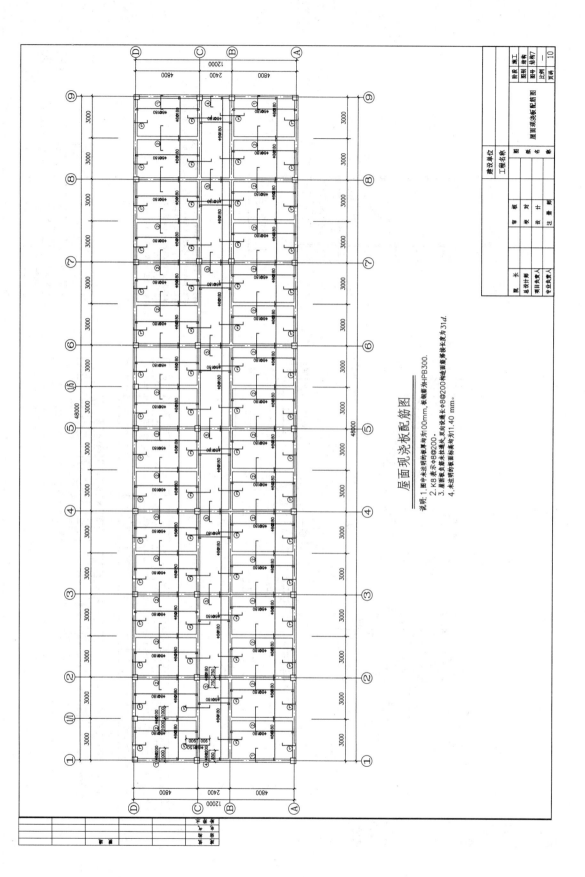

屋面现浇板配筋图

说明：1. 图中未注明的板厚均为100mm，板钢筋为HPB300。
2. K8表示ϕ8@200。
3. 屋面板负弯矩未拉通处，双向设通长ϕ8@200和板面筋搭接，搭接长度为31d。
4. 未注明的板面标高均为11.40 mm。

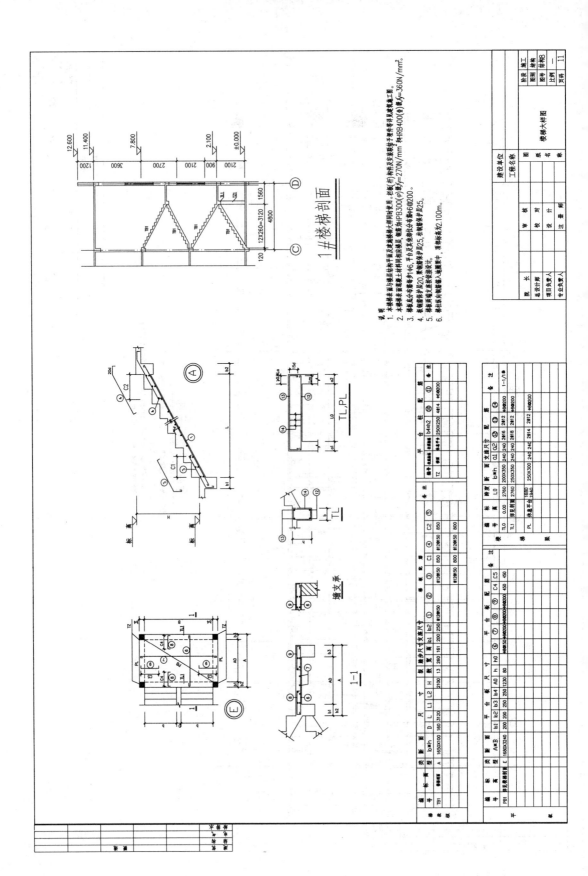

参考文献

[1] 胡洋，孙旭琴，蔡立勤. 建筑工程计量与计价[M]. 江西：江西高校出版社，2021.

[2] 江西省建设工程造价管理局. 江西省房屋建筑与装饰工程消耗量定额及统一基价表[M]. 长沙：湖南科学技术出版社，2017.

[3] 江西省建设工程造价管理局. 江西省建筑与装饰、通用安装、市政工程费用定额（试行）[M]. 长沙：湖南科学技术出版社，2017.

[4] 中华人民共和国住房和城乡建设部. 建设工程工程量清单计价规范 GB 50500—2013[M]. 北京：中国计划出版社，2013.

[5] 中华人民共和国住房和城乡建设部. 房屋建筑与装饰工程工程量计算规范 GB 50854—2013[S]. 北京：中国计划出版社，2013.

[6] 中国建筑标准设计研究院. 混凝土结构施工图平面整体表示方法制图规则和构造详图 22G101[S]. 北京：中国计划出版，2022.

[7] 全国一级造价工程师职业资格考试培训教材编审委员会. 建设工程技术与计量[M]. 北京：中国计划出版社，2023.

[8] 全国造价工程师职业资格考试培训教材编审委员会. 建设工程计价[M]. 北京：中国计划出版社，2023.

[9] 张建平，张宇帆. 装配式建筑计量与计价[M]. 北京：中国建筑工业出版社，2021.